高强钢绞线网-聚合物砂浆加固混凝土柱的受力机理研究

曹忠民　编著

中国建筑工业出版社

图书在版编目(CIP)数据

高强钢绞线网-聚合物砂浆加固混凝土柱的受力机理研究/曹忠
民编著. —北京：中国建筑工业出版社，2018.9
ISBN 978-7-112-22410-4

Ⅰ.①高… Ⅱ.①曹… Ⅲ.①钢筋混凝土柱-受力性能-研究
Ⅳ.①TU375.302

中国版本图书馆CIP数据核字(2018)第145976号

本书详细介绍了高强钢绞线网-高性能砂浆加固混凝土柱的受力机理研究。内容主要包括：高强钢绞线网-高性能砂浆约束混凝土柱受力性能研究；高强钢绞线网-聚合物砂浆加固混凝土柱的应力-应变关系；横向预应力钢绞线-聚合物砂浆加固小偏心受压柱试验研究；横向预应力钢绞线-聚合物砂浆加固钢筋混凝土偏压柱有限元分析；预应力钢绞线网-高性能砂浆加固RC柱抗震性能试验研究；预应力钢绞线网-高性能砂浆加固柱抗震性能分析研究。

本书可供广大建筑工程技术人员及土木工程专业的教师和研究生参考。

责任编辑：刘婷婷　王　梅
责任设计：李志立
责任校对：李美娜

高强钢绞线网-聚合物砂浆加固混凝土柱的受力机理研究
曹忠民　编著

*

中国建筑工业出版社出版、发行(北京海淀三里河路9号)
各地新华书店、建筑书店经销
北京红光制版公司制版
北京建筑工业印刷厂印刷

*

开本：787×1092毫米　1/16　印张：25¾　字数：638千字
2018年9月第一版　　2018年9月第一次印刷
定价：**80.00**元
ISBN 978-7-112-22410-4
(32283)

前　　言

高强钢绞线网-聚合物砂浆加固技术是一项新型的结构加固技术。钢绞线的强度高、耐锈蚀性能好；聚合物砂浆与混凝土的粘结性能好、耐久性和耐火性能好、加固施工简便，所以该加固技术具有比较广阔的应用前景。钢筋混凝土柱一旦破坏往往会导致严重的灾害，因此为了减轻柱破坏造成的损失，对钢筋混凝土柱进行加固机理的研究是十分必要的。

本课题围绕"高强钢绞线网-高性能砂浆加固钢筋混凝土柱的受力机理"展开一系列的研究：通过试验研究和理论分析，研究加固柱的力学性能；建立加固柱的设计计算方法和实用的计算公式；建立加固钢筋混凝土柱的本构模型和抗震加固柱的恢复力模型。

本书主要包括以下几个方面的内容：

(1) 高强钢绞线网-高性能砂浆约束混凝土柱受力性能研究。通过 4 组共 24 根试件对高强钢绞线网-高性能砂浆加固混凝土柱进行受力性能试验研究，试验中主要考虑了混凝土强度、混凝土类型和钢绞线网间距等因素对混凝土柱约束效果的影响。

基于试验研究和矩形箍筋作用机理，分析钢绞线在轴压力作用下约束方形混凝土柱的机理，并通过线性回归分析得到了钢绞线约束混凝土的峰值应力与应变的计算公式，在此基础上提出高强钢绞线网-高性能砂浆约束混凝土的应力-应变关系，同时推导出高强钢绞线网-高性能砂浆加固柱的轴向承载力计算公式。最后把高强钢绞线网-高性能砂浆约束混凝土棱柱体的应力-应变关系应用到已有文献的设计计算中，试验结果与计算结果吻合较好，可以为实际工程计算提供参考。

(2) 钢绞线网加固钢筋混凝土柱的应力-应变关系研究。首先分析约束混凝土柱较为典型的峰值应力、峰值点应变以及应力-应变关系曲线的计算模型，将这些模型应用到文献中钢绞线网-聚合物砂浆加固混凝土柱的计算中，分析比较这些典型的峰值点应力、应变计算模型。对影响钢绞线网加固混凝土柱轴压性能的因素进行了参数分析。

推导适用于钢绞线网约束混凝土柱峰值应力的计算模型；建立钢绞线网约束混凝土柱应力-应变关系分析模型，并编制计算机程序，通过程序计算了相关文献中钢绞线网-聚合物砂浆加固混凝土柱轴压试验的峰值点应力、应变以及应力-应变关系曲线。将提出的钢绞线网约束混凝土柱应力-应变关系分析模型的计算流程应用到预应力钢带约束混凝土柱中。结合理论分析结果，将不同截面形状、不同混凝土强度、不同钢绞线间距的钢绞线网-聚合物砂浆加固混凝土柱的试验数据进行归一化并回归分析，得到了钢绞线网约束混凝土柱的应力-应变关系设计模型。

将提出的钢绞线网约束混凝土应力-应变关系模型应用到钢绞线网-聚合物砂浆加固钢筋混凝土柱在低周反复荷载作用下以及偏压作用下的力学研究中。利用力的平衡、变形协调以及条带法，通过编制计算机程序计算出在低周反复荷载作用下钢绞线网-聚合物砂浆加固钢筋混凝土柱的骨架曲线，以及钢绞线网-聚合物砂浆加固钢筋混凝土偏压柱的极限承载力。

(3) 钢绞线网加固柱偏压受力性能的研究。高强钢绞线-高性能砂浆加固小偏心受压柱试验研究，对 5 根小偏心受压钢筋混凝土柱进行了试验，其中 4 根为施加了不同大小的初始预应力和不同偏心距的试验柱。探讨了初始预应力、偏心距等因素对横向预应力钢绞线-高性能砂浆加固效果的影响，研究了加固后小偏心受压柱的破坏特征、裂缝形态以及各材料关于荷载-应变的发展规律，分析了加固构件的极限承载力和变形性能等。从试验结果分析得出，横向预应力钢绞线-聚合物砂浆加固后小偏压 RC 柱的极限承载力和变形性能均得到了明显提高和改善。结合试验数据和试验现象，对加固小偏压 RC 柱进行受力机理分析，借鉴所适用的约束混凝土的基本原理及模型，提出约束混凝土峰值应力、应变的计算方法；推导出加固小偏压柱极限承载力简化计算公式。

（4）运用有限元软件 ABAQUS 模拟了试验当中的预应力钢绞线-聚合物砂浆加固小偏心受压钢筋混凝土柱，有限元模拟结果与试验结果吻合较好，在此基础上，建立多组横向预应力钢绞线-聚合物砂浆加固钢筋混凝土柱的有限元模型，包括 5 种预应力水平、6 种偏心距、3 种钢绞线间距，研究加固后偏心受压柱的破坏特征、各材料关于荷载-应变的发展规律。提出了预应力钢绞线约束混凝土峰值应力、应变的计算方法，结合相应的设计规范提出此加固方法下的简化设计公式。

（5）完成 8 根柱试件在低周往复作用下的抗震试验，探究钢绞线预应力水平、钢绞线特征值、轴压比等参数对加固 RC 柱抗震性能的影响。分析了各试件在往复荷载作用下裂缝开展模式、刚度退化、耗能能力、延性变化等抗震参数的发展规律，以及各试验参数对加固 RC 柱抗震性能的影响。通过采用合理的材料本构模型，基于平截面假定，并结合恢复力模型滞回规则，考虑轴压比、配箍率以及钢绞线特征值对截面刚度变化影响，对试件的恢复力模型曲线进行研究分析，得到的恢复力模型曲线与试验曲线相吻合。

（6）采用有限元软件对低周反复荷载作用下的预应力钢绞线网-聚合物砂浆加固柱进行模拟分析，考虑轴压比、预应力水平、混凝土强度和配箍率等参数对加固柱抗震性能的影响。通过引入钢绞线约束折减系数对混凝土本构模型进行修正，并对钢筋采用非线性随动强化模拟，使模拟结果与试验结果吻合较好。在模拟结果的基础上，结合已有试验数据，利用灰色关联理论进行模型输入变量选择，建立了基于径向神经网络模型的延性分析模型并进行预测，进而研究轴压比、钢绞线间距、预应力水平因素对加固柱延性的影响规律。分析轴压比、预应力水平和配箍率对钢绞线约束折减系数的影响，通过考虑塑性铰对构件位移的影响，给出加固柱正截面承载力的理论计算方法，并结合回归的加卸载刚度公式，提出预应力钢绞线加固柱恢复力模型。

本书的成果主要由作者指导的多位硕士研究生和作者多年研究成果的积累及整理而得，其中研究生有王嘉琪、冯灵强、葛超、熊凯、邱荣文、林鹤云、赖恒力等。本书成果的研究项目得到了多项国家级、省部级、厅级课题的经费资助，其中包括国家自然科学基金项目（51368019）"钢绞线网-高性能砂浆加固混凝土柱的受力机理研究"、江西省科技厅项目（20122BBG70168）"高强钢绞线网-高性能砂浆技术在减灾防灾中的应用研究"、江西省教育厅科技项目（GJJ 10461）"高强钢绞线网-高性能砂浆加固混凝土柱的受力性能研究"、江西省教育厅科技项目（GJJ 13327）"预应力高强钢绞线网-高性能砂浆加固技术的应用研究"。对以上支持和帮助特在此致谢！

在本书出版之际，向所有关心、支持并为本书作过贡献的单位和个人表示衷心的感谢。同时，由于水平有限，书中难免有不完善之处，敬请读者及时指正。

目　　录

V

第五篇　预应力钢绞线网-高性能砂浆加固 RC 柱抗震性能的试验研究

第七篇 预应力高强钢绞线网-聚合物砂浆加固柱抗震性能数值模拟研究

第一篇

高强钢绞线网-高性能砂浆约束
混凝土柱受力性能研究

摘要

高强钢绞线网-高性能砂浆这种新型的混凝土结构加固技术在加固工程领域内逐步得到应用，与传统的碳纤维和粘钢等加固技术相比，具有耐火和耐久性好，施工便捷和应用范围广等优点，是一种具有广阔发展前景的加固方法。研究高强不锈钢绞线网-高性能砂浆约束混凝土柱受力性能是必要的，而现今国内外在这方面的研究很缺乏。

本篇先研究在实验室条件下高性能无机砂浆的制作，并对实验室配比下的高性能砂浆进行了抗压性能测试，测试结果表明配比制作的高性能砂浆满足混凝土结构加固设计规范中的承重结构加固用聚合物砂浆基本性能指标。

通过 4 组共 24 根试件对高强钢绞线网-高性能砂浆加固混凝土棱柱体进行受力性能试验研究，试验中主要考虑了混凝土强度、混凝土类型和钢绞线网间距等因素对混凝土柱约束效果的影响。试验结果表明：无论在哪种影响参数下，高强钢绞线网-高性能砂浆加固混凝土柱的受压性能都得到了改善，构件的极限承载力和延性也都得到了相应的增加，能够有效地约束混凝土柱；混凝土棱柱体加固后的极限荷载提高幅度为 30%～60%；素混凝土加固柱的承载力提高效果优于钢筋混凝土柱，低强度混凝土的加固效果最为明显，相对提高幅度为 12%～17%；钢线网间距越小对核芯混凝土的约束力越大，其相对提高幅度为 7%～18%。

基于试验研究和矩形箍筋作用机理，分析钢绞线在轴压力作用下约束方形混凝土柱的机理，并通过线性回归分析得到了钢绞线约束混凝土的峰值应力与应变的计算公式，在此基础上提出高强钢绞线网-高性能砂浆约束混凝土的应力-应变关系，同时推导出高强钢绞线网-高性能砂浆加固柱的轴向承载力计算公式。最后把高强钢绞线网-高性能砂浆约束混凝土棱柱体的应力-应变关系应用到已有文献的设计计算中，通过比较，试验结果与计算结果吻合较好，可以为实际工程计算提供参考。

第1章 绪 论

1.1 加固的重要性

目前，工程中的建筑物大多会随着日积月累的使用和消耗而丧失了原来相对完备的实用性，或因技术条件的制约而不得不废弃，这对社会资源无疑是一种浪费。如何能够增加建筑物的使用寿命并最大程度地发挥这些建筑物的使用性能呢？一般来说，根据现有的技术，针对不同建筑物所面临的不同问题，大致可以使用以下方式来操作。首先，对于建筑物内部构造中已经完全丧失实用功能的结构材料和结构构件等进行拆换或修理，并对其外观进行一定的修复作业；其次，对于建筑物材料、结构构件、配件等采取必要的保护手段，最大限度地降低环境对其造成的负面影响；最后，对年代久远但仍未丧失使用功能的建筑物或其内部结构构件进行一定程度的加固、改造或拆换，使其能够最大程度地发挥其使用性能。

三十年多来，随着改革开放的深入发展，全国各地为谋求发展而大兴土木，建筑业已经成为拉动国民经济增长点的重要行业。在经济高速增长的同时，一些年代久远的破旧建筑物与其发展步伐的不同步也日益显著，甚至成为经济发展的障碍，有的甚至严重制约着生产的发展。针对这种情况，一些建筑从业者为解决现状，开展了对旧建筑物使用性能的诊断、修复、加固等技术一系列的研究工作，并取得了一定的进展。近些年，建筑行业的异常火热吸引了大量人才的涌入，其中人才质量参差不齐。为此，提高我国建筑业的整体水平并统一技术标准势在必行。经过相关标准制定部门不懈的努力，业已成型的和正在编制中的技术标准已有 20 余种，如《混凝土结构加固设计规范》GB 50367—2013、《钢结构加固技术规范》CECS77：96、《砌体工程现场检测技术标准》GB/T 50315—2011、《钢结构检测评定及加固技术规程》YB 9257—1996。为更进一步推动我国建筑行业技术的发展壮大，全国建筑物鉴定与加固标准技术委员会也多次举办学术活动，进行广泛深入的技术研讨和交流，从建筑行业的目前状况来看，这些举措都取得了显著的成效。

与发达国家相比，我国在已有建筑物加固改造行业等方面的总体水平还不高。针对这一现状，我国需要加强管理，促使与建筑物加固改造有关的各种行为规范化；开发成套的加固改造技术；广泛开展技术交流和培训；对于新建结构尽早采取防护措施。

随着国家经济政策的不断改进，已有建筑物的加固改造工程规模在近几年内将会继续扩大，在这种趋势的引导下，加固改造原材料市场和专业改造技术服务业也将会有不小的波动。这对于建筑从业者来说即是一种机遇，也是一种挑战。目前，已有建筑物的改造加固工程的系统性和复杂性，对从业者的技术水平和能力提出了较高的要求，它需要相关从业人员具有综合解决问题的能力，当然理论知识在建筑结构中是必不可少的；所以我们应该做到熟识有关修补材料的一些重要特性，比如说物理力学、耐久性能等，除此之外还要掌握结构材料的损坏机理，在此基础上熟悉一些环境制约因素。

1.2　混凝土柱的加固介绍

一般来说，混凝土柱的破坏不像梁破坏前有明显的征兆，而是具有突然性。因此了解柱子的破坏原因，进行检测计算和分析是有必要的，以便作出是否需要加固的判断。混凝土柱的加固方法有多种，常用的有增大截面法、外包钢法、预加应力法。有时还采用卸除外载法和增加支撑法等。下面就混凝土柱需要加固的原因和常用的几种加固方法分别进行阐述[1]。

1.2.1　混凝土柱需加固的原因

在实际工程中，会有许多造成钢筋混凝土柱需要加固的原因，主要有：

（1）荷载漏算、截面偏小、计算错误等引起的设计不周或错误。

（2）使用的建筑材料不合规定要求，如使用了含杂质较多的砂、石等，钢筋号码编错，配筋不足等造成的施工质量低。

（3）施工人员没有经过专业指导与培训，表现为业务水平低，工作责任心不强。如在对钢筋下料时长度不够，搭接和锚固长度不合要求，钢筋号码编错，配筋不足等。

（4）施工现场管理不妥。如经常有将钢筋撞弯、偏移，将模板撞斜，未予扶正或调直就浇混凝土等现象在施工现场发生。

（5）地基不均匀下沉，致使柱产生附加应力。

此外，还有许多原因引起柱子承载力不足，如火灾烧酥了混凝土，而使钢筋强度下降；遭到车辆等突然荷载的碰撞，使柱子严重损伤；加固改造上部结构，或改变使用功能，使柱子承受的荷载增加。

1.2.2　增大截面加固法

增大截面加固法是增大原构件截面面积并增配钢筋，以提高其承载力和刚度，或改变其自振频率的一种直接加固法。由于加大了原柱的混凝土截面及配筋量，因此，采用这种方法不仅可提高原柱的承载力，还可降低柱子的长细比，提高柱子的刚度。

1.2.3　外包型钢加固法

外包型钢加固法是对混凝土梁、柱外包缀板焊成的构架，以达到共同受力并使原构件受到约束作用的加固方法。外包钢加固法通常分为两种形式：干式外包钢加固法和湿式外包钢加固法，它是一种直接把型钢包在混凝土柱的四角或两面上的一种加固方法。采用外包钢加固法的优点是，在不减小使用面积、不影响净空的条件下，大幅度提高混凝土柱的承载力。在不同截面柱中，采用的外包钢类型有所不同，根据截面和钢的特点，圆形柱常采用扁钢加套箍的方法；方形和矩形截面柱常在柱的四角外包角钢，并用缀板在横向连成整体。干式外包钢加固法是在原混凝土柱的外面直接包上型钢，并在两部分之间用水泥砂浆进行填塞，施工简便，但是不能确保把剪力有效传给两者的结合层的一种加固方法；而湿式外包钢加固法是在外包型钢和混凝土两者之间空有一定间隔的情况下，填塞乳胶水泥砂浆、环氧砂浆、浇灌细石混凝土，能保证两者粘结良好、整体性能好的一种加固方法。

经该方法加固后，混凝土柱的承载能力和延性都得到了提高。

1.2.4　体外预应力加固法

体外预应力加固法是通过施加体外预应力，使原结构、构件的受力得到改善或调整的一种间接加固方法。体外预应力加固混凝土柱法是为了防止加固措施撑杆在卸除部分外力时与原混凝土柱结构之间产生应力滞后，在加固柱子时，对其预先施加力可以充分发挥其作用的一种加固方法。当建筑物结构变形较大，外荷载又比较难卸除，致使柱子受损较严重时常用该方法。对撑杆预先施加力的方法有纵向压缩法和横向收紧法。通常，对于轴心受压柱，一般仅需对受压边用预应力撑杆加固，受拉边多采用非预应力法加固。采用预应力撑杆加固柱子时，应对加固后的柱子进行承载力计算和撑杆施工时的稳定性验算。

1.2.5　几种加固方法的优缺点比较

混凝土的加固方法有很多，常用的方法有加大截面、局部置换、体外预应力加固、外部粘钢加固、粘贴纤维增强复合材料加固、外粘钢板加固等[1]。以上这些常用的加固方法均有自己的优点，但也有不可避免的缺陷，如表 1-1 所示。

不同加固方法的优缺点　　　　　　　　　　　表 1-1

加固方法	优　　点	缺　　点
增大截面	不仅提高加固构件的承载能力，还可加大截面刚度	减少了使用空间，还会增加结构自重
局部置换	能对承重构件有严重缺陷的局部加固	控制难度大
绕丝加固	增加自重较少、外形尺寸变化不大	对矩形截面混凝土构件承载力提高不显著
体外预应力加固	加固效果好且费用低	增加了施加预应力的工序和设备
外包型钢加固	受力可靠，能显著提高结构构件的承载力，对使用空间影响小，施工简便且湿作业少	使用环境温度有限制，且加固费用较高
粘贴纤维增强复合材料加固	高强、高效、施工便捷、适用面广	使用环境温度有限制，且需做专门的防护处理，若防护不当，易遭受火灾和人为损坏
外粘钢板加固	施工工期短、加固后基本不改变构件外形和使用空间	使用环境的温度有限制，粘贴曲线表面的构件不易吻合，钢板需做防锈处理等

随着社会的发展和工程的需要，要求我们研发更好的加固方法，于是通过对新型材料的研究，一种具有多种优点的高强钢绞线网-聚合物砂浆面层加固法便出现了。

1.3　高强钢绞线网-聚合物砂浆面层加固法

1.3.1　高强钢绞线网-聚合物砂浆面层加固技术的原理特点

　　钢绞线网-聚合物砂浆加固面层法是通过采用聚合物砂浆将钢绞线网粘合于原构件的表面，使之形成具有整体性的复合截面，以提高其承载能力和延性的一种直接加固法。

　　随着材料科学的进步和高性能复合砂浆的问世，国内外研制开发了高强不锈钢绞线网、渗透性聚合物砂浆新型加固材料。高强钢绞线具有抗拉强度极高、柔软性好、施工时轻便、快捷等优点；聚合物砂浆没有有害挥发性气体，是绿色材料，具有良好的施工和易性、抗渗性、抗剥落性、抗冻融性、抗裂性、钢筋阻锈性能、高强度并与混凝土材料有良好的粘结性能等。高强钢绞线网-聚合物砂浆加固法在我国得到了快速发展。

　　该加固技术是在混凝土表面绑扎由高强钢绞线编制而成的高强钢绞线网，用现场拌制而成的高性能砂浆作为保护和锚固材料，施工工序如图1-1所示，使其与原构件共同工作整体受力，可以很好地提高结构刚度和承载

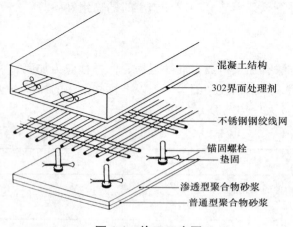

图 1-1　施工工序图

能力。它是一种体外配筋，即通过提高构件的配筋量，来提高结构构件的抗压、抗拉、抗弯、抗剪和刚度等性能的方法。

1.3.2　高强钢绞线网-聚合物砂浆加固技术的优点

　　（1）施工简便快捷，工作效率高，湿作业较少，不需大型施工机具，无须现场固定设施，不需要占用什么场地。在类似的加固方法中，高强钢绞线网-聚合物砂浆加固法是其他加固方法施工工效的 2～4 倍。

　　（2）耐腐蚀和耐久性好。试验表明[2]，高强钢绞线网-聚合物砂浆加固修补混凝土结构时可以使建筑物免受化学物质的腐蚀，抗海水侵蚀，抗渗性、抗冻性好，表现出良好的耐腐蚀性及耐久性。该加固方法具有双重加固修补的效果，既节省了后期的维修费用，又达到了使加固材料保护原混凝土结构的目的。

　　（3）耐高温，防火性能好。聚合物砂浆主要由无机材料组成，可以解决粘贴碳纤维材料需使用有机粘结剂而产生的问题。

　　（4）抗拉强度高，其标准抗拉强度约为普通钢材的 5 倍，加固效果好。

　　（5）对加固对象的要求低，应用范围广。可以加固有缺陷或强度低的混凝土结构，对加固的母体表面没有平整要求，可广泛适用于各种结构类型（如桥梁、建筑物、构筑物、隧道、涵洞等）和各种结构构件（如梁、板、柱、墙、节点、拱、壳等）。

（6）高强钢绞线网比较柔软，即使加固的结构表面不是非常平整，也基本可以保证有效的固定。因此施工质量可以有很好的保证。

（7）综合单价较低，经济效益好，价格便宜。

（8）不影响结构形状和外观效果。由于高强钢绞线网法的砂浆很薄，一般只有 15～25mm 左右，单位建筑面积的材料用量较少，加固后对结构自重和净空影响小。

由此可以看出，高强钢绞线网-聚合物砂浆加固修补混凝土技术的优势十分明显，是一种具有广阔发展前景的加固方法。

1.4 高强钢绞线网-聚合物砂浆加固法的研究现状

目前高强钢绞线网-聚合物砂浆面层加固技术出现不长。韩国首次采用高强不锈钢绞线网和渗透性聚合砂浆进行了加固试验并推出了自己的技术研究成果。对高强钢绞线网-高性能砂浆加固技术的研究，国内外相关资料并不多见，其研究应用还处在起步阶段，加固规范对此类加固技术也还没有完善的技术条款。

1.4.1 加固材料研究现状

韩国汉城产业大学金成勋[3-5]等，对聚合砂浆的抗压强度、抗折强度性能进行了分析测试，并通过试验研究了高强钢绞线的抗拉强度及弹性模量。

我国清华大学结构工程研究所引进了高强不锈钢绞线网和聚合砂浆材料，并做了一些试验研究。国内所用的高强钢绞线型号为 $6 \times 7 + IWS$，如图 1-2 所示。目前我国已实现了该加固技术材料的国产化。

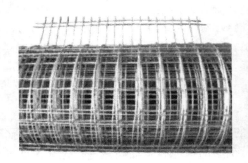

图 1-2　加固材料

1.4.2 加固梁、板、砖墙、节点等研究现状

关于该加固技术的研究现状如下：

（1）梁、板的加固。最早研究该加固技术的清华大学的聂建国等人[6,7]对加固矩形钢筋混凝土梁进行了抗弯和抗剪试验研究。加固的试验方法有一次受力和不卸载的二次受力加固试验。研究结果表明，对梁的刚度作用明显，有一定程度的提高，很好地约束了裂缝的产生和发展，并提出了该加固技术的受弯和受剪承载能力的计算公式。

周孙基[8]对钢筋混凝土板进行了加固研究，分析加固钢筋混凝土板后试件抗弯受力性能和破坏形态及机理。研究结果表明，采用高强钢绞线加固修复后钢筋混凝土板的开裂荷载、屈服荷载和极限荷载都有明显提高，刚度增加也很明显，同时改善了混凝土板裂缝出现的形态。

黄华等[9]对钢筋混凝土梁进行了抗弯加固和抗剪加固的试验研究并结合文献[10,11]的试验数据，提出了受弯加固承载力计算公式和挠度计算公式、最大弯曲裂缝宽度计算公式、高强钢绞线极限用量的计算公式，以及受剪加固承载力计算公式、受剪加固梁考虑剪切变形影响的挠度、最大斜裂缝宽度计算公式。

（2）砖墙的加固。中国建筑科学研究院王亚勇等[12]进行了高强不锈钢绞线网-聚合物砂浆加固砖墙的试验研究，结果表明加固后墙体的开裂荷载和极限荷载都得到了提高，延性和耗能能力也得到提高，其中抗剪承载力可以提高 50％以上。

（3）梁柱节点的加固。东南大学的曹忠民等人[13]在 4 种不同的方案下采用高强钢绞线网-聚合物砂浆对钢筋混凝土框架节点进行了试验研究，试验中首先测量了在低周反复荷载作用下构件的承载力、延性、刚度。分析比较了加固试件和未加固试件的破坏形态、抗震性能等。结果表明，加固后节点的开裂荷载、极限荷载、延性都有明显提高，得出加固过程中应在离梁和柱的端部一段位置处加设钢绞线网，这样加固效果更明显。

曹忠民等[14]等研究了在有损坏的钢筋混凝土框架节点上采用该技术加固，在不同的加固方法下，分析加固机理，并与未加固的节点相对比，试验结果表明，在不同的加固方法下，试件的受剪承载力和耗能性能都有一定的提高，达到了加固的抗震目的。

（4）其他方面的加固。曹俊[15]通过不同的粘结锚固长度对混凝土 RC 梁用钢绞线网和聚合砂浆进行加固研究。试验内容包括：砂浆与原混凝土之间的粘结；钢绞线与砂浆之间的粘结和锚固，以及它们发生的破坏形态。试验结果表明，加固层与混凝土之间有可靠的粘结和锚固，粘结锚固强度与钢绞线的直径、聚合物砂浆强度成正比。同时掌握了砂浆与原混凝土及钢绞线与砂浆之间的粘结机理，还得到了实用的粘结长度、锚固量及极限承载力。后来又有许多学者对以上加固做了进一步分析，都得到了较好的加固效果，达到工程应用的目的[16-23]。

1.4.3 加固混凝土柱的研究现状

高强钢绞线网-聚合物砂浆加固混凝土柱的研究是以钢筋网水泥砂浆加固柱的研究为基础的。国外学者于 20 世纪 80 年代开始已对钢筋网水泥砂浆加固柱进行过相关研究，并应用到加固工程上。

Nedwell 等人[24]1994 年通过 4 根尺寸为 155mm×155mm×1000mm 构件，研究了钢丝网加固混凝土短方柱。先将对比构件压坏，得到相应的极限承载力，再让 3 根构件在不同的加载方式下使它们达到接近破坏的状态，然后卸载，并用不同层数的钢丝网作为试验参数对这些构件进行加固，加固完继续对构件加载直至破坏。试验结果表明，加固柱比对比柱的极限承载力都有所提高（幅度从 2％～37％不等），刚度也有明显的提高；而且加固所用的钢丝网层数越多，提高的幅度也越大。

Fahmy 等人[25]在 1997 年对已经受力的混凝土柱用钢丝网水泥进行了加固试验研究。首先把截面尺寸为 100mm×100mm×1000mm 的 3 根试件分别加载到不同的荷载等级下，然后卸载对试件进行加固，试验中测量了试件的极限荷载、变形、延性比率和吸能能力。

柱涂抹钢丝网复合砂浆的厚度为 10mm，并在轴心受压的状态下进行加载。试验结果表明，不管用什么类型的钢丝网加固的柱，最后都发生了很大变形，破坏荷载也较大；所有试件的延性、吸能能力和极限承载力都得到了提高，其中提高幅度较低的是延性（8％～14％、12％～23％和 27％不等），吸能能力提高幅度最为明显（117％～211.0％、108.7％～203％和 93％不等），试件在加固修复后的极限承载力也有明显提高，分别提高47％～90％、30％～81％和 47％。

2003 年 Abdulah 等人[26]也研究了钢丝网水泥加固混凝土柱，该试验取试件尺寸为120mm×120mm×1000mm，加固成 140mm×140mm 的方柱和直径 200mm 的圆柱两种混凝土柱的截面尺寸。在试验过程中，不变因素是柱子的轴力，承受往复的水平荷载。从试验结果看，荷载-挠度曲线表现更稳定，加固试件都有很好的延性。柱子最后形成了钢丝网水泥层在塑性铰区域内破坏、原柱子钢筋破坏、钢丝网水泥在柱子两端被压坏三种破坏形式。

近年来，国内已开始这方面的探索研究，已有小构件采用钢丝网复合砂浆加固 RC 偏心受压柱的试验研究[27]，取得了初步成果，显示出这一新技术加固柱的可行性和可靠性。随着高强钢绞线网和渗透性高性能砂浆加固材料的出现，国内也开始了高强钢绞线网-聚合砂浆加固柱的研究。

钟聪明等人[28]研究了用该技术加固不同柱轴压钢筋混凝土柱的试验，共做了 6 根试件，3 根对比试件，3 根加固试件。研究结果表明，用高强钢绞线-高性能砂浆加固后的混凝土柱受弯、受剪承载能力得到了极大的提高，抗震能力也有所提高，延性系数和轴压比限值平均分别提高了 30％和 14％，耗能能力平均增加了 1.6 倍左右。该文献研究可以达到提高混凝土柱抗震性能的目的，并给出了高强钢绞线网-高性能砂浆加固柱的正截面承载力计算公式。

陈亮等人[29]对 2 组共 8 根钢筋混凝土柱做了第一次用高强不锈钢绞线网加固抗震柱的试验，试件尺寸为 250mm×250mm×1200mm。试验的参数有 0.24 和 0.48 两个不同的轴压比。试验结果表明，高强钢绞线网可以有效约束混凝土，加固后混凝土柱的延性及滞回面积都有一定的提高，可以有效提高混凝土柱抗震性能，柱的破坏形态是延性破坏，高轴压比构件的加固效果要比低轴压比构件的加固效果明显。

张立峰等人[30,31]通过对 18 根钢筋混凝土柱分别进行了大、小偏心受压的试验研究，对试件的破坏形态、裂缝分布、荷载-跨中挠度曲线、钢筋和钢绞线应变和极限承载力影响因素分析，同时分析了大、小偏心加固柱不同的破坏机理和承载力提高的原因：前者纵向钢绞线的受拉作用有利于改善柱的受力性能，从而提高其承载力；而后者承载力的提高，主要源于横向钢绞线对混凝土的约束作用。得出在施工时候同时布设纵、横向钢绞线加固效果更好。试验结果表明，经高强钢绞线网-高性能砂浆加固后，大、小偏心受压混凝土柱的整体工作性能良好，承载力均有提高，提高幅度为 16％～81％。

刘伟庆等人[32]对 9 根钢筋混凝土小偏心受压柱的进行试验研究，通过参考约束混凝土的基本原理，计算钢绞线约束混凝土峰值应力、应变，该计算方法简便；在平截面假定的基础上，运用恰当的材料本构关系，得出高强钢绞线网-高性能砂浆加固小偏心受压柱极限承载力的简化计算公式，其计算结果与试验值基本吻合，可用于加固工程实例中。

从国内外研究的情况可知，高强钢绞线网-聚合物砂浆加固钢筋混凝土柱受力机理方面的研究较少，本篇计划对此做进一步的研究。

1.4.4　加固应用的研究现状

高强钢绞线网-聚合物砂浆加固技术在我国加固改造工程中的实际应用情况如表 1-2
所示。

高强钢绞线网-高性能砂浆加固技术的工程应用　表 1-2

工程名称	加固方向	报道文献
中国美术馆	楼板抗弯	[33]
北京方兴宾馆办公楼	楼板抗弯	[34]
北京三元桥	梁抗剪、抗弯	[35]
石油勘探院地质大楼	梁抗剪、抗弯	[34]
河北沧州东关大桥	梁抗剪、抗弯	[36]
山东某招待中心大楼	梁、柱、砖墙	[37]
郑成功纪念馆	砖墙、梁、板	[38]

1.5　本篇研究的意义及主要内容

1.5.1　本篇研究的意义

从国内外研究的情况可以看出，国内外诸多学者已对高强钢绞线网-聚合砂浆加固技
术进行了大量的试验和理论研究，并取得了较好的成绩。但大多数都是关于混凝土梁、板
以及砌体结构方面，而对于钢筋混凝土柱的加固理论分析和试验研究相对偏少。经过偏压
试验的验证，高强钢绞线网-聚合物砂浆可以提高钢筋混凝土受压构件的承载能力和延性，
并且通过侧向约束混凝土的侧向膨胀，可以有效地改变原有混凝土的一些力学性能，所以
研究高强钢绞线网-渗透性高性能砂浆对于柱的轴向承载力的影响是编制有关加固技术规
程和使这一加固柱方法得到推广和运用的必要前提。

高强钢绞线网-聚合物砂浆约束混凝土的应力-应变关系是约束混凝土力学特性的一个
重要方面，其与钢管、螺旋箍筋、矩形箍筋等约束混凝土存在相似特性，但因其独特的性
质，不能直接使用相似的约束性能，需要单独研究。在高强钢绞线网-高性能砂浆对约束
混凝土柱的承载力、结构延性计算以及变形验算时都需要依据应力-应变关系的理论分析。
对高强钢绞线网-高性能砂浆约束混凝土结构进行有限元分析时，高强钢绞线网-高性能砂
浆约束下的混凝土轴压应力-应变本构关系模型也是不可少的依据。目前很少有关于高强
钢绞线网-高性能砂浆约束混凝土的理论研究，所以对高强钢绞线网-高性能砂浆约束下的
混凝土轴压应力-应变的模型进行相关的理论研究分析十分重要，以便更好应用于实际工
程设计中。

1.5.2　本篇研究的主要内容

为了开展高强钢绞线网-高性能砂浆加固技术研究，需要增加轴心受压试验，在前人

研究的基础上进一步研究采用该技术加固后，柱在轴压情况下的工作性能，并分析掌握该加固方法的约束性能，本篇从如下几方面进行研究：

（1）为解决渗透型聚合物砂浆不耐高温，防火性能差的问题，对高性能无机砂浆进行试验制作研究；

（2）通过 4 组 24 个混凝土棱柱体试件的轴心受压试验，研究高强钢绞线网-高性能砂浆约束混凝土棱柱体的性能及基本受力特点；

（3）分析高强钢绞线网-高性能砂浆加固量、混凝土强度等级、混凝土类型等不同试验参数对约束效果的影响；

（4）通过加固与未加固混凝土柱的受力性能的比较，确定高强钢绞线网-高性能砂浆对原截面混凝土约束的改善情况及极限变形、抗压强度的提高效果分析；

（5）根据试验结果，分析约束混凝土棱柱体轴压的本构关系模型及轴压极限承载力计算公式，并聚合相关文献，应用约束混凝土的本构关系和承载力计算公式。

1.6 本章小结

本章就国内外建筑物加固修复的重要性进行阐述，综述了国内外关于高强钢绞线网-聚合物砂浆的研究现状，指出现有研究中的不足。进而提出高强钢绞线网-高性能砂浆约束混凝土柱的研究意义，以及本篇的研究内容。

第 2 章　高性能无机复合砂浆的试制

2.1　概述

随着各种新加固方法的出现，高性能复合砂浆在工程中的应用越来越广泛。高性能复合砂浆是以硅酸盐水泥和高性能混凝土掺合料为主要成分，以及外加剂和少量有机纤维，加水和砂拌合而成的一种砂浆。具有良好的抗裂性、防腐耐久性、抗剥落性、收缩性小及高强度等性能。可用于混凝土结构的空间、蜂窝、破损、剥落、露筋等表面损伤部分的修复，以恢复混凝土结构良好的使用性能，也可作为碳纤维加固找平砂浆。

实际工程中，对高性能复合砂浆的性能和质量要求较高。目前市场上不少厂商，特别是外国厂家的代理商在推销其聚合物砂浆的产品时，总要强调它具有很好的防火性能，但是目前市场上的聚合物砂浆大多含有聚合物乳液，成品价格较贵，砂浆中所掺聚合物为有机材料，几乎都是可燃的，影响了砂浆的耐高温性能。即使砂浆不燃烧，当环境温度较高时可使原构件混凝土表面较高的粘结强度降低以至粘结层脱落。为了避免这样的安全质量问题，还需进行专门研究配制和按现行国家标准《建筑防火设计规范》GB 50016 规定的耐火等级和耐火极限要求进行检验与防护。针对这一情况，本试验研究不含聚合物的高性能复合砂浆的配制，以便工程中推广应用。

2.2　高性能砂浆的配制材料

配制高性能混凝土的材料选择很重要，同样高性能砂浆配制也需要认真选材。经过多次调配和对高强高性能混凝土研究[39]发现，同时掺入两种或两种以上的不同矿物掺合料要比单一矿物掺合料的作用效果更好，而且这些矿物掺合料需要超细的粉末。根据以上特点本试验选取硅粉、矿渣粉、粉煤灰三种掺合料、高效减水剂及抗裂纤维等材料。

2.2.1　水泥

虽然早强型水泥对砂浆的早期强度有所贡献，但是其在凝结硬化之后毛细孔的孔隙率较大，造成砂浆力学性能和抵抗收缩能力下降，引起砂浆的抗裂性能下降，最终使砂浆的早期强度不是很高，而且用粉煤灰取代部分水泥后，混凝土的早强也会受削弱。因此本试验没有使用早强型水泥，而是采用普通硅酸盐 42.5 水泥，由江西万年青水泥股份有限公司生产，其各龄期的强度值及物理、化学指标见表 2-1。

水泥各龄期的强度值　　　　　　　　　　　　　　表 2-1

强度等级	抗压强度（MPa）		抗折强度（MPa）	
	3d	28d	3d	28d
42.5	≥17.0	≥49.0	≥3.5	≥6.5

2.2.2　砂

细骨料级配、含泥量及有害杂质含量应符合国家标准要求。一般情况下，随骨料粒径增大，达到相同流动度的需水量减小，强度增加，但抹面施工性下降。本试验采用最大粒径 2.5mm 的河中砂，并用自来水清洗，细度模数为 2.6。

2.2.3　减水剂

本试验选取江苏博特新材料有限公司生产的 PCA® （I）羧酸高效减水剂，是由江苏省建筑科学研究院研制开发的以羧酸类接枝聚合物为主体的复合添加剂，具有大减水、自流平、高保坍、高增强、高耐久性等功能。该产品还具有对水泥适应性强、掺量低、使用方便等特点，特别适用于高流态、高保坍、高强超高强混凝土工程。减水剂的主要性能指标如表 2-2。

高效减水剂主要性能指标　　　　　　　　　　　　　　　　表 2-2

品种	减水率（%）	抗压强度比（%）			推荐掺量
		3d	7d	28d	
PCA（I）	35	170	150	140	水泥重量的 0.6%～1.2%

2.2.4　硅灰 （SF）

微硅粉掺入混凝土后可充分地分散、填充在水泥颗粒的空隙之间，使浆体更为致密，微硅粉的火山灰活性指数可达 110，有效取代系数达 3～4，龙其是对水泥水化后生成的 $Ca(OH)_2$ 有较强的吸收力，形成发育良好的硅酸钙凝胶，大大提高混凝土的强度。具有以下特点：

1. 增加强度

当排入量为 5%～10% 时，混凝土抗压强度可提高 10%～30%，抗折强度提高 10% 以上。

2. 增加致密度

掺入 10% 时，抗渗性提高 5～8 倍，抗碳化能力提高 4 倍以上。

3. 增加抗冻性

掺入 10% 微硅粉的混凝土，在经 300～500 次冻融循环后，相对动弹性模量降低 1%～2%，而普通混凝土，25～50 次循环后，相对动弹性模量就已降低 36%～73%。

4. 增加早期强度

抗压强度可以提高 30%～50%。

5. 增加抗冲磨、抗空蚀性

2.2.5　矿渣粉 （GBS）

本试验采用南京江南粉磨有限公司按照国家标准 GB/T 18046—2000 生产的 S95 矿渣微粉，其主要技术性能见表 2-3。矿渣微粉用于配制混凝土，不但可以高比例的等量替代水泥（一般可代替 30%～50% 的水泥），而且可以大大改善混凝土的性能，如泌水少、流动度和可塑性好，水化热降低，有利于防止大体积混凝土内部温升引起的裂缝和变形。而将矿渣单独粉磨成超细粉，大大提高了它的潜在活性，因此配制的水泥不仅早期强度较高，后期强度增长更高。

表 2-3

S95 级高性能矿渣微粉主要技术性能

品种	密度	比表面积	流动比	三氧化硫（%）	活性（%）		氯离子
					初凝	终凝	
江南 S95 级矿渣粉	2.8	416	101	0.32	76.6	98.4	0.005

2.2.6　粉煤灰（FA）

本试验粉煤灰采用南京江南粉磨有限公司生产的超细粉煤灰，其产品主要性能有：工作性好，混凝土坍落度高，保水性能好；耐久性好，抗化学腐蚀，抗海水侵蚀，防碳化；水化热低，可使混凝土的后期强度高；耐磨性好；热稳定性较好，同时能够提高油井水泥和高温蒸汽养护普通水泥的热稳定性；环境性能优异，可有效节约能源，在替代水泥的同时减少了二氧化碳等温室气体的排放；超细，1250 目超活性微矿粉比同类材料细 5 倍以上；2500 目超活性微矿粉比同类材料细 10 倍以上。

2.2.7　纤维

纤维采用武汉天汇纤维材料有限公司生产的强不裂水泥混凝土纤维，该产品以聚丙烯为原料，采用独特工艺制造，耐酸碱、抗老化、抗紫外线、易分散，能够在混凝土中长期保持良好的性能，可以极为有效地控制混凝土或砂浆的微裂缝，进而提高混凝土抗渗性能、抗冲击及抗裂能力，以及抗冻等耐久性能，与其他品牌纤维比较，具有优异的工程防裂效果。其主要技术参数见表 2-4。

表 2-4

强不裂纤维的主要技术参数

品种	线密度（Dtex）	长度（mm）	密度	色泽	断裂伸长率（%）	断裂强度（Cn/dtex）	耐酸碱	回潮（%）
强不裂纤维	5～18	3.6.15.19	0.91	白色	≤20～35	3.8～4.9	良好	≤3

2.3　配合比设计

2.3.1　配合比的设计原理

1. 一般原则性

目前研究配制高强混凝土的配合比设计比较多，但也还没有一定的标准和方法。对于高性能砂浆的配合比设计也只有参考高强混凝土的资料和已有的经验，并通过认真的试配和不断的修改来确定配合比。尽量减少砂浆中水泥用量，并用胶凝材料来代替水泥是配制高性能砂浆的一个重要原则。

除此之外高性能砂浆的配合比也没有统一的标准，因为它是一种地域性较强的建筑材料，其配合比的优化应当根据施工条件的要求和结构设计所需要的强度来实现，还不同程度地受到交通运输和环境温度等条件的影响。高性能砂浆的配合比应该有防止过早开裂、自身体积可以变化、温度变化时有较小的收缩等优点。同时，当建筑物的部分结构经常在有腐蚀物的环境中时，比如化学物和海水中，高性能砂浆配合比设计还要考虑建筑物耐久性的功能。

2. 设计参数

高性能砂浆的强度主要是通过改变水胶比和胶凝材料里面不同掺合物的量来进行调配的。一般有硅粉、矿渣粉、粉煤灰、高效减水剂等材料，而总的胶凝材料不宜大于总材料的 50%，硅粉的掺量不宜大于胶凝材料的 10%，矿渣粉的掺量不宜大于胶凝材料的 50%，粉煤灰的掺量不宜大于胶凝材料的 30%；高效减水剂的选用要根据水泥的品种来选定，两者要能有很好的相容性，它的掺量为整个材料总量的 0.4%～1.5%；高性能砂浆水胶比还要小于 0.38。

还有砂子的含量，在配制高性能砂浆时应采用经过筛选和清洗的中细砂，细度模数要小于 2.8，砂率控制在 28%～34%。

3. 配制强度要求

为满足和保证使用强度，高性能砂浆的配制强度必须大于设计要求的强度等级值。

2.3.2　设计的配合比

粉煤灰颗粒细，经搅拌，易与水泥颗粒均匀分布，使砂浆稠度、流动性、和易性得到显著改善。硅灰、超细粉煤灰双掺有效发挥了两者的填充效应。三种掺合料可以产生"超叠效应"，互相取长补短。本试验考虑了冯乃谦教授[40]提出的高性能砂浆水胶比要小于 0.38，并参考吴中伟、廉慧珍[41]建议的高强混凝土的原材料与配合比，采用三种不同的水胶比，以研究分析不同水胶比下砂浆的强度。

本篇 1m³ 砂浆的胶凝材料总用量为 350kg，水泥取胶凝材料总用量的 70%，硅粉取 5%，矿渣粉取 15%，粉煤灰取 10%，这里高效减水剂取整个材料用量的 1.2%，纤维用量为每立方米 1.75kg。配合比见表 2-5。

不同水胶比下的配合比　　　　　　　　　　　　表 2-5

水胶比	水泥	硅粉	矿渣粉	粉煤灰	减水剂	水	砂
0.38	245	17.5	52.5	35	4.2	133	962.5
0.33	245	17.5	52.5	35	4.2	115.5	962.5
0.28	245	17.5	52.5	35	4.2	98	962.5

2.4　砂浆性能测试

2.4.1　实验方法

先用搅拌机把水泥、硅粉、矿渣粉、粉煤灰等胶凝材料搅拌均匀，再放入砂子进行干拌直到均匀，最后把水均分成两份，其中一份倒入所需添加的减水剂中先放入搅拌机中与骨料进行搅拌，过一分钟再把另外一半水倒入继续搅拌两分钟。砂浆强度试件制备采用 70.7mm×70.7mm×70.7mm 无底的铁试模放在铺好的木板上面并用铁钉固定好，砂浆终凝后就开始浇并覆盖养护一天后拆模，前 14d 进行潮湿养护，后 14d 再在空气中干养。砂浆拌合用水的水质符合现行标准《混凝土拌合用水标准》要求。

2.4.2 实验结果

根据混凝土结构加固设计规范[42]，聚合物砂浆分为Ⅰ级和Ⅱ级，试验加固柱的砂浆应该采用Ⅰ级聚合物砂浆。

采用压力试验机进行测定高性能砂浆的抗压强度试验值，结果见表 2-6。

不同水灰比下砂浆的抗压强度测试值　　　　　　　　　　表 2-6

水灰比	7d 强度（MPa）		28d 强度（MPa）	
	实测值（kN）	平均值（MPa）	实测值（kN）	平均值（MPa）
0.38	136.34		228.65	
	132.64	35.7	235.11	63.1
	142.52		263.62	
0.33	164.61		268.81	
	152.38	39.6	309.76	77.2
	127.96		312.24	
0.28	156.35		334.12	
	167.98	42.5	361.89	86.9
	165.39		183.58	

由实验结果可以看出，水胶比控制在 0.38 以下时，随着水胶比的降低，需水量减少，砂浆强度不断增加。但实验过程中发现随着水胶比的降低，砂浆的流动性就越差，对抹面施工带来不便，所以建议采用 0.38 和 0.33 的水胶比。由以上结果可知配制出来的砂浆符合规范要求中的抗压性能。

其他性能因试验设备和条件不足，留待以后测试。

2.5 本章小结

本章针对目前市场发展的需求，在已有高性能复合砂浆研究的基础上，对不含聚合物的高性能复合砂浆做了研究，以便在工程中应用。本试验对高性能复合砂浆的抗压强度做了测试，满足混凝土结构加固设计规范的强度要求。由于试验设备和条件限制，其他性能还有待进一步研究。

第3章 高强钢绞线网-高性能砂浆约束混凝土柱的试验设计

3.1 试验方案

3.1.1 试件的设计

本次试验共制作基本试件 24 根方形截面柱，分别采用强度等级为 C20 和 C25 的混凝土，试件的截面尺寸为 150mm×150mm，高厚比（h/b）取 3，即试件高度为 450mm，混凝土保护层厚度都设为 30mm，纵筋为 4ϕ8，箍筋为 ϕ6 @90，配筋率为 0.9%，受压时防止两端先破坏，端部加密箍筋，柱截面尺寸及配筋如图 3-1 所示。

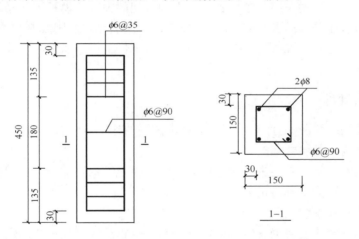

图 3-1 柱截面尺寸及配筋

3.1.2 试件的制作及养护

试件的详细情况见表 3-1。试件根据不同的混凝土强度和素、钢筋混凝土类型共分 4 组，每组 6 个，其中有一个为对比未加固柱。

试件详细情况一览表 表 3-1

编 号		钢绞线网片规格	公称直径（mm）	混凝土等级	根数
PC20	A	对比柱	—	C20	1
	B	ϕ3.05@50×300	3.05	C20	2
	C	ϕ3.05@30×300	3.05	C20	3

续表

编　　号		钢绞线网片规格	公称直径（mm）	混凝土等级	根数
PC25	A	对比柱	—	C25	1
	B	φ3.05@50×300	3.05	C25	2
	C	φ3.05@30×300	3.05	C25	3
RC20	A	对比柱	—	C20	1
	B	φ3.05@50×300	3.05	C20	2
	C	φ3.05@30×300	3.05	C20	3
RC25	A	对比柱	—	C25	1
	B	φ3.05@50×300	3.05	C25	2
	C	φ3.05@30×300	3.05	C25	3

注：编号中 PC 表示素混凝土，RC 表示钢筋混凝土，A 表示未加固的对比柱，B 表示钢绞线间距为 30mm，C 表示钢绞线间距为 50mm。

试件制作及养护在华东交通大学结构实验室完成。试件的纵筋和箍筋均采用 HPB235 级钢筋，所有的混凝土均采用人工搅拌，考虑到时间的关系，模板不能循环使用，采用木模板。试验柱的水泥采用洋房牌 P.O42.5 普通硅酸盐水泥，分别配制出 C20 和 C25 的混凝土。同时浇筑两组 6 个混凝土立方体试块，并与试件采用同条件空气养护，以便测试混凝土的实际强度。

3.1.3　试件的处理

试件用高强钢绞线网-高性能砂浆加固技术主要的施工步骤为：

（1）放线定位、基层处理

将清理好的混凝土柱基层进行凿毛处理，使混凝土结构层露出。方形柱的转角由人工操作打磨成倒角半径为 10mm 的圆弧。

（2）钢绞线网片安装

钢绞线网片下料→安装钢绞线端部拉环→钻孔→钢绞线网片一端固定→钢绞线网片绷紧、固定→钢绞线网片调整、定位。

（3）基层清理养护

用气泵或水将处理过的混凝土基层表面清扫干净，下一道工序时不得有明水存留。

（4）界面剂涂刷施工

用混凝土界面处理剂进行界面处理：界面剂→界面剂涂刷。

（5）聚合物剂涂刷施工

在现场加水量 19%（重量比）的配合比人工搅拌高强高性能砂浆，为保证搅拌均匀应搅拌 5min 以上。拌好的高强高性能砂浆即可进行抹灰，一次抹灰厚度不宜超过 15mm，本试验柱抹灰的厚度为 25mm，分两次抹，第一次 15mm，第二次 10mm，抹灰时应注意刀光洁，最后形成加固完整的柱。

（6）养护

及时浇喷水，用潮湿的草袋进行养护，并保持表面湿润 2～3d。试件前 14d 湿养护，后 14d 空气养护，然后开始试验。

高强钢绞线网-高性能砂浆加固柱如图 3-2 所示，加固试件照片见图 3-3。

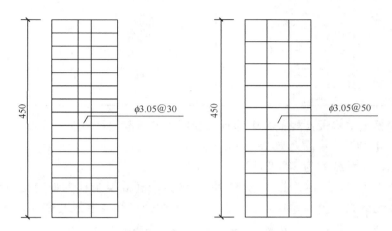

图 3-2　加固柱示意图

图 3-3　试件加固图

3.2　试件材料性能测试

3.2.1　原材料混凝土、钢筋力学性能

本试验柱采用 C20 混凝土，配合比为水泥：中砂：碎石：水＝285kg：705kg：1225kg：185kg；C25 混凝土，配合比为水泥：中砂：碎石：水＝300kg：714kg：1191kg：195kg。混凝土预留 6 个 150mm×150mm×150mm 立方体小试块养护 28d，通过 YE-2000C 型压力试验机进行测定，得出混凝土试块强度，再由下式可得混凝土轴心抗压强度值和弹性模量，结果见表 3-2。

$$f_{ck} = 0.88\alpha_{c1}\alpha_{c2}f_{cu,k} \tag{3-1}$$

$$f_c = f_{ck}/\gamma_c \tag{3-2}$$

混凝土试块强度试验结果　　　　　　　　　　　　　　　　　　表 3-2

混凝土强度等级	试块强度实测值（kN）	试块强度平均值（MPa）	轴心抗压强度平均值（MPa）
C20	691.56	29.52	14.10
	636.82		
	541.63		
C25	720.35	32.86	15.70
	734.83		
	762.84		

　　根据《混凝土结构设计规范》中的轴心受压构件承载力计算公式，初步确定对比柱的承载力。对比柱 PC20 承载力为 285.53kN；RC20 承载力为 354.17kN；PC25 承载力为 317.93kN；RC25 承载力为 386.57kN。

　　公称直径为 $\phi 8$ 和 $\phi 6$ 的冷拉钢筋分别用于试验钢筋混凝土柱的纵向受力钢筋和箍筋。采用液压式万能试验机 WE-300B 进行测试，其屈服强度和极限强度见表 3-3。

纵筋和箍筋的屈服强度和极限强度　　　　　　　　　　　　　　表 3-3

钢筋型号	钢筋直径（mm）	屈服强度（MPa）	极限强度（MPa）
HPB235	6	420	580
HPB235	8	425	585

3.2.2　加固材料高性能砂浆、钢绞线网力学性能

　　本次试验采用北京十木科技有限公司生产的钢绞线专用渗透型高强高性能砂浆，具有施工方便、早强、高强、抗渗性能强、粘结性能好、可冬期施工、耐久性强等施工特点，性能指标见表 3-4。制作高性能砂浆 70.7mm×70.7mm×70.7mm 立方体试块，用 YE-2000C 型压力试验机进行测定，具体结果见表 3-5，符合《混凝土结构加固设计规范》的要求。

高强高性能砂浆基本性能指标　　　　　　　　　　　　　　　　表 3-4

砂浆等级	劈裂抗拉强度（MPa）	正拉粘结强度（MPa）	抗压强度（MPa）	抗折强度（MPa）	钢套筒粘结抗剪强度标准值（MPa）
渗透型（钢绞线专用）	≥7.0	≥2.5，且为混凝土内聚破坏	≥12	≥55	≥12

高强高性能砂浆抗压强度试验结果　　　　　　　　　　　　　　表 3-5

龄期（d）	试块强度实测值（kN）	试块强度平均值（MPa）
3	140	38.40
	148.49	
	154.50	
7	187.36	48.77
	152.69	
	187.68	
28	240.64	62.80
	242.30	
	163.24	

本篇采用高强镀锌钢绞线，型号为 $6\times7+IWS$，直径为 3.05mm，按设计要求编织而成的两种规格钢绞线网片，间距分别为 50mm 和 30mm，网片实物如图 3-4 所示。

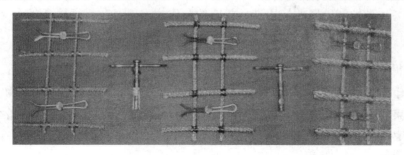

图 3-4　网片实物图

钢绞线的应力-应变曲线如图 3-5 所示。采用液压式万能试验机 WE-300B 测试，钢绞线面积为 4.45mm², 最大抗拉强度为 1654MPa，钢绞线弹性模量为 1.30×10^5 MPa。

由图 3-5 可见，高强镀锌钢绞线为无明显流幅的钢筋应力-应变曲线，初始阶段发挥应力比钢筋要慢，弹性模量小于钢筋，直至曲线最高点之前都没有明显的屈服点，曲线最高点对应的应力为极限抗拉强度。《混凝土结构设计规范》中规定在构件承载力设计时，取极限抗拉强度 σ_b 的 85% 作为条件屈服点。符合钢绞线具有抗拉强度高、标准抗拉强度约为普通钢材的 5 倍、加固后对结构自重影响小等特点。

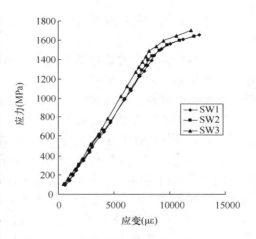

图 3-5　钢绞线应力-应变曲线

3.3　加固方案

3.3.1　加固方式的确定

采用四面围套的外加层构造方式对钢筋混凝土柱进行加固[42]，如图 3-6 所示。

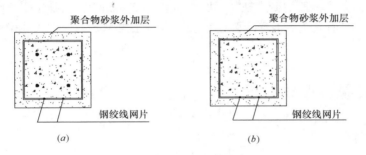

图 3-6　柱的加固构造方式

纵横向钢绞线采用同类型、同规格的钢绞线，且纵向钢绞线网片放内层，横向钢筋网放外层，横向闭合网的搭接长度为70mm。为了避免加固层剥离破坏，除了柱身凿毛、冲刷以及界面剂和高性能砂浆的使用满足相应的操作规程外，在整个柱高范围内，横向钢绞线网都加密，间距一样[43]。

3.3.2　加固研究参数的确定

随着对矩形箍筋约束混凝土的受力性能研究，许多学者进行了试验和理论分析，得出矩形箍筋约束混凝土受压应力－应变全曲线受约束指标λ_t影响很大，随着它的增大而曲线变化很大，上升段由原来较陡的曲线逐渐变为平缓有变形平台的曲线[44]。

矩形箍筋的特征值如下：

$$\lambda_t = \mu_t \frac{f_{yt}}{f_c} \tag{3-3}$$

式中：μ_t——横向箍筋的体积配筋率；f_{yt}——箍筋的屈服强度；f_c——混凝土的抗压强度。

配有纵向钢筋和普通箍筋的柱，简称普通箍筋的钢筋混凝土柱，其箍筋和纵筋形成骨架，防止纵筋在混凝土压碎之前，在较大长度上向外压曲，从而保证纵筋能与混凝土共同受力直到构件破坏。同时箍筋还对核芯混凝土起到一定的约束作用，并与纵向钢筋一起在一定程度上改善构件最终可能发生的脆性破坏，提高极限压应变。试验表明，轴心受压素混凝土棱柱体构件达到最大压应力值时的压应变值一般在0.0015～0.0020左右，而钢筋混凝土轴心受压短柱达到峰值应力时的压应变一般在0.0025～0.0035，其主要原因是构件中配置了纵向钢筋，起到调整混凝土应力的作用，能比较好地发挥混凝土塑性性能，使构件到达峰值应力时的应变值得到增加，改善了轴心受压构件破坏的脆性性质[45]。因此本篇做了12根素混凝土柱2根钢筋混凝土柱来做约束比较。

受压构件正截面承载力受混凝土强度等级影响较大，为了充分利用混凝土承压，节约钢材，减小构件的截面尺寸，受压混凝土构件宜采用C20～C40强度等级的混凝土，本篇选用C20和C25两种混凝土强度等级。

箍筋间距（s）影响控制截面，即相邻箍筋中间截面的约束面积和约束应力值。有试验证明[46]，当箍筋间距$s>$（1～1.5）试件截面宽度（b）时，对混凝土的约束作用很小。一般认为$s<b$箍筋才有明显的约束作用。试验还表明[46]，在相同的约束指标λ_t、不同箍筋间距下的两个试件，其应力-应变曲线上升段几乎一样，而且峰值应力$f_{c,c}$和峰值应变ε_{pc}相差很小，下降段曲线却是随着箍筋间距的减小而变高，有利于构件的延性。因此对于高强钢绞线网-高性能砂浆加固钢筋混凝土柱时，加固的钢绞线箍筋间距s_{rw}是主要考虑的因素。

综上所述，本篇共选了混凝土强度等级、混凝土类型、高强钢绞线网间距三个参数来进行试验研究。

3.4　测量方案及加载方案

3.4.1　测量内容

在试验过程中测量试件柱的主要内容有：

（1）应变。原柱加固高强钢绞线网应变值和加固高性能砂浆层是通过加固高强钢绞线网上电阻应变片（1mm×1mm胶基应变片）和加固高强高性能砂浆层上电阻应变片（50mm×3mm胶基应变片）量测，试验时通过如图 3-7 所示的 DH3815N 静态应变测试系统，实时记录各级荷载下高强钢绞线网应变值和高强高性能砂浆应变值，目的是研究加载过程中高强钢绞线网和高性能砂浆应力的发展、变化情况以及试件破坏时它们的应力状态。

图 3-7　试验采集系统

（2）柱的轴向变形。在柱子的底端对角安装百分表，通过 DH3815N 静态应变测试系统实时记录各级荷载下柱子的轴向位移，目的是得到混凝土方柱的平均轴向变形。

（3）柱的轴向荷载值记录。人工记录纵向裂缝初始开裂荷载值、裂缝相互贯通时荷载值、极限破坏荷载值。

（4）裂缝和破坏形态的观察。用眼睛观察裂缝出现、开展过程及混凝土破坏形态，记录荷载下裂缝发展情况，试件破坏后拍照记录裂缝。

3.4.2　测点布置

应变布置如图 3-8 所示，在试件高度中间截面上高强钢绞线粘贴应变片 1、3 测量横向应变，高强高性能砂浆粘贴纵向应变片 2、4。应变片均采用预先粘贴的方式，分别外包强度高、快固化的速干环氧胶和百合花牌 HZ-704 粘合剂单组分室温硫化硅橡胶密封。试验时，测量高强钢绞线和高性能砂浆应变，用百分表固定座固定两个对角的百分表来测量柱底端轴向变形。

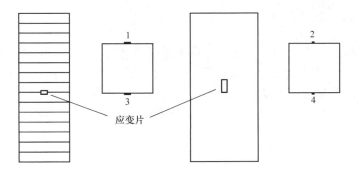

应变片

图 3-8　应变片布置

3.4.3　加载装置

本篇采用 500t 长柱压力试验机来进行轴心受压试验，在加载点及柱底放置钢垫板，通过薄薄的一层石英砂来找平，人眼对中，加载时由 500t 压力传感器来测量和控制荷载。

试验中高强钢绞线、高性能砂浆的应变数据和柱子的底端对角两百分表位移变化都通过DH3815N 静态应变测试系统自动采集，荷载加载装置如图3-9 所示。

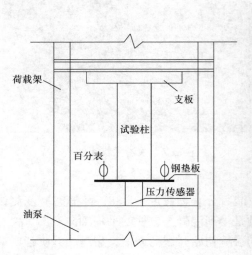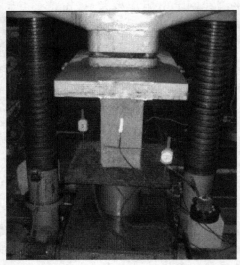

图 3-9　试验装置示意

3.4.4　加载制度

本试验加载时均采用分级单调加载，首先对柱进行对中调整。为了保证加载装置和仪表接触良好，工作正常，实际加载制度为加载前先预加载 10～20kN 2～3 次，并记录初始数据，以每级 10kN 进行加载。加载后持续一段时间，观察裂缝的发展情况，并记录采样值，继续下一级加载。在试件将要破坏前，减缓加载速度，以观察初裂缝的出现和试件的最终破坏过程。

3.5　本章小结

本章通过分析试验设计主要考虑了混凝土强度、混凝土类型、钢绞线间距三个影响高强钢绞线网-高性能砂浆约束混凝土的因素。同时对试件设计、材料性能、加固方案、测点方案及加载方案等进行了介绍，为加固试验柱做试验准备。

第4章 高强钢绞线网－高性能砂浆约束混凝土的试验结果分析

4.1 试验现象和破坏模式

4.1.1 试验现象

从4组高强钢绞线网－高性能砂浆约束混凝土方形截面柱的试验过程和试件的最终破坏形态可以看出，各种加固参数下的混凝土方形截面柱的承载力都有一定程度的提高，延性增大，破坏过程与未加固的对比试件相比较缓慢。

未加固的对比试件的典型破坏形态如图4-1所示，加载初期都没有明显的变化，在达到比例极限点之前荷载与变形呈线性关系，荷载超过比例极限点之后，可以听到内部的劈裂声，混凝土的变形迅速增加，没发生破坏前会发现试件的中部和靠近柱边的位置上有一些竖向细微的裂缝，渐渐的这些裂缝开始向两端延伸，直至试件端部，形成贯通的纵向斜裂缝。当荷载到达峰值荷载时，混凝土被压碎，破坏较突然。其中素混凝土棱柱体构件达到最大压应力值时的压应变比钢筋混凝土短柱的压应变要小，主要原因是纵向钢筋起到了调整混凝土应力的作用，使混凝土的塑性性质得到了较好的发挥，改善了受压破坏的脆性性质。

PC20　　　　　　　　RC20　　　　　　　　PC25

图4-1　对比柱的破坏状态

加固后的试件在轴心荷载作用下，整个截面的应变基本上是均匀分布的。当荷载较小时，砂浆和钢绞线都处于弹性阶段，柱子压缩变形的增加与荷载的增加成正比，随着荷载的增加，砂浆和钢绞线的压应力也相应增加。荷载继续增加，柱的中间位置出现细小的裂缝，快到极限荷载时，柱的四周开始出现清晰的纵向裂缝，砂浆成块脱落，原混凝土被压碎，柱子破坏，典型的破坏形态如图4-2所示。这时由于荷载较大，混凝土的塑性变形增

RC20   PC25   RC25

图 4-2 加固柱的破坏状态（一）

大，导致柱的压缩变形增速比荷载增速要快，所有的试件上第一条可见裂缝纵向应变值都小于峰值应变，即发生在曲线上升段，加固试件破坏前有明显的贯通斜裂缝，应变很大，横向变形急剧增大，外层砂浆几乎全部剥落。

钢绞线网间距为 50mm 的加固试件，在加载初期与未加固对比试件的变化基本相似，当加载到大约 0.7 倍极限荷载时，开始听到内部混凝土开裂的声音；大约加载至 0.8 倍极限荷载时，短柱中部开始鼓出，这说明外层砂浆与内层砂浆发生一定程度的剥离，核心区混凝土压碎，其破坏形态如图 4-3 所示。

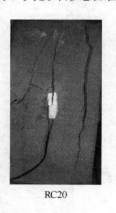  

RC20   PC25   CR25

图 4-3 加固柱的破坏状态（二）

钢绞线网间距为 30mm 的加固试件，加载初期，试件的横向变形较小，钢绞线网几乎没有对混凝土起约束作用；随着荷载增加，试件的应变开始迅速增加，相应的钢绞线的横向变形也迅速增加。当加载到大约 0.8 倍极限荷载时，开始听到内部混凝土开裂的声音；大约加载至 0.8 倍极限荷载时，短柱中部开始鼓出，这说明外层砂浆与内层砂浆发生一定程度的剥离，核心区混凝土压碎，其破坏形态如图 4-4 所示。

加载过程中，加固柱与对比柱相比而言，裂缝相对较多，开裂缓慢，细密而宽度较小，能对裂缝的发展有良好的约束作用。从破坏后的试件观察不难发现，钢绞线网间距小的试件破坏严重，去掉砂浆里面混凝土压碎的裂缝明显，说明钢绞线网约束效果明显。钢

RC20　　　　　　　　　　PC25　　　　　　　　　　RC25

图 4-4　加固柱的破坏状态（三）

绞线网间距较大的试件，外形比较完整，一般沿纵向开裂，可以用肉眼看到外鼓现象，说明约束作用较弱。同时脱落的砂浆都是外层砂浆，第一次抹的砂浆与原混凝土粘结较好，砂浆一旦剥离，试件很快达到极限承载力状态。

4.1.2　破坏模式

高强钢绞线网-高性能砂浆加固混凝土短柱试件后，柱的破坏形态有所改变，大部分加固柱的破坏与对比柱轴心受压破坏有区别，砂浆的碎裂或剥离导致了柱的破坏。与素混凝土柱破坏不同的是，加固柱破坏之前有明显的预兆性，如砂浆表面上的裂缝会逐渐增多，然后逐渐剥离，最后脱落，改善了构件的延性，降低了混凝土的脆性。

4.2　试验结果分析

4.2.1　承载力分析

将试验得到的结果进行处理，相同加固参数下的试件都取平均值作为轴向极限承载力，试验研究结果见表 4-1。

轴向极限承载力试验结果分析　　　　　　　　表 4-1

编　　号		钢绞线网片规格	$N_{a/b/c}$	$N_{b/c}-N_a$	β_c
	A	对比柱	520	0	0
PC20	B	$\phi3.05@50\times300$	740	220	0.42
	C	$\phi3.05@30\times300$	834	314	0.60
	A	对比柱	570	0	0
PC25	B	$\phi3.05@50\times300$	800	230	0.40
	C	$\phi3.05@30\times300$	860	290	0.51
	A	对比柱	610	0	0
RC20	B	$\phi3.05@50\times300$	790	180	0.30
	C	$\phi3.05@30\times300$	890	280	0.46

续表

编　　号		钢绞线网片规格	$N_{a/b/c}$	$N_{b/c}-N_a$	β_c
RC25	A	对比柱	670	0	0
	B	$\phi3.05@50\times300$	850	180	0.27
	C	$\phi3.05@30\times300$	900	230	0.34

注：N_a—对比柱的试验极限承载力，$N_{b/c}$—加固柱试验极限承载力，$\beta_c=\dfrac{N_{b/c}-N_a}{N_a}$。

从表 4-1 可以得出以下结论：

（1）与对比柱相比，加固后的混凝土方柱的极限荷载得到了不同程度的提高，高强钢绞线网-高性能砂浆改善了混凝土的受压性能，极限承载力的提高效果约为 $30\%\sim60\%$，其中实测到的最大极限荷载值为 930kN，最大提高效果为 65%。

（2）钢绞线网间距为 30mm 的加固试件轴向极限承载力提高幅度明显大于间距为 50mm 的加固试件，相对提高幅度为 $7\%\sim18\%$，可见随着钢绞线网间距的增大，极限承载力的提高幅度就越小。

（3）虽然混凝土强度等级为 C25 的加固试件的极限承载力也是随着钢绞线网间距的减小而增大，但没有 C20 的加固试件提高幅度大，可见高强钢绞线网-高性能砂浆加固低强度混凝土的效果更加明显。

（4）根据试验结果的分析，在相同混凝土强度等级和钢绞线网间距条件下的试件，加固素混凝土柱的承载力提高效果比钢筋混凝土的要好，相对提高幅度约为 $12\%\sim17\%$。

试验过程中对比柱的开裂荷载取混凝土开裂时的荷载，而加固柱的开裂荷载取砂浆开裂时的荷载，发现有的加固试件砂浆上的开裂荷载值比对比试件上的开裂荷载值还小，是因为虽然高性能砂浆的抗压强度比混凝土高，但在试件到达极限承载力之前就与原混凝土剥离了，要考虑到外层砂浆与内层砂浆存在一个剪切滑移，与原混凝土共同作用的效果。

4.2.2　延性分析

延性是指构件或构件的某个截面从屈服开始到达最大承载力以后的变形能力。本篇将试验柱的延性提高用横向钢绞线约束混凝土的抗压峰值应变 ε_{cc} 与无约束混凝土的抗压峰值应变 ε_{co} 的比值来表示，并定义为延性提高系数 η。

峰值应变的试验结果分析见表 4-2。

峰值应变试验结果分析 表 4-2

编　　号		钢绞线网片规格	$\varepsilon_{co/e}$	η
PC20	A	对比柱	0.001396	1.00
	B	$\phi3.05@50\times300$	0.00194	1.39
	C	$\phi3.05@30\times300$	0.002122	1.51
PC25	A	对比柱	0.001663	1.00
	B	$\phi3.05@50\times300$	0.002026	1.22
	C	$\phi3.05@30\times300$	0.002139	1.29

续表

编　号		钢绞线网片规格	$\varepsilon_{co/e}$	η
RC20	A	对比柱	0.002042	1.00
	B	$\phi 3.05@50\times300$	0.003	1.50
	C	$\phi 3.05@30\times300$	0.002749	1.35
RC25	A	对比柱	0.001152	1.00
	B	$\phi 3.05@50\times300$	0.001561	1.36
	C	$\phi 3.05@30\times300$	0.001178	1.10

从表 4-2 可以看出，加固柱的峰值应变比未加固柱的峰值应变大，说明高强钢绞线网-高性能砂浆增加了混凝土柱的延性，同时也提高了变形能力。

4.2.3　钢绞线应变分析

考虑到试验中柱不是完全的轴心受力，会有一定的偏差，故将相同编号试件中部位置的钢绞线应变求平均值再汇总，钢绞线的轴力-应变曲线如图 4-5 所示。

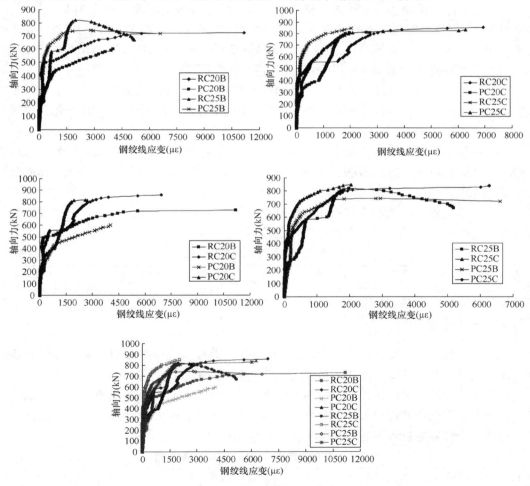

图 4-5　钢绞线轴力-应变曲线

观测到的钢绞线应变数据有以下规律：

（1）横向钢绞线在轴向压力为 200kN 以前，基本上对混凝土不起约束作用，可以忽略不计。随着荷载的增加，在砂浆出现裂缝处，钢绞线应变曲线出现转折点，PC20C、RC20C、RC25B 试件在转折处钢绞线应变曲线出现一个平台是因为这时构件有声响，钢绞线贴有应变片一侧的砂浆裂开与原柱共同作用减弱，钢绞线开始发挥约束混凝土的作用，则横向应变增大，发生突变。随后钢绞线应变缓慢增加，在柱达到极限荷载时应变剧增，此时砂浆已脱落，在加固后期高强钢绞线网起了很好的约束性能。即使极限荷载以后，有些试件如 RC20B 的钢绞线应变仍然在增加，最大达 $11175.73\mu\varepsilon$，说明这时钢绞线工作良好，充分发挥了受拉性能。

（2）同强度素混凝土柱的钢绞线参与工作比钢筋混凝土柱的钢绞线要快，因为钢筋混凝土本身有箍筋先对混凝土进行约束。参见图 3-2 和图 3-3，间距为 30mm 钢绞线网对核芯混凝土的约束力比间距为 50mm 钢绞线网大，但间距大的构件 RC20B、RC25B、PC20B、PC25B 约束混凝土在达到极限荷载之前钢绞线应变比 RC20C、RC25C、PC20C、PC25C 大，即发挥的约束作用好，加固效果较好。

（3）等间距素混凝土的钢绞线也比钢筋混凝土的钢绞线提前参与约束混凝土的工作。参见图 2-2，钢绞线等间距下的混凝土，强度较高的素混凝土试件 PC25B、PC25C 发挥的约束作用比 PC20B、PC20C 好，而强度较低的钢筋混凝土试件 RC20B、RC20C 在极限荷载时钢绞线的应变值较 RC25B、RC25C 大，钢绞线发挥较好。

（4）试件方柱两个对面的钢绞线应变曲线不完全一致，不同加固参数的所有试件都有偏差，说明钢绞线应变与砂浆面的裂缝、剥离、脱落面所对应钢绞线应变片的粘贴位置有关，这里也取平均值。

（5）本篇钢绞线应变采集是直接在钢绞线上粘贴应变片，因钢绞线柔软性好，公称直径较小，在试验过程中所测得的应变会受到影响产生一定的偏差，导致钢绞线的荷载－应变曲线不光滑。

（6）试验过程钢绞线没有被拉断，由试验结果（表 4-3）可知，大部分钢绞线的应变远没有到达钢绞线极限应变，混凝土构件就破坏了。

极限荷载下钢绞线应变的测量值 表 4-3

方柱	PC20B	PC20C	PC25B	PC25C	RC20B	RC20C	RC25B	RC25C
应变	4038	2600	6600	6275	11176	6931	2807	2041

4.2.4 砂浆应变分析

本篇的砂浆分两次涂抹，总厚 25mm，当外层砂浆脱离内层砂浆时，贴在外层砂浆的应变片所测数值开始下降，逐渐由负变正，所测数值没有意义。

从所有的加固柱的砂浆来看，曲线不规则，在砂浆开裂时曲线上会有一个明显的转折点，还会有应变减小的现象，原因是受压侧所粘贴应变片处的砂浆脱落，从而释放砂浆能量。但从整个试验的过程来看砂浆的工作整体性能还是较好的（表 4-4）。

混凝土和高强高性能砂浆应变的最大测量值 表 4-4

方柱	PC20A	PC20B	PC20C	PC25A	PC25B	PC25C	RC20A	RC20B	RC20C	RC25A	RC25B	RC25C
应变	1396	1940	2122	1663	2026	2139	2042	3000	2749	1152	1561	1178

4.2.5　荷载-应变关系分析

对试验数据整理，绘制荷载-应变关系图，如图 4-6 所示。

各组试件的荷载-应变曲线图表明，加固混凝土短柱达到未加固混凝土柱的极限荷载之前，各组试验试件的荷载-应变曲线非常接近，这说明高强钢绞线网-高性能砂浆对内部混凝土几乎不起约束作用，即高强钢绞线网-高性能砂浆未发挥作用，此时高强钢绞线网-高性能砂浆约束混凝土短柱的荷载-应变曲线与未加固混凝土柱基本一致，当超过未加固混凝土柱的极限荷载后，钢绞线网发挥作用使横向变形增大，有效提高承载力和变形能力。

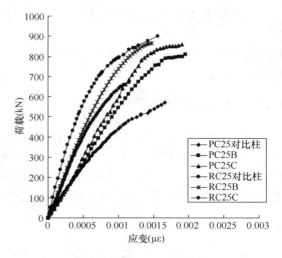

图 4-6　试件荷载-应变曲线

从图 4-6 中可以看出，加固柱的延性和承载力都有提高。钢绞线网间距越小的混凝土柱荷载超过对比柱极限荷载后的荷载-应变斜率越大，强度提高的幅值越大，约束混凝土的纵向极限应变也越大。钢绞线网间距小的柱 PC20C 上升段曲线的斜率（即弹性模量）反而小于钢绞线网间距大的柱 PC20B，原因是密布的钢绞线网影响了外围砂浆的抹压质量，且削弱了内外混凝土的结合。素混凝土柱和普通钢筋混凝土柱，柱内的纵向钢筋虽能增强柱的抗压承载力，但对峰值应变影响很小。

4.3　影响约束性能的参数分析

根据以上分析，可知混凝土强度等级、混凝土类型、钢绞线网间距等参数对高强钢绞线网-高性能砂浆约束方形混凝土柱的效果有一定的影响。本篇主要分析这三个方面影响约束混凝土的性能。

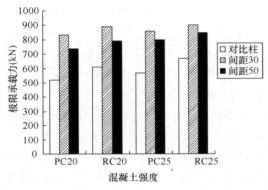

图 4-7　混凝土强度影响

4.3.1　混凝土强度等级

混凝土强度等级直接影响了钢绞线网约束混凝土方柱的峰值应力和应变，在相同条件下与对比柱进行比较，混凝土强度等级低的试件极限承载力提高幅度比混凝土强度等级高的大，加固效果好，结果如图 4-7 所示。且低等级混凝土加固柱高性能砂浆的破坏区域内的横向裂缝分布面积较大，说明低等级强度的加固试件高性能砂浆发挥的作用更好。

4.3.2　混凝土类型

经分析在相同混凝土强度等级和钢绞线网间距条件下的试件，加固的素混凝土柱的承载力提高效果比钢筋混凝土的要好，钢绞线发挥的约束作用也较早，相对提高幅度为12％～17％。但实际工程很少有素混凝土柱，所以对这一加固优势有了限制性的应用，但是在一些工程当中，可以在一些承重的柱构件中直接用高强钢绞线网-高性能砂浆加固素混凝土柱。

4.3.3　横向钢绞线间距

本篇都采用单层钢绞线网加固是因为高强不锈钢绞线网对于混凝土柱的约束作用存在一个约束效率的问题[28]，两层钢绞线网加固时，构件的有效约束系数比较低，也就是钢绞线未能充分发挥作用。已证明双层钢绞线网对于混凝土柱的约束作用与单层钢绞线网相比无明显提高，也就是双层钢绞线网的使用效率偏低。

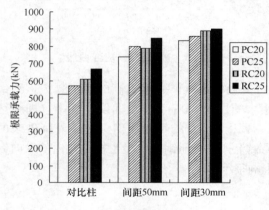

图 4-8　钢绞线间距影响

配置钢绞线网的尺寸及钢绞线的直径，是由工厂成型的，钢绞线的直径越大，强度越大，则约束能力越强，加固的效果也就越好，并且间距越小，约束能力也越强[28]。

本篇试验研究表明，随着钢绞线网间距的减小，极限承载力的提高幅度就越大，相对提高幅度为7％～18％，并且对核芯混凝土的约束力也越大，如图 4-8 所示。但是间距大的钢绞线网在约束混凝土时能较好地发挥钢绞线的约束作用，还需进一步对钢绞线最佳利用率进行研究。

4.4　本章小结

本章对 20 根用高强钢绞线网-高性能砂浆加固的柱和 4 根对比柱的轴心受压性能进行了试验研究，首先对试件的试验现象和破坏模式进行了分析，随后分析了试验柱的极限承载力结果、延性的提高效果、钢绞线应变曲线变化规律、砂浆应变、应力与应变关系，试验结果表明：

（1）钢绞线网约束了混凝土，使原来单轴受压的状态处于三轴受力状态，从而使高强钢绞线网-高性能砂浆加固后柱的强度、延性均有一定程度的提高。

（2）4 组试件中采用高强钢绞线网-高性能砂浆加固的方柱的极限承载力均有大幅提高，与对比柱相比提高幅度为 30％～60％，加固效果显著，延性得到了增大。

（3）混凝土强度、混凝土类型以及钢绞线网间距对加固试件的影响较明显。高强钢绞线网-高性能砂浆加固低强度混凝土的效果更加明显，加固的素混凝土柱的承载力提高效果比钢筋混凝土的要好，相对提高幅度为 12％～17％。随着钢绞线网间距的减小，极限承载力的提高幅度就越大，且对核芯混凝土的约束力也越大。

（4）大部分钢绞线的应变远远没有到达钢绞线极限应变，混凝土构件就破坏了，需考虑钢绞线在锚固和施工过程中有效利用率。

（5）高强钢绞线网-高性能砂浆加固混凝土的受压性能得到了改善，构件的极限承载力和延性得到了相应的增加，能够很好地起到加固效果。

第 5 章　高强钢绞线网‒高性能砂浆约束柱的理论分析

5.1　约束作用机理

钢绞线约束方形混凝土柱的机理类似于矩形箍筋柱，在轴向力作用下较强的约束发生在钢绞线的转角部位，这里的钢绞线刚度大，变形小，可以形成由两个垂直方向的拉力作用合成的合力。而较弱的约束作用发生在横向钢绞线的直线段，因核心混凝土的横向膨胀变形使这一段产生了水平弯曲。Sheikh 模型将箍筋约束混凝土柱的截面划分为有效约束区和非有效约束区，它们的交界线为图 5-1 中四条二次标准抛物线，这些抛物线与柱边呈45°角，截面边长的中点是抛物线的焦点，抛物线的初始斜率与邻近的对角线相同，本试验截面为正方形，则初始斜率为 1。

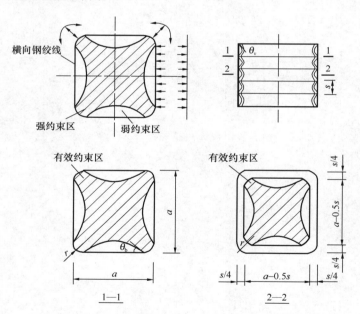

图 5-1　钢绞线加固方柱受力分析

本试验通过填塞钢筋使横向钢绞线与原混凝土面有一定的距离，使横向钢绞线处于绷紧状态，外抹高强高性能砂浆可以更好地参与工作，但为了简化计算，认为钢绞线正好位于原混凝土表面处。箍筋间距相比钢绞线的间距要小，即箍筋对混凝土的约束作用远不及钢绞线，故本篇未考虑箍筋对混凝土的约束影响。由于相似的约束作用机理，该方法可以推广应用到矩形截面柱中。

5.1.1　有效约束面积

由图 5-1 可看出，与 FRP 加固混凝土的约束作用类似，方柱中钢绞线对混凝土的约束不如圆形截面那样受到均匀的约束，而是受到不同等程度的约束，尽管试件做了倒角处理，但在非圆柱试件的转角部位仍然存在应力集中现象，有一部分核芯混凝土没有受到有效约束。钢绞线网加固方形柱的强度提高幅度不如圆形柱。

钢绞线在部分核芯混凝土发挥约束应力时，沿纵向相邻钢绞线中间的截面上有效约束核芯面积最小（A_e），即取图中约束最薄弱的 2-2 截面，有效约束面积的计算公式如下：

$$A_v = (a - 0.5s)^2 - (4r^2 - \pi r^2) \tag{5-1}$$

$$A_{vn} = \frac{2}{3}(a - 0.5s - 2r)^2 \tag{5-2}$$

$$A_e = A_v - A_{vn} \tag{5-3}$$

$$A_n = a^2 - (4r^2 - \pi r^2) - A_e \tag{5-4}$$

式中：A_v——2-2 截面四条拱所围成的面积；A_{vn}——2-2 截面四条拱所围成的非有效约束面积；A_e——2-2 截面四条拱所围成的有效约束面积；A_{vn}——全截面的非有效约束面积；a——柱的边长；r——柱的倒角半径。

为了简化计算，将截面四条拱所围成的不规则有效约束面积等效为矩形面积，如图 5-2 所示，得出等效柱边长 $a_e = A_e/a$。

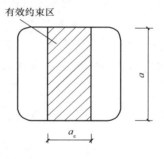

图 5-2　等效约束面积

5.1.2　钢绞线约束混凝土的峰值应力与轴向峰值应变

为研究横向钢绞线约束混凝土作用，取横向钢绞线的体积率为：

$$\mu_w = \frac{\pi a A_w}{\frac{\pi}{4} s a^2} = \frac{4 A_w}{s a} \tag{5-5}$$

式中：μ_w——横向钢绞线的体积配筋率；A_w——钢绞线截面面积；s——横向钢绞线的间距。

将 μ_w 乘以钢绞线与无约束混凝土的极限强度比值后，作为钢绞线的约束指标，或称钢绞线特征值：

$$\lambda_w = \mu_w \frac{f_{we}}{f_{co}} = \frac{4 f_{we} A_w}{s a f_{co}} \tag{5-6}$$

$$f_{we} = 0.65 f_w \tag{5-7}$$

式中：f_{we}——横向钢绞线折减抗拉强度；f_w——钢绞线抗拉强度设计值，试件加固效果取决于施工技术水平高低、钢绞线网预紧大小，参照刘伟庆[32]对高强钢绞线网加固小偏心柱的研究，钢绞线不能完全发挥；根据试验结果取 0.65 为横向钢绞线强度的折减系数，等于试验所测约束混凝土时极限强度所对应的横向钢绞线应变和钢绞线极限应变的平均比值；f_{co}——无约束混凝土的极限抗压强度。

根据图 5-3 的平衡条件，得钢绞线约束混凝土的侧向约束应力为：

35

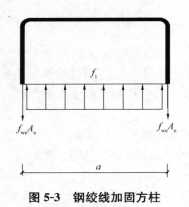

图 5-3　钢绞线加固方柱
截面约束应力分析

$$f_l = \frac{2f_{we}A_w}{sa} = \frac{1}{2}\lambda_w f_{co} \quad (5\text{-}8)$$

$$f'_l = f_l k_e \quad (5\text{-}9)$$

$$k_e = \frac{A_e}{A_c} \quad (5\text{-}10)$$

$$A_c = a^2 - (4-\pi)r^2 \quad (5\text{-}11)$$

式中：f'_l——钢绞线约束混凝土的侧身有效约束应力；k_e——有效约束系数，与柱的截面形状有关；A_c——方形试件的截面积。

根据本篇研究的混凝土强度等级、混凝土类型、高强横向钢绞线网间距三个参数对约束混凝土极限强度的影响，提出钢绞线约束混凝土的极限抗压强度计算公式如下：

$$f_{cc} = f_{co} + \alpha\gamma\lambda_w f_{co} \quad (5\text{-}12)$$

式中：f_{cc}——横向钢绞线约束混凝土的极限抗压强度；α——回归分析系数；γ——混凝土强度等级影响系数，$\gamma = 16.7/f_{co}$，其中 16.7 为 C25 的混凝土抗压强度标准值。

对试验数据线性回归分析得 $\alpha = 4.37$，则钢绞线约束混凝土极限强度计算公式为：

$$f_{cc} = f_{co} + 4.37\gamma\lambda_w f_{co} \quad (5\text{-}13)$$

钢绞线在非有效区约束混凝土时极限抗压强度，可取 f_{cc} 和 f_{co} 的平均值，简化计算约束混凝土等效极限抗压强度表达式为：

$$f_e = [f_{cc}a_e + 0.5(f_{cc} + f_{co})(a - a_e)]/a \quad (5\text{-}14)$$

本篇采用过镇海[47]的箍筋约束混凝土的峰值应变计算公式：

$$\varepsilon_e = (1 + 2.5\lambda_w)\varepsilon_{co} \quad (5\text{-}15)$$

式中：f_e、ε_e——横向钢绞线约束混凝土的等效极限抗压强度及其相对应的应变；f_{co}、ε_{co}——无约束混凝土的极限抗压强度及其相对应的应变。

5.2　应力与应变关系

应力-应变关系是材料的物理关系，也是结构的承载力、结构延性计算以及变形验算必不可少的理论依据。目前国内外学者已提出了很多种约束混凝土本构模型，大多是在约束混凝土试验数据的基础上修改应力-应变本构模型中的各种参数，从而确定最适合的本构模型。而对高强钢绞线网-高性能砂浆约束混凝土受压应力-应变关系的研究还很少。本小节在试验的基础上，对试验数据进行分析，开展高强钢绞线网-高性能砂浆约束混凝土受压应力-应变关系的研究工作，根据其曲线规律和受力机理提出适合高强钢绞线网-高性能砂浆约束混凝土柱的应力-应变关系模型，并根据试验结果对其进行验证。

5.2.1　约束混凝土应力-应变分析

在实际加固工程中，需要一种简单明了，既能满足计算精度又能让设计人员很快应用的约束混凝土应力应变模型，并得出更适合实际工程的强度计算方法。本篇对高强钢绞线

网-高性能砂浆加固混凝土方柱轴心受压进行了试验
研究，比较分析了不同因素对约束效果的影响。为
方便高强钢绞线网-高性能砂浆加固技术的推广应
用，在已有的研究资料和试验的基础上提出该加固
方法约束混凝土方柱的简化分析模型。

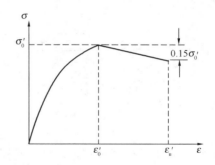

图 5-4　约束混凝土的应力-应变曲线

1. Hogenestad 模型

Hogenestad 模型应用比较广泛，本篇根据以上
混凝土本构模型的曲线方程给出高强钢绞线网-高性
能砂浆约束混凝土的本构模型，上升段为二次抛物
线，下降段为斜直线，如图 5-4 所示，曲线方程为：

$$\sigma = f_c \left[2\left(\frac{\varepsilon}{\varepsilon_0'}\right) - \left(\frac{\varepsilon}{\varepsilon_0'}\right)^2 \right] \quad \text{当 } \varepsilon \leqslant \varepsilon_0' \qquad \text{上升段} \qquad (5\text{-}16a)$$

$$\sigma = f_c \left[1 - 0.15\left(\frac{\varepsilon - \varepsilon_0'}{\varepsilon_u' - \varepsilon_0'}\right) \right] \quad \text{当 } \varepsilon_0' < \varepsilon \leqslant \varepsilon_u' \qquad \text{下降段} \qquad (5\text{-}16b)$$

2. Rusch 模型

根据德国 Rusch 建议的混凝土本构模型的曲线方程，给出高强钢绞线网-高性能砂浆
约束混凝土的本构关系，上升段采用二次抛物线，下降段采用水平直线，曲线方程为：

$$\sigma = f_c \left[2\left(\frac{\varepsilon}{\varepsilon_0'}\right) - \left(\frac{\varepsilon}{\varepsilon_0'}\right)^2 \right] \quad \text{当 } \varepsilon \leqslant \varepsilon_0' \qquad \text{上升段} \qquad (5\text{-}17a)$$

$$\sigma = f_c \qquad\qquad\qquad \text{当 } \varepsilon_0' < \varepsilon \leqslant \varepsilon_u' \qquad \text{下降段} \qquad (5\text{-}17b)$$

以上两个应力-应变模型的上升段是相同的，但下降段不同，即达到极限应力后，前
者随着应变的增加，应力下降，后者则为水平直
线，横向变形增大但应力不变。

3. Kent-Park 模型

根据大量试验结果进行回归分析、建议的约
束混凝土本构关系计算式，形式简单直观，工程
中使用方便。Kent-Park 模型[48] 假设约束混凝土
的抗压强度和峰值应变都与素混凝土的相等
（$f_{c,c} = f_c'$，$\varepsilon_{pc} = \varepsilon_p$），上升段采用与 Hogenestad
模型一样的二次抛物线，下降段采用二折线，曲
线如图 5-5。

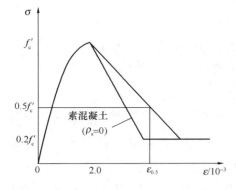

图 5-5　约束混凝土的应力-应变曲线

$$\varepsilon_{0.5} = \left(\frac{20.67 + 2f_c'}{f_c' - 6.89} + \frac{3}{4}\rho_s \sqrt{\frac{b''}{s}} \right) \times 10^{-3} \qquad (5\text{-}18)$$

式中：f_c'——混凝土的抗压强度（N/mm²）；ρ_s——横向箍筋的体积配筋率；b''——
约束混凝土的宽度；s——箍筋间距。

4. CEB FIP MC 90 模型

CEB FIP MC 90 模型[49] 的上升段采用与 Hogenestad 模型一样的二次抛物线，到达峰
值后为水平段，如图 5-6。

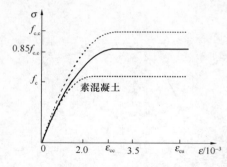

图 5-6　约束混凝土的应力-应变曲线

曲线上混凝土强度和相对应的应变值计算式如下：

箍筋约束混凝土的应力

$$\sigma_2 = \frac{1}{2}\alpha_n\alpha_s\lambda_t f_c \qquad (5\text{-}19a)$$

式中考虑到箍筋范围内的纵筋数量 n 和箍筋间距 s 对约束应力的影响引入了两个系数分别为 α_n 和 α_s：

$$\alpha_n = 1 - \frac{8}{3n} \qquad \alpha_s = 1 - \frac{s}{2b_0} \qquad (5\text{-}19b)$$

当 $\sigma_2 \leqslant 0.05f_c$　　　$f_{c,c} = (1 + 5\sigma_2)f_c$

当 $\sigma_2 \geqslant 0.05f_c$

$$\begin{cases} f_{c,c} = (1.125 + 2.5\sigma_2)f_c \\ \varepsilon_{cc} = (f_{c,c}/f_c)^2 \times 2 \times 10^{-3} \\ \varepsilon_{cu} = 0.2\dfrac{\sigma_2}{f_c} + 3.5 \times 10^{-3} \end{cases}$$

5. 本篇所用应力-应变模型

结合以上几种应力-应变模型和试验结果的应力-应变曲线来看，本篇采用过镇海提出的混凝土本构模型的曲线方程[47]，也是文献［51］建议的混凝土受压应力-应变曲线的基本方程。它用多项式和有理分式分别拟合上升段和下降段曲线的形状，基本方程为：

$$x \leqslant 1 \qquad\qquad y = \alpha_a x + (3 - 2\alpha_a)x^2 + (\alpha_a - 2)x^3 \qquad (5\text{-}20a)$$

$$x \geqslant 1 \qquad\qquad y = \frac{x}{\alpha_d(x-1)^2 + x} \qquad (5\text{-}20b)$$

其中　$x = \dfrac{\varepsilon}{\varepsilon_p}$，$y = \dfrac{\sigma}{f_c}$。

该方程的上升段和下降段在曲线峰点连续，且适用的应变范围不受限制，因而能完整、准确地拟合试验曲线，反映混凝土的全部受力性能。每段各有一个参数（α_a 和 α_d）且相互独立。分别拟合上升段和下降段曲线，比较方便。

上升段参数 $\alpha_a = \dfrac{dy}{dx}\Big|_{x=0}$，且 $1.5 \leqslant \alpha_a \leqslant 3.0$，其有着明确的物理和几何意义，即混凝土初始切线模量和峰值割线模量之比，或曲线的初始斜率和峰点割线斜率之比。即 $\alpha_a = E_0/E_p = E_0\varepsilon_p/f_c$，当 $\alpha_a = 2$ 时，公式为二次式 $y = 2x - x^2$。

下降段参数 α_d 的范围为：$0 \leqslant \alpha_d \leqslant \infty$。当 $\alpha_d = 0$，$y \equiv 1$，峰点后为水平线；$\alpha_d = \infty$，$y \equiv 0$，峰点后为垂直线。

根据以上分析可得出高强钢绞线网-高性能砂浆约束混凝土的本构模型公式：

$$\sigma = \sigma'_0\left[\alpha_{a,c}\left(\frac{\varepsilon}{\varepsilon'_0}\right) - (3 - 2\alpha_{a,c})\left(\frac{\varepsilon}{\varepsilon'_0}\right)^2 + (\alpha_{a,c} - 2)\left(\frac{\varepsilon}{\varepsilon'_0}\right)^3\right] \quad \text{当} \varepsilon \leqslant \varepsilon'_0 \qquad (5\text{-}21a)$$

$$\sigma = \sigma'_0\frac{\dfrac{\varepsilon}{\varepsilon'_0}}{\alpha_{d,c}\left(\dfrac{\varepsilon}{\varepsilon'_0} - 1\right)^2 + \dfrac{\varepsilon}{\varepsilon'_0}} \qquad \text{当} \varepsilon'_0 < \varepsilon \leqslant \varepsilon'_u \quad (5\text{-}21b)$$

$$\alpha_{a,c} = (1 + 1.8\lambda_w)\alpha_a \qquad (5\text{-}22)$$

$$\alpha_{d,c} = (1 - 1.75\lambda_w^{0.55})\alpha_d \tag{5-23}$$

式中：σ_0'——约束混凝土极限强度 f_e；ε_0'——相应于峰值应力的应变 ε_e；λ_w——钢绞线特征；α_a、α_d——素混凝土的曲线参数，在这里取值为 1.7 和 0.8[44]。

高强钢绞线网-高性能砂浆约束混凝土的应力-应变曲线如图 5-7。

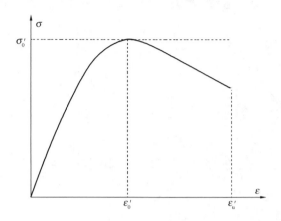

图 5-7　约束混凝土的应力-应变曲线

5.2.2　本构关系的验证

运用上述钢绞线约束混凝土峰值应力与轴向峰值应变代入式（5-21），可以确定高强钢绞线网-高性能砂浆约束混凝土的应力-应变关系模型。为了验证计算模型的正确性，根据试验数据对模型进行试算，结果见表 5-1。

试件强度计算结果　　　　　　　　　　　　　表 5-1

试件编号		钢绞线网片规格	峰值应力（MPa）			峰值应变		
			试验值	计算值	计算值/试验值	试验值	计算值	计算值/试验值
PC20	A	对比柱	23.11	—	—	0.001396	—	—
	B	$\phi3.05@50\times300$	32.89	28.61	0.87	0.00194	0.001786	0.92
	C	$\phi3.05@30\times300$	37.04	32.61	0.88	0.002122	0.002044	0.96
PC25	A	对比柱	25.33	—	—	0.001663	—	—
	B	$\phi3.05@50\times300$	36	30.35	0.84	0.002026	0.001959	1.06
	C	$\phi3.05@30\times300$	38.22	34.00	0.89	0.002139	0.001903	1.24
RC20	A	对比柱	27.11	—	—	0.002042	—	—
	B	$\phi3.05@50\times300$	35.11	31.80	0.91	0.003	0.0025221	0.84
	C	$\phi3.05@30\times300$	39.56	35.21	0.90	0.002749	0.002842	1.03
RC25	A	对比柱	29.78	—	—	0.001152	—	—
	B	$\phi3.05@50\times300$	37.78	34.04	0.90	0.001561	0.001563	1.0
	C	$\phi3.05@30\times300$	40.00	37.15	37.15	0.001178	0.0013988	1.19

　　图 5-8、图 5-9 给出了混凝土短柱的试验应力-应变关系曲线与理论应力-应变关系曲线的比较。可以看出，由以上分析模型所计算出来的柱应力应变值与试验值吻合较好，能够满足实际工程的应用要求。

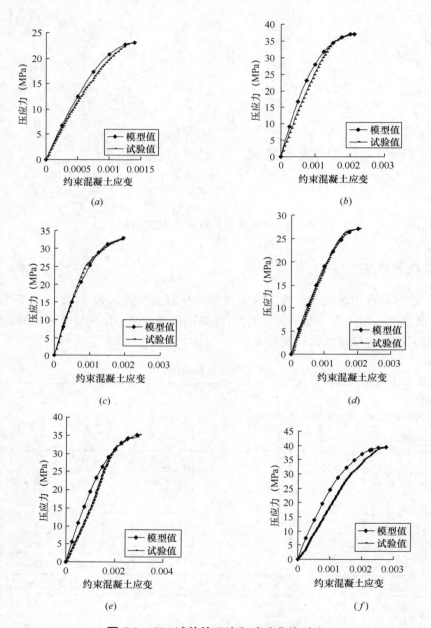

图 5-8　C20 试件的理论和试验曲线对比

(*a*) PC20 对比柱；(*b*) PC20B；(*c*) PC20C；(*d*) RC20 对比柱；(*e*) RC20B；(*f*) RC20C

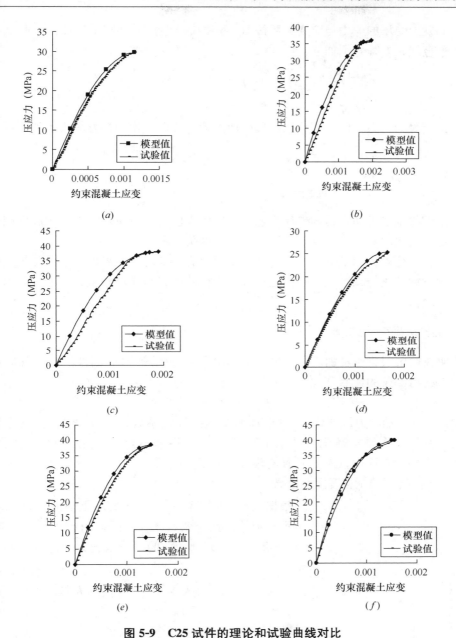

图 5-9 C25 试件的理论和试验曲线对比

（*a*）PC25 对比柱；（*b*）PC25B；（*c*）PC25C；（*d*）RC25 对比柱；（*e*）RC25B；（*f*）RC25C

5.3 约束轴心受压方柱的极限承载力计算公式

5.3.1 基本假定

（1）截面应变保持平面，即在荷载作用下，截面变形符合"平均应变平截面假定"。

（2）混凝土和高性能砂浆的抗拉强度很小，忽略混凝土和高性能砂浆的抗拉强度。

（3）混凝土受压的应力与应变关系按 Rush 建议模型，上升段采用二次抛物线，下降段采用水平直线，方程表示如下：

$$\sigma_c = f_c \left[2 \left(\frac{\varepsilon_c}{\varepsilon_{co}} \right) - \left(\frac{\varepsilon_c}{\varepsilon_{co}} \right)^2 \right] \qquad \varepsilon_c \leqslant \varepsilon_{co}$$

$$\sigma_c = f_c \qquad \varepsilon_0 < \varepsilon_c \leqslant \varepsilon_{cu}$$

（4）钢绞线的应力与应变关系采用最简单的理想弹塑性模型，方程表示如下：

$$\sigma_w = E_w \varepsilon_w \qquad \varepsilon_w \leqslant \varepsilon_y = \frac{f_w}{E_w}$$

$$\sigma_w = f_w \qquad \varepsilon_w > \varepsilon_y = \frac{f_w}{E_w}$$

（5）由试验结果可知在结构破坏之前高性能砂浆已大部分退出工作，则高性能砂浆的应力与应变关系按同等强度混凝土受压应力与应变关系取用。

（6）在轴向荷载作用下纵向钢绞线处于受压状态，这时可不考虑钢绞线的抗压能力。

（7）假设钢绞线与原混凝土柱锚固良好，高性能砂浆与原混凝土粘结良好，不会产生相对的剪切滑移。

5.3.2　简化计算公式

钟聪明在约束混凝土柱加固技术研究中提出了高强钢绞线网-高性能砂浆加固混凝土柱的轴向承载力建议的计算公式，以便参考，公式的模式如下：

$$N \leqslant \varphi(\alpha_c f_c A_c + f'_y A'_s + f_m A_m) \tag{5-24}$$

式中：N——轴向力设计值；φ——加固结构的稳定系数；f_c——混凝土轴心抗压强度设计值；f'_y——钢筋抗压强度设计值；f_m——高性能砂浆的轴心抗压强度设计值；A_c——原有混凝土柱面积；A'_s——原有混凝土柱钢筋面积；A_m——新加高性能砂浆层的面积；α_c——混凝土轴压强度提高系数。

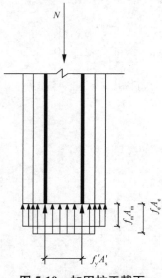

图 5-10　加固柱正截面受压承载力计算

根据该建议的计算公式，本篇用更多的试件来确定公式中不确定的系数，截面计算简图如图 5-10 所示，高强钢绞线网-高性能砂浆加固柱的轴向承载力设计可由下述公式表示：

$$N_u = \varphi(f_e A_e + f_m A_m + f'_y A'_s) \tag{5-25}$$

$$f_m = 0.60 f_{mu,k} \tag{5-26}$$

$$f_{co} = 0.67 f_{cu} \tag{5-27}$$

把式（5-29）代入式（5-14）可得：

$$f_e = [f_{cc} a_e + 0.5(f_{cc} + 0.67 f_{cu})(a - a_e)]/a \tag{5-28}$$

将式（5-28）和式（5-30）分别代入式（5-27），即得到加固柱的轴心受压承载力计算公式。

式中：f_e——横向钢绞线约束混凝土的等效极限抗压强度；A_e——横向钢绞线约束混凝土的有效面积。这里 $f_e A_e$ 表示提高的混凝土轴压强度，省去了建议公式中的提高系数 α_c，考虑高性能砂浆与原混凝土共同作用的关系，

根据试验过程和结果分析，在计算加固柱轴向极限承载力时，砂浆的强度折减系数取为
0.6；f_{cu}——混凝土立方体试块抗压强度，这里用混凝土立方体抗压强度 $0.67f_{cu}$ 来表示
试件柱中无约束混凝土的轴心抗压强度[52]。其他符号说明同式（5-26）。

5.3.3　计算结果分析

为了说明该简化计算公式的可靠性，将简化计算公式所得到的各个构件轴向极限承载
力值与试验实测的轴向极限承载力值进行分析比较，结果见表 5-2 和图 5-11。

轴向极限承载力值简化计算值与试验值的对比　　　　表 5-2

试件编号		钢绞线网片规格	试验值 （kN）	简化计算值 （kN）	简化计算值与 试验值的比值
PC20	A	对比柱	520	450	0.87
	B	$\phi3.05@50\times300$	740	736	0.99
	C	$\phi3.05@30\times300$	834	809	0.97
PC25	A	对比柱	570	495	0.87
	B	$\phi3.05@50\times300$	800	744	0.93
	C	$\phi3.05@30\times300$	860	816	0.95
RC20	A	对比柱	610	526	0.86
	B	$\phi3.05@50\times300$	790	828	1.05
	C	$\phi3.05@30\times300$	890	898	1.01
RC25	A	对比柱	670	571	0.85
	B	$\phi3.05@50\times300$	850	839	0.99
	C	$\phi3.05@30\times300$	900	909	1.01

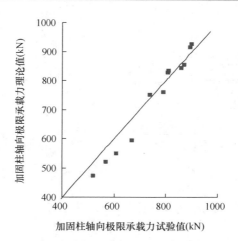

图 5-11　试验值和理论值比较

可以看出，简化计算值与试验值的比值为 0.86～1.05，除了试件 RC20A 和 RC25A
以外，简化计算值与试验值相比离散性较小，试验值和理论值的偏差都小于 10%，简化
公式所计算出来的轴向极限承载力值与试验值吻合较好，且计算值普遍小于试验值，说明

以上计算公式简单可靠，满足实际工程的应用要求。

5.4　理论分析的应用

实际工程中，一般构件的尺寸要大于棱柱体的尺寸，而本章前面主要分析了高强钢绞线网-高性能砂浆约束混凝土棱柱体的应力-应变关系，并提出了约束混凝土柱的轴向承载力公式。由于该混凝土柱加固技术在实践工程中运用甚少，则本节把前面得出的约束混凝土本构关系运用到已有文献[32]的试验数据中，可为实际工程计算提供参考。

5.4.1　文献试验概况

该试验共制作基本试件 9 根钢筋混凝土柱，混凝土强度等级为 C20 和 C35，试件截面尺寸取为 250mm×250mm，试件高厚比（h/b）取 6，即试件高度为 1500mm，混凝土保护层厚度为 30mm，纵筋为 4ϕ14，箍筋为 ϕ6 @150，配筋率为 0.99%。受压时防止两端先破坏，端部加密箍筋为 ϕ6 @60，并加设 15mm 的钢板，柱截面尺寸及配筋如图 5-12。

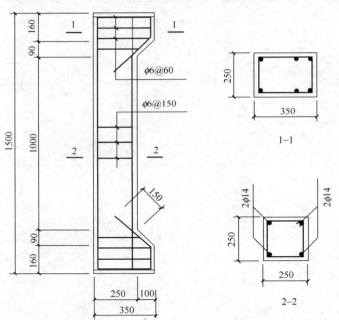

图 5-12　柱截面尺寸及配筋

试件根据不同的偏心距共分 3 组，每组 3 个，其中有一个为对比未加固柱，试件情况见表 5-3。

试件详细情况一览表
表 5-3

编号	混凝土等级	钢绞线直径（mm）	e_0（mm）	f_{cu}（MPa）	f_{mu}（MPa）	开裂荷载（kN）	最大荷载（kN）
ZA0	C35	对比柱	30	39.9	—	1800	1830
ZA1	C35	3.05	30	39.9	39.3	2075	2125

续表

编号	混凝土等级	钢绞线直径（mm）	e_0（mm）	f_{cu}（MPa）	f_{mu}（MPa）	开裂荷载（kN）	最大荷载（kN）
ZA2	C20	3.05	30	16.8	36.9	1450	1520
ZB0	C35	对比柱	50	39.9	—	1450	1557
ZB1	C35	3.05	50	39.9	39.3	2000	2045
ZB2	C20	3.05	50	16.8	36.9	1150	1220
ZC0	C35	对比柱	70	39.9	—	1260	1365
ZC1	C35	3.05	70	39.9	39.3	1400	1580
ZC2	C20	3.05	70	16.8	36.9	900	1040

注：构件编号中 Z 表示钢筋混凝土柱，A 表示偏心距为 30mm，B 表示偏心距为 50mm，C 表示偏心距为 70mm，e_0 为偏心距，f_{cu} 为混凝土立方体试块抗压强度，f_{mu} 为砂浆立方体试块抗压强度。

试件用高强钢绞线网-聚合物砂浆加固技术主要的施工步骤为：

①放线定位、基层处理：将清理好的混凝土柱基层进行凿毛处理，使混凝土结构层露出，钢筋混凝土柱的转角人工操作打磨成倒角半径为 15mm 的圆弧。②钢绞线网片安装：如图 5-13 所示，该试验采用国产的高强镀锌钢绞线，型号为 6×7＋IWS，直径为 3.05mm，按设计要求编织而成的两种规格钢绞线网片，间距 30mm，最大抗拉强度为 1645MPa，钢绞线的弹性模量为 $1.35×10^5$ MPa。③基层清理养护。④界面剂涂刷施工。⑤聚合物剂涂刷施工：本试验柱抹灰的厚度为 15mm，一次抹完成加固完整的柱。⑥养护。

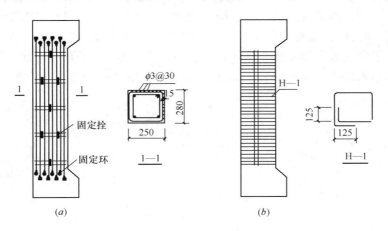

图 5-13　加固柱示意图

(a) 纵向；(b) 横向

5.4.2　本构关系应用及承载力计算

采用本文所得出的高强钢绞线网-高性能砂浆约束混凝土的本构模型和承载力计算公式，计算该试验中高强钢绞线网-高性能砂浆加固小偏心受压混凝土柱的极限承载力的峰值应力、应变，得出极限承载力如表 5-4。

承 载 力 计 算 表 5-4

编号	混凝土等级	钢绞线直径 (mm)	e_0 (mm)	试验极限荷载 (kN)	计算极限荷载 (kN)	计算值与试验 值的比值
ZA0	C35	对比柱	30	1830	1800	0.98
ZA1	C35	3.05	30	2125	1750	0.82
ZA2	C20	3.05	30	1520	1418	0.93
ZB0	C35	对比柱	50	1557	1800	1.16
ZB1	C35	3.05	50	2045	1750	0.86
ZB2	C20	3.05	50	1220	1418	1.16
ZC0	C35	对比柱	70	1365	1800	1.32
ZC1	C35	3.05	70	1580	1750	1.11
ZC2	C20	3.05	70	1040	1418	1.36

可以看出，随着偏心距的增大，计算值与试验值的比值也增大，但整体计算值与试验值吻合较好，且计算值普遍小于试验值，说明根据以上分析的计算公式简单可靠，进一步验证了约束后混凝土的本构关系，满足实际工程的应用要求。

5.5 本章小结

本章分析了钢绞线网约束混凝土方形柱的机理，并在前期对试验结果分析研究的基础上，参考相关文献资料，给出设计人员能很快应用的高强钢绞线网-高性能砂浆约束混凝土的简化分析模型，得出的约束混凝土峰值应力和应变与试验结果基本吻合。同时提出了高强钢绞线网-高性能砂浆加固柱的轴向承载力简化计算公式，经过与试验实测值对比，该公式计算结果和试验实测值吻合较好。最后将棱柱体的本构关系应用到一般构件中，计算结果与试验结果较接近，进一步验证了约束混凝土的本构关系，可供实际工程设计时参考。

第6章　本篇结论和展望

6.1　结论

本篇通过4组共24根试件对高强不锈钢绞线网-高性能砂浆加固约束混凝土棱柱体轴心受压性能进行了试验研究，对加固柱的极限承载力、钢绞线应变、柱的纵向变形和约束机理进行了分析，得出以下主要结论：

（1）由于目前市场上出售的聚合物砂浆大多含有聚合物乳液，成品较贵，且抗火性能较差，故本篇初步研究了不含聚合物的高性能复合砂浆的配制，便于工程中应用。

（2）加固后的柱与对比柱相比，裂缝相对较多，开裂缓慢、细密而宽度较小，对裂缝的发展有良好的约束作用。观察破坏后的试件不难发现，钢绞线网间距小的试件破坏严重，去掉砂浆里面混凝土压碎的裂缝明显，说明钢绞线网约束效果明显。

（3）高强钢绞线网-高性能砂浆加固法能有效约束混凝土柱，加固效果显著，极限承载力有大幅度的提高，与对比柱相比极限荷载提高幅度为30%～60%。

（4）随着钢绞线网间距的减小，极限承载力的提高幅度就越大，对核芯混凝土的约束力也越大。但是间距大的钢绞线网在约束混凝土时，能较好地发挥钢绞线的约束作用。

（5）高强钢绞线网-高性能砂浆加固低强度混凝土的效果更加明显，加固的素混凝土柱的承载力提高效果比钢筋混凝土的要好，相对提高幅度为12%～17%。随着钢绞线网间距的增大，极限承载力的提高幅度就越小，对核芯混凝土的约束力也越小。

（6）参考相关文献资料，分析约束机理，得出钢绞线约束混凝土的峰值应力与应变的计算公式，在此基础上提出了高强钢绞线网-高性能砂浆加固柱的轴向承载力计算公式。通过比较，试验结果与计算结果吻合较好，可以为实际工程计算提供参考。

6.2　展望

本篇对高强不锈钢绞线网-渗透性高性能砂浆加固约束混凝土棱柱体轴心受压性能进行了试验研究，但仍然存在许多没有解决的问题，在今后的研究中建议从以下几个方面进行分析：

（1）实际工程中，加固是在构件已有损坏的情况下，所以需对原混凝土加载至破坏后再进行加固，进行二次受力状态下的分析。

（2）改善钢绞线上的应变测量，并在不同的高度测量钢绞线的应变，进一步对钢绞线最佳利用率和有效约束系数进行研究。

（3）加固施工的过程直接影响着加固效果，需进一步研究分析钢绞线在锚固和施工过程中的有效利用率，以及高性能砂浆的有效利用率。

参考文献

[1]　卜良桃，周易全．工程结构可靠性鉴定与加固[M]．北京：中国建筑工业出版社，2009.

[2]　韩继云，李浩军．钢绞线网和聚合物砂浆加固技术及工程应用[J]．工程质量．2006.N 0.5：20-23.

[3]　金成勋，金成秀，刘成权，金明冠．渗透性聚合砂浆(RC-A0401)的性能分析[R]．韩国汉城产业大学．2001.

[4]　金成勋．不锈钢丝网抗拉强度试验结果[R]．韩国汉城产业大学建设技术研究所，2000.

[5]　金成勋，金明观，刘成权等．高强不锈钢绞线网-渗透性聚合砂浆加固钢筋混凝土板的延性评估[R]．韩国汉城产业大学，2000.

[6]　聂建国，蔡奇，张天申等．高强不锈钢绞线网-渗透性聚合砂浆抗剪加固的试验研究[J]．建筑结构学报，2005，26(2)：1-9.

[7]　聂建国，蔡奇，张天申等．高强不锈钢绞线网-渗透性聚合砂浆抗剪加固的试验研究[J]．建筑结构学报，2005，26(2)：10-17.

[8]　周孙基，聂建国，张天申．高强不锈钢绞线网-高性能砂浆加固板的刚度分析[C]．建筑抗震加固改造技术与工程实践-抗震加固改造技术第一届学术会议论文集．昆明：云南大学出版社，2004.

[9]　黄华，邢国华，刘伯权等．高强不锈钢绞线网-渗透性聚合砂浆抗弯加固承载力试验研究[J]．工业建筑，2007.37(3)：106-109＋119.

[10]　黄华．高强钢绞线网-聚合物砂浆加固钢筋混凝土梁式桥试验研究与机理分析[D]．西安：长安大学，2008.

[11]　黄华，刘伯权，邢国华等．高强不锈钢绞线网-渗透性聚合砂浆加固 T 形梁桥试验研究[J]．中国公路学报，2007，20(4)：83-90.

[12]　王亚勇，姚秋来，王忠海等．高强钢绞线网-聚合物砂浆复合面层加固砖墙的试验研究[J]．建筑结构，2005，35(8)：36-40.

[13]　曹忠民，李爱群，王亚勇等．高强钢绞线网-聚合物砂浆抗震加固框架梁柱节点的试验研究[J]．建筑结构学报，2006，27(4)：10-15.

[14]　曹忠民，李爱群等．钢绞线网片-聚合物砂浆加固空间框架节点试验[J]．东南大学学报(自然科学版)，2007，37(2)：235-239.

[15]　曹俊．高强不锈钢绞线网-聚合物砂浆粘结锚固性能的试验研究[D]．北京：清华大学，2004.

[16]　聂建国，陶巍，张天申等．预应力高强不锈钢绞线网-高性能砂浆抗弯加固试验研究[J]．土木工程学报，2007，40(8)：1-7.

[17]　徐明刚等．高强钢绞线网-聚合砂浆加固混凝土梁的受弯承载力计算工程[J]．抗震与加固改造，2007，29(4)：9-12.

[18]　林于东，林秋峰，王绍平等．高强钢绞线网-聚合物砂浆加固钢筋混凝土板抗弯试验研究[J]．福州大学学报(自然科学版)，2006(2).

[19]　刘卫铎．钢绞线网-渗透性聚合砂浆加固混凝土梁抗剪承载力试验研究及有限元分析[D]．西安：长安大学，2008.

[20]　曹忠民等．高强钢绞线网-聚合物砂浆抗弯加固的承载力计算[J]．四川建筑科学研究，2007，

33(5)：56-59.

[21] 董梁．钢绞线防腐砂浆加固混凝土梁的研究[D]．天津：河北工业大学，2006.

[22] 张盼吉．钢绞线加固钢筋混凝土板的试件研究[D]．天津：河北工业大学，2006.

[23] 曹忠民，李爱群，王亚勇等．高强钢绞线网-聚合物砂浆复合面层加固震损梁柱节点的试验研究[J]．工程抗震与加固改造，2005 年 06 期．

[24] P. J. Nedwell，M. H. Ramesht & S. Rafei-taghanaki. Investigation into the Repair of ShortSquare Columns Using Ferrocement[C]. Proceeding of the Fifth International Symposium on Ferrocement. London，1994，277-285.

[25] Ezzat. H. Fahmy, Yousry. B. I. Shaheen, Yasser. S. Korany. Use of Ferrocement Laminates for Repairing Reinforced Concrete Slabs[J]. Journal of Ferrocement，1997，vol. 27 (3)：219-232.

[26] Abdulah, Katsuki Takiguchi. An investigation into the behavior and strength of reinforced concrete columns strengthened with ferrocement jackets[J]. Cement & Concrete Composites，2003，25(2)：233-242.

[27] 尚守平，蒋隆敏，张毛心．钢筋网水泥复合砂浆加固 RC 偏心受压柱的试验研究[J]．建筑结构学报，2005，26(2)：17-27.

[28] 钟聪明．约束混凝土柱加固技术研究[D]．北京：中国建筑科学研究院，2004.

[29] 陈亮．高强不锈钢绞线网用于混凝土柱抗震加固的试验研究[D]．北京：清华大学，2004.

[30] 张立峰，姚秋来等．高强钢绞线网-聚合物砂浆加固偏压柱的试验研究[J]．四川建筑科学研究，2007，33：146-152.

[31] 张立峰，程绍革等．高强钢绞线网-聚合砂浆加固大偏心受压柱试验研究[J]．工程抗震与加固改造，2007，29(3)：18-23.

[32] 潘晓峰．高强钢绞线网-聚合物砂浆加固小偏心受压混凝土柱的试验研究[D]．南京：南京工业大学，2007.

[33] 姚卫国，刘凤阁．中国美术馆改建中的结构加固设计[J]．工业建筑．2004，34(6)：1-3.

[34] 陈志鹏，张天申，邱法维等．结构试验与工程检测[M]．北京：中国水利水电出版社，2005，160-165.

[35] 李建民．北京三元桥主体结构的加固方法[J]．市政技术，2005，23(4)：204-206.

[36] 王丽霞．钢绞线网在旧桥加固中的应用[J]．公路运输文摘，2004，5：38-39.

[37] 姚秋来，王忠海，王亚勇等．高强钢绞线网-聚合物砂浆在山东某招待中心主楼加固工程中的应用[C]．第二届全国抗震加固改造学术交流会，上海，2005.115-118.

[38] 王亚勇，姚秋来，巩正光，等．高强钢绞线网-聚合物砂浆在郑成功纪念馆加固工程中的应用[J]．建筑结构，2005，35(8)：41-42.

[39] 吴中伟．高性能混凝土及其矿物细掺料[J]．建筑技术．第 30 卷第 3 期．

[40] 冯乃谦．高性能混凝土技术[M]．北京：中国建材工业出版社，1992.

[41] 吴中伟，廉慧珍．高性能混凝土[M]．北京：中国铁道出版社，1999.

[42] 混凝土结构加固设计规范 GB 50367—2006[S]．北京：中国建筑工业出版社，2006.

[43] 水泥复合砂浆钢筋网加固混凝土结构技术规程[M]．北京：中国计划出版社，2008.63-64.

[44] 过镇海，时旭东．钢筋混凝土原理和分析[M]．北京：北京大学出版社，2006.179-183.

[45] 许成祥，何培玲等．混凝土结构设计原理[M]．北京：北京大学出版社，2006.126-183.

[46] 林大炎，王传志．矩形箍筋约束的混凝土应力应变全曲线研究[R]//清华大学抗震抗爆工程研究室．科学研究报告集第 3 集　钢筋混凝土结构的抗震性能．北京：清华大学出版社，1981.19-37.

［47］　过镇海，张秀琴，翁义军．箍筋约束混凝土的强度和变形［C］．见：城乡建设部抗震办公室等编．唐山地震十周年中国抗震防灾论文集．北京，1986. 143-150.

［48］　Kent D C，Park R. Flexural Members with Confined Concrete［J］. ASCE, 1971, 97（ST7）：1969～1990.

［49］　Comite Euro-International du Beton. Bulletin D'information No. 213/214 CEB-FIP Model Code 1990（Concrete Structures）. Lausanne, 1993.

［50］　混凝土结构设计规范 GB 50010—2010［S］．北京：中国建筑工业出版社，2011.

［51］　过镇海．混凝土的强度和变形（试验基础和本构关系）［M］．北京：清华大学出版社，1997.

［52］　BS 8110 Structural Use of Concretel，Part l. Code of Practice for Design and Construction ［M］. British Standards Institution ，London，UK，1997.

第二篇

高强钢绞线网-聚合物砂浆加固
混凝土柱的应力-应变关系研究

摘要

高强钢绞线网-聚合物砂浆加固方法是最近几年来新发展出的一种加固技术，在加固工程业界内逐步得到应用。相比于传统的加固方法，其具有良好的耐火和耐久性、施工便利、应用范围广等优点，有广阔的发展前景。研究钢绞线网-聚合物砂浆加固混凝土柱应力-应变关系是研究其他力学性能的基础，是必要的，而当前国内外关于这方面的研究比较少。

本篇首先阐述了关于约束混凝土柱较为典型的峰值应力、峰值点应变以及应力-应变关系曲线的计算模型，并将这些模型应用到相关文献中钢绞线网-聚合物砂浆加固混凝土柱的计算，分析比较了这些典型的峰值点应力、应变计算模型，并对影响钢绞线网加固混凝土柱轴压性能的因素进行了参数分析。

根据 Hoke-Brown 破坏准则以及主动约束混凝土理论推导出适用于钢绞线网约束混凝土柱峰值应力的计算模型；根据相关文献中主动约束混凝土试验分析了主动约束混凝土侧向应变与纵向应变之间的关系，同时结合 Ottensen 混凝土应力-应变关系以及广义胡克定律建立了钢绞线网约束混凝土柱应力-应变关系分析模型，并编制了计算机程序，通过计算程序计算了相关文献中钢绞线网-聚合物砂浆加固混凝土柱轴压试验的峰值点应力、应变以及应力-应变关系曲线，计算模型与试验结果吻合较好。本篇还将提出的钢绞线网约束混凝土柱应力-应变关系分析模型的计算流程应用到预应力钢带约束混凝土柱中去，证明本篇模型具有广泛的适用性以及可扩展性。结合理论分析得到的结果，将收集到的不同截面形状、不同混凝土强度、不同钢绞线间距的钢绞线网-聚合物砂浆加固混凝土柱的试验数据进行归一化并回归出钢绞线网约束混凝土柱应力-应变关系设计模型。

将提出的钢绞线网约束混凝土应力-应变关系模型应用到钢绞线网-聚合物砂浆加固钢筋混凝土柱在低周反复荷载作用下以及偏压作用下的力学性能研究中。利用力的平衡、变形协调以及条带法，通过编制计算机程序计算出在低周反复荷载作用下钢绞线网-聚合物砂浆加固钢筋混凝土柱的骨架曲线，以及钢绞线网-聚合物砂浆加固钢筋混凝土偏压柱的极限承载力，计算结果与试验结果吻合较好，验证了所提模型的实用性和正确性。

第7章 绪 论

7.1 前言

混凝土结构通常拥有较好的受力性能，在建筑工程、桥梁工程、海洋工程等工程中得到广泛的应用。但是，建筑物和构筑物的结构随着时间的增长以及外部环境的作用，如高温、酸雨、地震、火灾、撞击、冻融等，往往会造成构件中钢筋和混凝土的腐蚀，从而降低了构件承载能力，危及结构的安全。我国是一个多自然灾害的国家，有三分之二的大城市分布在地震区，大地震往往会造成极其严重的后果；我国平均每年会有将近 30 万间房屋由于风灾受到不同程度的损坏，造成重大的财产损失；我国每年由于水灾而发生的房屋损坏多达数百万起，造成的损失比地震损失还要惨重[1]。面对这些影响，对大量的建筑物和构筑物采取及时有效的补救措施、对损伤的结构进行加固处理以确保正常安全的使用是十分有必要的。

一些建造比较早的工程随着时代的进展渐渐进入"老龄期"，不能满足当今社会生产发展的需要；同时，由于建筑规范的不断优化使得越来越多的建筑物、构筑物的安全性满足不了现行的需求。据统计，我国现有 70 亿 m² 城镇建筑中有将近一半已进入老化期；截至 2002 年，我国工业厂房及仓库有超过 25％的服役期在 30 年以上，服役期超过 20 年的有 45％以上[2]。

如果只是简单拆除这些损伤或者老旧的建筑物、构筑物并重新建造，将会造成极大的浪费且对周围环境造成影响。为了解决这些问题，一些专家学者进行了针对结构加固技术的研究。

7.2 混凝土柱加固技术概述

7.2.1 增大截面加固法

增大截面加固法是增大原构件截面面积并增配钢筋，以提高其承载力和刚度，或改变其自振频率的一种直接加固法。增大截面加固法具有成熟的设计方法、丰富的施工经验、成本低、适用范围广等优点；然而这种加固方法的不足是，施工现场的湿作业时间长，会造成建筑物和构筑物的净空明显减少。

7.2.2 外包型钢加固法

外包型钢加固法是对混凝土梁、柱外包缀板焊成的构架，以达到共同受力并使原构件受到约束作用的加固方法。外包型钢加固法通过在结构构件的两侧或四角用型钢进行包裹，可有效提高构件的承载能力却不会过多减少建筑物的净空，使建筑物的使用功能基本不受影响。外包角钢，可以充分利用钢筋混凝土材料以及钢材的优点，既可以提高承载力，又不会使结构的刚度增加太大从而导致地震作用增大，还可以有效约束混凝土，提高混凝土的变形能力和抗剪能力，大大改善结构的受力性能；对框架柱进行外包钢，可以使弱柱转变为强柱，从而达到"强柱弱梁"的设计原则，同时降低中心混凝土的轴压比[55]。此外，这种方法也可用于节点的加固，达到"强节点弱构件"的目的。外包型钢加固法应用领域广泛，然而这种方法耗钢量大，对于处在腐蚀性环境的结构，必须采取相应的防护措施，这样就加大了工程的成本，且对于节点的处理难度较大[55]。

7.2.3　外粘钢加固法

外粘钢加固法是通过采用结构粘结剂将型钢或钢板绞线网粘合于原构件的表面，使之形成具有整体性的复合截面，以提高其承载能力和延性的一种直接加固法。此法可使结构的抗弯和抗剪能力得到增强，进而提高结构安全度。一般适用于承受静力作用的受弯构件的加固，并且周围环境的湿度正常，是近些年来发展较快的一种加固技术。

该加固法的优点是施工便捷，施工过程中湿作业量少，加固完成后，很快便可投入使用，对原有结构的自重、外观尺寸以及净空影响不明显，同时能使构件的刚度和承载能力得到显著提高，价格低廉；但是这种加固方法对于胶粘剂的质量以及施工水平有较大的依赖，尤其是粘钢后出现空鼓时很难进行相应的补救[56]。

7.2.4　外粘纤维复合材加固法

外粘纤维复合材料加固法是通过采用结构粘结剂将纤维复合材料粘合于原构件的表面，使之形成具有整体性的复合截面，以提高其承载能力和延性的一种直接加固法。此法利用纤维复合材料具有的高强度和高弹性模量的优点，提高结构的承载力和延性。

纤维增强聚合物（FRP）材料为经过编织与环氧树脂等基材胶合凝固或经过高温固化而形成的一种新型复合材料[51]。FRP根据纤维材料成分不同分为玻璃纤维（GFRP）、碳纤维（CFRP）和芳纶纤维（AFRP）等。这种加固方法具有比较多的优点，例如，可以在不影响建筑物或构筑物使用功能的前提下对原结构的尺寸产生较小的影响；FRP作为一种新型复合材料具有较高的强度但是密度却低，这样就不会对结构的自重产生过大的影响；同时具有大多数复合材料所具有的耐腐蚀性；在施工过程中操作起来也十分方便[51]。但是这种加固方法所采用的粘结剂是有机材料，耐火性能较差，当发生火灾时，有机胶受热分解丧失粘结作用，导致FRP与构件剥离失去加固作用，而如果采取防火措施，又会使工程造价和施工工序增加[51]。

7.2.5　钢绞线网-聚合物砂浆加固法

钢绞线网-聚合物砂浆加固法是通过采用高强聚合物砂浆将钢绞线网粘合于原构件的表面，使之形成具有整体性的复合截面，以提高其承载能力和延性的一种直接加固法。其优缺点详见表7-1。

钢绞线网-聚合物砂浆加固法的优缺点　　　　　　　　　　　　　　表 7-1

优　点	缺　点
抗拉强度高、有十分好的韧性；聚合物砂浆具有高强度、无毒、渗透性好、较好的耐久性，能与钢绞线形成复合结构层，保证加固层与原结构协同受力	施工时为确保加固的质量，需要保证加固层与原构件有可靠的结合，这样就需对原有构件表面进行凿毛除尘，导致施工现场出现粉尘
具有良好的力学性能，适用于改善构件的抗弯、抗剪与变形能力，同时在一定程度上能增加构件刚度	
聚合物砂浆绿色环保、耐久性强，是新型无机胶凝材料，无毒、无挥发性气体，能有效保护钢绞线；加固层具有良好的防腐性、耐高温性、防火性能	
施工难度较低，不需要大型施工设备辅助，对施工场地及空间要求均不高	钢绞线网的编织及聚合物砂浆的配制工艺较复杂
几乎不影响建筑使用功能，加固层厚度小、对原有结构的自重没有明显的影响，对建筑效果影响较小	

7.3　钢绞线网-聚合物砂浆加固混凝土柱研究现状

7.3.1　国外研究现状

Murat Saatcigolu 等[11]通过试验研究了钢绞线间距、钢绞线预应力大小、柱子截面形状以及加固材料的不同对 RC 柱抗震性能的影响。通过分析试验现象和试验数据发现：减小钢绞线间距、对钢绞线施加一定的预应力可以显著改善构件的抗震性能；采用不同的约束材料对构件的抗震性能也有很大的影响；除此之外，当对方形柱进行加固时要对柱子进行处理以避免在角部发生应力集中，导致约束力不能均匀分布在构件表面。最后，文章还提出了柱子抗震加固的设计方法。

Jun-Heyok Choi[12]对纵向钢筋搭接长度不足的圆截面 RC 柱采用钢绞线网-聚合物砂浆进行加固并进行抗震试验。结果表明：RC 柱中纵向钢筋的搭接长度对构件的抗震性能有显著的影响，搭接长度不够容易在搭接处发出粘结破坏；采用钢绞线网-聚合物砂浆加固法可以明显改善构件的抗震性能。但是，在试验中个别的加固构件在柱脚节点处发生剪切破坏，这有待于进一步的研究和解决。

Sung-Hoon Kim[13]等通过试验研究了钢绞线网-聚合物砂浆加固地震作用下已破坏的圆截面 RC 柱的抗震性能。对比未加固柱在低周反复荷载作用下的滞回曲线和加固破坏后柱在低周反复荷载作用下的滞回曲线，发现加固后的柱在抗震性能方面比原柱更好，说明钢绞线网-聚合物砂浆加固法对于破坏后的柱有良好的加固效果。

Sung-Hoon Kim[14]等又对纵向钢筋搭接长度不足的矩形截面 RC 柱采用钢绞线网-聚合物砂浆进行加固及抗震试验。

7.3.2　国内研究现状

哈尔滨工业大学的王用锁等人[5]对钢丝绳绕丝约束混凝土短柱在轴压作用下的受力性能进行了试验探究，总共浇筑了24根圆截面以及椭圆截面混凝土柱，将试件进行钢丝绳缠绕加固。试验根据加固构件的钢丝绳间距、截面形状等参数将试验构件分组，分别定量分析研究了这些参数对加固柱承载力和变形能力的影响，通过整理试验结果以及参数分析数据，得出了钢丝绳绕丝加固混凝土短柱轴压性能的一般规律，为工程实践提供了依据[5]。

中国建筑科学研究院工程抗震研究所张立峰等人[7]进行了高强钢绞线网-聚合物砂浆加固大偏心受压混凝土柱的试验研究，试验共制作了9根大偏心受压钢筋混凝土柱，其中加固的钢筋混凝土柱6根，其余的为未加固柱作为对比。并分别就钢筋混凝土柱的破坏形态、极限承载能力以及变形能力等进行了定量研究，根据对试验结果的处理和分析得出结论：高强钢绞线网-聚合物砂浆加固法能使钢筋混凝土大偏压柱的整体性能得到提高，加固后显著改善了钢筋混凝土大偏压柱的受力性能[51]。

南京工业大学潘晓峰等人[16]进行了高强钢绞线网-聚合物砂浆加固小偏心受压钢筋混凝土柱的试验研究[52]，试验共制作了9根小偏心受压钢筋混凝土柱，其中加固的钢筋混凝土柱6根，其余的为未加固柱作为对比。分别考虑偏心距、混凝土强度这些因素对小偏心受压钢筋混凝土柱加固效果的影响。分析试验结果得出结论：加固后的小偏压钢筋混凝土柱加固后的受力性能以及变形能力得到显著改善[52]。

中南大学的陈志峰[6]采取了两种方法（试验方法、有限元方法）对钢绞线网-聚合物砂浆加固混凝土轴压柱进行了研究，通过分析对加固轴压混凝土柱的承载力有影响的主要因素，提出了钢绞线预应力水平和侧向约束力的大小等影响加固柱极限承载力以及延性的因素。

华东交通大学的王嘉琪等人[17]进行了高强钢绞线网-聚合物砂浆加固轴心受压混凝土方柱的试验研究，试验共浇筑了24根试件，试验根据混凝土强度、混凝土类型和钢绞线间距等参数将试件分成4组，分别定量分析研究了这些参数对加固效果的影响，并提出了计算加固后混凝土柱极限承载力的方法。分析试验结果得出结论：加固后混凝土柱的极限承载力得到明显提高，混凝土柱的受力性能以及变形能力也都得到了改善。

清华大学的陈亮[8]对高强钢绞线网加固钢筋混凝土柱的抗震性能进行了试验研究，试验共制作了8根构件，试验根据轴压比、加固量等参数将试件分成两组，分别研究这些参数对加固钢筋混凝土柱的抗震性能的影响。试验得到了加固柱和未加固柱的延性系数比、滞回环面积以及黏滞耗能系数等抗震性能指标，通过对抗震性能指标的分析得出结论：高强不锈钢绞线网加固后的钢筋混凝土柱，可以被有效地约束，混凝土及钢筋能有效避免被严重破坏和防止屈曲，混凝土柱在加固之后，其延性性能有一定的提高，滞回曲线面积有一定的增加，都可以反映出，加固后的混凝土柱的抗震性能得到一定的提高。

北京工业大学的李辉[9]等人对预应力钢绞线加固钢筋混凝土短柱的抗震性能进行了试验研究，试验共对13根钢筋混凝土短柱进行了预应力钢绞线加固处理，并在低周反复荷载作用下进行了试验，分别就预应力水平、钢绞线约束特征值、轴压比等影响抗震性能的因素进行了研究分析，根据对试验结果的处理和分析得出结论：加固钢筋混凝土短柱后，构件的抗震性能、延性以及耗能能力得到明显提高。

长安大学的田轲等人[10]使用数值模拟手段模拟了已有的加筋聚合物砂浆加固 RC 柱的抗震试验，验证了模拟方法的可靠性，并利用模拟方法对影响钢筋混凝土加固柱的抗震性能的更多参数进行了研究来弥补试验的不足，对加筋聚合物砂浆加固 RC 柱抗震性能进行更全面的研究；着重研究分析了箍筋配箍率、纵筋配筋率、混凝土的强度等级、钢绞线用量等参数，并在此基础上进一步地研究了加筋聚合物砂浆加固偏压柱的抗震性能[10]。

北京工业大学的郭俊平、邓宗才等人[18]进行了预应力钢绞线加固混凝土圆柱的轴压性能的试验研究，试验共制作了 26 根钢筋混凝土圆柱，其中 24 根为预应力钢绞线加固试件，其余的试件为未加固试件作为对比，根据绞线间距和预应力水平这两个因素对试件进行了分组，分别定量分析了这些因素对加固效果的影响，根据试验现象和数据，得到了预应力钢绞线加固混凝土圆柱的土应力-应变关系，理论计算结果与试验结果吻合较好，并且得出结论：预应力钢绞线加固技术是主动、高效的。

北京工业大学的郭俊平、邓宗才等人[19]进行了预应力钢绞线加固钢筋混凝土圆柱抗震性能的试验研究以及恢复力模型研究，试验共制作了 18 根钢筋混凝土圆柱，其中 16 根为预应力钢绞线加固试件，其余的试件为未加固试件作为对比，根据预应力钢绞线加固混凝土圆柱轴压试验得到的预应力钢绞线加固混凝土圆柱的应力-应变关系方程，根据平衡条件以及构件的轴力二次矩效应，建立了预应力钢绞线加固钢筋混凝土圆柱在低周反复荷载作用下的恢复力模型。

7.4　约束混凝土研究现状

Kent 和 Park[20]根据试验研究，建立了约束混凝土 Kent-Park 本构模型。由于构件尺寸、箍筋形式以及加载方式等原因的影响，该模型没有考虑箍筋对混凝土的约束所带来的强度提高，仅仅考虑箍筋约束对应变的提高；认为箍筋约束混凝土峰值应力和未约束的素混凝土相同，50％峰值强度处的应变决定了应力-应变曲线的下降段斜率[15]。

Sheikh 和 Uzumeri[21]首次提出了"有效约束混凝土面积"的观点，并提出了约束混凝土应力-应变骨架曲线，这类计算模型的应力-应变曲线一般由 3 部分构成：第一部分上升段为二次抛物线；第二部分下降段为几个直线构成；第三部分为一段水平线[15]。

Mander[22]等在试验的基础上提出了计算约束混凝土约束混凝土应力-应变曲线的计算方程，Mander 模型中包含了对有效约束面积的相对大小、体积配箍率、箍筋间距、箍筋屈服强度、卸载时刚度的逐渐退化以及再加载时的刚度退化、强度降低等影响因素的考虑[15]。但该模型在选取方程形式时比较困难。

Cusson 和 Paultre[23]按照约束指标 f_{le}/f_∞ 的大小，其中 f_{le} 为有效侧向约束力，f_∞ 为非约束混凝土的峰值强度，把约束混凝土分为 3 个等级：分别为低约束、中等约束以及高约束。并根据 50 个足尺寸高强混凝土柱轴压试验建立了约束高强混凝土的应力-应变关系计算模型[15]。

钱稼茹[24]等完成了 24 根箍筋约束混凝土柱的轴心受压试验。配箍形式采用了方箍、拉筋复合箍和井字复合箍，试件的配箍特征值 λ_v 范围为 0.07～0.24。根据 λ_v 在新的《建筑抗震设计规范》中规定范围内的箍筋约束混凝土的强度和变形，得到了适用于约束混凝土结构构件非线性分析的应力-应变本构方程[24]。

车轶[25]等浇筑了不同截面尺寸高宽比为 3∶1 的箍筋约束混凝土棱柱体试件，并进行了轴心受压试验。不同尺寸试件在加载过程中的裂缝发展及破坏形态基本相同。试件破坏时，保护层与核心混凝土之间形成明显的薄弱面，混凝土保护层大面积外鼓、脱落，箍筋间的纵筋被压曲，箍筋间的约束混凝土呈现压碎现象，混凝土外部出现 X 形或 H 形裂缝区。尺寸不同的箍筋约束混凝土棱柱体的应力-应变曲线下降段存在一定差异。随着试件截面尺寸的增大，峰值荷载后荷载的下降越来越明显。箍筋约束混凝土试件的峰值应力不受尺寸效应的影响，而其峰值应变则明显受尺寸效应的影响，峰值应变的大小随试件尺寸的增加而减小[25]。

宋佳[26]等进行了两组圆箍筋约束混凝土圆柱试件单调轴压试验，将体积配箍率和试件几何尺寸作为主要研究参数。试件的峰值应力和峰值应变随着几何尺寸的增长，出现逐渐减小的趋势，试件的变形能力受尺寸效应的影响规律不显著。试验试件的峰值应力、峰值应变和变形能力受体积配箍率的影响明显。尺寸效应对箍筋约束混凝土圆柱的峰值应力和峰值应变的影响较为显著，但试件变形能力受其影响较小。建立了适用于截面直径为256～576mm 并考虑尺寸效应的圆箍筋约束混凝土圆柱峰值应力及峰值应变表达式。在先前模型的基础上建立了考虑尺寸效应的圆箍筋约束混凝土圆柱的应力-应变关系模型[26]。

Hasan Moghaddam[27]等通过大量的试验研究了混凝土强度、金属带的含量、金属带的预应力度以及层数对 RC 柱的轴压性能的影响。试验研究发现：混凝土强度等级越高，构件的延性越低；约束材料的延性对构件的延性起着重要的作用；构件的强度随钢带的含量增加而增加；金属带的预应力度越大，会使构件的峰值荷载前的刚度加大，但是由于提前对材料施加了预应力造成材料后期延性下降，导致加固构件在后期延性变小；然而对于方形截面的加固柱，其直角处理也会影响到构件的强度和延性，将直角处理成圆角效果最好。

Hasan Moghaddam[28]等采用两种不同的理论分析方式：①通过力学平衡原理和回归分析的方法得出钢带约束 RC 柱轴压作用下的应力-应变曲线，结果与试验结果吻合良好；②使用 ABAQUS 建模，选择合理的单元类型、本构关系和破坏准则模拟构件在轴压作用下的反应，得到的应力-应变曲线和试验结果吻合良好。

Jian C. Lim[29]等人进行了 FRP 约束混凝土和三轴受压混凝土的轴压对比试验。试验中，试件采用高强和普通混凝土分别制成，并且 FRP 材料选取了 AFRP、CFRP、GFRP三种。试验发现：三轴受压试件与 FRP 试件在相同的侧向压力下，横向与轴向的应变关系一致；然而，对于高强混凝土试件，三轴受压试件和 FRP 约束试件在相同的轴向和横向应变下，轴向应力有很大的差别，并且随着侧向压力的增加这种差异将更加明显。

Jian C. Lim[30]等人在上述试验的基础上又搜集了大量的三轴受压混凝土以及 FRP 约束混凝土轴压试验数据，结合相关的约束混凝土模型对试验数据进行了回归分析，得出计算由于侧向约束力的差异导致 FRP 约束构件与三轴受压构件在轴向应力差值的方法，根据此值利用三轴受压构件的应力-应变曲线可以得出 FRP 约束构件的应力-应变曲线。

于峰[31]等在对现有试验数据的回归分析的基础上，通过引入 FRP 约束混凝土柱承载力的稳定系数，建立了 FRP 约束混凝土柱的极限承载力计算公式，FRP 约束混凝土柱可显著提高混凝土的承载力；随着 FRP 约束混凝土柱长细比的增加，FRP 约束混凝土柱的极限承载强度和变形能力逐渐减小。以约束效应系数、FRP 管中含纤维复合材料的比率 λ 及约束效果折减系数 k_r 为参数，提出了计算 FRP 约束混凝土短柱极限承载力的计算方法[31]。

惠宽堂[32]等在大量的约束混凝土轴心受压试验数据的基础上，研究了影响约束混凝土柱轴心受压力学性能的显著因素，分别提出了轴心受压时箍筋约束混凝土柱以及 FRP 约束混凝土柱的峰值应力、峰值应变以及极限应变的计算模型；对试验数据的对比分析发现，箍筋约束混凝土的特点体现在荷载较小阶段，碳纤维约束混凝土的性能体现在高特征值时将优于箍筋约束混凝土[32]。

吴刚[33]等在国内外试验研究基础上，提出 FRP 约束混凝土矩形柱的应力-应变关系曲线存在软化段或硬化段，提出 FRP 约束混凝土矩形柱应力-应变关系曲线转折点处的应力和应变与碳纤维侧向约束刚度和混凝土弹性模量比值存在一定的关系，并提出相应的计算公式。FRP 侧向约束强度、FRP 类型、矩形截面的转角、混凝土强度等因素对 FRP 约束混凝土矩形柱的极限应力和应变的大小存在一定的影响，并由此提出极限应力和极限应变的计算方法，该计算模型简单且包含了各影响因素。最后，提出了三个确定碳纤维约束混凝土矩形柱的应力-应变关系模型的方法[33]。

陶忠[34]等通过改进已有文献中所提出的约束混凝土体积应变计算模型，并在三轴受压作用下混凝土的应力-应变关系模型的基础上，采用数值方法，计算了在 FRP 被动约束下的圆截面混凝土柱的应力-应变关系曲线；FRP 对混凝土的约束效应受混凝土强度和 FRP 约束刚度显著影响，并且随着混凝土强度提高和 FRP 约束刚度减小而减小。在保证碳纤维约束混凝土不会发生软化时，采用抗拉强度高的 FRP 可以有效提高 FRP 约束混凝土的极限强度[34]。

邓宗才[35]等总结了海内外关于碳纤维约束混凝土应力-应变关系的最新研究成果，探讨了各种模型的优点与不足，并进行了模型验证。根据试验研究和对已有研究成果对比分析，提出了新的 FRP 约束混凝土圆柱体的应力-应变关系曲线模型，该模型将轴向、横向和体积应变作为来衡量 FRP 约束混凝土的内部损伤的参数，由此来反映在 FRP 被动约束下混凝土柱的内部损伤情况，从而使模型简化且具有明确的物理含义[35]。

陆新征[36]等根据有限元软件对碳纤维布约束混凝土方柱的轴心受压性能进行了有限元分析，并对比了模拟结果与试验结果。FRP 约束混凝土方柱可以在一定程度上提高其极限强度，但提高程度有限。原因为 FRP 约束集中于角部区域，而截面的其余部分受到侧向约束力较小[36]；当方形截面的倒角半径较小时，角部区域混凝土强度的提高幅度很小，因此对柱的整体强度提高的贡献有限。FRP 的破坏形式受纤维厚度的影响，随加固量的增加，其破坏形式从中部纤维受拉破坏转变为角部纤维的应力集中破坏。FRP 约束可以明显提高混凝土的极限压应变，进而使构件的变形能力得到增强。

周长东[37]等制作 25 个 FRP 布约束混凝土试件并进行轴心受压试验。试验将混凝土强度、截面尺寸、箍筋间距、原有损伤及表面处理情况、纤维布种类、层数和预应力大小等因素作为主要研究对象。相比于非加固试件，环向预应力 FRP 加固试件的轴压承载力和变形能力得到显著提高；对 FRP 施加预应力能充分发挥纤维布的高强性，避免应力滞后的影响；当环向预应力水平在 0～0.20 范围内时，试件的极限强度和变形能力随预应力水平的增加而增强；当环向预应力水平达到 0.25 倍以上时加固效果反而会出现下降的趋势[37]。

王嘉琪[17]等通过 4 组共 24 根试件对高强不锈钢绞线网-渗透性高性能砂浆加固约束混凝土棱柱体轴心受压性能进行了试验研究[17]，得出高强钢绞线网-高性能砂浆加固方法能有效约束混凝土柱的横向变形，加固效果显著，极限承载力有大幅度的提高，与对比柱相比极限荷载提高幅度为 30%～60%；随着钢绞线网间距的减小，极限承载力的提高幅度就越大，并且对核芯混凝土的约束力也越大。但是间距大的钢绞线网在约束混凝土时，能较好地发挥钢绞线的约束作用；高强钢绞线网-高性能砂浆加固低强度混凝土的效果更加明显，加固的素混凝土柱的承载力提高效果比钢筋混凝土的要好，相对提高幅度为 12%～17%；提出了高强钢绞线网-高性能砂浆加固柱的轴向承载力计算公式可供实际工程计算提供参考。

史庆轩、杨坤[38]等通过 31 根高强箍筋约束高强混凝土棱柱体试件轴压试验的研究，定量分析了箍筋间距、箍筋强度、箍筋形式对约束高强混凝土强度与延性的影响，得到结论：约束混凝土强度和延性的提高程度随着箍筋强度的增加而增大，当箍筋强度增加到一定程度，这种现象则不明显，且峰值强度提高倍数出现下降的趋势[58]；箍筋间距对约束高强混凝土峰值应力和变形能力提高程度的影响要明显大于箍筋强度，即箍筋强度的增加并不能弥补相应比例的体积配箍率的降低；箍筋间距为 $H/1.8$ 的试件，其强度和延性提高程度已经很小，因此，建议箍筋间距不宜大于 $H/2$；箍筋间距和形式决定着被相邻箍筋有效约束的核心混凝土体积，即箍筋形式比较复杂且间距较小的试件，具有较高的箍筋侧向约束力、轴向承载力和较好的延性性能。结合试验结果和近年来国内外的试验数据，回归得到了高强箍筋约束高强混凝土强度和延性的计算公式[58]。

杨坤[39]等根据 31 根高强箍筋约束高强混凝土棱柱体试件的轴心受压试验结果，对高强箍筋约束高强混凝土棱柱体的应力-应变关系进行了分析研究。将试验数据进行回归分析，得到了高强箍筋约束高强混凝土峰值应力、峰值应变及极限应变的计算模型；提出了计算高强箍筋约束高强混凝土达到峰值应力时所对应高强箍筋应力大小的迭代方法；得到了适合于高强箍筋约束高强混凝土轴心受压的应力-应变本构模型，并与其他约束模型进行了对比。

郭俊平[18]等通过预应力钢绞线网-聚合物砂浆加固混凝土圆柱的轴压试验，研究了钢绞线间距、预应力水平等因素对轴压混凝土柱加固效果的影响。在试验的基础上提出了计算预应力钢绞线-聚合物砂浆加固柱的峰值应力、峰值应力所对应的应变的计算公式和两种应力-应变全曲线关系模型。

7.5　本篇研究的意义及主要内容

7.5.1　本篇研究的意义

从现有的关于钢绞线网-聚合物砂浆加固混凝土结构研究情况看，国内外学者已对该种加固技术进行了大量的研究。但对于钢绞线网约束混凝土柱的应力-应变关系的研究比较少，并且以往关于钢绞线网约束混凝土的计算方法都主要以试验为基础，将获得的应力-应变关系曲线的试验数据经过回归分析得到相应的数学模型，然后利用本次试验数据来确定模型中的参数，这样得到的钢绞线网约束混凝土柱的应力-应变关系模型一般仅仅对于本次试验能有比较好的吻合，对于其他试验的预测效果往往比较差。

钢绞线网约束下混凝土的应力-应变关系是约束混凝土力学特性的一个重要方面，与钢管、箍筋等约束混凝土、FRP 约束混凝土存在一定相似特性，但也具备独自的特性。在对钢绞线网约束混凝土柱的承载力计算、变形验算、结构延性计算、构件抗震分析以及构件偏压计算方面，它都是理论分析的基本依据。特别是采用计算机对钢绞线网约束混凝土结构进行有限元非线性分析时，钢绞线网约束混凝土本构关系模型是必不可少的依据。目前关于钢绞线网约束混凝土的理论研究严重滞后于其工程应用，故有必要对钢绞线网约束约束混凝土应力-应变模型进行一定深度的理论探讨分析。

7.5.2　本篇研究的主要内容

本篇为了研究钢绞线网约束混凝土柱应力-应变模型，收集整理了文献关于钢绞线网-聚合物砂浆加固混凝土柱大量的试验数据，从如下几个方面进行研究：

（1）首先将已有的典型约束混凝土峰值点应力、峰值点应变及应力-应变计算模型应用到钢绞线网约束混凝土柱中，进行了分析比较；并对影响钢绞线网加固混凝土柱轴压性能的因素进行了参数分析。

（2）根据 Hoke-Brown 破坏准则以及主动约束混凝土理论推导出适用于钢绞线网约束混凝土柱峰值应力的计算模型；根据相关文献中主动约束混凝土试验分析主动约束混凝土侧向应变与纵向应变之间的关系，并结合 Ottensen 混凝土应力-应变关系以及广义胡克定律建立了钢绞线网约束混凝土柱应力-应变关系分析模型；在此基础上对文献中的钢绞线网约束混凝土柱轴压试验数据进行处理，得到钢绞线网约束混凝土柱应力-应变关系的设计模型。

（3）将得到的钢绞线网约束混凝土柱的峰值点应力计算模型、峰值点应变计算模型以及应力-应变模型应用到钢绞线网-聚合物砂浆加固钢筋混凝土偏压构件以及抗震构件的计算中。

7.6　本章小结

本章阐述了对建筑物及构筑物进行加固的重要性，综述了国内外关于钢绞线网-聚合物砂浆加固法的研究现状以及关于约束混凝土的研究现状，从中发现了其不足之处。最后提出钢绞线网约束混凝土的研究意义以及本篇主要的研究内容。

第8章 典型约束模型的比较及参数分析

8.1 引言

关于箍筋约束混凝土以及 FRP 约束混凝土的本构模型以及轴心受压试验研究已有很多，但是关于钢绞线网约束混凝土的本构模型以及轴心受压试验研究比较少。由于 FRP 材料属于弹脆性材料，即材料受力后应力-应变呈线性关系，但是一旦到达材料破坏强度材料就会突然断裂破坏；而箍筋属于弹塑性材料，即在小变形情况下材料的应力-应变呈线性关系，当达到材料的屈服强度时材料还能有很大的变形，但材料的应力并没有太明显的变化。钢绞线约束混凝土与钢筋约束混凝土比较类似，所以本章将一些箍筋约束混凝土经典模型引用到钢绞线网约束混凝土的计算中去进行对比，并对影响钢绞线网约束混凝土柱轴压性能的因素进行参数分析。

8.2 典型约束模型介绍

目前国内外关于箍筋约束混凝土模型的研究很多，下面主要对一些比较典型的箍筋约束混凝土模型进行简单的归纳，介绍这些模型的数学表达公式。出于文中表达的方便，将所引用到的箍筋约束模型中的有关计算符号采用统一的计算符号表示。

首先，介绍约束混凝土的计算模型中出现频率很高的重要参数：侧向约束强度 f_l。

侧向约束强度指包裹在混凝土柱体外的约束材料所能提供的横向约束力。钢绞线外包于混凝土柱体时，其与被约束混凝土间的作用关系如图 8-1 所示。

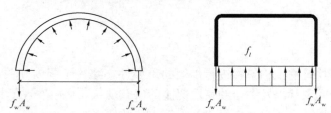

图 8-1　钢绞线网约束混凝土的力平衡关系

根据约束混凝土隔离体的力的平衡，可以获得横向约束力 f_l 的计算表达式为：

圆形截面
$$f_l = \frac{2f_w A_w}{d_{cor} \cdot s} \tag{8-1}$$

矩形截面
$$f_l = \frac{2f_w A_w}{b \cdot s} \tag{8-2}$$

式中，f_w 为钢绞线的极限抗拉强度；A_w 为钢绞线的截面面积；d_{cor} 为被约束混凝土圆柱体的直径；b 为被约束混凝土方柱的边长；s 为钢绞线的间距。由上面分析可见，约束强度涉及钢绞线材料的抗拉强度、截面面积以及约束混凝土柱的几何尺寸。

1. Kent-Park 模型[20]

1971 年，Kent 和 Park 根据前人的研究成果进行了总结并提出了 Kent-Park 模型。该模型认为：①混凝土柱在矩形箍筋约束下其强度也能获得有效改善，当体积配箍率相同的情况下，矩形箍筋约束混凝土强度的提高值为相应圆形箍筋约束混凝土强度提高值的一半。②峰值点应变的提高倍数与峰值强度提高倍数相同[57]。Kent-Park 模型的主要公式如下。

约束混凝土峰值点应力计算模型为：

$$f_{cc} = k f_{co} \tag{8-3}$$

约束混凝土峰值点应变计算模型为：

$$\varepsilon_{cc} = \varepsilon_{co} k \tag{8-4}$$

应力-应变曲线模型的计算表达式为：

$$\begin{cases} \sigma = K f_{co}\left[\dfrac{2\varepsilon}{0.002K} - \left(\dfrac{\varepsilon}{0.002K}\right)^2\right] & \varepsilon \leqslant 0.002K\varepsilon_o \\ \sigma = K f_{co}\left[1 - Z_m(\varepsilon - 0.002K)\right] & \varepsilon > 0.002K\varepsilon_o \end{cases} \tag{8-5}$$

$$K = 1 + \rho_w \cdot \frac{f_w}{f_{co}} \tag{8-6}$$

式中，ρ_w 为箍筋的体积配筋率；f_w 为箍筋的屈服强度；f_{co} 为未约束混凝土强度；ε_{co} 为约束混凝土峰值点应变。

Z_m 为下降段坡度，计算式为：

$$Z_m = \frac{0.5}{\dfrac{3 + 0.29 f_{cc}}{145 f_{cc} - 1000} + \dfrac{3}{4}\rho_w\sqrt{\dfrac{h}{s}} - 0.002K} \tag{8-7}$$

式中，f_{cc} 为约束混凝土强度；h 为约束区域截面尺寸；s 为箍筋间距。

2. 过镇海模型[40]

张秀琴、过镇海等根据已进行素混凝土的研究工作，对在反复荷载作用下不同配箍率的约束混凝土的应力-应变全曲线进行了试验研究，且引入约束指标 λ_w[57]，根据约束指标的大小，提出了以下两种约束混凝土的本构模型。

约束指标计算式：

$$\lambda_w = \rho_w \cdot \frac{f_w}{f_{co}} \tag{8-8}$$

（1）当 $\lambda_w \leqslant 0.32$：

约束混凝土峰值应力计算模型

$$f_{cc} = (1 + 0.5\lambda_w) f_{co} \tag{8-9}$$

约束混凝土峰值点应变计算模型

$$\varepsilon_{cc} = (1 + 2.5\lambda_w)\varepsilon_{co} \tag{8-10}$$

应力-应变曲线模型的计算表达式：

$$y = \begin{cases} \alpha_{a,c} x + (3 - 2\alpha_{a,c}) x^2 + (\alpha_{a,c} - 2) x^3 & x \leqslant 1 \\ \dfrac{x}{\alpha_{d,c}(x-1)^2 + x} & x > 1 \end{cases} \tag{8-11}$$

式中，$x = \varepsilon_c / \varepsilon_{cc}$，$y = f_c / f_{cc}$。当混凝土等级为 C20～C30 时，$\alpha_{a,c} = (1 + 1.8\lambda_w)\alpha_a$，$\alpha_{d,c}$

$= (1-1.75\lambda_w^{0.55})\,\alpha_d$。其中，$\alpha_a$ 和 α_d 为素混凝土的曲线参数，按表 8-1 进行取值。

全曲线方程参数选用表　　　　　　　　　　　　　　　　表 8-1

混凝土强度等级	水泥标号	α_a	α_d
C20，C30	325	2.2	0.4
	425	1.7	0.8
C40	425	1.7	2.0

（2）当 $\lambda_w > 0.32$ 时：

约束混凝土峰值应力计算模型

$$f_{cc} = (0.55 + 1.9\lambda_w)f_{co} \tag{8-12}$$

约束混凝土峰值点应变计算模型

$$\varepsilon_{cc} = (-0.62 + 25\lambda_w)\varepsilon_{co} \tag{8-13}$$

应力-应变曲线模型的计算表达式：

$$y = \frac{x^{0.68} - 0.12x}{0.37 + 0.51x^{1.1}} \tag{8-14}$$

3. Mander 模型[22]

1988 年，Mander 等人对 31 根足尺寸的混凝土柱进行了轴心受压试验，试验构件的截面形式包括圆形、方形、矩形三种，配箍方式包括螺旋箍、菱形箍、八边形复合箍等形式[57]。在此试验结果的基础上，Mander 等人提出的约束混凝土模型，如式（8-15）～式（8-17）。

约束混凝土峰值应力：

$$f_{cc} = f_{co}\left(-1.254 + 2.254\sqrt{1 + \frac{7.94f_l}{f_{co}}} - \frac{2f_l}{f_{co}}\right) \tag{8-15}$$

约束混凝土峰值点应变：

$$\varepsilon_{cc} = \varepsilon_{co} \times \left[1 + 5\left(\frac{f_{cc}}{f_{co}} - 1\right)\right] \tag{8-16}$$

应力-应变曲线模型的计算表达式：

$$\sigma_c = \frac{f_{cc} \cdot x \cdot r}{r - 1 + x^r} \tag{8-17}$$

式中，$x = \varepsilon_c/\varepsilon_{cc}$；$r = \dfrac{E_c}{E_c - f_{cc}/\varepsilon_{cc}}$，$E_c$ 为混凝土初始弹性模量。

4. Saatcioglu 模型[41]

1992 年，Saatcioglu 根据大量的试验（配箍方式包含圆箍、简单方形箍、复合配箍、矩形箍等），将侧向约束力 f_l 折算为等效侧向约束力 f_{le}，得到了约束混凝土的应力-应变关系[57]，主要公式如下：

约束混凝土峰值应力计算模型：

$$f_{cc} = f_{co} + k_1\frac{f_{le}}{f_{co}} \tag{8-18}$$

约束混凝土峰值点应变计算模型：

$$\varepsilon_{cc} = \varepsilon_{co}(1 + 5K) \tag{8-19}$$

应力-应变曲线模型的计算表达式：

$$
\begin{cases}
\sigma_c = f_{cc}\left[2\left(\dfrac{\varepsilon_c}{\varepsilon_{cc}}\right)-\left(\dfrac{\varepsilon_c}{\varepsilon_{cc}}\right)^2\right]^{\frac{1}{1+2K}} & \varepsilon_c \leqslant \varepsilon_{cc} \\
\sigma_c = f_{cc} - 0.15 f_{cc}\left(\dfrac{\varepsilon_c-\varepsilon_{cc}}{\varepsilon_{cc}-\varepsilon_{85}}\right) & \varepsilon_c > \varepsilon_{cc}
\end{cases}
\tag{8-20}
$$

式中，$k_1=6.7\ (f_{le})^{-0.17}$；$K=\dfrac{k_1 f_{le}}{f_{co}}$；$\varepsilon_{85}$ 为混凝土强度下降至峰值强度的 85% 时的应变，$\varepsilon_{85}=260\rho_w\varepsilon_{cc}+0.0038$。

8.3 计算模型比较

8.3.1 峰值点应力计算模型比较

对于钢绞线网加固混凝土柱而言，峰值应力计算精度往往对加固构件应力-应变曲线计算模型的准确性产生直接影响。除此之外，峰值点的应力计算也是常规加固工程设计环节中计算加固量以及加固构件承载力的重要参数。上述模型中，文献［20］和文献［40］给的峰值点应力计算模型是将约束材料的约束指标作为考虑因素提出的；文献［22］和文献［41］给出的峰值点应力计算模型是将约束材料在峰值点时所提供的约束力作为考虑因素提出的，并且文献［41］考虑到了侧向约束力折减的影响。

文献［17］、［18］提供了科研试验数据共有 34 个关于钢绞线网约束圆柱和方柱构件的试验数据。下面就这些不同截面类型、不同混凝土强度等级的试验数据分别代入上述模型中进行比较分析，比较结果见图 8-2～图 8-5。

图 8-2～图 8-5 中的实心黑线为模型计算 f_{cc}/f_{co} 与试验实测 f_{cc}/f_{co} 的理想重合线，如果图中的点出现在实心黑线的上方则说明计算模型高估了试验实测值，反之则表明低估了。+20% 的虚线表示模型计算 f_{cc}/f_{co} 超出试验实测 f_{cc}/f_{co} 值 20% 的重合线，−20% 的虚线表示模型计算 f_{cc}/f_{co} 低于试验实测 f_{cc}/f_{co} 值 20% 的重合线。从图 8-2～图 8-5 可见这些计算模型的准确性和稳定性。

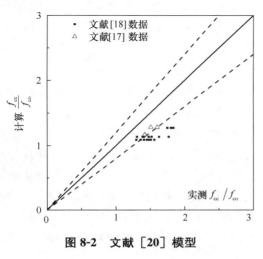

图 8-2 文献［20］模型

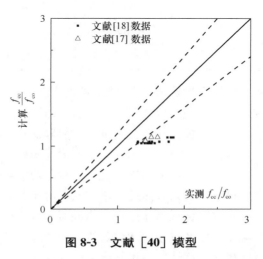

图 8-3 文献［40］模型

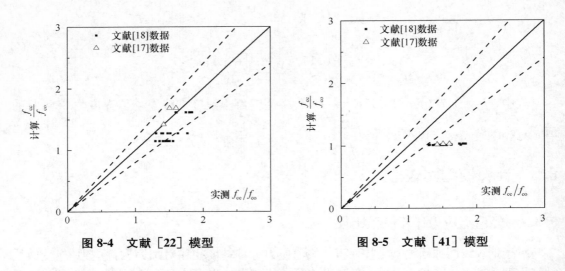

图 8-4　文献［22］模型　　　　　　图 8-5　文献［41］模型

由图可见，针对钢绞线网约束混凝土峰值应力的计算，文献［20］、［40］、［41］的准确性比较差，文献［22］计算结果的准确性较高。根据表 8-2 给出的误差值比较结果，文献［20］、［40］、［41］这几个模型对于文献［18］中的数据计算的平均误差均超过了40%，最大的为文献［41］，达到 54%，均方差为 0.145；文献［22］计算的误差较小，平均误差为 20%左右，计算结果的离散程度也较小，均方差为 0.094。文献［40］、［41］这几个模型对于文献［17］中的数据计算的平均误差均达到 40%左右，最大的为文献［41］，达到 46%，均方差为 0.061；文献［22］计算的误差较小，平均误差仅为 6%左右，计算结果的离散程度也较小，均方差为 0.064。

各种模型计算峰值点应力误差值比较　　　　　　　　　　　表 8-2

数据来源	模型	文献［20］	文献［40］	文献［22］	文献［41］
文献［18］	平均误差	0.389749604	0.473624802	0.212801	0.53937
	均方差	0.104833249	0.1234062	0.093627	0.14479
文献［17］	平均误差	0.262518342	0.375759171	0.066005	0.46425
	均方差	0.028689793	0.042844896	0.064382	0.06108

从以上的比较分析可以发现，对于钢绞线网约束混凝土柱峰值应力的计算，文献［22］提出的模型计算精度较高，并且将钢绞线的约束指标作为计算约束混凝土柱峰值应力的参数效果比较差。文献［22］和文献［41］提出的计算模型均是将约束材料在峰值点时所提供的约束力作为计算约束混凝土峰值应力的参数，但是文献［41］的计算精度比较差。对比两种模型可以发现，文献［41］提出的计算模型中峰值应力与约束材料提供的约束力呈线性关系，然而文献［22］提出的计算模型中两者呈非线性关系。原因如下：约束混凝土在受到轴压作用下，当混凝土发生较大变形时，约束材料才能发挥出约束作用，此时混凝土已经进入弹塑性阶段，应力应变关系已经是非线性关系，所以峰值应力与约束力之间采用非线性关系更加合理，计算结果更加准确。

8.3.2　峰值点应变计算模型比较

对于钢绞线网约束混凝土柱的峰值点应变计算模型研究，主要是为了了解钢绞线网加固混凝土柱后，柱的延性有多大幅度的提高，同时峰值点应变的计算精度也往往影响到应力-应变曲线计算模型的准确性。试验中测量应变大小主要是利用应变仪、电阻应变片等仪器。相比应力的测量，测量应变受外界环境影响比较大，导致测量精度降低。另外，峰值点应变在约束混凝土柱体破坏瞬间是很难被测量到的。以上因素导致峰值点应变计算模型普遍会造成较大的误差。根据所收集的具备详细试验参数的文献 [17]、[18]，将这些试验数据分别代入上述典型峰值点应变计算模型中，其直观的图形比较结果见图 8-6～图 8-9。

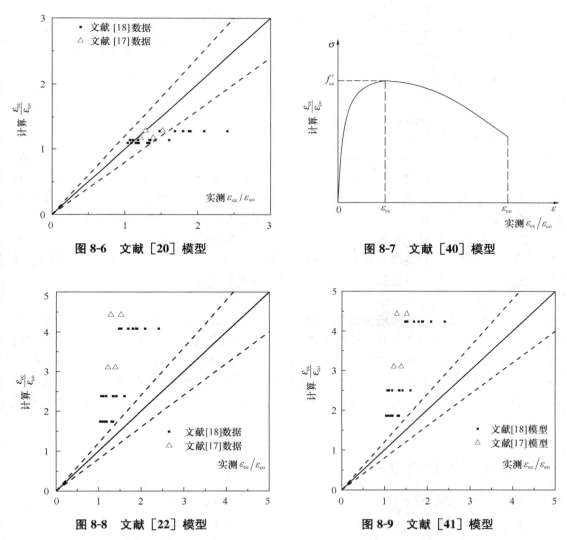

图 8-6　文献 [20] 模型　　　　图 8-7　文献 [40] 模型

图 8-8　文献 [22] 模型　　　　图 8-9　文献 [41] 模型

图中的实心黑线为模型计算 $\varepsilon_{cc}/\varepsilon_{co}$ 与试验实测 $\varepsilon_{cc}/\varepsilon_{co}$ 的理想重合线，如果图中的点出现在实心黑线的上方则说明计算模型高估了试验实测值，反之表明低估了。+20% 的虚线

表示计算 $\varepsilon_{cc}/\varepsilon_\infty$ 超出实测 $\varepsilon_{cc}/\varepsilon_\infty$ 值 20％的重合线，—20％的虚线表示计算 $\varepsilon_{cc}/\varepsilon_\infty$ 低于实测 $\varepsilon_{cc}/\varepsilon_\infty$ 值 20％的重合线。

从图 8-6～图 8-9 中可以看出，针对钢绞线网约束混凝土峰值点应变的计算，文献 [22]、[41] 的准确性比较差，文献 [20]、[40] 计算结果的准确性相对较高。根据表 8-3 给出的误差值比较结果，文献 [22]、[41] 这几个模型对于文献 [18] 中的数据计算的平均误差均超过了 100％，最大的为文献 [41]，达到 142％，均方差为 0.647；文献 [40] 计算的误差较小，平均误差为 15％左右，计算结果的离散程度也较小为 0.107。文献 [22]、[41] 这几个模型对于文献 [17] 中的数据计算的平均误差均超过了 100％，最大的为文献 [41]，达到 250％，均方差为 0.634；文献 [20] 计算的误差较小，平均误差仅为 12％左右，计算结果的离散程度也较小为 0.102。

各种模型计算峰值点应力误差值比较　　　　　　　　表 8-3

数据来源	模型	文献 [20]	文献 [40]	文献 [22]	文献 [41]
文献 [18]	平均误差	0.289124694	0.158333153	1.288418942	1.41866
	均方差	0.214322744	0.106909647	0.632489181	0.64725
文献 [17]	平均误差	0.127018342	0.212704144	2.413413947	2.50583
	均方差	0.1015	0.104525518	0.61552676	0.63446

对比文献 [20]、[22]、[40]、[41] 的计算模型可以发现，这四种模型可以分成两类：①文献 [20] 和文献 [40] 中的模型是以约束材料的约束指标作为参数计算约束混凝土峰值点应变；②文献 [22] 和文献 [41] 中的模型是以钢绞线在峰值点所提供的约束力作为参数计算约束混凝土峰值点应变。对于钢绞线网约束混凝土柱峰值点应变的计算，文献 [20] 和文献 [40] 提出的模型计算精度较高，文献 [22] 和文献 [41] 提出的模型计算精度很差，将钢绞线提供的约束力作为计算约束混凝土柱峰值点应变的参数效果不如以约束指标作为参数好。

原因分析如下：这四种模型均是在试验的基础上对试验数据进行回归分析得到的，然而，约束指标在数学意义上计算得到的结果准确，而约束材料提供的约束力的准确性比较差，因为在约束混凝土峰值点时约束材料的应变值的测量比较困难，并且混凝土在峰值点处的轴向应变值也是十分不容易把握的，测得的结果误差比较大，这样如果以误差比较大的参数回归得到的计算模型在计算自己的试验时可以有较高的精度，但是用来计算其他试验时就会产生较大的误差。

8.4　钢绞线网加固混凝土柱的参数分析

钢绞线网约束混凝土柱轴压性能受多种因素的影响，钢绞线的间距、钢绞线的预应力水平等对钢绞线网约束混凝土柱在轴压作用下的峰值应力、峰值点应变以及构件的延性均有影响，但影响的程度不一样。由于在实际加固工程中往往通过改变钢绞线的间距和钢绞线的预应力水平来改善加固效果，所以本节主要分析钢绞线间距和预应力水平的影响。

8.4.1 钢绞线间距

将文献［18］中在其他条件相同，针对不同钢绞线间距构件的峰值应力、峰值点应变数据用直方图进行统计，见图 8-10、图 8-11。

图 8-10 中（a）～（d）分别为钢绞线预应力为 0、428.60MPa、571.40MPa、714.30MPa 不同钢绞线间距加固构件的峰值应力直方图。

对比图 8-10 可以发现，随着钢绞线间距的减小，加固构件的峰值应力增加。钢绞线间距从 90mm 减小为 60mm 时，加固构件的峰值应力增加得并不是十分明显；当钢绞线间距从 60mm 减小到 30mm 时，加固构件的峰值应力有较为显著的增加。由此我们可以得到：当钢绞线间距过大时，如果钢绞线间距减少的幅度较小时，对加固构件峰值应力的提高效果不明显；而当钢绞线间距比较小时，减小钢绞线间距可以有效提高加固构件的峰值应力。

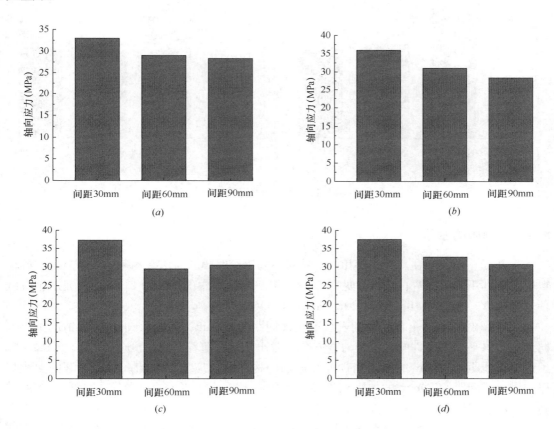

图 8-10 钢绞线间距影响

图 8-11 中（a）～（d）分别为钢绞线预应力为 0、428.60MPa、571.40MPa、714.30MPa 不同钢绞线间距加固构件的峰值点应变直方图。对比发现，峰值点应变的变化规律与峰值应力的变化规律类似。

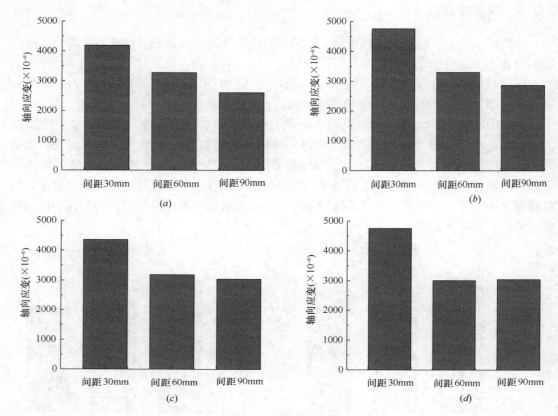

图 8-11　钢绞线间距影响

8.4.2　预应力水平

　　将文献［18］中在其他条件相同，针对不同钢绞线预应力水平构件的峰值应力、峰值点应变数据用直方图进行统计，见图 8-12、图 8-13。图中的 0、1、2、3 分别表示钢绞线预应力为 0、428.60MPa、571.40MPa、714.30MPa。

　　图 8-12 中（a）～（c）分别表示钢绞线间距为 30mm、60mm、90mm 的情况下，不同预应力水平加固构件的峰值应力直方图。对比发现，随着钢绞线预应力水平的提高，除了钢绞线间距为 30mm 的加固构件，其他加固构件峰值应力没有什么特别显著的变化规律；钢绞线间距为 30mm 的加固构件随着钢绞线预应力水平的提高峰值应力有一定的提高，但不是很明显。

　　图 8-13（a）～（c）分别表示钢绞线间距为 30mm、60mm、90mm 的情况下，不同预应力水平加固构件的峰值点应变直方图。对比发现，随着钢绞线预应力水平的提高，加固构件峰值点应变并没有什么特别显著的变化规律。

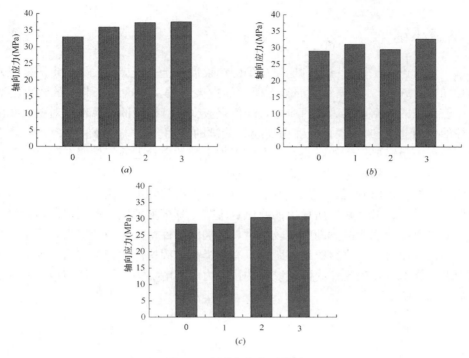

图 8-12　预应力水平影响

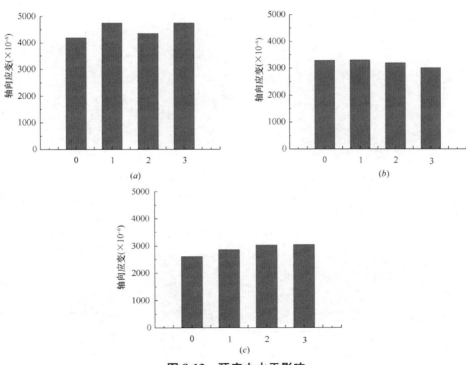

图 8-13　预应力水平影响

8.5　本章小结

　　本章主要讨论和比较了已有的比较典型的约束混凝土峰值应力、峰值点应变以及应力-应变曲线的计算模型，根据约束混凝土模型的发展历程，对这四个典型的约束混凝土模型作了比较详细的介绍。因为峰值应力、峰值点应变计算模型的计算精度对钢绞线网约束混凝土柱的应力-应变曲线模拟准确程度起到关键的作用。另外，峰值应力、峰值点应变也是实际工程中最需要得到的参数，根据所能收集到的文献上面提供的有限试验数据，给出直观的峰值应力、峰值点应变计算模型比较图。

　　从比较分析中可以发现，文献［22］、［41］所提出的峰值点应力计算模型相对计算准确性较好；文献［20］、［40］所提出的峰值点应变计算模型精度相对较好。当钢绞线间距过大时，如果钢绞线间距减少的幅度较小时，对加固构件峰值应力的提高效果不明显；当钢绞线间距比较小时，减小钢绞线间距可以有效提高加固构件的峰值应力。钢绞线间距对峰值点应变有类似的影响规律。而钢绞线的预应力水平对加固构件的峰值应力和峰值点应变没有显著的影响。

第 9 章 钢绞线网约束混凝土的应力−应变关系模型

9.1 引言

关于约束混凝土应力-应变关系模型已有很多的学者进行了研究。这些关于约束混凝土应力-应变模型可以分为两类[42]：① 应力-应变关系设计模型，通过对试验数据进行回归分析，拟合出方程表达式，是以设计为目的建立的模型，使用起来比较方便；② 应力-应变关系分析模型，假设约束材料与约束混凝土侧向变形协调和受力平衡，使用增量法计算得到约束混凝土应力-应变曲线，这种模型计算的结果较精确。

本章根据 Hoke-Brown[43,44]破坏准则以及主动约束混凝土理论推导出适用于钢绞线网约束混凝土柱峰值应力的计算模型；根据相关的主动约束混凝土试验分析了主动约束混凝土侧向应变与纵向应变之间的关系，结合 Ottensen[45]混凝土应力-应变关系以及广义胡克定律提出了钢绞线网约束混凝土柱应力-应变关系分析模型的计算流程；通过编制计算机程序对钢绞线网约束混凝土轴压柱应力-应变关系曲线进行了计算，并与相关试验进行验证。本章还将提出的钢绞线网约束混凝土柱应力-应变关系分析模型的计算流程应用到预应力钢带约束混凝土柱中进行了验证，证明本篇模型具有广泛的适用性以及可扩展性。最后，将收集到的钢绞线网约束混凝土圆柱与钢绞线网约束混凝土方柱试验数据进行归一化并回归出钢绞线网约束混凝土柱应力-应变关系设计模型。

9.2 钢绞线网约束混凝土柱应力-应变关系分析模型

9.2.1 钢绞线网约束混凝土强度模型

本节提出的钢绞线网主动约束混凝土强度模型主要在 Hoke-Brown 破坏准则基础上建立得到。将试验中测得的混凝土多轴强度（f_1，f_2，f_3）值逐个放在主应力（σ_1，σ_2，σ_3）空间坐标中，用曲面将相邻各点相连，这样就形成了混凝土的破坏包络面[46]，如图 9-1 所示。

由空间破坏包络面中应力状态（f_1，f_2，f_3）与坐标系之间的关系可以得到以下关系式：

$$\left.\begin{array}{l} \xi = (f_1 + f_2 + f_3)/\sqrt{3} = \sqrt{3}\sigma_{\text{oct}} \\ r = \sqrt{(f_1-f_2)^2 + (f_2-f_3)^2 + (f_3-f_1)^2}/\sqrt{3} = \sqrt{3}\tau_{\text{oct}} = \sqrt{2J_2} \\ \cos\theta = (2f_1 - f_2 - f_3)/\sqrt{6}r \end{array}\right\} \quad (9\text{-}1)$$

式中，f_1、f_2 和 f_3 分别为主应力，且 $f_1 \geqslant f_2 \geqslant f_3$；$\xi$ 为应力状态的静水应力；r 为应力状态的偏应力部分；J_2 为偏应力第二不变量；θ 为 Lode 角，且 $0 \leqslant \theta \leqslant 60°$；$\sigma_{\text{oct}}$ 和 τ_{oct} 分别为作用在各自主应力方向成相等角度的平面（八面体平面）上的正应力分量和剪应力分量。

73

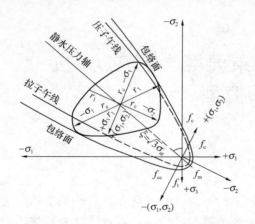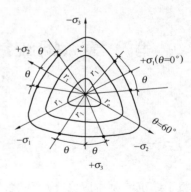

图 9-1　混凝土破坏包络曲面

由式（9-1）可以得到：

$$\begin{Bmatrix} -f_1 \\ -f_2 \\ -f_3 \end{Bmatrix} = \frac{1}{\sqrt{3}} \begin{Bmatrix} \xi \\ \xi \\ \xi \end{Bmatrix} + \sqrt{\frac{2}{3}} r \begin{Bmatrix} \cos\theta \\ \cos(\theta - 2\pi/3) \\ \cos(\theta + 2\pi/3) \end{Bmatrix} \tag{9-2}$$

Hoke 和 Brown[43,44]通过对大量的岩石进行三轴试验，提出了式（9-3）的破坏准则；Hoke-Brown 准则能够较好地计算出岩石强度。

$$\frac{f_1}{f_c} = \frac{f_3}{f_c} + \sqrt{m \frac{f_3}{f_c} + c} \tag{9-3}$$

式中，f_1 和 f_3 分别为最小和最大主应力；f_c 为岩石单轴抗压强度；c 与岩体的完整程度有关；m 与岩石种类有关。Wu[47]等认为混凝土可以类比于岩石；为了使混凝土破坏面光滑、连续，在 π 平面上没有尖角，Menetrey[48]等提出：

$$\left[\sqrt{1.5} \frac{r}{f_c}\right]^2 + m\left[\frac{\xi}{\sqrt{3}f_c} + \frac{r \cdot \rho(\theta, e)}{\sqrt{6}f_c}\right] - c = 0 \tag{9-4}$$

其中

$$\rho(\theta, e) = \frac{4(1-e^2)\cos^2\theta + (2e-1)^2}{2(1-e^2)\cos\theta + (2e-1)\sqrt{4(1-e^2)\cos^2\theta + 5e^2 - 4e}} \tag{9-5}$$

式中，e 和 $\rho(\theta, e)$ 为混凝土破坏面在 π 平面上投影的偏移率和形函数，当投影面为三角形时，$e = 0.5$，投影为圆形时，$e = 1.0$，如图 9-2 所示。

当 $\theta = 0°$ 即混凝土应力落到拉子午线上时，$\rho(\theta, e) = \dfrac{1}{e}$；当 $\theta = 60°$ 时即应力落在压子午线上时，$\rho(\theta, e) = 1$。

当混凝土处于单轴受拉时，此时应力状态为：$f_1 = f_t$，$f_2 = f_3 = 0$。

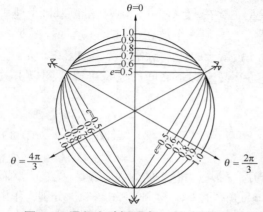

图 9-2　混凝土破坏面在 π 平面上的投影

此时　　　$\rho(\theta, e) = 1/e$

$$\xi = \frac{f_1 + f_2 + f_3}{\sqrt{3}} = \frac{f_t}{\sqrt{3}}$$

$$r = \sqrt{\frac{(f_1 - f_2)^2 + (f_2 - f_3)^2 + (f_3 - f_1)^2}{3}} = \sqrt{\frac{2}{3}} f_t$$

代入式（9-4）得：

$$m = \frac{3e}{1+e} \frac{f_c^2 - f_t^2}{f_c f_t} \tag{9-6}$$

约束混凝土的侧向约束提供的应力是相等的，即 $f_1 = f_2$。由式（9-1）可以得到：

$$\xi = -\sqrt{1/3}(2f_1 + f_3)$$

$$r = \sqrt{2/3}(f_1 - f_3)$$

此时混凝土处于三向受压状态，其应力状态落在压子午线上，所以形函数 $\rho(\theta,e) = 1$。将这些参数代入式（9-4）可得：

$$\left(\frac{f_1 - f_3}{f_c}\right)^2 + \frac{3e}{1+e} \frac{f_c^2 - f_t^2}{f_c f_t} \frac{f_1}{f_c} - 1 = 0 \tag{9-7}$$

变换形式得：

$$\frac{f_3}{f_c} = \frac{f_1}{f_c} \pm \sqrt{1 - \frac{3e}{1+e} \frac{f_c^2 - f_t^2}{f_c f_t} \frac{f_1}{f_c}} \tag{9-8}$$

用有效约束应力 f_{le} 和峰值应力 f_{cc} 分别代替 f_1 和 f_3 得主动约束混凝土强度计算公式：

$$\frac{f_{cc}}{f_c} = \frac{f_{le}}{f_c} + \sqrt{1 + \frac{3e}{1+e} \frac{f_c^2 - f_t^2}{f_c f_t} \frac{f_{le}}{f_c}} \tag{9-9}$$

对于偏移率 e 的取值，Menetrey[48]、Papanikolaou[49] 在试验的基础上得出偏移率 e 对于混凝土强度 f_c 的变化不敏感，取 $e = 0.52$，并将 $f_t/f_c = 0.1$ 代入式（9-6），得 $m = 10.2$，将 m 代入式（9-9），得到钢绞线网约束混凝土强度模型：

$$\frac{f_{cc}}{f_c} = \frac{f_{le}}{f_c} + \sqrt{1 + 10.2 \frac{f_{le}}{f_c}} \tag{9-10}$$

9.2.2　有效约束系数

钢绞线约束混凝土柱的机理类似于箍筋约束混凝土柱，在轴力的作用下，对于矩形截面混凝土将在其转角处产生较强的约束，而侧向钢绞线的直线段产生较弱的约束力；Sheikh[21]将箍筋约束混凝土柱的截面划分为强约束区和弱约束区，它们的交界线为图 9-3 所示的四条二次标准抛物线，抛物线与柱边的夹角为 45°，抛物线的焦点为柱子截面边长的中点。对于圆形截面的柱子则不存在这样的现象。除此之外，由于钢绞线约束混凝土时一般钢绞线之间存在一定的间距，钢绞线并不能沿着柱子全高度提供均匀的约束力，将在钢绞线间距之间产生弱约束区，如图 9-3 所示。Mander[22]在此结论的基础上，对有效约束混凝土面积的概念进行了修正，引入有效约束系数 k_e，即有效约束面积 A_e 与混凝土核心面积 A_{cc} 之比。

对于圆形截面，由于约束的拱作用只出现在沿着柱子高度方向，如图 9-3 所示，假定拱作用为初始角 45° 的二次标准抛物线，核心混凝土的有效约束面积在拱圈的中间位置，

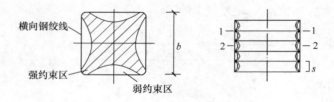

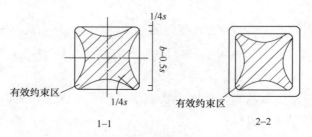

图 9-3　约束混凝土中的拱作用

由相应的数学关系可以得到：

$$A_e = \frac{\pi (d_{cor} - s)^2}{4} \tag{9-11}$$

$$A_{cc} = \frac{\pi (d_{cor})^2}{4} \tag{9-12}$$

进一步可得圆形截面混凝土有效约束系数 k_e 的计算式：

$$k_e = \frac{A_e}{A_{cc}} = \left(1 - \frac{s}{d_{cor}}\right)^2 \tag{9-13}$$

式中，s 为约束材料之间的净间距；d_{cor} 为约束混凝土核心直径。

对于方形截面混凝土，既要考虑截面平面内的拱作用，又要考虑沿柱子高度的拱作用，由相应数学关系可得：

$$A_e = \left[b^2 - \frac{2(b - 0.5s)^2}{3}\right]\left(1 - \frac{s}{2b}\right)^2 \tag{9-14}$$

$$A_{cc} = b^2 \tag{9-15}$$

进一步可得矩形截面混凝土有效约束系数 k_e 的计算式：

$$k_e = \frac{\left(b^2 - \frac{2y^2}{3}\right)\left(1 - \frac{s}{2b}\right)^2}{b^2} \tag{9-16}$$

式中，b 为混凝土截面宽度；s 为约束材料之间的净间距。

9.2.3　钢绞线网约束混凝土侧向应变研究

钢绞线约束混凝土柱侧向应变计算的准确性，对于钢绞线网约束混凝土柱应力-应变模型的建立起着至关重要的作用。当构件受到轴压作用，会发生纵向的应变并伴随侧向应变，使得加固构件周围的约束材料发生横向应变而产生应力，实现对构件的约束作用。

钢绞线网约束混凝土柱中，随着柱子纵向应变的增大，柱子的横向应变也逐渐增大，钢绞线中便会产生应力形成对柱子的约束，在每一时刻可以将构件当作受到某一约束力下的三轴受压状态；当钢绞线的应力超过比例极限应力（约为钢绞线极限应力的 0.8 倍），钢绞线的应力增加很小就将产生很大的变形，此时钢绞线网对混凝土的约束刚度将变得越来越小，且此时钢绞线网所提供的侧向约束力也趋于一定值。综上分析可以发现，对于钢绞线约束混凝土柱侧向应变的计算，可以采用主动约束混凝土相关试验进行分析。本节收集了 Candappa[54] 等关于主动约束混凝土的相关试验数据，主要是同一时刻构件的横向应变与纵向应变。试验数据如图 9-4。

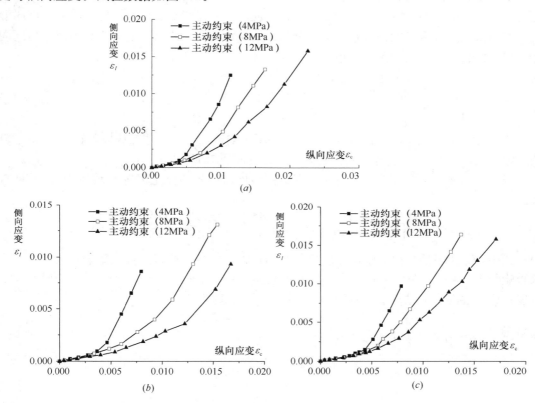

图 9-4　约束混凝土纵向应变—侧向应变关系

由图 9-4 可以发现，在不同的主动约束力作用下，混凝土的纵向应变与横向应变均近似呈双折线关系。当纵向应变不是很大时，无论侧向给予的主动约束力多大，混凝土的纵向应变与横向应变的关系比较一致，横向应变与纵向应变的比值为 0.25～0.4 之间。考虑到钢绞线网约束混凝土在约束过程中很难提供超过 4MPa 的围压，所以在纵向应变较小的情况下，建议钢绞线网约束混凝土的泊松比取上限值 0.4。通过图 9-4 还可以发现，随着主动约束力的减小，纵向应变与横向应变的双折线关系越发明显，且混凝土后期侧向应变随纵向应变的变大其增加速度越大；由于钢绞线网约束混凝土在约束过程中很难提供超过 4MPa 的围压，所以主要以主动约束为 4MPa 的试验为参考，主动约束为 4MPa 的构件最后横向应变与纵向应变的比值约为 1.3～1.5。实际工程中，为便于施工以及经济效益的考虑，钢绞线之间有一定的间距，这样钢绞线所能提供的侧向约束力很难超过 4MPa，所以本节建议钢绞线网约束混凝土的极限泊松比应相应扩大，取 1.8；在没有侧向约束时极限泊松比为 2.0。主动约束为 4MPa，当达到峰值点时泊松比为 1.0；由于加固构件在钢绞线间距等参数并不一样，并根据郭俊平的试验现象，当荷载达到构件极限荷载的 80%后，横向变形显著增加[18]，当荷载超过极限荷载的 0.8 倍后，构件的泊松比取值根据主动约束试验中的数据进行插值取得。

9.2.4 钢绞线网约束混凝土应力-应变模型

胡克定律是反应材料受力后材料应力与应变之间的线性关系。但对于受压混凝土，往往要对混凝土的非弹性状态进行分析，所以在应用胡克定律时要进行一定的修正，即对混凝土材料采用逐渐退化的弹性常数进行分析。从宏观的角度来看，混凝土材料属于各向同性材料，由材料力学的相关知识可以得到如下关系：

$$\begin{Bmatrix} \varepsilon_{11} \\ \varepsilon_{22} \\ \varepsilon_{33} \end{Bmatrix} = \begin{bmatrix} 1/E_s & -\nu_s/E_s & -\nu_s/E_s \\ -\nu_s/E_s & 1/E_s & -\nu_s/E_s \\ -\nu_s/E_s & -\nu_s/E_s & 1/E_s \end{bmatrix} \begin{Bmatrix} \sigma_{11} \\ \sigma_{22} \\ \sigma_{33} \end{Bmatrix} \tag{9-17}$$

式中，E_s 为混凝土多轴割线模量；ν_s 为混凝土泊松比，按前述方法取值；σ_{11}、σ_{22}、σ_{33} 分别为混凝土的主应力；ε_{11}、ε_{22}、ε_{33} 分别为主应力方向所对应的应变。

根据 Ottosen[45] 的三维、各向同性全量模型可以得到混凝土多轴割线模量 E_s 的计算公式：

$$E_s = \frac{E_i}{2} - \beta\left(\frac{E_i}{2} - E_f\right) \pm \sqrt{\left[\frac{E_i}{2} - \beta\left(\frac{E_i}{2} - E_f\right)\right]^2 + E_f^2 \beta[D(1-\beta)-1]} \tag{9-18}$$

式中，E_i 为混凝土的初始弹性模量；D 系数对应力-应变曲线上升段影响不大，对下降段影响很大，D 越大曲线下降越平缓，取值范围为 0~1；$\beta = f_3/f_{cc}$ 反映塑性变形的发展程度；E_f 为混凝土多轴峰值割线模量，Ottosen[45] 等建议：

$$E_f = E_p/[1 + 4(A-1)x] \tag{9-19}$$

式中，E_p 为单轴受压混凝土的峰值点割线模量。

$$A = E_i/E_p \tag{9-20}$$

$$x = \frac{\sqrt{J_{2f}}}{f_c} - \frac{1}{\sqrt{3}} \geqslant 0 \tag{9-21}$$

式中，J_{2f} 为按应力状态（f_{le}, f_{le}, f_{cc}）用式（9-1）计算的偏应力第二不变量。

9.2.5 计算分析步骤

结合上述建立模型的整体思路以及相关参数的计算公式，计算预应力钢绞线网-聚合物砂浆约束混凝土应力-应变曲线流程如图 9-5 所示。

程序开始运算时，首先输入混凝土的初始弹性模量 E_i、约束混凝土的峰值应力 f_c 和其对应的应变 ε_c，以及钢绞线的应力应变曲线方程。初始假定钢绞线在混凝土达到峰值应力时恰好屈服，然后用不断迭代逼近的方法逐步得到当混凝土达到峰值应力时钢绞线的应变大小，进一步得到混凝土的峰值应力及峰值应变。给定初始轴向应力 σ，计算出此刻轴向应力所对应的割线弹性模量 E_s 和割线泊松比 ν_s。根据广义胡克定律得到混凝土的轴向应变 ε_c'、侧向应变 ε_l，进一步得到钢绞线的应力值。判断钢绞线是否破坏，如果破坏则终止程序，否则继续计算。最后得到预应力钢绞线网-聚合物砂浆加固混凝土柱的峰值应力、峰值应变以及应力-应变曲线。

为了评价本篇提出的约束混凝土应力-应变分析模型的预测水平，收集了郭俊平[18]等所做的预应力钢绞线网加固混凝土圆柱的轴压性能试验中 24 根加固柱的试验数据，以及王嘉琪[17]所做的钢绞线网加固混凝土方柱的轴压性能试验中 10 根加固柱的试验数据。郭俊平试验中，柱子的试验参数为：直径 300mm，高度 600mm，混凝土弹性模量为 2.58×10^4 MPa。钢绞线施加的预应力分别有 0、428.60MPa、571.40MPa、714.30MPa 四个水平；王嘉琪试验中，柱子的试验参数为：截面为 150mm×150mm 方形截面，柱高 450mm，混凝土弹性模量为 3×10^4 MPa。

表 9-1 中给出了文献［17］和文献［18］中的试验峰值应力及峰值应变数据与模型计算所得数据的对比。由表中数据可以发现，文献［18］峰值应力模拟值的平均误差为 6.89%，计算精度相比于上一章提到的约束混凝土模型高很多；文献［17］峰值应力模拟值的平均误差为 7.69%，计算精度相比于上一章提到的约束混凝土模型高很多。文献［18］峰值点应变模拟值的平均误差为 15.98%，计算精度相比于上一章提到的约束混凝土模型要高；文献［17］峰值点应变模拟值的平均误差为 12%，计算精度相比于上一章提到的约束混凝土模型也要高。计算模型对于峰值应力的预测精度要好于峰值应变，这是由于在试验中测量构件应变的难度比较大，往往测得数据并不准确，离散性较大，使得

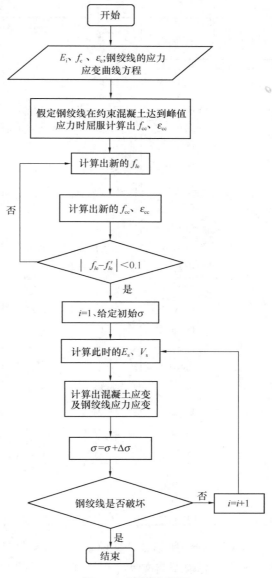

图 9-5　计算流程图

个别的模型预测结果与试验结果有较大的误差；但是从总体上看，本篇提出的计算模型能较好地预测预应力钢绞线网加固混凝土柱的峰值应力值和峰值应变值。

		钢绞线约束混凝土的试验与计算模型比较					表 9-1
试验数据	构件编号	试验 f_{cc}(MPa)	计算 f_{cc}(MPa)	误差 (%)	试验 ε_{cc}(×10⁻⁶)	计算 ε_{cc}(×10⁻⁶)	误差 (%)
	PC90—1	29.84	26.35	11.7	2671.33	3247.34	21.56
	PC90—2	26.74	26.35	1.46	2547.90	3247.34	27.45
	PC91—1	27.87	26.472	5.02	2824.00	3265.1	15.62

续表

试验数据	构件编号	试验 f_{cc}(MPa)	计算 f_{cc}(MPa)	误差 （%）	试验 ε_{cc}($\times 10^{-6}$)	计算 ε_{cc}($\times 10^{-6}$)	误差 （%）
郭俊平[18]	PC91—2	28.99	26.472	8.69	2902.67	3265.1	12.49
	PC92—1	32.03	26.53	17.2	2887.33	3273.77	13.38
	PC92—2	28.94	26.53	8.33	3189.33	3273.77	2.65
	PC93—1	30.35	26.6	12.36	2809.60	3283.3	16.86
	PC93—2	31.12	26.6	14.5	3283.27	3283.3	0
	PC60—1	26.88	28.374	5.5	2626.67	3645.45	38.79
	PC60—2	31.21	28.374	8.55	3935.53	3645.45	7.37
	PC61—1	28.61	28.54	0.25	3306.67	3686.53	11.49
	PC61—2	33.55	28.54	14.93	3284.80	3686.53	12.23
	PC62—1	30.44	28.705	5.7	2892.67	3727.43	28.86
	PC62—2	28.58	28.705	0.44	3473.40	3727.43	7.31
	PC63—1	36.43	28.87	20.75	3297.53	3768.39	14.28
	PC63—2	29.00	28.87	0.45	2718.87	3768.39	38.6
	PC30—1	32.96	35.622	8.1	4646.67	4707.98	1.32
	PC30—2	33.00	35.622	7.95	3733.33	4707.98	26.1
	PC31—1	35.93	35.923	0.02	5880.00	4774.01	18.81
	PC31—2	35.96	35.923	0.1	3620.00	4774.01	31.88
	PC32—1	37.55	36.073	3.93	4133.33	4806.85	16.3
	PC32—2	37.04	36.073	2.61	4591.87	4806.85	4.68
	PC33—1	37.32	36.223	2.94	5111.00	4839.74	5.31
	PC33—2	37.75	36.223	4.05	4397.07	4839.74	10.07
王嘉琪[17]	PC20B	32.89	29.339	10.8	1940	1851.4	4.57
	PC20C	37.04	35.466	4.25	2111	2249	6.54
	PC25B	36	31.6	12	2026	2251.8	11.15
	PC25C	38.22	36.804	3.7	2139	2689.23	25.72

　　本篇还利用所编制计算模型分别计算了郭俊平和王嘉琪试验中柱子的应力-应变曲线。图 9-6 为计算模型与文献 [18] 试验结果的对比，图 9-7 为计算模型与文献 [17] 试验结果的对比。

　　图 9-6 中还包括了郭俊平等的试验数据经过回归分析得到的多项式应力-应变曲线关系方程模型。由图 9-6 可以发现，本篇模型与其他模型对于试验曲线的上升段模拟均较好；但是对于试验的峰值应力以及峰值点应变的预测，多项式模型的预测效果比较差；同时，本篇模型对于试验曲线下降段的预测相比于多项式模型，准确性上相对好一些，并且本篇所提出的模型在物理意义上更加明确。

　　图 9-7 中除了利用本章提出的计算模型计算了文献 [17] 中的试验，还利用郭俊平等在预应力钢绞线网约束混凝土圆柱基础上提出的计算模型并对该模型进行修正后，计算了文献 [17] 中的试验，主要修正了模型中关于有效约束系数的计算，将圆形截面的有效约束系数修改为方形有效约束系数。由于文献 [17] 中的试验数据仅给出了构件的上升段曲

线，所以本篇仅模拟曲线的上升段。

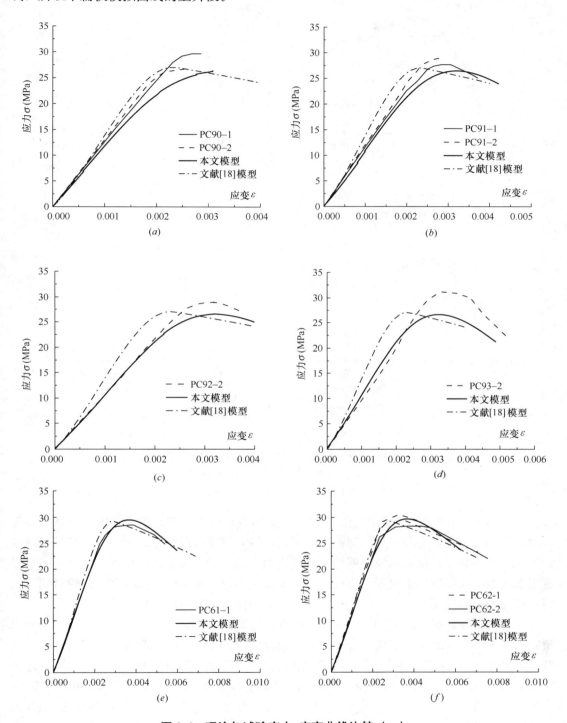

图 9-6　理论与试验应力-应变曲线比较（一）

（*a*）PC90-1 和 PC90-2；（*b*）PC91-1 和 PC92-2；（*c*）PC92-2；（*d*）PC93-2；（*e*）PC61-1；（*f*）PC62-1 和 PC62-2

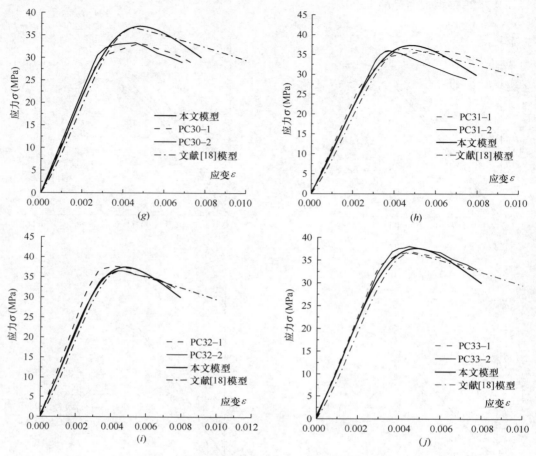

图 9-6　理论与试验应力-应变曲线比较（二）

(g) PC30-1 和 PC30-2；(h) PC31-1 和 PC31-2；
(i) PC32-1 和 PC32-2；(j) PC33－1 和 PC33-2

对比图 9-7 中的两种计算模型结算结果与试验数据可以发现，本章提出的计算模型与试验结果的吻合程度更高，利用郭俊平等提出的计算模型进行修正后所计算的结果与试验结果有较大的偏差；仅从钢绞线网约束混凝土圆柱的试验所总结出的计算模型并不能很好地用来预测钢绞线网约束混凝土方柱，进一步说明本章所提出的计算模型，无论对钢绞线网约束混凝土圆柱还是方柱，都能进行较为准确的模拟，在通用上更加有优势。

下面对本篇所提出的应力-应变曲线模型进行推广使用，并对 Hasan Moghaddam[27] 预应力钢带约束混凝土柱试验进行计算。所收集的构件中既有圆形截面约束混凝土柱，又有方形截面约束混凝土柱。圆形截面柱的试验参数为：截面直径 100mm，柱子高度 200mm，混凝土弹性模量 3.45×10^4 MPa，混凝土强度 50MPa；钢带宽度 16mm，厚度 0.5mm，钢带应力-应变关系为双折线关系（斜线段加水平线段），钢带屈服应力为 1033MPa 屈服应变为 0.01，极限应变为 0.07。方形截面柱的试验参数为：截面边长 100mm，柱子高度 200mm，截面倒角半径 10mm，其余参数同圆形截面柱。

表 9-2 中给出了试验峰值应力及峰值应变数据与模型计算所得数据的对比。

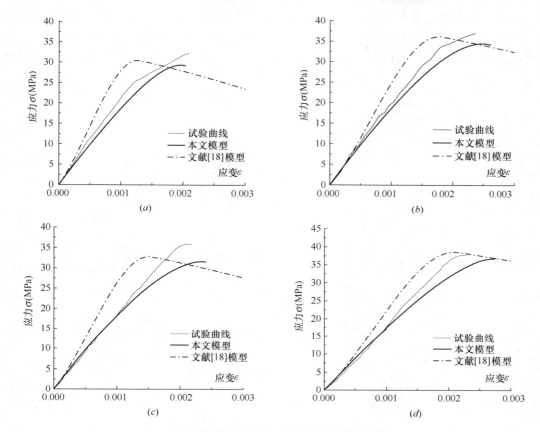

图 9-7　理论与试验应力-应变曲线比较

(*a*) PC20B；(*b*) PC20C；(*c*) PC25B；(*d*) PC25C

预应力钢带约束混凝土试验与计算模型比较　　　　　　　　　　表 9-2

试验数据	试件编号	试验 f_{cc} (MPa)	计算 f_{cc} (MPa)	误差 (%)	试验 ε_{cc} ($\times 10^{-6}$)	计算 ε_{cc} ($\times 10^{-6}$)	误差 (%)
文献[27]	C10-11-S48 (1)	50	54.5	9	3232.3	3378.2	4.51
	C10-10-S32 (1)	64.5	63	2.33	4983.16	3618.9	27.38
	C10-9-S16 (1)	77	71.58	7.04	3636.3	4935.3	35.72
	C10-8-S0 (1)	80.5	86.6	7.58	6329.96	6985.8	10.36
	P10-6-S48 (1)	56.5	58.26	3.11	3129.77	3575	14.23
	P10-5-S32 (1)	72.5	63.1	12.97	2519.08	4280	69.9
	P10-4-S16 (1)	84.5	72.3	14.44	5801.53	5797.8	0.06
	P10-3-S0 (1)	92.5	96.8	4.65	4732.82	7552.9	59.6

　　由表 9-2 可以发现，计算模型对于峰值应力的预测精度要好于峰值应变，这是由于试验中测量构件应变的难度比较大，往往测得数据并不准确，离散性较大，使得个别的模型预测结果与试验结果有较大的误差，如 P10-5-S32（1）、C10-9-S-16（1）和 P10-3-S-0（1）计算误差与试验误差达到了 30% 以上；但是从总体上看，本篇提出的计算模型能较好地预测预应力钢带网加固混凝土柱的峰值应力值和峰值应变值。

本篇还利用所编制计算模型计算了文献［27］等试验中柱子的应力-应变曲线。图 9-8 为计算模型与试验结果的对比。可以发现，本篇模型对构件的峰值应力、峰值点应变以及构件的应力-应变曲线的计算均与试验结果吻合较好；从曲线的上升段到下降段，本篇模

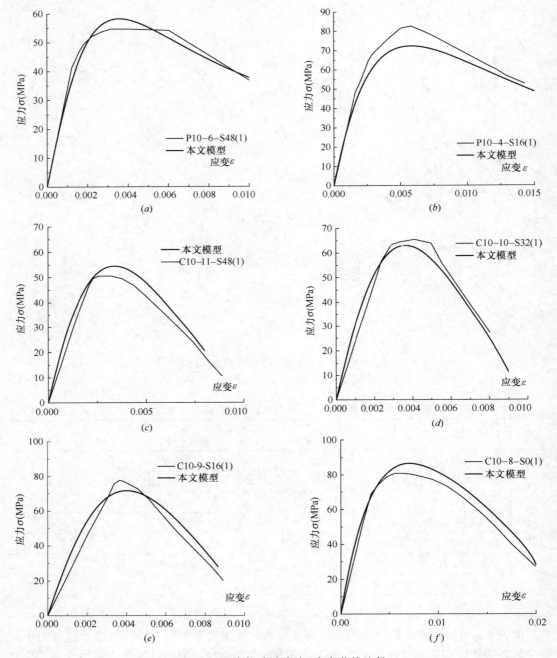

图 9-8　理论与试验应力-应变曲线比较

（a）P10-6-S48 (1)；（b）P10-4-S16 (1)（c）C10-11-S48 (1)；
（d）C10-10-S32 (1)；（e）C10-9-S16 (1)；（f）C10-8-S0 (1)

型都能较好地模拟出曲线的走势，并且本篇所提出的模型在物理意义上明确，证明其具有广泛的适用性和可扩展性。

9.3 钢绞线网约束混凝土柱应力-应变关系设计模型

上节所建立的是钢绞线网约束混凝土应力-应变关系的分析模型，该模型的确能较准确地得到钢绞线网约束混凝土应力-应变关系，但当利用应力-应变分析模型去计算钢绞线网加固混凝土结构其他力学性能时，就会给计算带来很大的难度，增加很大计算量，影响应用效率。为此，本节根据钢绞线约束混凝土试验数据、上节分析模型所得到的一些结论，以及第 8 章典型约束混凝土模型的比较结果，建立钢绞线网约束混凝土应力-应变关系的设计模型。由第 8 章关于钢绞线网加固混凝土柱的参数分析得到钢绞线间距能显著影响加固构件轴压性能，而预应力水平几乎没有明显的影响，所以本节所建立的模型主要考虑钢绞线间距的影响。

9.3.1 峰值点应力

鉴于 9.2 节所提出的钢绞线网约束混凝土的峰值应力计算公式所计算的结果与试验数据能较好地吻合，在第 2 章文献 [20] 中，峰值应力计算模型对试验结果的预测精度相对较好，且在形式上与本篇理论推导所得到的峰值应力计算模型相似，所以在设计模型中，关于峰值应力的计算依然采用上节的计算公式。根据上述章节中关于钢绞线应变的分析，当约束混凝土达到峰值点时，钢绞线的应变并未达到极限应力状态，而是 $0.7 \sim 0.9$ 倍的极限应力，这里取其平均值 0.8。

钢绞线网约束混凝土强度模型：

$$\frac{f_{cc}}{f_c} = \frac{f_{le}}{f_c} + \sqrt{1 + 10.2 \frac{f_{le}}{f_c}} \tag{9-22}$$

圆形截面

$$f_{le} = \frac{2 \times 0.8 f_w A_w k_e}{d_{cor} \cdot s} \tag{9-23}$$

$$k_e = \frac{A_e}{A_{cc}} = \left(1 - \frac{s}{d_{cor}}\right)^2 \tag{9-24}$$

方形截面

$$f_{le} = \frac{2 \times 0.8 f_w A_w k_e}{b \cdot s} \tag{9-25}$$

$$k_e = \frac{\left(b^2 - \dfrac{2y^2}{3}\right)\left(1 - \dfrac{s}{2b}\right)^2}{b^2} \tag{9-26}$$

式中，f_w 为钢绞线的极限抗拉强度；A_w 为钢绞线的截面面积；d_{cor} 为被约束混凝土圆柱体的直径；b 为被约束混凝土方柱的边长；s 为钢绞线的间距。

将本篇提出的钢绞线网约束混凝土峰值应力的设计模型计算结果同试验值以及文献 [17]、[18] 的模型计算结果进行比较，结果见表 9-3。对比表中数据可以发现，文献 [17]、[18] 中的计算模型与本篇所提出的计算模型及试验结果均吻合较好，但本篇提出的计算模型在计算精度上更好一点。本篇计算模型不仅适用于圆形截面加固柱还适用于方形截面加固柱，适用范围更广。

钢绞线网约束混凝土峰值应力试验值与计算值比较　　　表 9-3

试验数据	构件编号	试验 f_{cc}（MPa）	本篇模型 f_{cc}（MPa）	文献模型 f_{cc}（MPa）
郭俊平[18]	PC90-1	29.84	26.46	26.27
	PC90-2	26.74	26.46	26.27
	PC91-1	27.87	26.46	26.27
	PC91-2	28.99	26.46	26.27
	PC92-1	32.03	26.46	26.27
	PC92-2	28.94	26.46	26.27
	PC93-1	30.35	26.46	26.27
	PC93-2	31.12	26.46	26.27
	PC60-1	26.88	29.09	29.16
	PC60-2	31.21	29.09	29.16
	PC61-1	28.61	29.09	29.16
	PC61-2	33.55	29.09	29.16
	PC62-1	30.44	29.09	29.16
	PC62-2	28.58	29.09	29.16
	PC63-1	36.43	29.09	29.16
	PC63-2	29.00	29.09	29.16
	PC30-1	32.96	36.18	36.49
	PC30-2	33.00	36.18	36.49
	PC31-1	35.93	36.18	36.49
	PC31-2	35.96	36.18	36.49
	PC32-1	37.55	36.18	36.49
	PC32-2	37.04	36.18	36.49
	PC33-1	37.32	36.18	36.49
	PC33-2	37.75	36.18	36.49
王嘉琪[17]	PC20B	32.89	29.49	28.61
	PC20C	37.04	34.26	32.61
	PC25B	36	33.76	30.35
	PC25C	38.22	35.59	34.00

9.3.2　加固量计算

下面给出钢绞线网加固混凝土柱加固量的计算步骤，供加固设计时参考。

（1）给定未加固混凝土强度 f_{co} 以及加固后所想要达到的混凝土强度 f_{cc}；

（2）将 f_{co} 和 f_{cc} 代入式（9-22）计算出相应的侧向约束有效应力 f_{le}；

（3）将 f_{le} 代入式（9-23）或式（9-25）中，根据实际工程所采用的钢绞线规格计算出所需钢绞线的用量。

9.3.3　峰值点应变

由第 8 章中关于典型约束混凝土模型对于钢绞线网加固混凝土柱峰值点应变计算结果的对比分析可以发现，文献 [20] 和文献 [40] 所提出的计算模型计算精度比较高，且两者均是以约束材料的约束指标为参数，鉴于此，本节将采取同样模式建立钢绞线网加固混凝土柱峰值点应变计算。先将文献 [17] 和文献 [18] 中试验条件相同的试验数据求平均数，再进行回归分析得到钢绞线网加固混凝土柱峰值点应变计算模型，相关试验数据及拟合曲线如图 9-9 所示。

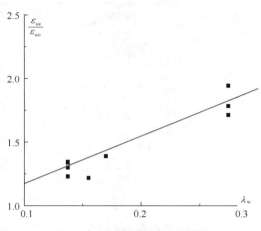

图 9-9　试验数据及拟合曲线

钢绞线网约束混凝土峰值点应变模型为：

$$\varepsilon_{cc} = (0.8 + 3.74\lambda_w)\varepsilon_{co} \quad (R^2 = 0.896) \tag{9-27}$$

式中，λ_w 为钢绞线约束指标，计算式为 $\lambda_w = \rho_w \cdot f_w / f_{co}$。

将本篇提出的钢绞线网约束混凝土峰值点应变设计模型计算结果同试验值以及文献 [17]、[18] 的模型计算结果进行比较，结果见表 9-4。

钢绞线网约束混凝土峰值点应变试验值与计算值比较　　　　表 9-4

试验数据	构件编号	试验 ε_{cc} ($\times10^{-6}$)	本篇模型 ε_{cc} ($\times10^{-6}$)	文献模型 ε_{cc} ($\times10^{-6}$)
	PC90-1	2671.33	2790.96	2331.57
	PC90-2	2547.90	2790.96	2331.57
	PC91-1	2824.00	2790.96	2331.57
	PC91-2	2902.67	2790.96	2331.57
	PC92-1	2887.33	2790.96	2331.57
	PC92-2	3189.33	2790.96	2331.57
	PC93-1	2809.60	2790.96	2331.57
	PC93-2	3283.27	2790.96	2331.57
郭俊平[18]	PC60-1	2626.67	3209.05	2963.36
	PC60-2	3935.53	3209.05	2963.36
	PC61-1	3306.67	3209.05	2963.36
	PC61-2	3284.80	3209.05	2963.36
	PC62-1	2892.67	3209.05	2963.36
	PC62-2	3473.40	3209.05	2963.36
	PC63-1	3297.53	3209.05	2963.36
	PC63-2	2718.87	3209.05	2963.36
	PC30-1	4646.67	4463.32	4671.37

续表

试验数据	构件编号	试验 ε_{cc}（$\times 10^{-6}$）	本篇模型 ε_{cc}（$\times 10^{-6}$）	文献模型 ε_{cc}（$\times 10^{-6}$）
郭俊平[18]	PC30-2	3733.33	4463.32	4671.37
	PC31-2	3620.00	4463.32	4671.37
	PC32-1	4133.33	4463.32	4671.37
	PC32-2	4591.87	4463.32	4671.37
	PC33-2	4397.07	4463.32	4671.37
王嘉琪[17]	PC20B	1940	2003.65	1786
	PC20C	2111	2154.89	2044
	PC25B	2026	2194.28	1959
	PC25C	2139	2236.87	1903

对比表中的数据可以发现，文献［17］和文献［18］中的计算模型与本篇所提出的计算模型及试验结果均吻合较好，但本篇提出的计算模型在计算精度上更好，并且本篇计算模型不仅适用于圆形截面加固柱还适用于方形截面加固柱，适用范围更广，可以为钢绞线网加固混凝土柱的工程提供参考。

9.3.4　应力-应变关系

本节根据收集到的王嘉琪[17]、郭俊平[18]的试验数据经过回归分析得到关于钢绞线网约束混凝土应力-应变关系，这次收集的数据不仅包含了不同的钢绞线间距、预应力水平下钢绞线网约束混凝土的情况，还包括了不同的混凝土强度、不同的截面形状等因素。将数据归一化后得到的结果如图 9-10 所示。

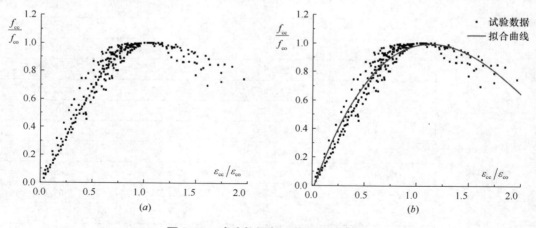

图 9-10　试验数据归一化及拟合曲线

为了在分析钢绞线网加固混凝土结构其他力学性能时使用方便，本节将对试验数据进行多项式拟合，建立了钢绞线网加固混凝土柱的多项式应力-应变全曲线设计模型，即：

$$y = 2.055x - 1.21x^2 + 0.176x^3 \quad (R^2 = 0.96667) \tag{9-28}$$

式中，$x = \varepsilon_c / \varepsilon_{cc}$，$y = f_c / f_{cc}$。

同样，将本篇提出的钢绞线网加固混凝土柱的应力-应变设计模型同文献［17］、［18］

中的试验结果及模型进行比较，见图 9-11。由于文献［17］中的试验仅有上升段曲线，所以在这里不再对比文献［17］中构件的试验数据。由图 9-11 可以发现，文献［17］和文献［18］以及本篇所提出设计模型与试验结果均吻合较好；对比文献［18］中的试件模拟结果可以发现，本篇所提出的模型在对构件下降段的预测趋势更加准确；对比文献［17］中的试件模拟结果可以发现，本篇所提出的模型计算出的曲线与试验曲线之间的误差更小；并且本篇所提出的钢绞线网加固混凝土柱的应力-应变设计模型不仅适用于圆形截面加固柱还适用于方形截面加固柱，适用范围更广。

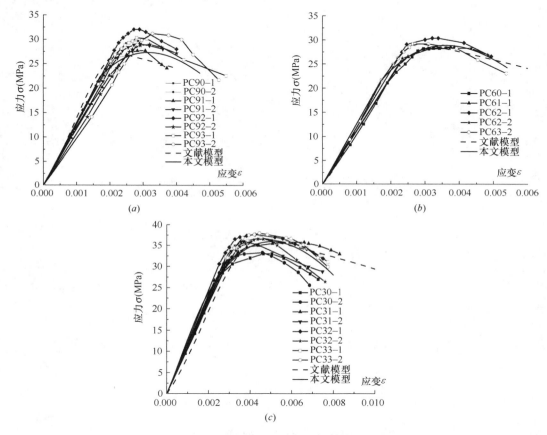

图 9-11　理论与试验应力-应变曲线比较

9.4　本章小结

本章根据 Hoke-Brown 破坏准则及主动约束混凝土理论，推导出适用于钢绞线网约束混凝土柱峰值应力的计算模型；根据相关的主动约束混凝土试验，分析了主动约束混凝土侧向应变与纵向应变之间的关系，结合 Ottensen 混凝土应力-应变关系以及广义胡克定律，提出了一种新的钢绞线网约束混凝土柱应力-应变关系分析模型的计算方法，并通过编制计算机程序对钢绞线网约束混凝土轴压柱应力-应变关系曲线进行了计算及验证；本章还将提出的钢绞线网约束混凝土柱应力-应变关系分析模型的计算流程应用到预应力钢带约束混凝土柱中进行了验证，表明本篇模型具有广泛的适用性和可扩展性。最后，在理论基础上结合收集到的钢绞线网约束混凝土圆柱与钢绞线网约束混凝土方柱试验数据进行归一化，回归出钢绞线网约束混凝土柱应力-应变关系设计模型，并与文献中的试验数据及计算模型进行了对比，本文的模型在计算精度上更好一些，且对于应力-应变曲线的下降段模拟更加准确。

第 10 章 钢绞线网约束混凝土应力-应变模型的应用

10.1 引言

将第 9 章提出的钢绞线网约束混凝土模型，应用到钢绞线网-聚合物砂浆加固钢筋混凝土柱的恢复力模型建立，以及钢绞线网-聚合物砂浆加固偏压钢筋混凝土柱承载能力的计算。利用力的平衡、变形协调以及条带法得出在低周反复荷载作用下钢绞线网-聚合物砂浆加固钢筋混凝土柱骨架曲线的计算方法，以及钢绞线网-聚合物砂浆加固偏压钢筋混凝土柱承载能力的计算方法。

为了下文的表达方便，首先对构件截面上的应力和应变之间的数学关系进行介绍。由平截面假定可知，构件正截面变形后仍保持平面，钢筋与混凝土之间无滑移，变形相协调，截面应变呈线性分布。

圆截面的应力、应变关系如图 10-1。图中，x_n 为中和轴到受压区混凝土边缘的距离；x 为混凝土计算单元至中和轴的距离；ε_c 为受压区边缘混凝土的应变；h_0 为截面有效高度。根据几何关系很容易计算出各个部位的应变大小。

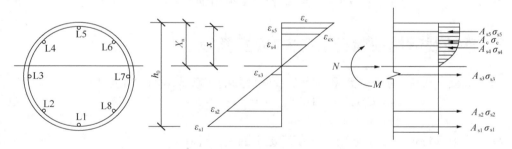

图 10-1 圆截面的应力和应变的分布情况

各个纵筋的应变为：

L1 纵筋
$$\varepsilon_{L1} = \frac{h_0 - x_n}{x_n} \varepsilon_c \tag{10-1}$$

L2 与 L8 纵筋
$$\varepsilon_{L2} = \varepsilon_{L8} = \frac{r + r/\sqrt{2} - x_n}{x_n} \varepsilon_c \tag{10-2}$$

L3 与 L7 纵筋
$$\varepsilon_{L3} = \varepsilon_{L7} = \frac{r - x_n}{x_n} \varepsilon_c \tag{10-3}$$

L4 与 L6 纵筋
$$\varepsilon_{L4} = \varepsilon_{L6} = \frac{x_n + r/\sqrt{2} - r}{x_n} \varepsilon_c \tag{10-4}$$

L5 纵筋
$$\varepsilon_{L5} = \frac{x_n - c - d/2}{x_n}\varepsilon_c \tag{10-5}$$

式中，r 为圆形截面半径；c 为柱子混凝土保护层厚度；d 为柱子纵向钢筋直径。

方形截面的应力、应变关系如图 10-2。图中，x_n 为中和轴到受压区混凝土边缘的距离；x 为混凝土计算单元至中和轴的距离；ε_c 为受压区边缘混凝土的应变；h_0 为截面有效高度。根据几何关系很容易计算出各个部位的应变大小。

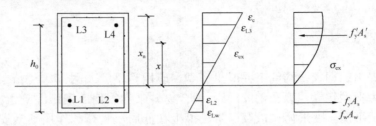

图 10-2　方形截面的应力和应变的分布情况

各个纵筋的应变为：

L1 与 L2 纵筋
$$\varepsilon_{L1} = \varepsilon_{L2} = \frac{h_0 - x_n}{x_n}\varepsilon_c \tag{10-6}$$

L3 与 L4 纵筋
$$\varepsilon_{L3} = \varepsilon_{L4} = \frac{x_n - c - d/2}{x_n}\varepsilon_c \tag{10-7}$$

受拉侧钢绞线应变
$$\varepsilon_{Lw} = \frac{h_0 - x_n + c + d/2}{x_n}\varepsilon_c \tag{10-8}$$

式中，c 为柱子混凝土保护层厚度；d 为柱子纵向钢筋直径。

10.2　钢绞线网约束混凝土应力-应变模型

本章混凝土应力-应变关系采用第 9 章所得到的多项式全曲线模型：
$$y = 2.055x - 1.21x^2 + 0.176x^3 \quad (R^2 = 0.96667) \tag{10-9}$$
式中，$x = \varepsilon_c/\varepsilon_{cc}$，$y = f_c/f_{cc}$。

峰值应力和峰值应变也采用第 9 章所提出的模型计算：
$$\frac{f_{cc}}{f_c} = \frac{f_{le}}{f_c} + \sqrt{1 + 10.2\frac{f_{le}}{f_c}} \tag{10-10}$$
$$\varepsilon_{cc} = (0.8 + 3.74\lambda_w)\varepsilon_{co} \tag{10-11}$$

10.3　荷载-位移骨架曲线模型

构件在反复荷载作用下得到的滞回曲线图上，将同方向各次加载的峰点依次相连得到的曲线称为骨架曲线[46]。通过骨架曲线可以反映出构件在反复荷载作用下的最大承载能力，以及最大承载能力所对应的位移和构件的延性大小。

10.3.1　基本假定

忽略构件的轴向压缩和剪切变形；不考虑混凝土的抗拉强度；忽略钢筋与混凝土间的

相对滑移；截面应变服从平截面假定；各条带单元处于单轴受压状态且应力分布均匀。

10.3.2　塑性铰

可将构件简化成如图 10-3 的计算模型。

对于那些以钢筋先屈服为特点的偏心受压钢筋混凝土柱，钢筋屈服后往往会形成塑性铰，但塑性铰不只在最大弯矩截面处存在，而是分布在最大弯矩截面邻近一段范围内[50]。不同研究者根据不同的试验提出了不同的经验公式，本篇将塑性铰区段长度取为 $l_p = 0.5h_0$[50]，其中 h_0 为试件截面有效高度。这样，试件弹性区段的高度为：

$$h_e = H - 0.5h_0 \tag{10-12}$$

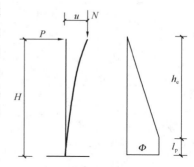

图 10-3　构件分析模型

根据图 10-1 可得构件的截面曲率：

$$\phi = \frac{\varepsilon_c}{x_n} \tag{10-13}$$

根据结构力学原理，可以分析得到柱顶的水平位移计算公式为：

$$u = \begin{cases} \phi \dfrac{H^2}{3} & \phi \leqslant \phi_y \\[2mm] \phi_y \dfrac{H^2}{3} + (\phi - \phi_y)l_p h_e & \phi > \phi_y \end{cases} \tag{10-14}$$

考虑轴力的二阶效应，由图 10-3 可得水平荷载和位移的关系：

$$M = PH + Nu \tag{10-15}$$

根据以上计算公式，利用 Matlab 编程可得到构件的骨架曲线，计算步骤如下：

① 计算出构件初始应变，每次增加微小应变；

② 根据新得到的应变值计算出中和轴的位置，判断构件全截面是否处于受压状态；

③ 由式（10-13）计算出截面曲率并判断是否出现塑性铰，然后由弯矩平衡计算出截面弯矩；

④ 根据截面曲率和弯矩，由式（10-14）、式（10-15）计算水平位移和水平力。

10.3.3　结果对比分析

对文献［8］和文献［19］关于钢绞线网-聚合物砂浆加固钢筋混凝土柱在低周反复荷载作用下的试验数据，用本节提出的计算构件骨架曲线的程序进行了计算比较。

文献［19］共制作了 2 根对比柱和 16 根加固柱，采用 C30 级混凝土，构件截面为直径 300mm 的圆截面，柱高 1200mm，混凝土保护层厚度为 25mm，纵筋为 8B16；文献［8］共制作了 2 根对比柱和 6 根加固柱，采用 C30 级混凝土，构件截面为 250mm×250mm 的方形截面，柱高 1200mm，混凝土保护层厚度为 15mm，纵筋为 4A16。加固柱基本信息如表 10-1 所示。

	试件信息表			表 10-1
试验数据	试件编号	钢绞线直径（mm）	钢绞线间距（mm）	轴压比
文献［8］	RCC1-2	2.4	30	0.24
	RCC1-3	3.2	30	0.24
	RCC1-4	2.4	15	0.24
	RCC2-2	2.4	30	0.48
	RCC2-3	3.2	30	0.48
	RCC2-4	2.4	15	0.48
文献［19］	PLC60-1	4.5	60	0.4
	PLC61-1	4.5	60	0.4
	PLC62-1	4.5	60	0.4
	PLC63-1	4.5	60	0.4
	PLC60-2	4.5	60	0.8
	PLC61-2	4.5	60	0.8
	PLC62-2	4.5	60	0.8
	PLC63-2	4.5	60	0.8
	PLC30-1	4.5	30	0.4
	PLC31-1	4.5	30	0.4
	PLC32-1	4.5	30	0.4
	PLC33-1	4.5	30	0.4
	PLC30-2	4.5	30	0.8
	PLC31-2	4.5	30	0.8
	PLC32-2	4.5	30	0.8
	PLC33-2	4.5	30	0.8

图 10-4 列出了部分计算结果与文献［19］中部分试验结果以及文献［19］所提出的计算模型的比对图，可以发现，利用本篇提出的钢绞线网约束混凝土柱应力-应变关系模型所建立的荷载—位移骨架曲线模型以及文献［19］所提出的模型，均与大部分试验曲线[19]吻合较好；相比于文献［19］的计算模型，本篇所采用的钢绞线网约束混凝土柱的本构模型是没有分段的，而文献［19］是分成两段的，这样就给计算带来了一定的麻烦。本篇所建立的荷载-位移骨架曲线模型还考虑了塑性铰的影响，这样使得本篇所得到的计算结果更加偏于安全。

本篇的钢绞线网约束混凝土柱应力-应变关系模型还考虑了截面形状的影响，因此本篇所建立的荷载-位移骨架曲线模型还适用于计算钢绞线网加固钢筋混凝土方形截面柱荷载-位移骨架曲线，图 10-5 列出了部分计算结果与文献［8］中试验结果的比对图。

对比各图可以发现，利用本篇提出的钢绞线网约束混凝土柱应力-应变关系模型所建立的荷载-位移骨架曲线模型，其计算结果与大部分试验曲线[8]吻合较好，能较好地预测曲线走势；说明本篇提出的钢绞线网约束混凝土柱应力-应变关系模型具有实用价值。

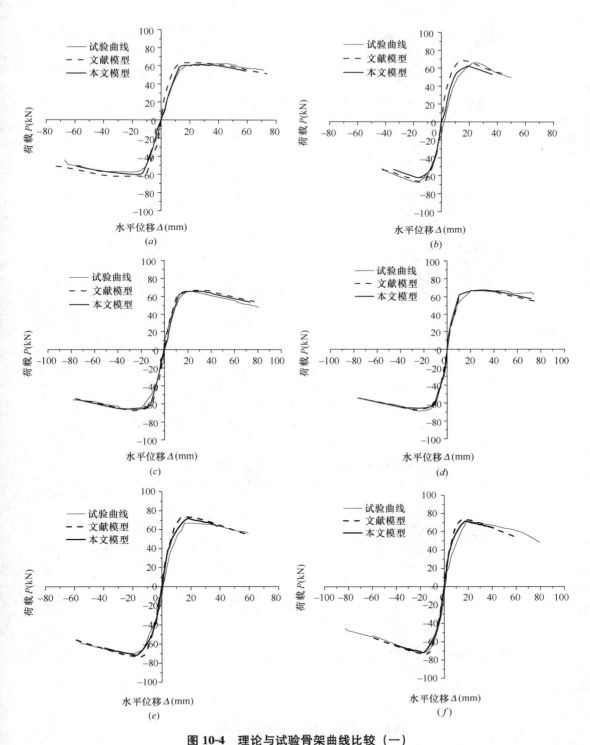

图 10-4　理论与试验骨架曲线比较（一）

(*a*) LC0-1；(*b*) LC0-2；(*c*) PLC61-1；(*d*) PLC63-1；(*e*) PLC61-2；(*f*) PLC63-2

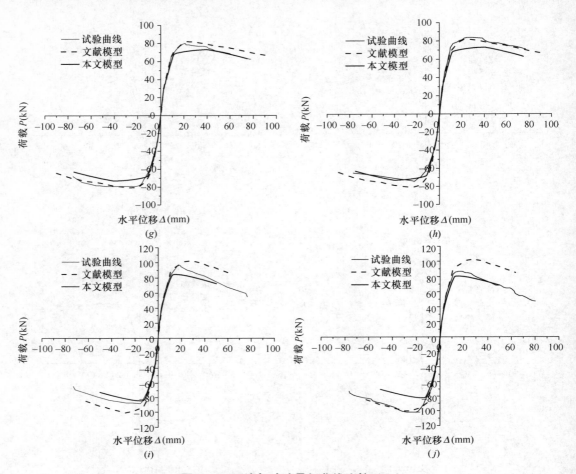

图 10-4　理论与试验骨架曲线比较（二）

（*g*）PLC33-1；（*h*）PLC31-1；（*i*）PLC31-2；（*j*）PLC32-2

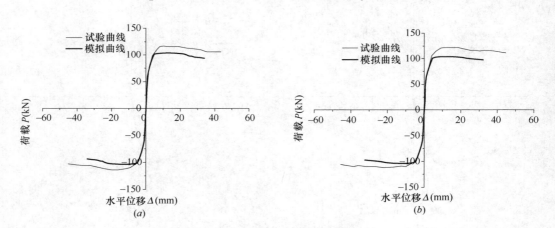

图 10-5　理论与试验骨架曲线比较（一）

（*a*）RCC1-2；（*b*）RCC1-3

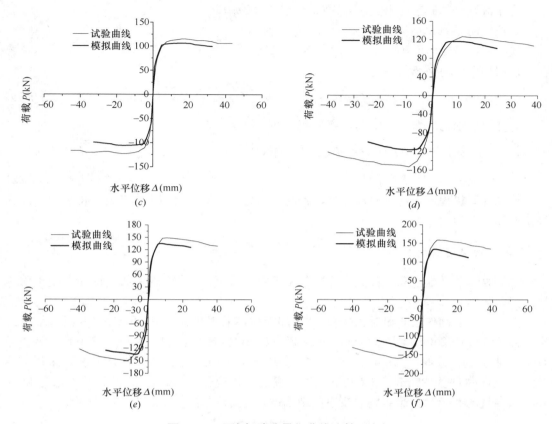

图 10-5　理论与试验骨架曲线比较（二）

(*c*) RCC1-4；(*d*) RCC2-2；(*e*) RCC2-3；(*f*) RCC2-4

10.4　钢绞线网加固钢筋混凝土偏压柱正截面承载力计算

　　根据本篇提出的钢绞线网约束混凝土应力-应变关系模型，采用积分法求解加固混凝土柱的正截面承载力。通过对受压区截面应力的积分，得出受压区混凝土的受压合力，根据力的平衡以及弯矩平衡条件，求解出偏压构件的正截面承载力。

10.4.1　基本假定

　　（1）平截面假定，受压区截面混凝土的应变分布按直线线性分布；

　　（2）不考虑混凝土、聚合物砂浆层的抗拉强度及纵向钢绞线的抗压强度；

　　（3）不考虑近力侧面和两侧面的纵向钢绞线承载能力。

10.4.2　积分法极限承载力计算

受压区混凝土受力大小：
$$N_c = \int_0^{x_n} \sigma_{cx} b \mathrm{d}x \qquad (10\text{-}16)$$

受压区钢筋受力大小：
$$N'_s = \sigma'_s A'_s \qquad (10\text{-}17)$$

受压区聚合物砂浆受力大小：　　$N_m = (b + 2c)t\sigma_m$　　　　　　　　　　（10-18）

受拉钢筋受力大小：　　　　　　$N_s = A_s\sigma_s$　　　　　　　　　　　　（10-19）

受拉钢绞线受力大小：　　　　　$N_w = A_w\sigma_w$　　　　　　　　　　　（10-20）

根据轴向受力平衡条件可得：

$$N_u = \int_0^{x_n} \sigma_{cx}b\,dx + \sigma'_s A'_s + (b + 2c)t\sigma_m - A_s\sigma_s - A_w\sigma_w \qquad (10\text{-}21)$$

对受拉侧钢筋取弯矩，根据弯矩平衡条件可得：

$$N_u e = \int_0^{x_n} x\sigma_{cx}b\,dz + (h_0 - c - d/2)A'_s\sigma'_s + (h_0 + t/2)(b + 2c)t\sigma_m + (c + d/2)A_w\sigma_w$$

$$(10\text{-}22)$$

编制计算机程序，通过迭代计算，若同时满足力平衡及力矩平衡条件，即可求得加固柱正截面承载力值。

10.4.3　结果对比分析

本节收集了文献［51］和文献［52］关于钢绞线网-聚合物砂浆加固钢筋混凝土偏压柱的试验数据。

文献［51］制作了 6 根对比柱和 12 根加固柱，采用 C30、C35 和 C20 级三种混凝土，构件为 250mm×250mm 方形截面，柱高 2100mm，混凝土保护层厚度为 15mm，纵筋为 4A14，聚合物砂浆厚度 15mm；文献［52］制作了 1 根对比柱和 4 根加固柱，采用 C25 级混凝土，构件为 250mm×250mm 方形截面，柱高 1250mm，混凝土保护层厚度为 30mm，纵筋为 4A14，聚合物砂浆厚度 20mm；加固柱基本信息如表 10-2 所示。

试件信息表　　　　　　　　　　　　　　　　　　表 10-2

试验数据	试件编号	混凝土等级	钢绞线直径 (mm)	钢绞线间距 (mm)	偏心距 e (mm)	混凝土强度 f_c(MPa)	砂浆强度 f_m(MPa)
文献［51］	C2	C25	2.5	50	30	32.6	58.2
	C3	C25	2.5	50	30	32.9	58.2
	C4	C25	2.5	50	50	32.7	58.2
	C5	C25	2.5	50	50	33.1	58.2
文献［52］	ZA1	C35	3.05	30	30	30.3	39.3
	ZA2	C20	3.05	30	30	12.8	36.9
	ZB1	C35	3.05	30	50	30.3	39.3
	ZB2	C20	3.05	30	50	12.8	36.9
	ZC1	C35	3.05	30	70	30.3	39.3
	ZC2	C20	3.05	30	70	12.8	36.9
	ZD1	C30	3.05	30	120	28.5	34.1
	ZD2	C30	3.05	30	120	28.5	34.1
	ZE1	C30	3.05	30	140	28.5	36.1
	ZE2	C30	3.60	30	140	28.5	36.1
	ZF1	C20	3.05	30	160	32.4	36.1
	ZF2	C20	3.60	30	160	32.4	36.1

根据本篇提出的钢绞线网约束混凝土应力-应变关系模型以及积分法，计算文献［51］和文献［52］中加固构件极限承载能力，并将本篇的理论计算结果分别与文献［51］和文献［52］的理论计算结果进行比较。如表 10-3 所示。

计算结果表　　　　　　　　　　　　　　　　表 10-3

试验数据	试件编号	实测极限荷载 N_u（kN）	文献计算极限荷载 N_u（kN）	本篇计算极限荷载 N_u（kN）
文献［51］	C2	2238	2298.6	2400.5
	C3	2393	2183.42	2407.7
	C4	2197	2022.46	2113.4
	C5	2289	2002.9	2138.1
文献［52］	ZA1	2125	1995	2145
	ZA2	1520	1507	1511.5
	ZB1	2045	1648	1742
	ZB2	1220	1245	1201.8
	ZC1	1580	1348	1488.8
	ZC2	1040	1029	1027.7
	ZD1	630	695	700.2
	ZD2	681	695	700.2
	ZE1	598	596	599.6
	ZE2	576	607	602.2
	ZF1	459	542	506.07
	ZF2	517	551	514.43

从表 10-3 可以看出，文献中试验实测值与本篇计算值整体上吻合较好，本篇的理论计算结果相比于文献［51］和文献［52］精度更高，计算误差在允许范围之内，验证了本篇提出的关于钢绞线网约束混凝土应力-应变关系模型的适用性，对实际工程的应用具有参考价值。

10.5　本章小结

利用本篇建立的钢绞线网约束混凝土的应力-应变关系模型，根据力学条件及条带法，计算了钢绞线网-聚合物砂浆加固钢筋混凝土柱在低周反复荷载作用下的骨架曲线，以及钢绞线网-聚合物砂浆加固钢筋混凝土偏压柱的极限承载力，大多数构件的计算结果与试验结果吻合良好，验证了本篇所建立的钢绞线网约束混凝土的应力-应变关系模型的实用性和正确性。

第 11 章　本篇结论和展望

11.1　结论

本篇分析比较了一些较为典型的约束混凝土本构模型在钢绞线网-聚合物砂浆加固混凝土柱中的应用，并根据 Ottosen 多轴应力混凝土应力-应变关系、Hoke-Brown 破坏准则等对钢绞线网-聚合物砂浆加固混凝土柱的本构关系进行了理论分析，分别建立了钢绞线网-聚合物砂浆加固混凝土柱应力-应变关系的分析模型和设计模型，并将模型应用到钢绞线网-聚合物砂浆加固钢筋混凝土柱其他力学性能的研究中去，得到以下结论：

（1）典型的箍筋约束混凝土本构模型对钢绞线网-聚合物砂浆加固混凝土柱的峰值点应力、应变的计算效果比较差，误差比较大并且离散性较大，不适合在实际中应用。

（2）当钢绞线间距过大时，如果钢绞线间距减少的幅度较小，对加固构件峰值应力的提高效果不明显；当钢绞线间距较小时，减小钢绞线间距可以有效提高加固构件的峰值应力，钢绞线间距对峰值点应变有类似的影响规律；而钢绞线的预应力水平对加固构件的峰值应力和峰值点应变没有显著影响。

（3）在主动约束混凝土的基础上，分析了钢绞线网约束混凝土下纵向应变与横向应变之间的关系，当纵向应变不是很大时，无论侧向给予的主动约束力多大，混凝土的纵向应变与横向应变的关系比较一致，横向应变与纵向应变的比值为 0.25～0.4，主动约束为 4MPa 的构件最后横向应变与纵向应变的比值约为 1.3～1.5，实际工程应用中，为便于施工以及经济效益的考虑，钢绞线之间是有一定的间距，这样钢绞线所能提供的侧向约束力很难超过 4MPa，所以本篇建议钢绞线网约束混凝土的极限泊松比应相应地扩大，取 1.8，在没有侧向约束时极限泊松比为 2.0；主动约束为 4MPa，当达到峰值点时泊松比为 1.0；当荷载超过极限荷载的 0.8 倍后，构件的泊松比取值可根据主动约束试验中的数据进行线性插值取得。

（4）根据多轴混凝土破坏包络面以及 Hoke-Brown 破坏准则，建立了钢绞线网-聚合物砂浆加固混凝土柱的峰值应力计算模型，模型计算结果与试验数据吻合良好；根据广义胡克定律，利用增量法提出了钢绞线网-聚合物砂浆加固混凝土柱应力-应变关系分析模型，并计算了相关试验，计算结果与试验应力-应变曲线也吻合良好；根据钢绞线网约束混凝土下纵向应变与横向应变之间关系的分析，得到钢绞线在构件达到峰值应力时的应变约为其极限应变的 0.8 倍；通过对收集的试验数据回归分析，得到钢绞线网-聚合物砂浆加固混凝土柱峰值应力、峰值点应变以及应力-应变关系设计模型。

峰值点应力计算模型：

$$\frac{f_{cc}}{f_c} = \frac{f_{le}}{f_c} + \sqrt{1 + 10.2\frac{f_{le}}{f_c}} \tag{11-1}$$

钢绞线网约束混凝土峰值点应变模型：

$$\varepsilon_{cc} = (0.8 + 3.74\lambda_w)\varepsilon_{co} \quad (R^2 = 0.896) \tag{11-2}$$

应力-应变关系设计模型：

$$y = 2.055x - 1.21x^2 + 0.176x^3 \quad (R^2 = 0.96667) \tag{11-3}$$

(5) 本篇的分析模型是在主动约束混凝土的基础上建立的，适用于其他约束材料约束混凝土柱的应力应变计算，对于预应力钢带约束混凝土柱的计算说明了本篇模型的可扩展性和适用性。

(6) 利用本篇提出的钢绞线网-聚合物砂浆加固混凝土柱应力-应变关系模型，对钢绞线网-聚合物砂浆加固钢筋混凝土柱在低周反复荷载作用下的骨架曲线进行了计算，所得到的结果与试验结果吻合较好；同时，对钢绞线网-聚合物砂浆加固钢筋混凝土偏压柱的正截面的极限承载能力进行了计算，计算结果与试验结果偏差不大，进一步验证了本篇所提出模型的实用性及正确性。

11.2　展望

(1) 实际工程中，加固一般是在构件发生损伤后进行的，所以获得针对实际工程下的受力性能的研究，需要对原有混凝土加载至破坏后再进行加固，进行二次受力状态下的分析。

(2) 钢绞线在构件达到峰值应力时，其横向应变的大小需相关试验进行进一步的研究；关于钢绞线应变的测量方法也需要改善。

(3) 当钢绞线的间距继续缩小时，钢绞线网-聚合物砂浆加固混凝土柱应力-应变关系曲线是否会不再出现下降段，需要进一步的试验研究。

(4) 需研究加固效果与经济效益之间的关系，为进一步推广钢绞线网-聚合物砂浆加固技术提供依据。

参考文献

［1］ 王永维．我国建筑鉴定与加固改造技术现状与展望［C］．第五届全国建筑物鉴定与加固改造学术会议论文集，汕头，2000：1-6.

［2］ 赵勇．预应力钢带约束混凝土方柱轴压性能试验研究［D］．西安：西安建筑科技大学，2014.

［3］ 阳伟光．圬工拱桥增大截面加固机理分析［D］．西安：长安大学，2008.

［4］ 蒋仙务．钢筋混凝土结构的加固方法及应用［J］．建材与装饰，2011，34(12)：112-113.

［5］ 王用锁．钢丝绳绕丝约束混凝土轴心受压短柱试验研究［D］．哈尔滨：哈尔滨工业大学，2006.

［6］ 陈志峰．加固 RC 轴心受压柱二次受力试验研究与有限元分析［D］．长沙：中南大学，2008.

［7］ 张立峰，姚秋来．高强钢绞线网-聚合砂浆加固大偏心受压柱试验研究［J］．工程抗震加固改造，2007，29(3)：18-23.

［8］ 陈亮．高强不锈钢绞线网用于混凝土柱抗震加固的试验研究［D］．北京：清华大学，2004.

［9］ 李辉．预应力钢绞线加固混凝土短柱抗震性能试验研究［D］．北京：北京工业大学，2012.

［10］ 田轲．加筋聚合物砂浆（HPFL）加固 RC 柱抗震性能数值分析［D］．西安：长安大学，2013.

［11］ Saatcioglu M，Yalcin C. External prestressing concretecolumns for improved seismic shear resistance［J］. Journal of Structural Engineering，ASCE，2003，129(8)：1057-1070.

［12］ Choi Jun-Hyeok. Seismic retrofit of reinforced concretecircular columns using stainless steel wire mesh composite［J］. Canadian Journal of Civil Engineering，2008，35(2)：140-147.

［13］ Sung-Hoon Kim，Choi Jun-Hyeok. Repair of earthquake damaged RC columns with stainless steel wire mesh composite［J］. Advances in Structural Engineering，2010，13(2)：393-402.

［14］ Sung-Hoon Kim，Dae-Kon Kim. Seismic retrofit of rectangular RC bridge columns using wire mesh wrap casing［J］. KSCE Journal of Civil Engineering，2011，15(7)：1227-1236.

［15］ 史庆轩，侯炜，张兴虎．箍筋约束混凝土结构及其发展展望［A］．《建筑结构学报》创刊30周年纪念暨建筑结构基础理论与创新学术研讨会论文集［C］，2010.

［16］ 潘晓峰．高强钢绞线网-聚合物砂浆加固小偏心受压混凝土柱的试验研究［D］．南京：南京工业大学，2007.

［17］ 王嘉琪．高强钢绞线网-高性能砂浆约束混凝土柱受力性能研究［D］．南昌：华东交通大学 2012.

［18］ 郭俊平，邓宗才．预应力钢绞线加固混凝土圆柱的轴压性能［J］．工程力学，2014，31(3)：129-137.

［19］ 郭俊平，邓宗才．预应力钢绞线加固钢筋混凝土柱恢复力模型研究［J］．工程力学，2014，31(5)：109-119.

［20］ Kent DC，Park R. Flexural members with confined concrete［J］. Journal of the Structural Division，1971，97(7)：1969-1990.

［21］ Sheikh S A，Uzumeri M. Analytical model for concrete confinement in tied columns［J］. Journal of the Structural Division，ASCE，1982，108 (12)：2703-2722.

［22］ Mander J B，Priestley M J N，Park R. Theoretical stresss train model for confined concrete［J］. Journal of Structural Engineering，1988，114(8)：1804-1826.

［23］ Cusson D，Paultre. Stress-strain model for confined high strength concrete［ J］. Journal of

Structural Engineering, 1995, 121(3): 468-477.

[24] 钱稼茹, 程丽荣, 周栋梁. 普通箍筋约束混凝土柱的中心受压性能[J]. 清华大学学报(自然科学版), 2002, 42(10): 1369-1373.

[25] 车轶, 王铁东, 班圣龙. 箍筋约束混凝土轴心受压性能尺寸效应研究[J]. 建筑结构学报, 2013, 34(3): 118-123.

[26] 宋佳, 李振宝, 王元清. 考虑尺寸效应影响的箍筋约束混凝土应力-应变本构关系模型[J]. 建筑结构学报, 2015, 36(8): 99-107.

[27] Moghaddam H, Samadi M, Pilakoutas K, Mohebbi S. Axial compressive behavior of concrete actively confined by metal strips: part A: experimental study [J]. Materials and Structures, 2010, 43: 1369-1381.

[28] Moghaddam H, Samadi M, Pilakoutas K, Mohebbi S. Axial compressive behavior of concrete actively confined by metal strips: part B: analysis [J]. Materials and Structures, 2010, 43: 1383-1396.

[29] Lim JC, Ozbakkaloglu T. Comparison of Stress-Strain Relationships of FRP and Actively Confined High-Strength Concrete: Experimental Observation [J]. Advanced Materials Research, 2014, 919-921: 29-34.

[30] Lim JC, Ozbakkaloglu T. Investigation of the Influence of the Application Path of Confining Pressure: Tests on Actively Confined and FRP-Confined Concretes [J]. Journal of Structural Engineering, 2015, 141(8): 04014203.

[31] 于峰, 牛荻涛. 长细比对FRP约束混凝土柱承载力的影响[J]. 土木工程学报, 2008, 41(6): 40-44.

[32] 惠宽堂, 王南, 史庆轩. 碳纤维约束与箍筋约束混凝土轴压性能对比[J]. 土木建筑与环境工程, 2013, 35(4): 32-37.

[33] 吴刚, 吕志涛. 纤维增强复合材料(FRP)约束混凝土矩形柱应力-应变关系的研究[J]. 建筑结构学报, 2004, 25(3): 99-106.

[34] 陶忠, 高献, 于清, 庄金平. FRP约束混凝土的应力-应变关系[J]. 工程力学, 2004, 22(4): 188-195.

[35] 邓宗才, 李建辉. FRP约束混凝土应力-应变曲线模型研究[J]. 应用基础与工程科学学报, 2010, 18(3): 461-471.

[36] 陆新征, 冯鹏, 叶列平. FRP布约束混凝土方柱轴心受压性能的有限元分析[J]. 土木工程学报, 2003, 36(2): 46-51.

[37] 周长东, 白晓彬, 赵锋, 吕西林, 厉春龙. 预应力纤维布加固混凝土圆形截面短柱轴压性能试验[J]. 建筑结构学报, 2013, 34(2): 131-140.

[38] 杨坤, 史庆轩, 王秋维, 门进杰. 高强箍筋约束高强混凝土轴心受压性能分析[J]. 西安建筑科技大学学报(自然科学版), 2009, 41(2): 161-172.

[39] 杨坤, 史庆轩, 赵均海, 等. 高强箍筋约束高强混凝土本构模型研究[J]. 土木工程学报, 2013, 46(1): 34-41.

[40] 过镇海, 张秀琴, 王传志. 反复荷载下箍筋约束混凝土的应力-应变曲线方程[J]. 建筑结构学报, 1982, (9): 16-20.

[41] Saatcioglu M, Razvi S R. Strength and Ductility of Confined Concrete[J]. Journal of Structural Engineering, 1992, 118(6): 1590-1607.

[42] Lam L, Teng J G. Design-oriented stress-strain model for FRP-confined concrete[J]. Con-

struction and Building Materials，2003，17(6-7)：471-489.

[43] Hoek E，Brown E. Empirical strength criterion for actively confined concrete. Journal of Geotechnical Engineering Division，1980，106(GT9)：1013-1035.

[44] Hoek E，Brown E T. Underground excavations in rock，published for the Institution of Mining and Metallurgy[M]. E&FN Sponsor，London，1982.

[45] Ottosen N S. Constitutive model for short-time loading of concrete[J]. Journal of the Engineering Mechanics Division，1979，105(1)：127-141.

[46] 过镇海，时旭东. 钢筋混凝土原理和分[M]. 北京：清华大学出版社，2003：103-128.

[47] Wu Y F，Zhou Y W. Unified strength model based on Hoek-Brown failure criterion for circular and square concrete columns confined by FRP[J]. Journal of Composites for Construction，2010，14(2)：175-184.

[48] Menetrey P，William K J. Triaxial failure criterion for concrete and its generalization[J]. ACI Structural Journal，1995，92(3)：311-318.

[49] Papanikolaou V K，Kappos A J. Confinement-sensitive plasticity constitutive model for concrete in triaxial compression[J]. International Journal of Solids and Structure，2007，44(21)：7021-7048.

[50] 贡金鑫，李金波，赵国藩. 受腐蚀钢筋混凝土构件的恢复力模型[J]. 土木工程学报，2005，38(11)：38-44.

[51] 葛超. 横向预应力钢绞线-聚合物砂浆加固小偏心受压柱试验研究[D]. 南昌：华东交通大学，2015.

[52] 刘伟庆，王曙光，何杰，姚秋来. 钢绞线网-聚合砂浆加固钢筋混凝土柱的正截面承载力研究[J]. 福州大学学报(自然科学版)，2013，41(4)：456-462.

[53] 张行强. 压弯作用下 FRP 约束混凝土应力-应变关系的试验研究[D]. 杭州：浙江大学，2014.

[54] Candappa D C，Sanjayan J G. Complete triaxial stress-strain curves of high-strength concrete[J]. Journal of Materials in Civil Engineering，ASCE，2001，13(3)：209-215.

[55] 魏渊峰. 预应力钢带加固钢筋混凝土短柱抗震性能试验研究[D]. 西安：西安建筑科技大学，2013.

[56] 吴小勇. 钢筋钢丝网砂浆加固混凝土柱的轴压偏压及抗震滞回性能试验研究[D]. 汕头：汕头大学，2011.

[57] 周文峰，黄宗明，白绍良. 约束混凝土几种有代表性应力-应变模型及其比较[J]. 重庆建筑大学学报，2003，25(4)：121-127.

[58] 杨坤，史庆轩，赵均海，郭亚妮. 高强箍筋约束高强混凝土柱的抗轴压性能[J]. 工业建筑，2013，43(2)：9-13

第三篇

横向预应力钢绞线-聚合物砂浆
加固小偏心受压柱的试验研究

摘要

高强钢绞线网-高性能砂浆加固技术是一种新型的加固技术，具有耐久、耐火、抗腐蚀性强、施工方便和应用广泛等特点。已有的研究表明，钢绞线在加固混凝土构件中往往达不到其极限强度，同时应力滞后问题普遍存在于混凝土结构加固技术中。本篇通过对横向钢绞线施加初始预应力，很大程度地限制了初期加载所引起的混凝土微裂缝产生与发展，混凝土材料的弹塑性变形性能得以增强。

本篇在国内外对已有加固中对横向配筋预应力施加措施的基础之上，借鉴并选用了一种便捷可靠且能精确控制预应力大小的装置，从而对本文试验中的横向钢绞线施加预应力。本篇对 5 根小偏心受压钢筋混凝土柱进行了试验研究，1 根为对比柱，另外 4 根为施加了不同大小的初始预应力和不同偏心距的试验柱。探讨了初始预应力、偏心距等因素对横向预应力钢绞线-聚合物砂浆加固效果的影响，研究了加固后小偏心受压柱的破坏特征、裂缝形态以及各材料关于荷载-应变的发展规律，分析了加固构件的极限承载力和变形性能等。从试验结果分析得出，横向预应力钢绞线-聚合物砂浆加固后小偏压 RC 柱的极限承载力和变形性能均得到了明显提高和改善。

最后结合试验数据和试验现象，对加固小偏压 RC 柱进行受力机理分析，借鉴所适用的约束混凝土的基本原理及模型，提出预应力钢绞线约束混凝土峰值应力、应变的计算方法；推导出加固小偏压柱极限承载力简化计算公式，公式计算结果与试验值吻合较好，可作为实际工程参考。

第 12 章 绪 论

12.1 引言

12.1.1 结构加固背景

进入 20 世纪，特别是"二战"之后，随着结构试验和计算理论的研究以及材料及施工技术的改进，建筑业的发展进入黄金时段。从"二战"结束至今七十多年中，整个建筑行业经历了三个不同的阶段[1]，即战后重建恢复的大规模建设时期，重新建设与危旧房改造同步时期，维修和现代化改造的第三发展时期。

新中国成立以后，我国进行了大规模的社会主义建设，兴建了大量的建筑。六十多年过去了，我们在感叹我国的建筑工程日新月异发展的同时，一些质量较差的老旧建筑工程质量所带来的严重后果也同样让人们扼腕叹息。其中，仅浙江省，近两年就发生多起早期民居突然垮塌的重大事故。大量的意外事故表明，相当多的房屋已进入中老年期，结构的可靠度已经无法满足结构完成预定功能的要求，在一些突发的偶然荷载来临时，将引发极其严重的事故，亟需鉴定与加固。

另据统计，我国大陆地震区域约占到世界大陆的三分之一[1]，处于环太平洋地震带的西太平洋地震带和地中海-喜马拉雅地震带两者之间。全国 400 多个城市中，约 3/4 处在地震区，而其中 4/5 以上的大中城市均处在地震区，历次产生的震害都在不同程度上对建筑造成损伤。另外，早期建造的混凝土结构耐久性较差，在长时间的风吹雨淋和大气污染之下，在突发的爆炸和火灾作用下，其中相当多的建筑已出现了明显的损伤与劣化，造成了结构承载力的极大降低。同时，由于当时设计和施工的技术条件有限，以及建筑物使用功能的变更、增层、设计规范条款变动导致旧建筑设计标准过低等因素，都必须要对结构进行鉴定加固，以提高其承载力以及抗震性能。

当前我国正处于经济转型的重要时期，以往的大拆大建现象越来越得到遏制，建筑结构在受到损伤后不再是推倒重建，而是采取鉴定加固的方式进行修缮，使其重新正常工作，延续结构的使用寿命。这将是建筑行业未来的一大趋势，尤其是对历史性、纪念性建筑。

在世界上绝大多数发达国家，加固工程的维修改造费用，已达到或超过了新建工程的投资费用[5]。从 20 世纪 90 年代初期开始，美国近一半的建设总投资是用于旧建筑物维修和加固，英国这一数字为 70%，德国则达到 80%。而我国在这方面还存在很大差距，亟需改进。

综上所述，可见结构加固正日益响应着国家"绿色低碳"的号召，成为国家的建设重点之一，具有很大的社会效益与经济效益，在节约投资、减少土地征用、缓解日益紧张的城市用地矛盾等方面占据着重要地位。

12.1.2　结构加固目的与特点

结构加固的目的在于从安全性、适用性与耐久性这三个建筑结构的预定功能出发，从建筑使用功能角度出发，通过加固的技术手段提高建筑使用功能在使用期限内的可靠度，或在保证一定可靠度的前提下延长建筑的使用期限。

结构加固施工有如下几个特点：

（1）受施工场地的制约：工程加固中所包含的各类构件，如混凝土结构中楼板、柱、梁、节点等，加固结构和构件的位置往往处于高处、拐角处等不易进行施工的部位，所以绿色、便捷、安全的加固方法成为现阶段加固工程中的主流趋势。

（2）需要考虑建筑使用功能：结构加固往往是在既有构件上进行一系列的施工措施，加固后的结构构件往往在建筑使用功能上受到一定程度的影响，有时甚至会牺牲很大的建筑功能以满足结构的安全性。

（3）加固的时间要求：既有建筑在加固之后在短时间内要被投入使用，这就需要迅速、高效、可靠性高的加固技术，同时在加固处理后，加固的效果能在短时间内发挥出来。

12.2　混凝土柱加固技术综述

随着建筑结构学科和新型建筑材料的研究和发展，越来越多的混凝土柱加固方法投入到了实际工程运用之中，包括传统的混凝土结构加固法，比如增大截面加固法、粘钢加固法、粘钢加固法等；新型的结构加固方法，比如高强钢绞线网-聚合物砂浆加固法。这些加固方法各有其特有的加固机理和适用范围，因此在加固工程中各有其优点和局限性。关键是如何恰当地选择加固方法成为结构加固领域中的难题。以下介绍各种加固混凝土柱的方法，并在表 12-1 中比较各加固方法的优缺点。

几种加固方法的比较　　　　　　　　　　　　　　　　表 12-1

对比指标	加固方法	加大截面法	粘钢	复合纤维材料	钢绞线网-聚合物砂浆
力学特性	抗弯	一般	一般	良好	良好
	抗剪	一般	一般	良好	良好
	压弯	一般	一般	良好	良好
其他指标	防火、防腐	良好	差	良好	良好
	环保	良好	差	差	良好
	成本	良好	差	差	一般
	施工难度	良好	差	一般	一般
缺陷		自重增加显著	材料加工、施工难度大	锚固容易出现问题	施工工艺较复杂

12.2.1　增大截面加固法

增大截面加固法是增大原构件截面面积并增配钢筋，以提高其承载力和刚度，或改变其自振频率的一种直接加固法。增大截面加固法为通过增加原混凝土柱的受力钢筋[6]，同时在新加受力钢筋外侧重新浇注混凝土以增加构件的截面尺寸，通过采用一些有效的技术措施，保证新旧钢筋混凝土形成整体，提高混凝土柱的承载力和刚度。增大截面加固法使得既有加固构件的抗弯、抗压、抗剪等能力得以提高，同时，受损的混凝土截面在新加的混凝土截面的保护下，大大增加了其耐久性。增大截面法在各种构件的加固工程实例中得到了广泛的运用。

该加固方法在一定程度上，使得原有构件的截面尺寸得到很大的增加，使原有构件的空间变小，另外由于采用一般传统的施工方法，施工周期长，对周围的环境有较严重的影响。

12.2.2　粘钢加固法

粘钢加固法是近年来发展较快的一种加固方法，该加固法通过在混凝土柱外侧粘贴钢板增强结构安全度[7]，一般适用于：处于正常湿度环境下、静力荷载作用下的受弯及压弯构件的加固。粘钢加固法具有施工速度快、现场湿作业量少、加固后对原建筑的外观和建筑使用净空没有明显影响等优点。

粘钢加固法的加固质量，在很大程度上取决于胶粘材料和工艺水平高低，特别是粘钢以后，一旦发现空鼓，进行补救比较困难。粘钢加固法受加固环境影响较大，如湿度过大，防火等因素。

12.2.3　纤维复合材加固法

纤维增强聚合物（FRP）材料为经过编织与环氧树脂等基材胶合凝固或经过高温固化而形成的一种新型复合材料[8-10]。FRP 最常用的纤维基材，有玻璃纤维、碳纤维和芳纶纤维等，相应制成的 FRP 分别称为 GFRP、CFRP 和 AFRP。FRP 的主要特点与技术优势有：抗拉强度高，密度低，自重轻，抗腐蚀性和耐久性好；施工方便、快捷；对建筑使用功能几乎没有影响，对既有结构构件的尺寸影响较小、对自重及结构构件的外观影响也很小。

纤维复合材加固法所采用的粘结剂，属于有机材料，耐火性能很差，加固结构在发生火灾时，所采用的粘结剂会很快失效，加固结构会迅速丧失功能，如若采用防火涂剂，加固工程的造价又会得到增加，不经济。

12.2.4　钢绞线网-聚合物砂浆加固法

钢绞线网-聚合物砂浆加固法是通过采用高强聚合物砂浆将钢绞线网粘合于原构件的表面，使之形成具有整体性的复合截面，以提高其承载能力和延性的一种直接加固法。钢绞线网-聚合物砂浆加固法是近年来发展的一种新型的体外配筋加固技术[11-16]。

该加固技术具有以下优势：

（1）高强的加固材料，高强绞线网抗拉强度高、柔软、韧性足，聚合物砂浆强度高、无毒、渗透性强、耐久性好钢绞线与砂浆形成复合层，协同受力。

（2）力学性能好，适用于加固构件的抗弯、抗剪与变形能力等承载力的补强，构件刚度得到一定增加。

（3）对建筑使用功能影响小，复合加固层厚度低，几乎不增加既有结构的自重，对建筑效果影响较小。

（4）绿色环保、耐久性强，聚合物砂浆为新型无机胶凝材料，无毒、无挥发性气体，对钢绞线具有良好的保护，复合层的防腐性、耐高温性、防火性能均良好；

（5）施工难度较低，施工时不需大型设备辅助，对施工场地及施工空间要求均不高。该项加固技术施工时，为使复合层与加固构件贴合良好，需对加固构件表面进行处理，会引起一定的灰尘，同时钢绞线网的编织及聚合物砂浆的配制工艺也较复杂。

12.3 钢绞线网-聚合物砂浆加固混凝土柱的研究现状

12.3.1 加固混凝土柱受力性能的研究

哈尔滨工业大学的王用锁等人（2006）[11]对钢丝绳绕丝约束混凝土轴心受压短柱进行了试验研究，共制作了 24 根圆形截面和椭圆形截面柱，并对试件柱进行钢丝绳缠绕加固。试验分别对不同截面、不同钢丝绳间距等对加固柱承载力有较大影响的参数进行了分析，根据分析结果，得到了钢丝绳绕丝约束混凝土轴心受压短柱的一般受力规律。

中国建筑科学研究院工程抗震研究所的张立峰等人（2007）[13]进行了大偏心受压混凝土柱在高强钢绞线网-聚合物砂浆加固下的试验研究，共制作了 9 根大偏心受压混凝土柱，6 根为加固柱、3 根为未加固的对比柱。试验分别对加固试件的极限承载力、破坏形态等进行分析，得出结论：高强钢绞线网-聚合物砂浆加固后的混凝土受压柱，试件柱的整体性能得到增强，试件加固后的效果比较显著。

南京工业大学潘晓峰等人（2007）[5]进行了小偏心受压混凝土柱在高强钢绞线网-聚合物砂浆加固下的试验研究，共制作了 9 根小偏心受压混凝土柱，6 根为加固柱、3 根为未加固的对比柱。对 9 根试件柱分别按照偏心距、混凝土强度进行分组，分别考虑试件柱加固效果的影响。得出结论：加固后的小偏压混凝土柱的极限承载力得到较大的提高，受压性能和变形性能都得到了一定程度的改善。

中南大学的陈志峰等人（2008）[12]对钢绞线网-聚合物砂浆加固的混凝土轴心受压柱进行了二次受力试验研究与有限元分析，通过对影响加固轴心受压混凝土柱承载力主要因素的详细分析，提出了初始应力水平指标和侧向约束力等影响加固柱承载力及延性的因素。

华东交通大学的王嘉琪等人（2012）[4]对高强钢绞线网-聚合物砂浆加固混凝土棱柱体进行受力性能试验研究，试验采用了 4 组共 24 根试件，分别对影响混凝土柱约束效果的混凝土强度、混凝土类型和钢绞线网间距等因素进行了试验分析。得出结论：加固后的混凝土柱的极限承载力得到较大提高，混凝土棱柱受压性能和延性都得到了一定程度的改善。

12.3.2 加固混凝土柱抗震性能试验研究

清华大学的陈亮等人（2004）[14]对高强不锈钢绞线网用于混凝土柱抗震加固进行了试验研究，试验用了两组共 8 根构件，研究了轴压比和加固量对于加固后混凝土柱抗震性能的影响。通过对加固前后混凝土柱的延性系数比、滞回面积以及黏滞耗能系数等抗震性能指标进行研究，得出结论：混凝土柱在高强不锈钢绞线网加固后，可以被有效地约束，体现在混凝土及钢筋能有效避免被严重破坏和防止屈曲，混凝土柱在加固之后，其延性性能有一定的提高，滞回曲线面积有一定的增加，都反映出加固后的混凝土柱的抗震性能得到一定的提高。

北京工业大学的李辉、邓宗才等人（2012）[15]开展了对预应力钢绞线加固混凝土短柱抗震性能的试验研究，试验对 13 根预应力钢绞线加固混凝土短柱进行低周反复荷载下的抗震性能试验，分析了预应力水平、钢绞线特征值、轴压比等因素对短柱抗震特性的影响，得出结论：加固后的混凝土短柱的抗震性能、延性和耗能能力显著提高。

长安大学的田轲、刘伯权等人（2013）[16]在已对有加筋聚合物砂浆加固柱抗震试验基础上，使用数值模拟的分析手段，对混凝土加固柱抗震性能的数值模拟分析进行补充研究，使用有限元分析软件对加固试件的计算模型进行了数值模拟，对计算得到的结果与试验结果加以对比分析，对加固柱抗震性能影响较大的参数，如配箍率、配筋率、混凝土强度等级、钢绞线用量等因素进行了分析，进一步研究了加筋聚合物砂浆加固偏心受压柱的抗震性能。

12.3.3 预应力加固混凝土柱的研究

在通常的横向配筋加固中，提供约束作用的材料，不论是钢管、箍筋等有屈服点的材料还是 FRP 等线弹性材料，在混凝土受荷初期，由于混凝土的横向膨胀变形，这些横向约束材料也发生变形，这样使得约束作用往往是在试件加载中后期才发挥。但试件在受荷中后期横向膨胀裂缝已经发展到一定程度[17]，已经进入了稳定发展阶段，所以在通常的横向配筋加固中，加固层提供的是一种被动约束，这些加固材料往往都是一些聚合物的材料，这样还导致这些聚合物材料的高强高韧性并未能完全发挥出，加固的效果不是特别理想，有待进一步提高。

通过上述分析，很有必要将这种"被动约束"转化成"主动约束"，在构件或结构在加载受荷的初期就受到良好的约束，限制竖向微裂缝的发展，延缓微裂缝转化为稳定发展的裂缝，提高混凝土材料整体的弹塑性变形性能。

本篇试验研究中，需要对加固的混凝土柱横向钢绞线施加一定大小的预应力，而且所施加的预应力需要能被精确地控制，横向钢绞线预应力大小作为试验研究中一项主要的研究参数，不能存在太大的误差，这就需要一套便捷、稳定可靠的预应力施加装置。

目前，国内外关于横向预应力施加方法已有诸多学者进行过研究，其中机械张紧法[23-28]因其操作简捷、便于控制，而成为运用范围最为广泛的一种施加措施，目前在预应力 FRP 筋加固研究中，大多数都是使用了机械张紧法。

北京工业大学的李辉、邓宗才等人（2012）[15]开展了对预应力钢绞线加固混凝土短柱抗震性能的试验研究，试验对 13 根混凝土短柱进行了预应力钢绞线的加固，并进行了在低周反复荷载下的加固柱抗震性能的试验，分析了预应力水平、钢绞线特征值、轴压比等因素对短柱抗震特性的影响。

北京工业大学的郭俊平、邓宗才等人（2014）[27]对预应力钢绞线加固混凝土圆柱的轴压性能，试验采用了 24 根预应力加固混凝土圆柱和 2 根未加固对比柱，分析了钢绞线间距、预应力水平两因素对混凝土柱加固效果的影响，试验得出了预应力钢绞线加固下轴心受压圆柱的约束混凝土本构关系，理论计算的结果与试验吻合较好，试验结果表明预应力钢绞线加固技术是主动、高效的。

北京工业大学的郭俊平、邓宗才等人（2014）[28]对预应力钢绞线加固钢筋混凝土柱的恢复力模型研究，试验共制作了18试件柱，其中包括16根预应力钢绞线加固的混凝土柱和2根对比柱，结合预应力钢绞线加固下轴心受压试验研究得出的约束混凝土本构关系，试验考虑了构件轴力的二次矩效应，建立了相应的恢复力模型。

12.4　本篇研究的意义及主要内容

12.4.1　本篇研究的意义

工程实际中，由于存在着荷载作用未知的不定性、混凝土质量的不均匀性及施工偏差等因素，轴心受压柱几乎是不存在的，因此在实际工程中，小偏压柱是所有混凝土受压构件中最普遍存在的构件。其次，小偏压混凝土柱与大偏压混凝土柱相比，属脆性破坏，危害性较大，且正截面混凝土受压区高度大于大偏压混凝土柱，约束混凝土使得强度和塑性性能提高，加固显得更有意义。

绝大多数混凝土结构加固技术中一般都存在应力滞后问题[29]，即在受荷中后期，构件已经产生不可恢复的破坏裂缝或变形，加固层发挥作用为时已晚，尤其在实际加固工程中，一些构件已经受到一定的损伤，使得加固效率不能得到足够的发挥，极大地浪费了高强材料的性能，十分不经济，特别在高强钢绞线网-聚合物砂浆加固方法中，使用的都是高强材料。

12.4.2　本篇研究的主要内容

本篇研究中，需要对加固的混凝土柱横向钢绞线施加一定大小的预应力，而且所施加的预应力需要被精确地控制，不能存在太大的误差，所以横向钢绞线的初始预应力的施加，需要一套便捷、稳定可靠的预应力施加装置及精确的量测控制。

通过试验，设置研究参数，通过控制参数变量来分析参数对试验结果的具体影响，得出规律和结论，本篇计划从如下几方面进行研究：

（1）为解决本篇中如何对横向钢绞线施加预应力，并且如何控制预应力大小的问题，需要参考借鉴国内外一些研究学者的具体做法。

（2）通过5根混凝土方柱体试件的偏心受压试验，研究横向预应力钢绞线-聚合物砂浆加固偏心受压混凝土方柱的破坏特征、极限承载力、变形性能等方面的性能，验证该加固技术的可行性。

（3）分析横向预应力钢绞线-聚合物砂浆加固小偏心受压柱中，偏心距大小、初始预应力大小等参数对混凝土柱加固效果的影响。

（4）结合试验结果，分析并选用混凝土偏心受压所适用的约束混凝土本构关系模型，提出横向预应力钢绞线-聚合物砂浆加固小偏心受压柱极限承载力计算方法。

（5）在现行加固规范中所提出的简化公式的基础上，结合本篇所得出的研究结果，得出适用于实际工程所需的简化承载力计算公式。

12.5　本章小结

　　本章主要介绍了结构加固的背景、目的、特点以及现有主要加固技术，对比了各加固技术的优缺点，重点介绍了钢绞线网-聚合物砂浆加固技术在混凝土柱上的研究现状，以及预应力钢绞线-聚合物砂浆加固混凝土柱的技术特点，并以研究现状为切入点，阐述了本篇所要研究的主要内容。

第13章　预应力钢绞线网-聚合物砂浆加固小偏压柱试验设计

13.1　试验目的

工程实际中由于荷载作用的不定性、混凝土质量的不均匀性及施工偏差等因素，轴心受压柱几乎是不存在的，因此在实际工程中，小偏压柱是所有混凝土受压构件中最普遍存在的构件。由于小偏压混凝土柱破坏源于受压区混凝土先达到极限压应变，是脆性破坏，危害较大，而且正截面混凝土受压区高度大于大偏压混凝土柱，混凝土的抗压强度得到更大程度发挥，加固显得更有意义。大多数混凝土结构加固技术中一般都会存在应力滞后问题[29]，即在受荷后期构件已经产生不可恢复的破坏裂缝或变形，加固层才能发挥作用，这使得加固的效能不能得到足够的发挥，特别是在高强钢绞线网-聚合物砂浆加固方法中使用高强材料等，更需要注重应力滞后所带来的不良效应。

本次试验，共制作了 5 根钢筋混凝土柱，受荷时偏心距分别为 0.12h（30mm）、0.2h（50mm），采用横向绑扎预应力钢绞线及纵向固定非预应力钢绞线形成网状，最后涂抹一定厚度的聚合物砂浆，横向预应力钢绞线设置不同的预应力大小分别为 0.4 倍和 0.6 倍钢绞线实测抗拉强度值，即 $0.4f_w$ 和 $0.6f_w$。试验分组情况见表 13-1。

试件分组情况　　　　　　　　　　　　　　　　　　　表 13-1

试件编号	预应力程度（%）	偏心距（mm）	备注	
C1	—	30	未加固的对比试件	
C2	40	30	检验预应力程度影响	检验偏心距影响
C3	60			
C4	40	50	检验预应力程度影响	
C5	60			

本试验主要有以下目的：

（1）通过预应力钢绞线-聚合物砂浆加固混凝土柱与不加固构件的对比试验，观察加固的实际效果，量测混凝土、钢筋和横向钢绞线的应变变化，为分析预应力主动约束加固混凝土柱的受力机理提供参考。

（2）通过设置横向钢绞线预应力程度不同而其他条件相同对比试验，分析预应力提供的主动约束作用对加固混凝土小偏压柱的影响。

（3）通过偏心距不同的加固混凝土柱的对比试验，分析偏心距对碳纤加固混凝土柱效果的影响。

（4）通过以上对比试验，找到影响预应力钢绞线-聚合物砂浆加固混凝土偏压柱承载力和延性的主要因素，为分析预应力钢绞线-聚合物砂浆加固混凝土偏压柱的受力机理以及探讨其承载力计算方法提供依据。

13.2　试件设计及制作

13.2.1　试件设计

为探究混凝土小偏压柱在不同偏心距工况下受不同程度预应力约束下的工作受力性能，结合实际工程情况，以及方便试验以获得准确数据，本篇试件设计原则如下：

（1）在实际工程中，特别在加固工程中，柱类构件的混凝土强度等级一般较低，故在本文试验中，试件柱的混凝土强度取为 C25，与实际的加固条件更加符合。

（2）本文试验中，为了减少柱端附加弯矩对本文试验研究的影响，试验制作的试件为长细比均为 5 的短柱。

13.2.2　试件制作

柱截面尺寸为 250mm×250mm，构件长度为 1250mm，长细比 l_0/b 为 5。纵筋采用 HRB335 级热轧钢筋，配筋取 4Φ14，采用对称配筋，截面配筋率达 0.98%，符合规范要求；箍筋采用 HPB300 级热轧钢筋，配筋取 $\phi8@200$。偏心受压时，为防止柱端先于柱身破坏，对柱端进行箍筋加密处理，配筋取 $\phi8@50$。构件尺寸及配筋如图 13-1 所示。

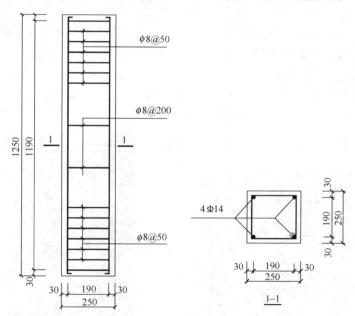

图 13-1　试件尺寸及配筋图

按《混凝土结构工程施工质量验收规范》[30] 的要求，试件浇筑的同时各个试件预留一组共 3 块标准立方体试块，且同试件在同一条件下养护 28d。

混凝土试块强度试验时，每根试件柱预留 3 个混凝土试块，各柱混凝土的立方体抗压强度采用三个试块实测值的算术平均数，强度值精确到 0.1MPa。

13.2.3　试件养护

试件柱与对应每组试块的制作、养护均在结构试验室完成，混凝土试块与试件的制作、养护均处于相同的环境。采用自然养护法，为保持混凝土在养护期内足够的水泥水化作用，确保试件表面的湿润状况，应根据温度及湿度条件以及试件保湿材料的情况，在试件养护阶段不间断地浇水保湿，保证正常的水泥水化作用。

13.2.4　试件的加固

自然养护 28d 后，开始对试件柱进行加固，根据《混凝土结构加固设计规范》[32]的要求固定钢绞线网，涂抹一定厚度聚合物砂浆。本文试验涂抹砂浆层的厚度为 20mm，试件的加固形式如图 13-2 所示。加固试件如图 13-3 所示。

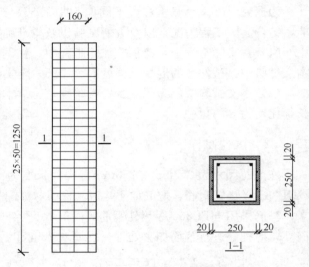

图 13-2　加固柱示意图

试件用预应力钢绞线-聚合物砂浆加固技术主要的施工步骤[31-33]为：

（1）基面处理：将清理好的混凝土柱基层进行凿毛处理，凿掉混凝土表面的浮松层，使混凝土结构层露出。方形柱的转角机器打磨成倒角半径为 15mm 的圆弧。

（2）钢绞线网安装：钢绞线网片下料、安装钢绞线端部拉环、钻孔、纵向钢绞线固定、横向预应力钢绞线固定、钢绞线网片调整、定位。

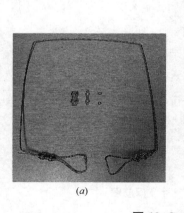

(a)

(b)

图 13-3　试件加固

（a）横向钢绞线制作；（b）钢绞线网施工

（3）基层清理养护：用气泵或水将处理过的混凝土基层表面清扫干净。

（4）界面剂涂刷施工：用混凝土界面处理剂进行界面处理。

（5）聚合物砂浆涂刷施工：配制聚合物砂浆，在界面剂未干时进行第一次抹灰，并且在第一次抹灰尚未固化之前进行第二次抹灰。

（6）湿润养护：对抹灰完成的砂浆层进行养护，保持湿润状态 3～5d 后，进行自然养护。

13.3　横向钢绞线预应力施加

目前横向预应力施加方法已有诸多学者进行研究，包括技术措施[18-22]，大致可分成材料膨胀张紧法、物理张紧法、机械张紧法三大类，其中机械张紧法为目前运用最为广泛的施加方法之一，如国内的华侨大学郭子雄[15]、北京工业大学郭俊平[27]、邓宗才等人所采用的张紧措施，解决了对横向筋施加预应力的问题。

本篇借鉴并采用了国内外关于机械张紧法施加方法的研究成果[15,24-27]，对本篇试验所需要的横向钢绞线施加预应力。

13.3.1　预应力施加装置

采用的预应力张拉锚固装置、试验装置如图 13-4 所示。

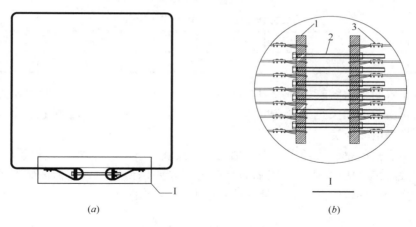

(a) (b)

图 13-4　横向钢绞线预应力加载

(a) 加固平面图；(b) 局部放大图

1—钢条；2—高强螺栓；3—M3 型钢绞线卡头

图 13-4 中，横向钢绞线预应力施加工具为 TLB 型表盘式双向扭矩扳手，量程为 0～20N·m，精度为 0.2N·m。

13.3.2　预应力张拉控制

本篇所采用的预应力张拉锚固装置只能对钢绞线施加预应力，不具备实时测定预应力张拉值的功能，所以必须使用外部设备加以辅助测定。

横向钢绞线预应力张拉值的测量因无法使用拉力传感器来进行，同时粘贴电阻应变片进行测量又存在较大的误差，故在本篇试验中，采用了工程施工中的扭矩扳手来进行测量，通过扭矩扳手施加的扭矩和高强螺栓张拉力之间的关系，间接测量预应力张拉值。试验采用高强度螺栓拧紧扭矩计算公式[37]计算张紧系统螺栓所需施加的扭矩：

$$T_c = KP_c d \tag{13-1}$$

$$P_c = Sf_{tk}C \tag{13-2}$$

式中，T_c—终拧扭矩值（N·m）；P_c—施加预张紧力（kN）；d—螺栓公称直径（mm），本试验采用螺栓为 10mm；K—扭矩系数；f_{tk}—实测钢丝绳抗拉强度极限值（N/mm^2）；C—预应力程度；S—实测钢绞线截面积（mm^2）。

本篇进行了钢绞线张拉标定的试验，所用横向钢绞线长度为 1m，故取 3 根长度为 1m 的钢绞线来做标定试验。按照 1N·m 的扭矩梯度记录下拉力传感器显示的拉力值，绘制出扭矩 T_c 与施工预拉力值 P_c 的数学关系[37]，最后取 3 根钢绞线测量值的平均值作为本篇试验的钢绞线预应力张拉标定的扭矩系数 K。

分别拟合出一号、二号、三号钢绞线扭矩-拉力的正比例函数关系，其斜率即为扭矩系数和高强螺栓直径的乘积，其中高强螺栓公称直径为 10mm。三条拟合曲线斜率所表式的扭矩系数 K 分别是 0.166、0.160、0.156，最终取平均值为 0.161。

本篇为方便快速查询试验预应力张拉量所对应的扭矩值，故将上述标定实验结果绘制成表 13-2，以供快速查询。

预应力张拉值对应扭矩值 T_c（N·m）　　　　　　表 13-2

P_c（kN）	1.0	2.0	3.0	4.0	5.0	6.0	7.0	8.0	9.0	10.0
T_c（N·m）	1.61	3.22	4.83	6.44	8.05	9.66	11.27	12.88	14.49	16.10

本文在正式给钢绞线施加预应力之前进行了 3~5d 的预张拉[38]，使得松弛效果更为显著。然而预应力的损失是不可避免的，本文主要通过预应力超张拉的措施尽量消除由预应力损失所带来的影响。

本篇试验所需的钢绞线预应力张拉值为 $0.4f_w$ 和 $0.6f_w$，即理论张拉值为 3.12kN 和 4.68kN。因为预应力程度高的钢绞线的预应力损失要比预应力程度低的大，所以，对于 60% 的预应力程度的钢绞线，它的超张拉程度要比 40% 的大。

13.4　试件材料性能测试

13.4.1　混凝土、钢筋力学性能

1. 混凝土力学性能

本试验柱采用 C25 混凝土，每立方米混凝土的配合比为：P42.5 级水泥：中河砂：碎石：水＝436kg：616kg：1143kg：205kg。构件浇筑同时各预留一组尺寸为 150mm×150mm×150mm 的立方体试块养护 28d，每组三块，与试件同条件下养护。

混凝土试块强度试验时，每根柱预留三个混凝土试块，各柱混凝土的立方体抗压强度采用三个试块实测值的算术平均数，若三组实测值中最大或最小值与中间值的差值超过 15%，则以中间值作为该柱混凝土的立方体抗压强度，强度值需精确到 0.1MPa，测得每组试件柱的混凝土的强度值如表 13-3。

混凝土试块实测强度　　　　　　　　　　　表 13-3

分组	C1 组	C2 组	C3 组	C4 组	C5 组
强度（MPa）	33.0	32.6	32.9	32.7	33.1

2. 钢筋力学性能

本试验柱纵筋采用 HRB335 级热轧钢筋，箍筋采用 HPB300 级热轧钢筋，测试钢筋长度控制在 50mm 左右，钢筋的强度在压力试验机进行测定。测得钢筋的强度如表 13-4。

钢筋实测力学性能　　　　　　　　　　　表 13-4

材料	规格/直径	f_y（MPa）	f_u（MPa）	E_c（10^5 MPa）
HPB300	8	311.8	417.38	2.1
HRB335	14	342.4	528.51	2.0

13.4.2　聚合物砂浆力学性能

随着各种新加固方法的出现，聚合物砂浆在工程中的应用越来越广泛，其具有良好的抗裂性、防腐耐久性、抗剥落性、收缩性小且强度高[35,36]。配置聚合物砂浆所用水泥为洋房牌 P42.5 级水泥，砂为粒径 2.5mm 的中砂。

聚合物砂浆的配制除了上述需要配置普通砂浆的基本原料外，还需聚合物混凝土掺合料为主要成分的外加剂和少量有机纤维。本试验选取了微硅灰作为砂浆掺和料；选取了长度为 9mm 的聚丙烯纤维为有机纤维材料。其中微硅灰均匀地填充在水泥颗粒的空隙之间，浆体变得更加密致，砂浆的抗压强度、抗弯强度、抗磨强度以及砂浆的抗裂性能都得到很大程度的提高；其中的聚丙烯纤维作为纤维材料，在砂浆搅拌过程中均匀分布在浆体中，能有效控制砂浆的微裂缝，砂浆抗渗性能、抗冲击及抗裂能力，以及抗冻等耐久性能都得到提高。

本篇试验采用的砂浆配合比为：水泥、中砂、水、微硅灰、聚丙烯纤维＝0.95、2.0、0.45、0.05、0.0015，测试砂浆的立方体抗压强度，采用边长为 70.7mm 的立方体塑膜，根据上述砂浆配合比进行拌制，制作 6 个试块。装入塑膜中手动振捣直至砂浆完全进入塑膜不再有气泡产生。试块入模 24h 后，用气泵进行拆模，与加固试件同条件养护，进行抗压强度试验。

砂浆立方体抗压强度取六个试块实测值的算术平均值。当六个试件中最大或最小值与平均值相差超过 20%，则高性能砂浆的立方体抗压强度取中间四个试块的平均值，结果精确到 0.1MPa。测试结果如表 13-5 所示。

实测聚合物砂浆强度值　　　　　　　　　　　表 13-5

养护时长	荷载（kN）	抗压强度（MPa）
7d	97.12	19.4
14d	221.58	44.3
28d	290.91	58.2

13.4.3　高强钢绞线力学性能

采用 1×19 型，公称直径为 2.5mm 的高强镀锌钢绞线，外观及截面如图 13-5 所示。因钢绞线较细，实验室无法提供相应的夹具进行强度测试，需要其他器具进行辅助测量。

试验时采取以下几点措施以满足测试要求：

（1）借助一根弯折的钢筋，钢绞线两端固定在钢筋的弯折处，与钢筋接触部位用橡胶包裹住，使钢绞线不至于被剪断。

（2）钢绞线的固定采用双卡头固定，即使一个卡头出现松动，另一个卡头也可以防止钢绞线滑移。

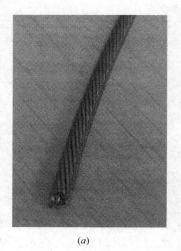

（a）　　　　　　　　　　　　　　　　　　　　　（b）

图 13-5　钢绞线

（a）1×19 钢绞线实物图；（b）1×19 钢绞线截面示意图

测试过程在 WAW-1000DL 型电液伺服万能试验机上进行。试验器具及试验装置如图 13-6 所示。实测性能结果如表 13-6 所示。

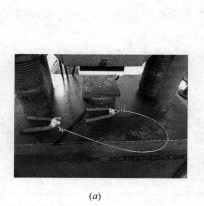
　　　　　　　　　　　　　　　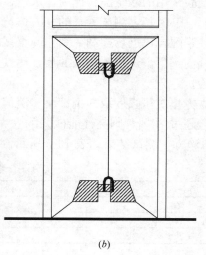

（a）　　　　　　　　　　　　　　　　　（b）

图 13-6　钢绞线性能测试

（a）测试用钢绞线；（b）测试装置示意图

高强钢绞线性能　　　　　　　　　　　　　　　表 13-6

	极限拉力（kN）	实测截面积（mm²）	抗拉强度（MPa）	平均强度（MPa）
检测项目	7.80	4.58	1704	1701
	7.64	4.54	1683	
	7.94	4.63	1715	

13.5　试验测量方案及加载方案

13.5.1　测量内容

试验采用东华 DH3815N 静态数据采集系统，由计算机自动采集试验的应变和位移，加载过程中主要测量以下内容：

(1) 混凝土柱顶偏心荷载值；

(2) 验证平截面假定的应变，混凝土柱侧面粘贴 50mm 标距混凝土应变片测量；

(3) 混凝土柱跨中，近力侧与远力侧钢筋和混凝土的应变；

(4) 混凝土柱横向预应力钢绞线的应变，用 1mm 电阻应变片测量；

(5) 混凝土柱跨中处的挠度，通过与应变仪连接的百分表测量。

13.5.2　测点布置

纵向钢筋测点：柱跨中位置，4 根纵筋，共计 4 片，应变片编号为 Z1～Z4。

混凝土测点：柱跨中位置，近力侧、远力侧各 1 片应变片，侧面等间距 5 片应变片，共计 7 片，其中检验平截面的应变片编号为 P1～P5，近力侧、远力侧测点应变编号为 J1、Y1。

横向钢绞线测点：柱跨中位置，近力侧、远力侧、侧面各 1 片应变片，共计 3 片，近力侧、远力侧、侧面应变片编号按序分别为 G1～G3。

混凝土柱跨中挠度测点：通过与应变仪连接的百分表测量，测点编号为 N1。

应变测点详细布置如图 13-7 所示。

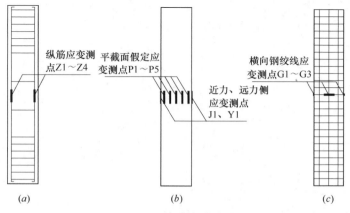

图 13-7　应变测点布置

(a) 钢筋测点；(b) 混凝土测点；(c) 钢绞线测点

13.5.3　加载装置

试验加载装置如图 13-8 所示。

所有试件在 500 吨 NYL-500 型压力试验机上进行，柱两端的支承方式设置为单向铰支座；上下支座与相应压力分布板间铺设一层细石英沙，以保证构件能均匀承压。

13.5.4　加载制度

正式加载前，预加载至 20kN 以保证加载装置和仪表接触良好，工作正常和减小加载初期时的误差，预加载结束后卸载并将仪器读数调零。试验的加载制度[34]，采用分级加载制，在弹性受荷范围内，每级施加荷载为预计极限荷载的 1/10，当荷载达到预计极限荷载的 60% 时，调慢加载速率，每级加荷改为预计极限荷载的 1/15。每级荷载的持荷时间为 2～3min，当施加荷载接近预计极限荷载时，连续慢速加载。

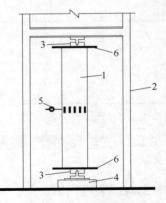

图 13-8　试验装置

1—试件柱；2—500 吨 NYL-500 型压力试验机；3—柱面铰支座；4—油压千斤顶；5—位移计；6—厚钢板

13.6　本章小结

（1）以试验目的和试件设计的原则为准，分别设置了对比试件柱和加固试件柱，提出本篇研究的参数和研究目的。

（2）对本篇试验的试件设计、材料的力学性能、加固流程、应变及挠度的测点布置及加载制度等进行了介绍。

（3）选用了一套简便易操作的横向钢绞线预应力施加方法，为了较为精准地控制横向钢绞线预应力大小，加固前对钢绞线张拉系统进行了标定。

（4）钢绞线和聚合物砂浆是本篇试验较为重要的加固用材料，本篇试验实测了高强钢绞线的力学性能和截面积，配置了聚合物砂浆，并测量了砂浆的抗压强度。

第14章 预应力钢绞线-聚合物砂浆加固小偏压柱的试验现象及结果分析

14.1 试验现象

14.1.1 对比柱加载破坏

加载初期，由于受荷较小，试件混凝土、钢筋的应变以及构件挠度与荷载都呈线性关系，为弹性阶段。当荷载加载至1180kN，约为极限荷载的78%时，试件跨中受压一面的角部混凝土首先出现了一条宽约1.5mm、长约30mm的竖向裂缝，并伴随着混凝土轻微的"哔哔"开裂的声音。

随后调慢加载的速率继续加载，受压一面混凝土竖向裂缝逐渐变宽，并有向柱平面中心发展的趋势，与此同时，柱侧面跨中受压区的混凝土裂缝也开始向柱纵向上下发展，与受压面角部贯通形成较宽、较大弧形裂缝，柱跨中受拉一面也同时出现多条横向裂缝，但裂缝多细和短，现象比较轻微。随着荷载的继续增大，裂缝进一步发展，使得混凝土受压区高度进一步减少，应力应变持续增大，直到达到混凝土的极限压应变，混凝土被压碎，受压钢筋同时屈服向外围凸出，受压一面压碎的混凝土纷纷剥落。此时柱的承载力达到峰值，随

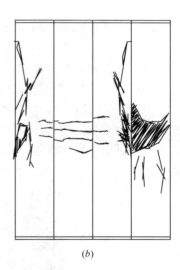

(a)   *(b)*

图 14-1 柱 C1 试件破坏形态

(a) 破坏形态；*(b)* 裂缝形态

即承载力迅速下降，即使加大送油速度也难以提高其承载力，证明此时混凝土柱已经破坏失效，最后破坏的过程十分突然，没有明显的变形征兆。小偏心受压柱为典型的脆性破坏，破坏形态如图14-1所示。

14.1.2 加固柱加载破坏

（1）加固试件C2。加载初期，由于受到强有力的约束，加固柱的外观并没有明显的变化特征，当荷载加载至极限荷载的84%时，试件跨中受压一面的角部砂浆层首先出现了细微的竖向裂缝。

随着荷载的增大，砂浆裂缝开始互相交叉贯穿，受压面聚合物砂浆被压碎，柱的受拉一面也出现横向拉裂缝，受压面聚合物砂浆层开始有剥落的趋势，其中柱角部区域最为明显，跨中受压一侧的体积略微增大，通过砂浆裂缝已经可以清晰地看见绷紧的钢绞线，随着荷载的增加，突然听见巨大的"嘣"的一声，其中一根钢绞线被拉断，随即周边区域的聚合物砂浆的裂缝继续增大，但并未出现剥离现象，荷载依旧可以继续增加，只是增加的速度非常缓慢，此时混凝土已不受约束纷纷崩散，柱的承载力迅速下降，构件宣告破坏失效。

整个过程在最后部分破坏现象较为突出明显。加固试件直到最后破坏失效，被约束的混凝土裂缝都是比较均匀和细微的，没有出现大面积的崩散现象，说明混凝土的塑性性能已很大程度上得到提高，比未加固的小偏心受压柱有较为明显

 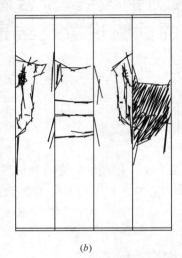

(a)　　　　　　　　　　　　　　(b)

图 14-2　柱 C2 试件破坏形态

(a) 破坏形态；(b) 裂缝形态

的破坏预兆，破坏形态如图 14-2 所示。

（2）加固试件 C3。与试件 C2 一样，在加载初期，由于受到强有力的约束，加固柱的外观并没有明显的变化特征，当荷载加载至极限荷载的 84% 时，试件跨中受压一面的角部砂浆层首先出现了细微的竖向裂缝。随着荷载的增大，最后破坏的形式与 C2 加固柱相似。加固柱 C3 与 C2 相比，预应力程度越高，送油阀送油速率在相同的情况下，柱的承载力增长越快，这显示出主动约束的效果，即加固效果及加固效率均被提高，破坏形态如图 14-3 所示。

(a)　　　　　　　　　　　　(b)

图 14-3　柱 C3 试件破坏形态

(a) 破坏形态；(b) 裂缝形态

（3）加固试件 C4。加载初期，由于受到强有力的约束，加固柱的外观并没有明显的变化特征，当荷载加载至极限荷载的 82％时，试件跨中受压一面的角部砂浆层首先出现了细微的竖向裂缝。随着荷载的进一步增加，受压面聚合物砂浆被压碎，柱的受拉一面也出现横向拉裂缝，除了跨中挠度比 C2 加固柱大、承载力比 C2 加固柱稍低以外，最后试件破坏的形态与 C2 加固柱相似，破坏形态如图 14-4 所示。

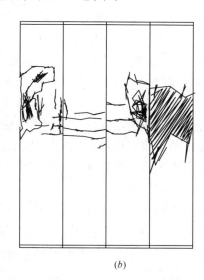

（a）　　　　　　　　　　　　　　　　　（b）

图 14-4　柱 C4 试件破坏形态

（a）破坏形态；（b）裂缝形态

（4）加固试件 C5。加载初期，由于受到强有力的约束，加固柱的外观并没有明显的变化特征，当荷载加载至极限荷载的 86％时，试件跨中受压一面的角部砂浆层首先出现了细微的竖向裂缝，除了承载力较 C4 加固柱高之外，破坏形态与之基本相似，破坏形态如图 14-5 所示。

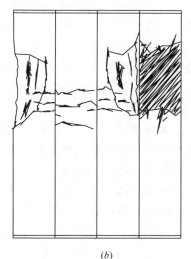

（a）　　　　　　　　　　　　　　　　　（b）

图 14-5　柱 C5 试件破坏形态

（a）破坏形态；（b）裂缝形态

14.2　承载力及挠度变形分析

14.2.1　承载力分析

本次试验一共制作 5 根钢筋混凝土试件柱，包括 1 根对比柱 C1，加载偏心距 e_0 为 30mm；4 根横向预应力钢绞线加固柱，其中 C2、C3 试件柱加载偏心距 e_0 为 30mm，分别施加 $0.4f_w$、$0.6f_w$ 的横向初始预应力，横向钢绞线间距 s 为 50mm；C4、C5 试件柱加载偏心距 e_0 为 50mm，分别施加 $0.4f_w$、$0.6f_w$ 的横向初始预应力，横向钢绞线间距 s 为 50mm。

由于横向预应力钢绞线的主动约束作用，加固柱的高强钢绞线和聚合物砂浆在加载初期就已经能很好地协同工作。试件 C1、C2、C3、C4、C5 分别在极限荷载的 78％、84％、87％、82％、86％出现了第一条裂缝，说明加固构件承载力得到提高的同时，主动约束作用使得构件的刚度也得到提升。

试验中，不论对比试件 C1 小偏压受压还是加固试件 C2、C3、C4、C5 小偏心受压，都达到了极限破坏状态，其承载力试验结果见表 14-1。

试件承载力试验结果 表 14-1

试件编号	柱 C1	柱 C2	柱 C3	柱 C4	柱 C5
极限荷载（kN）	1510	2238	2393	2197	2289

可见，对于偏心距为 30mm 的试件柱，柱 C2、C3 相对对比试件 C1 极限承载力分别提高了 48.21％和 58.48％，说明预应力主动约束作用加固下的构件承载力得到较大的提升。

相比未加固柱或其他被动约束加固的情况，预应力主动约束作用在受荷初期，约束作用就得到明显的体现，将混凝土约束在一个高强的状态内，最大程度减少混凝土在较小荷载作用下出现的横向微裂缝，并有效防止微裂缝在荷载作用下进一步发展成破坏裂缝，有效保证了正截面的受压区高度不下降过多，使得混凝土和钢筋共同受力。同时加固时预应力程度越高，混凝土表面与钢绞线保持的相对滑移就越小，混凝土的横向膨胀受到钢绞线的限制更明显。

由材料力学的基本概念可知，偏心距的增加使得压弯构件的中性轴往一边偏移，在混凝土构件中，混凝土的抗压强度是构件承载力的直接和重要来源，故而混凝土的受压区高度和强度等级是决定构件承载力的重要因素。在小偏压混凝土柱中，偏心距增加，使得正截面在荷载作用下，截面受压区高度减小，最终导致截面承载力降低。

从约束混凝土约束效率分析，偏心距的增加，使正截面的应力状态变化较大，混凝土各向膨胀不均匀，各向受到约束作用不同，主动约束的效果受到影响。故而加固柱 C2 和 C3 在 30mm 偏心距工况下，预应力程度提升了 20％后，承载力相对提升了 6.92％；而偏心距为 50mm 的加固柱 C5 与 C4，同样预应力程度提升了 20％后，加固柱 C5 最终承载力只比 C4 加固柱高出 4.19％。偏心距影响了预应力主动约束作用的发挥。

14.2.2　挠度变形分析

试件的荷载-挠度曲线如图 14-6 所示。

从图 14-6 可知，构件的极限荷载挠度值以及破坏时刻挠度值的大小取决于偏心距和预应力程度两个因素。其中，偏心距越大，挠度变形越大；预应力程度越大，相同荷载状态下，挠度变形越小。

通过对试验数据的处理分析可以得出：

（1）相同偏心距下，初始预应力越大，构件的变形性能越好，主要原因在于，预应力主动约束作用充分发挥高强钢绞线网-聚合

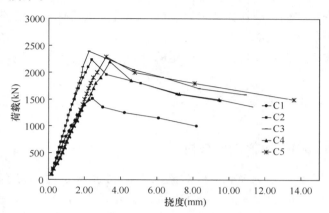

图 14-6　试件柱荷载-挠度曲线

物砂浆技术中所运用的聚合物材料，混凝土应变受到约束，塑性性能得以提升。

（2）预应力对加固构件延性的提高受到偏心距的影响很大，偏心距越大，预应力对延性的提高越小。可以从两方面理解：一是偏心距越大，偏压构件的延性本身就越好；二是偏心距越大使得横向钢绞线的主动约束效果降低。根据延性以及延性系数的概念，本试验采用极限荷载值下降 15％所对应的挠度值与极限荷载所对应的跨中挠度值的比值作为本篇的延性指标，以评判加固构件的延性性能（表 14-2）。

试件编号	极限荷载对应挠度（mm）	下降 15％荷载对应挠度（mm）	延性指标
	试件挠度试验结果		表 14-2
柱 C1	2.44	4.20	1.72
柱 C2	1.97	6.10	3.10
柱 C3	2.10	7.31	3.48
柱 C4	2.66	7.24	2.72
柱 C5	2.78	8.60	3.09

在相同偏心距条件下，构件承载力和延性随着预应力程度的提高而提高，偏心距为 30mm 的对比试件 C1 和加固试件 C2、C3，其中试件 C3 相比 C1 延性提高最高，将近一倍，柱 C3 的延性性能比柱 C2 提高 22.10％；偏心距为 50mm 的试件 C4、C5，本身偏心距增加就使得构件延性得到较大的提升，柱 C5 的延性性能比柱 C4 提高 21.51％，该数值略低于 C2、C3 对比的结果，表明预应力主动约束效果在偏心距小的情况下为较佳的工作状态。

偏心距参数的影响：根据混凝土基本理论可知，偏心距的大小可以等效为构件两端的弯矩大小，偏心距越大，构件两端的弯矩越大，跨中挠度也越大。图 14-6 中柱 C4、C5 在峰值荷载以及最终破坏时刻，柱跨中挠度均比柱 C2、C3 大。

预应力程度的影响：预应力程度越大，核芯混凝土的约束作用越强，混凝土内部越紧

密，使得构件整体的刚度变大，故而跨中挠度值降低。加固试件随着预应力程度的提高，构件在荷载下降段时，挠度变化越发均匀平滑并能延长到一定长度，挠度变形越大，意味着延性越好。主要原因是核芯混凝土受到约束作用，加载初期混凝土的塑性性能得到增强，在构件破坏失效之后，内部混凝土依然具有一定的整体性，约束作用充分发挥了混凝土的塑性性能，获得了良好的变形效果，不至于在短时间内迅速崩散失效，构件虽已破坏失效，但依旧可以承受一定的外力并产生一定的变形，这对于抗震是有利的。

14.3　应变分析

14.3.1　纵筋应变分析

偏心距为 30mm 的对比试件 C1 及加固试件 C2、C3 试件为全截面受压柱，偏心距为 50mm 的加固试件 C4、C5 试件为截面部分受压柱，故荷载-纵筋应变关系只取近力侧（受压）纵向钢筋为研究对象，更具代表性，荷载-纵筋应变关系如图 14-7 所示。

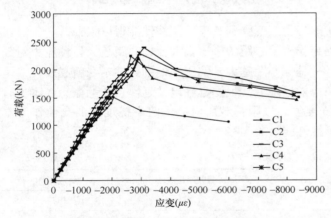

图 14-7　试件柱荷载—纵筋应变曲线

从图 14-7 可以观察出，对比构件在达到极限荷载时纵向钢筋已受压屈服，峰值应变—$1988\mu\varepsilon$，而加固构件即使是在纵筋屈服后，承载力仍有很大幅度的提高，最大应变值最高提升 148%，达到 —$2945\mu\varepsilon$，且纵筋在构件达到极限荷载时应变有了很大提高。

以上说明，加载时由于横向预应力钢绞线主动约束作用的存在，充分发挥混凝土的塑性性能，钢筋的塑性性能提升，整根柱构件的整体性得到加强，使得加固构件在纵筋屈服后并没有立刻失效，核芯混凝土未达到峰值应变，承载力和应变仍可继续增大。

从曲线的下降段可观察出，对比构件承载力下降非常迅速，曲线十分陡峭，而加固构件承载力下降段曲线平滑缓和，应变也较对比构件大，说明预应力主动约束作用充分发挥了材料的性能，更大程度上吸收了外界能量，加固构件破坏具有良好的延性，利于抗震。图中可以观察出预应力程度越高，下降段的曲线越缓和平滑，说明主动约束的效果受到预应力大小的影响。

14.3.2　混凝土应变分析

从图 14-8 可以看出，偏心距为 30mm 的柱 C1、C2、C3 构件为全截面受压的状态，偏心距为 50mm 的柱 C4、C5 为截面大部分受压、部分截面受拉的状态。由于加固构件受到主动约束作用，应变增长更加均匀稳定，说明主动约束作用使得混凝土材料的塑性性能充分发挥，变形更加均匀和稳定，构件整体性增强。

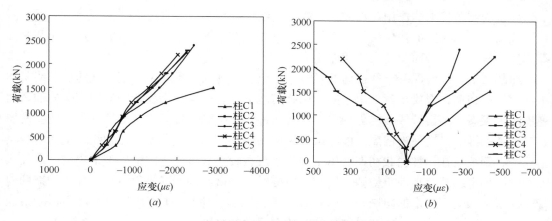

图 14-8　试件柱荷载-混凝土应变曲线

（*a*）近力侧；（*b*）远力侧

14.3.3　横向钢绞线应变分析

加固试件柱荷载-钢绞线应变曲线如图 14-9 所示。

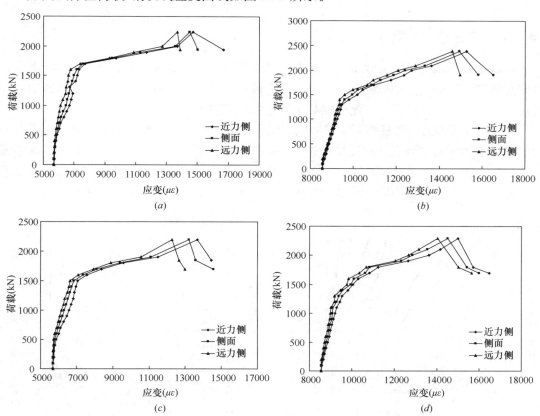

图 14-9　加固试件柱荷载-钢绞线应变曲线

（*a*）柱 C2；（*b*）柱 C3；（*c*）柱 C4；（*d*）柱 C5

由于受到预拉力的作用，加固柱的横向钢绞线对混凝土提供了较大的主动环向压力，在加载初期，钢绞线的作用就得以发挥，钢绞线在偏压混凝土柱的近力侧、远力侧和侧面都产生了拉应变，四面应变大小相差不大。

加载初期，即使混凝土的横向变形很小，但由于施加了预应力的钢绞线的主动约束作用，故加载初期，混凝土就处于三向受压状态之下，荷载随着钢绞线的横向应变的加大而稳步均匀发展。因钢绞线被施加预应力，故构件的压、侧、拉面都是受拉状态，应变发展趋势也是一样的，这使得混凝土的约束效果达到最佳。而普通非预应力钢绞线加固的混凝土柱中，钢绞线在构件加载初期，由于受到的荷载较小，混凝土的横向变形也较小，又因为钢绞线固定绑扎存在一定松弛，钢绞线应变对这种微小的变形显得滞后，加载初期的混凝土微裂缝未受到一定的限制，加固的效果受到影响。这与预应力钢绞线-聚合物砂浆加固相比，钢绞线的受力状态在最初加载时期有很大的区别。

加载后期，由于混凝土内部裂缝的发展达到一定程度，同时钢绞线进入弹塑性阶段，随着荷载的增加，钢绞线的应变增长的速度加快，可以观察出，预应力程度高的构件在相同的偏心距条件下，在加载后期荷载-应变曲线更加平缓均匀，应变增长更加均匀，这说明高程度的预应力作用下的主动约束不仅使混凝土强度得到大幅提高，而且强度增长更均匀和稳定。

14.3.4 平截面假定验证

本篇中的承载力计算公式基于混凝土的基本假定，故而需验证预应力钢绞线-聚合物砂浆加固既有柱截面上的应变关系是否满足平截面假定。在混凝土柱的侧面，沿跨中截面高度等间距粘贴 5 片应变片，测量混凝土的竖向压或拉应变。

图 14-10 所示为加固柱在不同偏心距工况下的混凝土柱跨中截面上的应力分布。图中分别绘制了不同荷载级别下的混凝土柱截面应变分布，符合直线分布，可以认为满足平截面假定。从图 14-10 中可以观察出，极限荷载下，偏心距 30mm 的试件柱 C1、C2、C3 处于全截面受压状态，偏心距 50mm 的试件柱 C4、C5 部分正截面处于受拉状态。

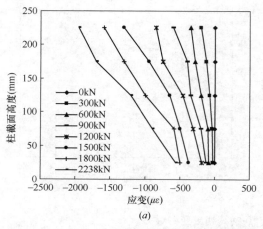
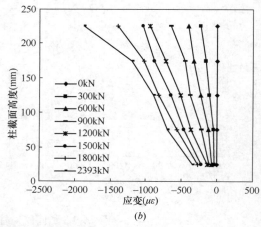

（a） （b）

图 14-10 加固试件柱跨中截面应变分布（一）

（a）柱 C2；（b）柱 C3

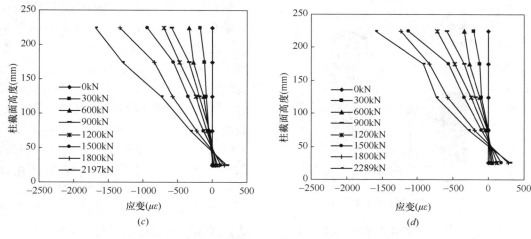

图 14-10　加固试件柱跨中截面应变分布（二）
(c) 柱 C4；(d) 柱 C5

对比构件和 C2、C3 的偏心距为 30mm，图中可见这些柱的截面是全截面受压；从加固构件 C2、C3 截面应变对比可以观察出，随着预应力程度的增加，加固柱在不同荷载级别下截面应变曲线排布焊更加紧密、均匀，离散程度更小。主要原因是预应力程度越高，约束作用越强，微观上使得混凝土材料不均匀程度大大减小，内部组织排列更加紧致；宏观上使得构件的整体刚度变大，整个截面的均匀性更良好。

C4、C5 加固柱偏心距为 50mm，随着荷载级别增加，远离受力一侧出现了拉应变。对比加固构件 C4、C5 截面应变可以观察出，随着预应力程度的增加，在相同的偏心距和荷载级别下、正截面拉应变有增加的趋势，这说明环向预应力的主动约束作用确实对构件的延性有一定的提高。

14.4　试验参数分析

14.4.1　偏心距影响因素分析

偏心距对于混凝土柱极限承载力的影响分为两个方面：①偏心距增大使得压弯构件的中性轴往一边偏移，在小偏压混凝土柱中，偏心距增加，使得荷载作用下，正截面受压区高度减小，导致截面承载力降低，主要在正截面承载力计算时体现；②从约束混凝土约束效率分析，偏心距增加，正截面的应力状态变化较大，混凝土各向膨胀不均匀，各向受到约束作用不同，主动约束的效果受到影响。下面就从偏心距对约束作用的影响展开分析。

从加固柱极限承载力的结果分析可知，在不同偏心距条件下，相同的预应力程度对于构件加固的效果是不同的。偏心距为 30mm 时，柱 C2 和 C3 的极限承载力由于预应力程度的提高，承载力相对提高了 6.92%；而偏心距为 50mm 时，柱 C5 和 C4 的极限承载力，由于预应力程度的提高，承载力相对提高仅仅 4.19%，小于偏心距为 30mm 时的情况。可以看出，预应力程度对于承载力的提高受偏心距的影响很大。偏心距越小，主动约束的效果越明显。承载力结果如图 14-11 所示。

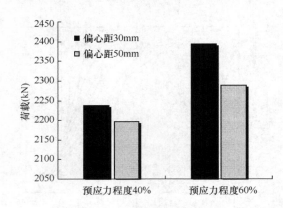

图 14-11　加固柱偏心距影响

偏心受压柱与轴心受压柱的区别就在于：偏心距的存在使得柱截面应力状态不均匀，近力侧受到的压力较大，而远力侧受到压力较小或为受拉状态。由于近力侧受到的压力较大，混凝土横向膨胀变形也较大，同时聚合物砂浆使得钢绞线和混凝土表面粘结良好，协同变形，所以偏压柱近力侧钢绞线的变形要大于远力侧钢绞线。可以得出推论：偏心距越大，近力侧钢绞线应变值和远力侧钢绞线应变值差值越大。

所以，本篇根据试验结果，以近力侧和远力侧钢绞线的应变值差值大小来反映预应力约束作用受到偏心距影响程度的大小。

图 14-9 描述的是加固试件柱不同预应力程度和偏心距下，柱近力侧、远力侧及侧面三条钢绞线的荷载-应变关系。极限荷载时，加固柱每侧的钢绞线应变值如表 14-3 所示。

加固柱极限荷载钢绞线应变值　　　　　　　　　　　　　　表 14-3

分类	偏心距 （mm）	预应力程度 （%）	近力侧 （$\mu\varepsilon$）	侧面 （$\mu\varepsilon$）	远力侧 （$\mu\varepsilon$）
柱 C2	30	40	14700	14494	13699
柱 C4	50		13667	13188	12282
柱 C3	30	60	15267	14927	14597
柱 C5	50		14993	14527	14028

由表 14-3 可知，柱 C2 和 C4 同在 40% 预应力程度下，加载偏心距为 30mm 的 C2 近力侧钢绞线应变分别比侧面、远力侧大 206$\mu\varepsilon$、1001$\mu\varepsilon$，而偏心距为 50mm 的 C4 应变差值达到 479$\mu\varepsilon$、1385$\mu\varepsilon$；柱 C3 和 C5 同在 60% 预应力程度下，加载偏心距为 30mm 的 C3 近力侧钢绞线应变分别比侧面、远力侧大 340$\mu\varepsilon$、670$\mu\varepsilon$，而偏心距为 50mm 的 C5 应变差值达到 466$\mu\varepsilon$、965$\mu\varepsilon$。数据表明，相同预应力程度下，偏心距越大的加固柱，柱每侧的钢绞线应变值变化越大，表明加载偏心距的存在，使得钢绞线的主动约束作用的发挥受到一定程度的削弱。

综上所述，可通过对柱近力侧、侧面、远力侧三个部位钢绞线的应变值，从侧面反映偏心距对于钢绞线所引起的主动约束作用的影响量，从而进行偏心距影响因素的定性分析。

14.4.2　预应力程度影响因素分析

施加了一定大小的初始横向预应力的主动约束作用，与未加固柱以及其他未施加初始横向预应力的被动约束加固的情况相比，其约束作用在受荷的初期及中期就得到明显的体现。初始横向预应力通过约束截面将混凝土约束在一个高侧向约束应力的状态内，最大程度上减少混凝土在较小荷载作用下出现的横向微裂缝，并有效防止微裂缝在荷载作用下进一步发展成破坏裂缝，有效保证了正截面的受压区高度不下降过多，使得混凝土和钢筋协同受力，所以预应力程度的影响取决于横向钢绞线初始预应力值施加的大小。

预应力主动约束作用使得高强材料的性能充分发挥，如混凝土提供径向反作用力，紧紧地约束了混凝土的横向变形，内部细微裂缝的发展被限制，混凝土的抗压强度和延性得以提高，混凝土塑性性能得以充分发挥，自身原有受压特性得以改善；使得纵筋应变的增加、横向钢绞线都处于高拉应力状态，各项材料的力学性能得到明显提高。承载力结果如图 14-12 所示。

从加固柱极限承载力的结果分析可知，在不同偏心距条件下，相同的预应力程度对于构件加固的效果是不同的。偏心距为

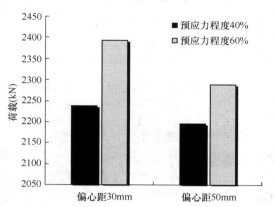

图 14-12　加固柱预应力程度影响

30mm 时，柱 C2 和 C3 承载力相对对比构件极限承载力，由于预应力程度的提高，承载力相对提高了 6.92％；而偏心距为 50mm 时，柱 C5 和 C4 的极限承载力，由于预应力程度的提高，承载力相对提高仅仅 4.19％，小于偏心距为 30mm 时的情况。可以看出，预应力程度对于承载力的提高受偏心距的影响很大。偏心距越小，主动约束的效果越明显。

14.5　本章小结

（1）预应力主动约束作用可以充分发挥出混凝土材料的塑性性能，改良混凝土受压特性，可以很大程度地减少在加载初期荷载引起的微裂缝，限制混凝土构件的横向变形，改善和避免了加固工作中的应力滞后等不良效应。预应力钢绞线-聚合物砂浆加固后的柱子，极限承载力和延性性能有不同程度的提高。

（2）预应力主动约束作用充分发挥高强钢绞线网-聚合物砂浆技术中所运用的聚合物材料，使得材料的聚合物更加充分地发挥，例如纵筋的应变增加、混凝土应变受到约束、塑性性能提升、横向钢绞线处于高拉应力状态等，各项材料力学性能的发挥都得到明显提高。

（3）在各条件都相同的情况下，初始预应力的程度越高，使得各项加固材料以及既有构件的材料性能更加充分地发挥，加固的效果越明显，对构件的承载力和延性性能有很大程度的提高。

（4）存在偏心距或偏心距较大的构件，其正截面的应力状态变化较大，混凝土各向膨胀不均匀，各向受到约束作用不同，主动约束的效果受到影响；偏心距较小工况下，预应力主动约束作用效果更加明显，对于承载力和延性性能的提升幅度更大。

（5）结合试验得出的数据，对预应力钢绞线主动约束作用以及偏心距进行定性分析。

第 15 章 横向预应力钢绞线-聚合物
砂浆加固柱承载力分析

关于约束混凝土相关方面的研究，起始于 20 世纪初，Considere 首次提出利用螺旋箍可以有效地约束轴心受压柱，从此开了约束混凝土性能研究的先河。Richart 等人[39]第一次通过试验，定量地研究了约束混凝土的力学性能，通过液体对约束混凝土进行研究试验，推导出一直沿用至今的经典 Richart 约束模型。约束混凝土的研究经历一百多年的历史，其间诞生了很多经典的计算约束混凝土峰值应力的数学模型以及应力-应变关系模型，如：Richart 模型、Mander 模型、Kent-Park 模型、Sheikh 模型等。

15.1 横向预应力钢绞线主动约束机理分析

通过混凝土受压一次短期荷载施加[42,43]，得出的应力-应变曲线的发展趋势，可以得出假设：假使在混凝土受荷的初期及中期，即裂缝发展的初期及稳定发展阶段，通过侧向约束控制裂缝的发展，可以在一定程度上提高混凝土的抗压强度，同时在一定程度上提高混凝土材料的弹塑性变形性能。

因为在通常的横向配筋加固中，提供约束作用的材料，不论是钢管、箍筋等有屈服点的材料还是 FRP 等线弹性材料，在混凝土受荷初期，由于混凝土的横向膨胀变形，这些横向约束材料也发生变形[17]，使得约束作用往往是在试件加载中后期才发挥出作用，但试件在受荷中后期横向膨胀裂缝已经发展到一定程度，进入稳定发展阶段，所以在通常的横向配筋加固中，加固层提供的是一种被动约束，这些加固材料往往是一些聚合物材料，这样还导致这些聚合物材料的高强高韧性并未能完全发挥出。加固后得到的效果，与预期还有很大差异，有待进一步提高。

通过上述分析，很有必要将这种被动约束转化成主动约束，使构件或结构在受荷初期就受到良好的约束，限制竖向微裂缝的发展，延缓微裂缝转化为稳定发展的裂缝，提高混凝土材料整体的弹塑性变形性能。

本篇在普通横向配筋加固方法的基础上，提出对横向配筋（本篇为钢绞线）施加初始预应力，其结果就是，混凝土在受荷初期，即使由于荷载产生了横向的膨胀变形，施加了初始预应力的钢绞线也不会因此而产生太大的应变浪费，即钢绞线的应变充分体现出对混凝土的侧向约束。与普通未施加预应力的横向约束加固情况相比，施加初始预应力的加固方法，钢绞线高强材料的性能可得以充分地发挥，并在很大程度上，可以提高约束混凝土的强度和弹塑性变形性能。

横向预应力钢绞线的约束机制，取决于以下几个因素：施加横向的初始预应力的大小，加载偏心距大小以及外包钢绞线的横向抗拉强度。在普通钢绞线网-聚合物砂浆加固柱性能研究中，外包钢绞线的横向抗拉强度该参数已经有所涉及，本篇主要对施加横向预应力的大小、加载偏心距两参数进行研究。

横向钢绞线施加预应力促使横向配筋更加主动地发挥约束作用,提高了加固效率,且在一定范围内,横向钢绞线施加的初始预应力越大,这种主动约束的效果越明显。因为只要使构件和结构在受荷初期和中期所产生的微裂缝被主动约束作用最大程度上遏制或者减少,主动约束的效果就得以体现。随着构件和结构施加的荷载逐渐增大,横向钢绞线的应力自然会逐步增加。所以,横向钢绞线施加的初始预应力大小,并非一定要取得很大。

由于偏心距的存在,正截面的应力状态变化较大,混凝土各向膨胀不均匀[8],各向受到约束作用不同,由于近力侧受到的压力较大,混凝土横向膨胀变形也较大,远力侧受到的压力较小,混凝土横向膨胀变形也较小,同时聚合物砂浆使得钢绞线和混凝土表面粘结良好,协同变形。由于钢绞线和混凝土接触面所受摩擦力极大,可以认为,在构件的每一侧面钢绞线的变形是独立的,所以偏心受压柱近力侧钢绞线的变形是要大于远力侧的,这可以解释为,主动约束的效果,是受到了偏心距的影响,而且偏心距在一定的范围内愈大,这种影响愈是明显。所以,预应力主动约束最好的加固效果应该是体现在小偏心距或轴心受压构件的加固工况下的。

15.2 约束混凝土计算模型和应力-应变模型

15.2.1 峰值应力及应变计算模型

1. Mander 模型[45-48]

1988 年,Mander 等提出的约束混凝土模型,既适用圆形箍筋约束的情况,也适用矩形箍筋约束。当圆形、方形等截面柱在轴心受压状态,截面的两个方向有效约束应力相同时:

$$\frac{f'_{cc}}{f'_{co}} = -1.254 + 2.254\sqrt{1 + \frac{7.94 f_l}{f'_{co}}} - 2\frac{f_l}{f'_{co}} \tag{15-1}$$

$$\frac{\varepsilon_{cc}}{\varepsilon_{co}} = 1 + 5\left(\frac{f'_{cc}}{f'_{co}} - 1\right) \tag{15-2}$$

式中,f'_{cc}、ε_{cc} 分别为约束混凝土极限抗压强度、相应的应变;f'_{co}、ε_{co} 分别为素混凝土极限抗压强度、相应的应变;f_l 为横向约束应力。

当圆形、方形等截面柱偏心受压,混凝土侧向有效约束应力将会不同时,需从最大约束应力系数 f'_{l2}/f'_{co} 和最小约束应力系数 f'_{l1}/f'_{co} 中,最终确定约束应力系数 f'_{cc}/f'_{co}。如图 15-1 所示。

Mander 约束混凝土模型给出了

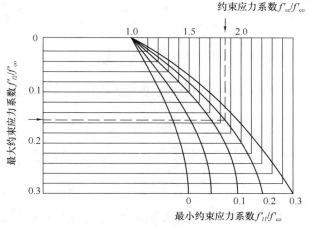

图 15-1 约束应力系数 f'_{cc}/f'_{co}

侧向约束应力大小不同的约束情况，十分符合实际的加固条件。由本篇第 14 章中偏心距对预应力钢绞线主动约束作用的影响分析可知，偏心距的存在使得柱正截面的各向膨胀变形不同，从而导致钢绞线对柱各侧向所提供的约束力大小有所差异。北京工业大学的郭俊平[27]曾对预应力钢绞线加固混凝土圆柱的轴压性能进行过研究，在试验中采用 Mander 模型为基本模型，提出约束混凝土峰值应力及相应的峰值应变的计算公式，并提出简化的应力-应变关系，与试验数据吻合较好。

2. 郭俊平关于 Mander 模型的运用[27]

北京工业大学郭俊平、邓宗才等人在对预应力钢绞线加固混凝土圆柱的轴压性能研究中，提出了预应力约束混凝土柱的峰值应力、峰值应变的计算式，该模型是以 Mander 模型为基础，结合试验情况进行修正得出。

$$f'_{cc} = f'_{co}\left(-1.254 + 2.254\sqrt{1 + \frac{7.94 f_{re}}{f'_{co}}} - 2\frac{f_{re}}{f'_{co}}\right) \tag{15-3}$$

$$\varepsilon_{cc} = 0.5\varepsilon_{co}\left(\frac{d_{cor}}{s}\right)^{1/3}\frac{f'_{cc}}{f'_{co}} \tag{15-4}$$

$$f_{re} = k_e f_r \tag{15-5}$$

$$f_r = \frac{2A_w f_w}{d_{cor}s} \tag{15-6}$$

$$k_e = 1 - \frac{s - d_w}{2d_{cor}} \tag{15-7}$$

式中，f'_{cc}、ε_{cc} 为约束混凝土极限抗压强度、相应的应变；f'_{co}、ε_{co} 为素混凝土极限抗压强度、相应的应变；f_r 为作用于混凝土的约束应力；f_{re} 为作用于混凝土的有效约束应力；k_e 为预应力钢绞线约束折减系数。

15.2.2　应力-应变关系模型

（1）Mander 模型[45-48]

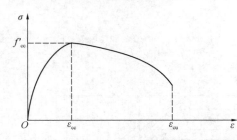

图 15-2　Mander 模型的应力-应力关系

1988 年，Mander、Priestley 和 Park 完成了 31 个足尺寸轴心受压柱试验，在此试验基础上，Mander 等人提出模型如图 15-2 所示，主要公式如下：

$$f_c = \frac{f'_{cc}xr}{r - 1 + x^r} \tag{15-8}$$

$$\varepsilon_{cc} = \varepsilon_{co}\left[1 + 5\left(\frac{f'_{cc}}{f'_{co}} - 1\right)\right] \tag{15-9}$$

$$x = \frac{\varepsilon_c}{\varepsilon_{cc}} \tag{15-11}$$

式中：

$$r = \frac{E_c}{E_c - E_{sec}} \tag{15-10}$$

$$E_{sec} = \frac{f'_{cc}}{\varepsilon_{cc}} \tag{15-12}$$

Mander 对约束混凝土的应力-应变模型是基于能量理论而建立起来的，并给出了约束混凝土的应力-应变关系曲线方程，该曲线方程统一了包括圆形箍筋、螺旋箍筋、矩形箍筋在内的所有配箍形式，且参数较少，物理意义明确，因此应用性较好；同时认为约束混凝土的抗压强度 f'_{cc}、峰值应变 ε_{cc} 因受到箍筋约束作用而得到增大。约束能力的大小取决于箍筋作用于约束混凝土核芯区上的有效约束应力的大小，有效约束应力是对箍筋所提供的全部约束应力的折减，折减系数等于有效约束混凝土面积与约束混凝土核芯区面积的比值。所以 Mander 约束混凝土模型所得出的约束效果取决于约束混凝土各侧向的约束应力大小，以及有效约束混凝土面积与约束混凝土核心区面积的比值。

（2）郭俊平关于 Mander 模型的运用[27]

北京工业大学郭俊平等人在对预应力钢绞线加固混凝土圆柱的轴压性能研究中，提出了以 Mander 模型为基础的应力-应变全曲线，该曲线的上升段采用 Mander 应力-应变曲线，与试验结果相吻合，下降段曲线考虑了预应力钢绞线的间距影响，结合加固柱的特点和试验结果得出相应的应力-应变曲线。

$$\sigma_c = \frac{f'_{cc}\left(\dfrac{\varepsilon_c}{\varepsilon_{cc}}\right)r}{r-1+\left(\dfrac{\varepsilon_c}{\varepsilon_{cc}}\right)r} \tag{15-13}$$

$$\sigma_c = \frac{f'_{cc}\left(\dfrac{\varepsilon_c}{\varepsilon_{cc}}\right)}{\dfrac{\varepsilon_c}{\varepsilon_{cc}}+a\left(\dfrac{\varepsilon_c}{\varepsilon_{cc}}-1\right)^2} \tag{15-14}$$

式中：

$$r=\frac{6E_c}{E_c-E_{sec}} \tag{15-15}$$

$$E_c=4500\sqrt{f'_{co}} \tag{15-16}$$

$$E_{sec}=\frac{f'_{cc}}{\varepsilon_{cc}} \tag{15-17}$$

由于混凝土材料的离散性比较大，本文下面给出了有关经典的约束模型对试件的计算结果，通过对各模型应力-应变曲线的特点的分析，为选择适用的本构关系提供一定的帮助和依据。

表 15-1 给出了所选试件各模型计算得到的抗压强度 f'_{cc}、峰值应变 ε_{cc} 及下降段对应于 85% 抗压强度处的应变 ε_{85}。强度值的单位均为 MPa。

各模型对试件计算得到的 f'_{cc}、ε_{cc}、ε_{85}　　　　　　表 15-1

模型名称	Unit1			Unit4			SC-1		
	f'_{cc}	ε_{cc}	ε_{85}	f'_{cc}	ε_{cc}	ε_{85}	f'_{cc}	ε_{cc}	ε_{85}
Mander 模型	33.3	0.0064	0.0232	39.89	0.009	0.0544	28.02	0.0022	0.0045
Kent-Park 模型	23.1	0.002	0.0046	23.5	0.0028	0.0082	27.36	0.0020	0.0025
郭俊平模型	35.5	0.0074	0.0353	42.56	0.0112	0.0726	30.83	0.0046	0.029
Sheikh 模型	23.22	0.0048	0.0128	25.74	0.0089	0.0286	23.88	0.0020	0.0024

从以上计算结果可以看出：（1）各个约束模型，在材料层次上存在很大的差异，以 Unit1 为例，f'_{cc} 最大差异为 $35.5/23.1=1.54$，ε_{cc} 最大差异为 $0.0074/0.002=3.70$，ε_{85} 最大差异为 $0.0353/0.0046=7.67$，其中 ε_{85} 的差异与 ε_{cc} 的差异相比大得多，说明曲线下降

段的离散性，比曲线上升段显著得多；（2）Mander 模型与郭俊平改进后 Mander 模型的曲线趋势基本一致，且体现了良好的下降段的延性，其与约束混凝土实际工作状况符合较好。

15.3　横向预应力钢绞线约束混凝土极限强度和峰值应变的计算模型

钢绞线网-聚合物砂浆加固技术，为近些年引进和发展的新型加固技术，关于该加固技术约束混凝土的理论研究还非常少，大多是基于箍筋[45-48]、FRP 约束混凝土理论。而横向预应力钢绞线的计算模型和应力-应变模型，主要有北京工业大学的郭俊平等人在对预应力钢绞线加固混凝土圆柱的轴压性能进行研究时提出过，通过对试验的总结，修正了 Mander 模型计算约束混凝土的峰值应力和应力-应变关系，通过与试验数据的比对，修正之后的应力-应变关系模型适用于预应力钢绞线约束混凝土的情况。

根据上文对于已有的一些强度和峰值应变计算模型的理论分析及相关的研究，本篇选用并借鉴经典 Mander 约束混凝土模型为基本理论模型，并在郭俊平提出的预应力钢绞线加固混凝土柱的约束混凝土本构模型基础之上，结合试验获得的数据，定性定量分析得出结论，引入并重新定义新的参数，重新整合出基于本篇试验所适用的约束模型。

15.3.1　钢绞线约束方形柱受力机理分析

Sheikh 在试验研究的基础上[44]，将约束截面划分为有效约束核芯区和非约束区，箍筋中间截面的有效截面核芯区面积最小，截面上核芯区面积 A_e 大小由截面形状角度 r 和高度形状角度 θ 决定。横向钢绞线沿构件的纵向等间距布置，在横向钢绞线直接接触约束的平面内，横向钢绞线所提供的约束作用最强，核芯约束区面积也达到最大；在纵向连续的两根横向钢绞线的中间约束截面，钢绞线所提供的约束力达到最低，核芯约束区面积也达到最小。其余沿构件纵向截面的约束应力和约束区面积都处于以上所描述的截面之间，如图 15-3（c）、（d）所示。

由以上分析可知，加固构件的极限承载力取决于纵向连续的两根横向钢绞线的中间约束截面的承载能力，该截面中所得到的物理参数将用于加固构件的承载力计算。

15.3.2　峰值应力与峰值应变

根据偏心距影响因素分析可知，柱各侧面所受到的约束力是不同的，如果用相同的侧向约束力代入峰值应力公式中计算，必定会带来很大的误差；但是根据 Mander 模型按照截面两个方向有效约束应力不同的情况，分别计算沿 x 方向和 y 方向的有效应力比，再利用图 15-1 获得约束应力系数 f'_{cc}/f'_{co}，最终得出约束混凝土峰值应力，这种计算方式又太过繁琐。

根据第 14 章对试验结果的分析可知，预应力钢绞线所提供的主动约束作用在偏心荷载作用下会受到一定程度的折减，引入偏心距影响系数，与最大侧向约束力相乘，结果作为 Mander 峰值应力计算公式中的混凝土侧向约束应力值。

根据图 15-4 的平衡条件，得预应力钢绞线约束混凝土的约束应力 f_l 的计算公式：

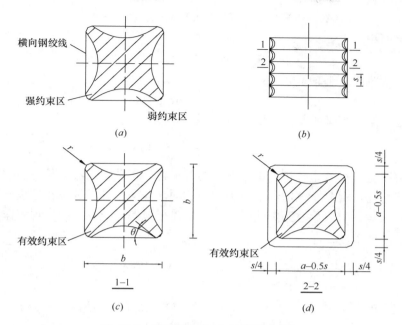

图 15-3　钢绞线加固方形柱受力分析

$$f_l = k_e \left(\frac{2f_{we}A_w}{sa} + \frac{2f_0 A_w}{sa} \right) \tag{15-18}$$

式中，f_0 为钢绞线初始张拉应力；f_{we} 为钢绞线的折减抗拉强度，取 0.88 倍钢绞线极限抗拉强度（混凝土柱在达到其极限承载力时，横向钢绞线应变与极限应变之比的平均值为 0.88，引入该值作为横向钢绞线强度的折减系数）；k_e 为钢绞线约束折减系数[4]，具体求法如下：

如图 15-5 所示。柱中最薄弱面截面纵向拱范围内的非有效约束面积 A_{vn} 为：

$$A_{vn} = \frac{1}{3}\left[(b - 0.5s - 2r)^2 + (h - 0.5s - 2r)^2\right] \tag{15-19}$$

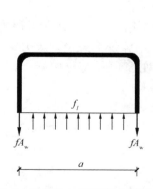

图 15-4　加固方柱截面约束应力分析

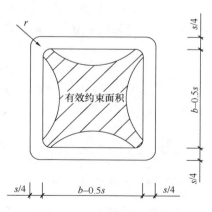

图 15-5　有效约束面积

截面纵向拱范围面积 A_v 为：

139

$$A_v = (b - 0.5s)(h - 0.5s) - (4r^2 - \pi r^2)_{st} \tag{15-20}$$

有效约束面积为：

$$A_e = A_v - A_{vn} \tag{15-21}$$

预应力钢绞线约束折减系数为：

$$k_e = A_e/A_v \tag{15-22}$$

综上所述，重新定义的侧向约束应力 f_l 为：

$$f_l = k_e(f_{l0} + f_{le}) = \frac{2k_e A_w}{sa}(f_0 + f_{we}) \tag{15-23}$$

从约束混凝土约束效率分析，由于偏心距的存在，正截面的应力状态变化较大，混凝土各向膨胀不均匀，混凝土侧向约束应力大小相同，各向受到的约束作用也不同，主动约束的效果受到影响，引入偏心距影响系数[5]，用以反映偏心距对钢绞线约束作用所提供的混凝土侧向应力的折减。

$$f_{le} = \alpha k_e(f_{l0} + f_{le}) = \left[0.8 + 0.2 / \left(1 + \frac{6e_0}{h}\right)\right]\frac{2k_e A_w}{sa}(f_0 + f_{we}) \tag{15-24}$$

将重新定义的侧向约束应力 f_{le} 代入式（15-4），得到本篇所适用的约束混凝土峰值应力：

$$f'_{cc} = f'_{c0}\left(-1.254 + 2.254\sqrt{1 + \frac{7.94 f_{le}}{f'_{c0}}} - 2\frac{f_{le}}{f'_{c0}}\right) \tag{15-25}$$

本篇峰值应变的计算同样采用 Mander 约束混凝土模型，相应地进行了偏心受压情况下的修正，计算表达式如下：

$$\varepsilon_{cc} = \varepsilon_{c0}\left[1 + 5\left(\frac{f'_{cc}}{f'_{c0}} - 1\right)\right] \tag{15-26}$$

15.3.3　应力-应变关系

关于偏心受压混凝土应力-应变全曲线的形状与偏心距或应力梯度的关系，研究人员根据各自的试验数据和计算方法得出的结论是无关系的，所以采用基于轴心受压研究下得来的混凝土应力-应变关系来进行截面承载力计算是可行的。

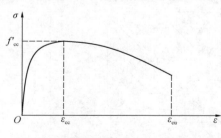

图 15-6　约束混凝土应力-应变关系

本篇为了简化计算，约束区混凝土应力-应变关系曲线采用郭俊平关于预应力钢绞线约束混凝土应力-应变多项式简化曲线，如图 15-6 所示，表达式为：

$$y = -1.32x^3 + 1.47x^2 + 0.85x \qquad x \leqslant 1 \tag{15-27}$$

$$y = -0.021x^3 - 0.104x^2 + 1.125x \qquad x \geqslant 1 \tag{15-28}$$

式中：$\sigma_c = y \cdot f_{c,e}$；$x = \dfrac{\varepsilon_c}{\varepsilon_{cc}}$。

15.4　加固混凝土柱正截面承载力计算

本篇采用积分法求解加固混凝土柱的正截面承载力。根据上文采用的约束混凝土应力-应变关系，得到受压区混凝土截面的压应力值，该取值是关于受压区高度的函数关系式，通过对受压区截面应力的积分，得出受压区混凝土的受压合力。

15.4.1　基本假定

（1）平截面假定，即受压区混凝土应变按直线线性分布。

（2）不考虑混凝土、聚合物砂浆层的抗拉强度及纵向钢绞线的抗压强度。

（3）不考虑近力侧和两侧面的纵向钢绞线承载能力，且本篇中纵向受拉钢绞线均处于弹性阶段，根据钢绞线实测应力-应变曲线，弹性阶段处于应变阶段，钢绞线的应力-应变关系采用弹性模型。

（4）聚合物砂浆的应力-应变关系、峰值应变以及极限应变的取值，按规范中同等强度混凝土等效替换。

（5）本篇选用的混凝土的应力-应变关系曲线上升段采用郭俊平关于预应力钢绞线约束混凝土应力-应变多项式简化曲线，曲线下降段改为平直段，具体曲线表达式为：

$$\begin{cases} \sigma_c = f'_{cc}(-1.32a^3 + 1.47a^2 + 0.85a) & a \leqslant 1 \\ \sigma_c = f'_{cc}(-0.021a^3 - 0.104a^2 + 1.125a) & a \geqslant 1 \\ a = \dfrac{\varepsilon_c}{\varepsilon_{cc}} \end{cases} \tag{15-29}$$

（6）受拉受压钢筋的应力-应变关系采用理想弹塑性模型：

$$\begin{cases} \sigma_s = E_s \varepsilon_s & \varepsilon_s \leqslant \varepsilon_y \\ \sigma_s = f_y & \varepsilon_s > \varepsilon_y \end{cases} \tag{15-30}$$

15.4.2　积分法极限承载力计算

柱截面应变和应力如图 15-7 所示。

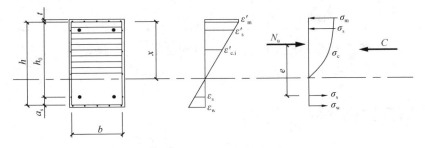

图 15-7　柱截面应变和应力图

受压区聚合物砂浆层合力值为：

$$N_m = bt\sigma_m \tag{15-31}$$

钢绞线合力值为：

$$N_w = A_w \sigma_w = A_w E_w \frac{h-x}{x} \varepsilon_{cu} \tag{15-32}$$

受压钢筋合力值为：
$$N'_s = A'_s \sigma'_s = A'_s E_s \frac{x - a'_s}{x} \varepsilon_{cu} \qquad (15\text{-}33)$$

受拉钢筋合力值为：
$$N_s = A_s \sigma_s = A_s E_s \frac{h_0 - x}{x} \varepsilon_{cu} \qquad (15\text{-}34)$$

受压区混凝土合力值为：
$$C = \begin{cases} \int_0^x f'_{cc}(-1.32a^3 + 1.47a^2 + 0.85a)b\mathrm{d}x & a \leqslant 1 \\ \int_0^x f'_{cc}(-0.021a^3 - 0.104a^2 + 1.125a)b\mathrm{d}x & a \geqslant 1 \end{cases} \qquad (15\text{-}35)$$

$$a = \frac{\varepsilon_c(x)}{\varepsilon_{cc}} = \frac{\varepsilon_{cu} z}{\varepsilon_{cc} x} \qquad (15\text{-}36)$$

根据力的平衡方程：
$$\int_0^x \sigma_c(z)b\mathrm{d}z + bt\sigma_m + A'_s \sigma'_s = A_w \sigma_w + A_s \sigma_s \qquad (15\text{-}37)$$

对受拉钢筋合力点取矩有：
$$N_u e = \int_0^x z\sigma_c(z)b\mathrm{d}z + (h_0 - a'_s)A'_s \sigma'_s + (h_0 + t/2)bt\sigma' + a_s A_w \sigma_w \qquad (15\text{-}38)$$

代入原始数据，根据以上计算流程，通过对混凝土受压区高度 x 的迭代计算，若同时满足力平衡及力矩平衡条件，即求得加固柱正截面承载力值。为了减少迭代计算次数，从混凝土截面有效高度的 2/3 处开始计算，所得的试件承载力计算结果见表 15-2。

试验值和积分法计算值基本吻合，值介于 0.923～1.136，平均值为 1.034，方差为 0.00707，变异系数为 0.081，且计算值基本小于试验值，表明这种分析计算方法较为可靠。

积分法结果与试验结果的对比

表 15-2

试件编号	试验值（kN）	积分法计算值（kN）	试验值/积分法计算值
柱 C1	1510	1635.97	0.923
柱 C2	2238	2302.47	0.972
柱 C3	2393	2364.62	1.012
柱 C4	2197	1952.89	1.125
柱 C5	2289	2014.96	1.136

以上积分法计算正截面极限承载力，整个过程显得十分繁琐，不便于实际工程中的运用和推广，需进一步简化。

15.5　承载力简化计算

15.5.1　混凝土受压区等效系数分析

混凝土正截面承载力计算中，为了简化计算，采用等效矩形应力图形代替实际曲线应力图形，而引入了两个等效参数 α_1 和 β_1。

图 15-8 所示为简化计算模型，截面的应变区分为两部分，对应的截面应力形状分别

为矩形和三角形，以等效矩形应力图形的两等效原则为计算依据，推导出以下关系式。

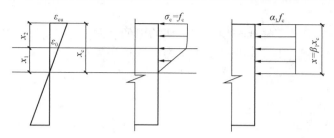

图 15-8　计算简图

由等效前后受压区合力大小相等：

$$C_1 = \alpha_1 f_c bx = \alpha_1 f_c b \beta_1 x_c \quad C_2 = b\left(\frac{1}{2} f_c x_1 + f_c x_2\right) \tag{15-39}$$

合力作用点位置不变：

$$x = \frac{b f_c x_1 (x_2 + x_1/3) + f_c x_2^2}{C_1} \tag{15-40}$$

由应变图可得：

$$x_1 = \frac{\varepsilon_0}{\varepsilon_{cu}} x_c, x_2 = \frac{\varepsilon_{cu} - \varepsilon_0}{\varepsilon_{cu}} x_c \tag{15-41}$$

将式（15-39）、式（15-40）、式（15-41）得：

$$\beta_1 = \frac{x}{x_c} = 1 + \frac{\varepsilon_0^2/3 - 0.5\varepsilon_0\varepsilon_{cu}}{\varepsilon_{cu}^2 - 0.5\varepsilon_0\varepsilon_{cu}} \tag{15-42}$$

$$\alpha_1 = \frac{(\varepsilon_{cu} - 0.5\varepsilon_0)^2}{\varepsilon_0^2/3 + \varepsilon_{cu}^2 - \varepsilon_0\varepsilon_{cu}} \tag{15-43}$$

根据本篇所采用的约束混凝土应力-应变关系曲线取得的峰值应变及极限应变，则可求得本篇所适用的混凝土受压区高度等效系数值。

15.5.2　承载力简化计算

我国《混凝土结构加固设计规范》中，为了简化计算，并没有把聚合物砂浆层相关参数代入基本方程中，所以在本篇的简化计算中，对规范计算的结果作适当提高，这更加符合实际工程的情况。

这里为简化计算，将聚合物砂浆按规范中同等强度混凝土等效替换[5]，把受压区混凝土及聚合物砂浆曲线压应力图用等效矩形图来替代，即将正截面混凝土受压区合力值 $\alpha_1 f_c bx$ 替换成 $\alpha_1 (f_c b + 2 f_m t) x$，式中 f_m 为砂浆抗压强度设计值，t 为砂浆层厚度。

在我国《混凝土结构设计规范》中，关于混凝土构件矩形截面正截面承载力的计算公式，采用的混凝土强度值依然是轴心抗压强度 $f_{c\infty}$，并没有考虑到钢绞线网约束作用对核芯混凝土强度提高的影响，这样计算所得出的结果在实际工程中是偏于保守且不经济的。所以在本篇的简化计算中，对规范计算公式作出适当调整，将规范公式里所采用的轴心抗压强度 $f_{c\infty}$ 替换成偏心受压强度 f'_{cc}，这样更加符合工程实际情况。

通过对纵向钢绞线用量对加固影响的分析，小偏心受压状态下，纵向加固的钢绞线对于正截面承载力的提高作用很小，尤其在偏心距很小的情况下，柱全截面受压，而钢绞线的抗压强度几乎可以忽略不计，所以在小偏心受压状态下，有关钢绞线的参数可不反映在承载力公式中。

综合以上分析，为了更好地与现行规范所给出的公式结合起来，同时也是为了对极限承载力计算进行必要的简化，在这里给出承载力计算的简化公式：

$$N_u = \alpha_1(f'_{cc}b + 2f_m t)x + f'_y A'_s - \sigma_s A_s \tag{15-44}$$

$$N_u e = \alpha_1(f'_{cc}b + 2f_m t)x\left(h_0 - \frac{x}{2}\right) + f'_y A'_s(h_0 - a'_s) \tag{15-45}$$

$$\sigma_s = f_y \frac{\xi - \beta_1}{\xi_b - \beta_1} = f_y \frac{\dfrac{x}{h_0} - \beta_1}{\xi_b - \beta_1} \tag{15-46}$$

本篇极限承载力计算简化后的计算公式，与现行的设计规范形式相同，且考虑了聚合物砂浆层的强度以及钢绞线的约束作用，是一种改进。

采用简化后的承载力计算公式对本篇的试验柱求解极限承载力，结果如表 15-3 所示。

承载力简化计算结果比较　　　　　　　　　　　　　　　　表 15-3

试件编号	试验值 （kN）	理论计算值 （kN）	简化计算值 （kN）	试验值/理论计算值	试验值/简化计算值
柱 C1	1510	1614.63	1614.63	0.935	0.935
柱 C2	2238	2322.18	2298.56	0.964	0.974
柱 C3	2393	2340.40	2183.42	1.022	1.096
柱 C4	2197	1982.80	2022.46	1.108	1.087
柱 C5	2289	1998.82	2002.89	1.145	1.142

试验值与简化计算值基本吻合，值介于 0.935～1.142，平均值为 1.046，方差为 0.00618，变异系数为 0.075。说明这种简化后的分析计算方法较为可靠，可应用于加固小偏心柱的工程设计。

15.6　简化公式的运用

本章上述内容主要分析了横向预应力钢绞线-聚合物砂浆约束偏心受压混凝土棱柱体的本构关系，并在此基础上提出了约束混凝土柱的承载力公式。由于该加固技术在实践工程中运用较少，现将上述内容所得结果运用到文献［5］的试验数据中，验证本篇所提出的简化公式的适用性，为实际工程提供参考。

15.6.1　文献试验概况

该文献试验共制作 9 根钢筋混凝土柱，采用强度等级为 C20 和 C35 的混凝土，试件截面尺寸取为 250mm×250mm，试件长细比 l_0/b 为 6，即试件高度为 1500mm，混凝土保护层厚度为 30mm，纵筋为 4Φ14，箍筋为 φ6@150，配筋率为 0.99%。

试件根据不同的偏心距共分 3 组，每组 3 个，每组中设有 1 个对比未加固柱，试件情况见表15-4，加固形式如图15-9所示。

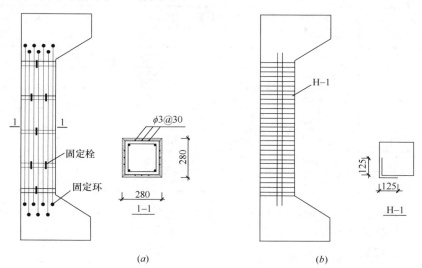

图 15-9　加固柱示意

（a）纵向；（b）横向

各试件详细参数
表 15-4

编号	混凝土等级	钢绞线直径 （mm）	偏心距 e_0 （mm）	f_{cu} （MPa）	f_{mu} （MPa）
ZA0	C35	对比柱	30	39.9	—
ZA1	C35	3.05	30	39.9	39.3
ZA2	C20	3.05	30	16.8	36.9
ZB0	C35	对比柱	50	39.9	—
ZB1	C35	3.05	50	39.9	39.3
ZB2	C20	3.05	50	16.8	36.9
ZC0	C35	对比柱	70	39.9	—
ZC1	C35	3.05	70	39.9	39.3
ZC2	C20	3.05	70	16.8	36.9

15.6.2　承载力计算

分别采用文献和本篇中的计算公式求得约束混凝土计算强度，并代入各自的简化计算公式求得加固偏心柱的极限承载力，计算结果如表15-5所示。

各试件计算结果
表 15-5

编号	偏心距 e_0 （mm）	文献中求得计算强度（MPa）	本文中求得计算强度（MPa）	实测极限荷载 （kN）	文献计算极限荷载（kN）	本文计算极限荷载（kN）
ZA0	30	对比试件	对比试件	1830	1620	1582
ZA1	30	44.82	47.73	2125	2029	2169

续表

编号	偏心距 e_0（mm）	文献中求得计算强度（MPa）	本文中求得计算强度（MPa）	实测极限荷载（kN）	文献计算极限荷载（kN）	本文计算极限荷载（kN）
ZA2	30	28.48	24.24	1520	1499	1328
ZB0	50	对比试件	对比试件	1557	1350	1280
ZB1	50	44.68	46.24	2045	1680	1783
ZB2	50	28.16	24.18	1220	1247	1021
ZC0	70	对比试件	对比试件	1365	1132	1024
ZC1	70	44.60	45.66	1580	1398	1485
ZC2	70	27.95	23.44	1040	1049	903

　　文献中实测试验值与本篇计算值吻合较好，且本篇计算值基本小于试验值，说明根据以上分析的计算公式是可靠的，验证了本篇关于偏心受压下约束混凝土的本构关系的适用性，满足实际工程的应用要求。

15.7　本章小结

　　（1）对预应力钢绞线约束混凝土柱的破坏机理进行了分析，结合本篇试验结果，借鉴适用的约束混凝土模型，得出了适用于本篇的约束混凝土峰值应力和应变的计算公式。

　　（2）基于基本假定，采用截面积分法对混凝土受压区截面高度进行积分，得出混凝土受压区所受合力，进行极限承载力的计算，计算结果与试验结果吻合较好。

　　（3）在现行加固设计规范的计算公式基础之上，结合本文试验和理论分析所得的结果，同时考虑到需对本文的积分法承载力计算进行必要的简化，所以本文在现行规范基础上，基于平截面假定，推导出适用的简化计算方法。

　　（4）与文献中的试验结果与试验数据进行对比，验证了本篇关于偏心受压下约束混凝土的本构关系的适用性，计算公式是可靠的，满足实际工程的应用要求。

第 16 章　本篇结论和展望

16.1　结论

本篇通过对预应力钢绞线-聚合物砂浆加固混凝土小偏心受压柱的受力和变形性能的试验研究，主要考虑了加固混凝土柱横向钢绞线初始预应力大小以及加载偏心距大小两项因素对偏心受压试件加固效果的影响，对试验结果进行分析后，得出以下结论：

（1）本篇所采用的预应力张拉锚固装置及预应力张拉量测系统，可以对加固柱横向钢绞线施加准确且可靠的初始预应力。

（2）分析了横向钢绞线预应力及加载偏心距两项影响因素的作用机理，其中初始预应力很好地将被动约束转化成主动约束，构件在受荷初期就受到良好的约束，限制了由横向膨胀引起的微裂缝的发展，提高混凝土材料整体的弹塑性变形性能；加载偏心距使得正截面的应力状态变化较大，混凝土各向膨胀不均匀，各向受到约束作用不同，影响了主动约束作用的发挥。

（3）横向预应力钢绞线-聚合物砂浆加固混凝土小偏心受压柱，不论加固柱的偏心距及横向钢绞线预应力大小如何，加固后的试件极限承载力都有不同程度的提高，柱的变形性能也得到了不同程度的改善，其中偏心距为 30mm 时，初始预应力为 $0.4f_w$ 的加固柱承载力提高了 48.21%，初始预应力为 $0.6f_w$ 的加固柱承载力提高了 58.48%。

（4）在各个条件都相同的情况下，初始预应力的程度越高，各项加固材料以及既有构件的材料性能越能充分发挥，对于由受荷初期混凝土横向膨胀变形所产生微裂缝的抑制约束作用更明显，加固效果亦更明显，对构件的承载力和延性性能有很大程度的提高。

（5）偏心距较大的构件其正截面的应力状态变化较大，混凝土各向膨胀不均匀，各向受到约束作用不同，主动约束的效果受到影响；偏心距较小的工况下，预应力主动约束作用效果更加明显，对于承载力和延性性能的提升幅度更大。

（6）对预应力钢绞线约束混凝土柱的破坏机理进行了分析，结合本篇试验结果，借鉴适用的约束混凝土的模型，得出了适用于本篇的约束混凝土峰值应力和应变的计算公式。

（7）基于平截面假定，在现行加固设计规范基础之上，推导了横向预应力钢绞线-聚合物砂浆加固小偏心受压柱正截面承载力的简化计算方法，可为加固工程实践提供一定的理论依据。

16.2　展望

（1）由于实际工程中，加固都是在构件发生损伤后才进行，所以获得针对实际工程下的受力性能的研究，需对原有混凝土加载至破坏后再进行加固，进行二次受力状态下的分析。

（2）由于本篇试验仅仅研究了横向钢绞线初始预应力及加载偏心距两项影响参数，然而影响加固小偏心受压柱的因素还有很多，如钢绞线间距、钢绞线直径及规格、混凝土强度等级等，为了获得更加精确的计算公式和模型，还需对更多参数进行试验研究并加以补充修正。

（3）本篇在对试验机理及试验数据的分析基础上，结合经典约束混凝土应力-应变关系模型，得出适用于本篇试验所采用的约束混凝土本构关系，若需获得更加精准的本构关系模型，还需补充轴心受压试验加以补充修正。

（4）本篇试验所采用的试件柱都为短柱，然而混凝土短柱和长柱在受压状态下，尤其是在偏心受压状态下，破坏状态是不同的，所以对于预应力钢绞线-聚合物砂浆加固混凝土长柱的偏心受压性能还需进一步的研究。

参考文献

[1] 尚守平. 中国工程结构加固的发展趋势[J]. 施工技术，2011，40(337)：12-14.

[2] 曹忠民，李爱群等. 高强钢绞线网-聚合物砂浆加固技术的研究和应用[J]. 建筑技术，2007，38(6)：415-418.

[3] 卢长福，曹忠民. 高强钢绞线网-渗透性聚合物砂浆加固技术研究综述[J]. 江西科学，2009，27(6)：932-936.

[4] 王嘉琪. 高强钢绞线网-高性能砂浆约束混凝土柱受力性能研究[D]. 南昌：华东交通大学，2012.

[5] 潘晓峰. 高强钢绞线网-聚合物砂浆加固小偏心受压混凝土柱的试验研究[D]. 南京：南京工业大学，2007.

[6] 杨建江，张运祥. 增大截面加固后钢筋混凝土轴心受压柱的可靠度研究[J]. 工程抗震与加固改造，2014，36(6)：100-107.

[7] 陈赛亮. 粘钢加固法设计原理与施工技术[J]. 河北联合大学学报(自然科学版)，2013，Vol. 35(1)：114-116.

[8] 张行强. 压弯作用下 FRP 约束混凝土应力-应变关系的试验研究[D]. 杭州：浙江大学，2014.

[9] 白晓彬. 环向预应力 FRP 加固混凝土圆柱轴心受压性能研究[D]. 北京：北京交通大学，2011.

[10] 于延东. 二次受力下 CFRP 布加固混凝土偏压柱的研究[D]. 青岛：青岛理工大学，2013.

[11] 王用锁. 钢丝绳绕丝约束混凝土轴心受压短柱试验研究[D]. 哈尔滨：哈尔滨工业大学，2006.

[12] 陈志峰. 加固 RC 轴心受压柱二次受力试验研究与有限元分析[D]. 长沙：中南大学，2008.

[13] 张立峰，姚秋来. 高强钢绞线网-聚合砂浆加固大偏心受压柱试验研究[J]. 工程抗震与加固改造，2007，29(3)：18-23.

[14] 陈亮. 高强不锈钢绞线网用于混凝土柱抗震加固的试验研究[D]. 北京：清华大学，2004.

[15] 李辉. 预应力钢绞线加固混凝土短柱抗震性能试验研究[D]. 北京：北京工业大学，2012.

[16] 田轲. 加筋聚合物砂浆(HPFL)加固 RC 柱抗震性能数值分析[D]. 西安：长安大学，2013.

[17] 厉春龙. 环向预应力 FRP 加固混凝土圆柱的主动约束机理研究[D]. 北京：北京交通大学，2013.

[18] Saadatmanesh H. W rapping with Composite Materials[J]. Non Met(FRP) Reinforced Concrete Structures E and FN Spon，2005，1(1)593-600.

[19] Yan ZH，Pantelides C P. Design oriented model for concrete columns confined with bonded FRP jackets or post tensioned FRP shells[C]. Greece：8th International Symposium on FRP Reinforcement for Concrete Structures，2007.

[20] 马强. 形状记忆合金加固混凝土圆柱的机理分析[D]. 长沙：中南大学，2013.

[21] Moochul Shin，Bassem Andrawes. Experimental investigation of actively confined concrete using shape memory alloys [J]. Engineering Structures，2010，32(3)：656-664.

[22] Bassem Andrawes，Moochul Shin，Nicholas Wierschem. Active Confinement of Reinforced Concrete Bridge Columns Using Shape Memory Alloys[J]. Journal of Bridge Engineering，ASCE，2010，15(1)：81-89.

［23］ 郭子雄、张杰、李传林. 预应力钢板箍加固高轴压比框架柱抗震性能研究［J］. 土木工程学报，2009，42（12）：112-117.

［24］ 郭子雄、张杰、杨勇. 设置外包预应力钢板箍 RC 短柱抗震性能研究［J］. 哈尔滨工业大学学报，2006，1（1）：140-144.

［25］ Munawarz A H，Robert G C. Experimental study on the seismic performance of externally confined reinforced concrete columns［C］. Proceeding of 13 WCEE，2004.

［26］ Saatcioglu M，Yalcin C. External prestressing concrete columns for improved shear resistance［J］. Journal of Structure Engineering，ASCE，2003，129（8）：1057-1070.

［27］ 郭俊平，邓宗才. 预应力钢绞线加固混凝土圆柱的轴压性能［J］. 工程力学，2014，31（3）：129-137.

［28］ 郭俊平，邓宗才. 预应力钢绞线加固钢筋混凝土柱恢复力模型研究［J］. 工程力学，2014，31（5）：109-119.

［29］ 劳新龙. 应力滞后对混凝土结构加固设计的影响［J］. 广东土木与建筑，2005，11：63-64.

［30］ GB 50204—2002 混凝土结构工程施工质量验收规范［S］. 北京：中国建筑工业出版社，2002.

［31］ CECS 242：2016. 水泥复合砂浆钢筋网加固混凝土结构技术规程［S］. 北京：中国计划出版社，2008.

［32］ GB 50367—2013 混凝土结构加固设计规范［S］. 北京：中国建筑工业出版社，2013.

［33］ GB 50666—2011 混凝土结构工程施工规范［S］. 北京：中国建筑工业出版社，2013.

［34］ 易伟建，张望喜. 建筑结构试验［M］. 北京：中国建筑工业出版社，2005.

［35］ 冯乃谦. 聚合物混凝土技术［M］. 北京：中国建材工业出版社，1992.

［36］ 吴中伟，廉慧珍. 聚合物混凝土［M］. 北京：中国铁道出版社，1999.

［37］ GB/T 16823.2—1997 螺纹紧固件紧固通则［S］. 北京：机械工业部机械科学研究院，1997.

［38］ 蔡冬茜. 低松弛预应力钢绞线松弛试验数据线性回归模型［J］. 金属制品，1996，22（6）：31-35.

［39］ 周文峰，鲁瑛. 约束混凝土文献综述［J］. 四川建筑科学研究，2007，33（3）：144-146.

［40］ 钟聪明. 约束混凝土柱加固技术研究［D］. 北京：中国建筑科学研究院 2004.

［41］ 于峰. 约束混凝土性能研究［J］. 混凝土，2006，Vol. 33：14-17.

［42］ 过镇海，时旭东. 钢筋混凝土原理和分析［M］. 北京：清华大学出版社，2003.

［43］ GB 50010—2010 混凝土结构设计规范［S］. 北京：中国建筑工业出版社，2010.

［44］ Sheikh S A，Uzumeri S M. Analytical model for concrete confinement in tied columns［J］. Journal of the Structural Division，ASCE，1982，108（12）：2703-2722.

［45］ 周文峰，黄宗明. 约束混凝土几种有代表性应力-应变模型及其比较［J］. 重庆建筑大学学报，2003，25（4）：121-127.

［46］ Mander J B，Priestley M J N，Park R. Theoretical stresss train model for confined concrete［J］. Journal of Structural Engineering，1988，114（8）：1804-1826.

［47］ 赵作周，张石昂，等. 箍筋约束高强混凝土受压应力-应变本构关系［J］. 建筑结构学报，2014，35（5）：96-103.

［48］ 杨坤，史庆轩. 高强箍筋约束高强混凝土本构模型研究［J］. 土木工程学报，2013，46（1）：34-41.

［49］ R. Park，M. J. N. Priestley and W. D. Gill. Ductility of Square-confined Concrete Columns［J］. ASCE，1982，（4）：929-951.

［50］ 向在兴. 仅按重力荷载设计的钢筋混凝土框架柱的抗震能力及加固方法试验研究［D］. 重庆：重庆大学，2002.

第四篇

横向预应力钢绞线－聚合物砂浆加固钢筋混凝土偏压柱的有限元分析

摘要

钢绞线网－聚合物砂浆加固技术是一种新型加固技术，具有耐久性好、自重轻、绿色环保等特点。目前虽然有一些关于钢绞线网－聚合物砂浆加固钢筋混凝土柱梁的研究，但对横向钢绞线施加预应力后加固钢筋混凝土柱的研究还比较少。

本篇在试验基础上，运用有限元软件 ABAQUS 模拟试验当中的 5 根横向预应力钢绞线－聚合物砂浆加固小偏心受压钢筋混凝土柱，1 根为对比柱，另外 4 根为施加了不同大小的初始预应力和不同偏心距的试验柱，有限元模拟结果与实验结果吻合较好。

在有限元模拟和试验吻合较好的基础上，建立多组横向预应力钢绞线－聚合物砂浆加固钢筋混凝土柱的有限元模型，包括五种预应力水平、六种偏心距、三种钢绞线间距，研究加固后偏心受压柱的破坏特征、各材料关于荷载－应变的发展规律。

有限元模拟结果表明：横向钢绞线施加预应力后对试件柱延性提高明显；钢绞线间距在合理范围时，横向预应力－聚合物砂浆加固偏心受压柱钢绞线间距的影响要大于预应力的影响；预应力在 0.6 倍钢绞线极限抗拉强度时延性和峰值荷载较好。

本篇还提出了预应力钢绞线约束混凝土峰值应力、应变的计算方法，并结合相应的设计规范提出此加固方法的简化设计公式。

第17章 绪　　论

17.1　引言

17.1.1　结构加固的发展概述

18世纪前后开始的工业革命，建筑的新材料、新结构逐渐兴起。伴随着19世纪工业革命的迅速发展，出现了许多结构力学的理论及计算方法。学者们运用图解法、解析法对结构进行受力分析，并开始研究桁架理论。此时，人类还开始了一场建筑高度领域的竞争——高层建筑。20世纪60年代，西方进入大规模改造阶段；20世纪90年代，中国也步入了大规模改造阶段。

随着我国城市人口越来越多，人们生活、工作都离不开建筑物，21世纪的建筑行业也越来越规范化，《工程结构可靠度设计统一标准》[1]规定普通房屋和构筑物的设计使用年限为50年，中桥、重要小桥设计使用年限也只有50年，大量建筑物正在步入"中老年阶段"。当工程结构使用年限已经超过或达到设计基准期，结构可靠度降低，建筑物还需继续使用时，则需要对其进行结构鉴定设计及加固施工处理。

此前建设活动中的大拆大建，破坏了部分优秀的历史建筑与历史街区，同时，旧建筑物已不能满足人们物质生活的需求，或土地资源短缺，地价高昂。建筑改造加固工程满足新使用功能为旧建筑物保护问题提供了一条新思路，促使了旧建筑的新生。与新建建筑物相比，旧建筑物加固改造不仅时间短，且造价仅是新建建筑的20%～70%。改造加固与再利用是一种可以减少材料与能源消耗、减少城市垃圾与环境污染的有效方法，同时对于城市文化的传播，人文精神的体现更有不可估量的作用。对建筑物的改造加固与再利用是真正延续"可持续发展"的思路，具有显著的经济利益与社会利益。

需要加固的情况有很多种，如因设计规范的修订和设计标准的提高，许多地区现有房屋不能满足新的设计标准[2]；因设计资料和设计方法的不准确，导致设计的建筑物存在安全性、耐久性、适用性等问题；因施工方法错误、管理不善等原因，使建筑物存在质量安全问题；因温差、冻融等自然环境的影响以及地震、泥石流等自然灾害的作用，导致建筑物发生严重损坏。

近年来发生了不少因结构失稳所造成的建筑物倒塌等现象，2009年上海13层在建住宅整体倒塌，2012年交付20余年宁波市江东区2幢楼发生倒塌，2014年奉化市一小区一幢5层居民房发生倒塌，2015年沈阳市大东区发生楼梯坍塌，这些事故，使人们心理蒙受了巨大的阴影。大量民用建筑和工业建筑存在的安全隐患，已经成为亟待解决的现实问题。尤其随着几起区大地震的发生，人们的安全防范意识加强，势必会兴起建筑物结构加固的热潮，对结构加固的市场需求及产业推动起到积极作用。对保障我国经济平稳健康发展，人民生产生活有序发展等起到促进作用。

目前建筑结构加固工程已成为我国建筑业发展的新热点，是一项意义重大的任务。随着建筑业的蓬勃发展，建筑物加固的应用领域也将越来越广，新型建筑材料不断涌现，建筑结构的加固技术水平也必将取得更长足的发展。

17.1.2　结构加固的目的与意义

结构加固的目的在于满足建筑结构的安全性、耐久性与适用性，使建筑物有利于抗震，提高结构的耐久性，在突发事件中能够保持结构的稳定性，保证它的质量及安全使用。结构加固的意义在于：

（1）经济效益。从成本上降低了国家和企业的投资成本，施工时间短，见效快，减少了材料与能源的消耗，延长了建筑物的安全使用寿命。

（2）社会效益。保护了一些历史文物的样貌，对周边影响小，减少对土地的征用，缓解了城市的用地压力。

（3）节能减排。有助于创建低碳社会，延续了资源、环境与社会经济发展相协调的"可持续发展"思路。

17.2　混凝土柱加固技术

我国混凝土加固技术发展十分迅速。常用的加固方法有很多种，包括加大截面法、粘钢加固法、预应力法等；新型加固方法有纤维复合材料加固法、高强钢绞线网-聚合物砂浆加固法等。这些加固方法都有自己的特点和应用范围，可根据结构的承载力、刚度、裂缝等性能进行选择。以下简要介绍各类混凝土柱的加固方法。

17.2.1　增大截面加固法

增大截面加固法是增大原构件截面积并增配钢筋，以提高其承载力和刚度，或改变其自振频率的一种直接加固法。增大截面法主要是增大结构的截面积和增加配筋，通过加固钢筋和原有构件受力钢筋，重新浇筑混凝土，保持新旧混凝土整体性，提高混凝土结构的刚度、强度和稳定性，使构件的抗弯、抗压、抗剪能力随之增强，也被称为外包混凝土法[4-5]。此法对混凝土柱加固存在一定的压缩变形，且新加部分与原柱的应力应变不能同时达到峰值。

增大截面加固法[6]使加固工程几乎不需要后期养护，施工工艺简单，适用范围广。不足之处是现场湿作业工作量大，养护时间长，给周边造成一定的影响；加固后影响构件外观，使整体净空减小，增加构件本身自重。实际工程中，增大截面加固法主要用于梁、板、柱、墙的加固。

17.2.2　外粘钢加固法

外粘钢加固法[7-9]利用结构胶黏性大，能承受较大荷载，通过结构胶粘贴在原构件表面，提高结构承载力和延性。粘钢加固法的适用性很强，方案也多种多样，能够解决施工过程中的各种困难。对比增大截面法，粘钢加固法施工快速、现场几乎无湿作业，对周边影响小，加固后对构件外观和整体净空无明显影响。实际工程中主要适用于混凝土受弯，大偏心受拉或受压构件。

粘钢加固法的加固效果主要取决于胶粘技术与粘结剂。胶粘技术对构件表面、钢板表面的处理都有严格的要求。钢板粘贴后，若有空洞声则必须立即拆除钢板，补胶后重新粘贴。粘接剂必须黏性强，耐老化，弹性模量高，温度变形小。

17.2.3　体外预应力加固法

体外预应力加固法是通过施加体外预应力，使原结构、构件的受力得到改善或调整的一种间接加固方法。预应力加固法采用外加预应力使钢拉杆和型钢撑受力，改变其原结构应变应力状态，能较好地消除一般加固方法中应力滞后的现象。对结构构件或整体进行加固，使构件的共同承载力有所增加。

体外预应力加固法一般适用于跨度大的桥梁。该法能够较大程度地提高混凝土结构整体承载力，适用于大跨度或重型结构的加固，如桥梁。缺点是加固后对混凝土结构外观有一定影响，且不宜用于收缩徐变大的商品混凝土结构。

17.2.4　纤维复合材料加固法

纤维增强聚合物（FRP）材料[13]是由增强纤维材料与基体材料经过模压或拉挤等工艺形成的复合材料。常见的纤维材料如玻璃纤维、碳纤维、芳纶纤维等，相应形成的复合材料为 GFRP、CFRP 及 AFRP。20 世纪 80 年代中期，在加固工程中使用较广泛的纤维增强聚合物加固混凝土为碳纤维布加固法，目前在国内外较普及。碳纤维布加固法对其包裹的混凝土约束作用类似于箍筋，以横向包裹的方式侧向约束混凝土。混凝土加固柱在箍筋与碳纤维布的双重约束力下，当混凝土达到应力峰值时仍保持有较好的变形性能。

碳纤维加固法[14,15]强度高、应用面广泛。与传统的增大截面加固法或粘钢加固法相比，碳纤维布加固法自重小，更节约空间，施工简便，现场无固定设施，基本不增加结构尺寸，具有耐腐蚀、耐久性好等特点。此外，从经济效益来说，此种加固法降低加固成本，同时提高建筑物的使用寿命。

17.2.5　钢绞线网-聚合物砂浆加固法

钢绞线网-聚合物砂浆加固法是通过采用高强聚合物砂浆将钢绞线网粘合于原构件的表面，使之形成具有整体性的复合截面，以提高其承载能力和延性的一种直接加固法。钢绞线的强度高，其强度是普通钢材的 4～5 倍。聚合物砂浆指在建筑砂浆中添加聚合物粘结剂。

钢绞线-聚合物砂浆加固法结合了钢绞线的高强性及聚合物砂浆的渗透性和粘结性，与原混凝土结构形成统一整体，共同抗剪和抗压，较大程度地提高了结构的整体承载力。钢绞线网-聚合物砂浆加固法比其他加固法的性价比更高，具有以下特点：

（1）耐高温、耐腐蚀、耐老化。既有高分子材料的粘结性，又有渗透性聚合物砂浆材料的耐久性，不存在结构胶等有机材料的易老化、耐高温性差等。且不锈钢绞线不存在加固中过程中钢材会腐蚀等问题。

（2）力学性能强。能够抗弯加固，有效提高承载力、刚度等。

（3）耐久性好，自重较轻。耐久性接近普通混凝土，对外观影响小。

（4）提高了抗火性能，耐火极限可达到 2h，加固性能可靠。

（5）绿色环保。聚合物砂浆是新型无机胶凝材料，无毒、无挥发性气体，对人体健康危害性小。

（6）施工要求低。便于大规模机械化施工，对施工场地及空间无要求，节点处理方便，可以加固有缺陷或强度低的混凝土结构。

17.3　钢绞线网-聚合物砂浆加固混凝土柱的研究现状

钢筋混凝土柱是建筑结构中常见的受力构件，由于所使用材料自身的特性，施工过程中存在的误差，外界使用环境等各种因素的影响，造成混凝土柱的承载力不足，抗震性能降低，更为严重者造成结构的坍塌。高强钢绞线网加固混凝土柱使混凝土处于三向受压状态，抑制混凝土的开裂，提高截面刚度。为此对加固后柱的受力性能、抗震性能进行了一系列的研究，从"被动约束阶段"向"主动约束阶段"过渡所取得的研究成果对混凝土柱加固的设计、使用提供理论指导作用。

17.3.1　加固混凝土柱受力性能的研究

1988 年 J B Mander 等人[16]通过理论研究提出约束混凝土 Mander 模型，该模型适合圆形以及方形截面柱，并通过实验验证了该模型的合理性和适用性。

Franco Braga[17]等人定义了侧向有效约束系数，该有效系数是与箍筋的直径和间距有关的无量纲系数，并运用计算模型验证了该系数的合理性，该系数不仅适合箍筋的计算，也适合 FRP 和钢绞线约束混凝土的计算。

张立峰等人[18,19]考虑大小偏心作用设计 18 根柱（9 根大偏心、9 根小偏心）进行聚合物砂浆-高强钢绞线加固试验研究，对加固构件的破坏形态、裂缝开裂的情况，跨中挠度随荷载的变化情况，钢筋、钢绞线、混凝土应变的变化情况以及对加固后柱的极限承载力影响和构件的破坏机理进行了对比分析。分析结果得出：对比未加固大偏心构件，大偏心构件加固后极限承载力提高 16%，大偏心构件极限承载力的提高主要来源于钢绞线的受拉作用；对比未加固小偏心构件，小偏心构件加固后极限承载力提高了 81%，小偏心构件极限承载力的提高主要来源于聚合物砂浆的抗压作用和钢绞线对混凝土的约束作用。

刘伟庆等人[20]在 9 根小偏心受压柱的基础上，通过线性拟合得出小偏心受压方形截面柱的峰值应力、应变的计算方法；在采用合理的材料本构关系，结构计算平截面假定的基础上，提出高强钢绞线网加固小偏心受压柱承载力简化计算的方法，并运用简化计算方法所得的计算结果与试验结果相比较得出：简化计算方法是一种偏于安全的计算方法。

刘伟庆、王曙光等人[21]考虑混凝土强度等级、偏心距、钢绞线特征值三个变量作为影响参数设计 18 根柱，分别观察 18 根柱在试验条件下的裂缝分布、破坏形态、承载力变化，得出结论：小偏心构件的轴压比随偏心距的减小而提高，随钢绞线特征值的提高而提高；大偏心构件则随混凝土强度等级的提高而提高；同时考虑这三个因素的影响提出受压构件正截面计算方法，运用钢绞线特征值表达该加固方法的约束效果。

17.3.2　加固混凝土柱有限元研究

王忠海等人[22]通过有限元建模，对高强钢绞线加固混凝土柱技术进行数值分析，主要的研究参数为偏心矩和加固的量对加固效果的影响。分别分析了加固柱的荷载-挠度变化曲线、钢筋及钢绞线的应力-应变曲线、模型柱在荷载作用下砂浆及混凝土的开裂情况。得到的模拟结果与试验结果相吻合，并进一步指出该加固效果的优越性以及有限元模拟过程的缺陷和存在的问题。

Murat Saatcioglu 等[23]通过有限元软件模拟实验，设计并加固 7 根足尺寸柱，其中 2 根为方形截面，5 根为圆形截面，主要考虑的参数为钢绞线的间距和侧向预应力度影响，理论分析了加固后柱的抗剪承载力主要来源于混凝土、内部钢筋、外部的钢绞线三个部分，并给出了具体的计算公式和计算方法。在水平往复荷载的作用下，分别绘制了各加固试件的滞回曲线，通过数据分析得出：加固试件的抗剪承载力与理论计算承载力相吻合，加固柱的滞回曲线饱满，滞回环的个数增加，并且随着钢绞线的间距变小、侧向预应力度的提高，抗震性能提高，柱子的延性也越好，也指出侧向钢绞线锚具的重要性。

田轲等人[28]通过选用合理的钢筋和混凝土单元，钢筋和混凝土的本构模型，基于ANSYS 有限元模拟软件，模拟了高强钢绞线网加固柱的抗震性能，结果表明：有限元模拟的结果与试验结果相吻合，钢绞线的约束作用使核芯区混凝土的强度更高，裂缝分布更加均匀，试件的耗能能力提高，从而改善其抗震性能。

HUANG Hua 等人[30]利用有限元建模，考虑的主要参数为：混凝土强度、轴压比、钢绞线的量以及偏心距等，模拟在往复荷载作用下加固柱的抗震性能。研究结果表明：随着加固柱轴压比的变化，加固柱的极限承载力提高 9%～17%，延性提高了 9%～15%；耗能提高 35%；通过对比不同的偏心距构件，随着偏心距的增加，加固柱的承载力、延性降低；滞回曲线中滞回环的个数变小，耗能能力降低，结构抗震性能差；随着荷载-位移曲线的增大，屈服后加固柱的刚度显著变低。

17.3.3　预应力加固混凝土柱的研究

郭俊平、邓宗才等人[29]改进横向钢绞线的锚固系统，以钢绞线的间距、预应力水平为主要试验参数，设计了 24 根柱（其中 2 根为对比柱）。在轴向荷载的试验条件下得出：峰值应力和峰值应变最大提高了 83% 和 95%，加固效果显著提高；并根据试验数据拟合出预应力加固柱的应力-应变方程曲线。

郭俊平等人[26,27]考虑了轴压比、预应力水平、钢绞线间距等参数的作用，设计 16 根长柱，其中 2 根为对比试件。试验结果得出：各试件的屈服荷载、极限荷载、延性系数、耗能能力跟参数轴压比有关，轴压比为 0.4 的试件分别提高了 36%，27%，44%，172%；轴压比为 0.8 的试件分别提高了 36%，44%，76%，62%；并根据合理的材料本构模型，平截面假定，结合 Clough 滞回规则建立了恢复力模型曲线，所得的模型曲线与试验曲线吻合程度高，进一步提高了该加固技术在抗震研究中的理论分析。

17.4　本篇研究的主要内容

目前的研究主要集中在钢绞线-聚合物砂浆加固梁，对横向钢绞线施加预应力后加固柱的效果研究较少。本篇计划在试验的基础上，运用 ABAQUS 模拟试验当中的 5 根横向预应力钢绞线-聚合物砂浆加固小偏心受压钢筋混凝土柱，1 根为对比柱，4 根为施加了不同大小的初始预应力和不同偏心距的试验柱，并做对比分析。另外建立 33 组横向预应力钢绞线-聚合物砂浆加固钢筋混凝土柱的有限元模型，包括五种预应力水平、六种偏心距、三种钢绞线间距，并对预应力、钢绞线间距、偏心距等影响因数进行详细的对比分析，主要内容如下：

（1）用 ABAQUS 模拟横向预应力钢绞线-聚合物砂浆加固小偏心受压柱，对模拟结果与试验结果进行对比。

（2）横向预应力钢绞线-聚合物砂浆加固轴压、小偏心、大偏心受压时，随着预应力水平不断提高，对加固效果、柱延性的变化情况进行有限元模拟分析，得出较为合理的预应力水平。

（3）对比分析钢绞线间距和预应力水平对加固效果的影响程度。

（4）结合设计规范对横向预应力钢绞线-聚合物砂浆加固偏心受压柱承载力进行分析。

第18章 横向预应力钢绞线-聚合物砂浆加固
小偏心受压柱的有限元建模和验证

18.1 材料的本构模型

18.1.1 混凝土的本构关系

ABAQUS 在混凝土有限元分析中，提供了三种混凝土模型，分别是混凝土损伤塑性模型[34]、混凝土弥散裂缝模型[35]和 ABAQUS/Explicit 中的混凝土开裂模型[36]，其中混凝土损伤模型在模拟混凝土的开裂应变、弹塑性变化等具有很好的模拟效果。国内众多学者针对混凝土损伤模型有较多的研究，如郭明[37]对混凝土损伤塑性模型中损伤因子做了相应的研究，并介绍了损伤因子在钢筋混凝土构件、新型钢管混凝土-钢筋混凝土梁节点和整体结构弹塑性分析中的应用实例。张劲、王庆扬[34]等模拟出各级混凝土并与规范给出的本构关系进行对比，验证了 ABAQUS 中混凝土损伤塑性模型的准确性，并通过相应的对比指出了混凝土损伤模型的不足之处。

混凝土损伤模型中总应变分为弹性应变和塑性应变，其表达式为

$$S = S^{el} + S^{pl} \tag{18-1}$$

应力应变关系为：

$$\partial = (1-d)D_o^{el} : (S - S^{pl}) \tag{18-2}$$
$$= D^{el} : (S - S^{pl})$$

式中，∂ 为应力；D_o^{el} 为材料受荷之前的损伤刚度；D^{el} 为材料损伤后的弹性刚度；d 为刚度损伤量，其大小为 $0 \sim 1$，表示材料损伤程度。

本篇混凝土模型采用 ABAQUS 中三种混凝土模型之一的混凝土损伤模型（CDP 模型，前文已有详细介绍）。混凝土本构关系采用 Modified Kent-Park 模型[39]，混凝土的弹性模量按照实验规范推算，泊松比取 0.2。表达式如下：

$$\partial = \begin{cases} Kf'_c\left[2\left(\dfrac{\varepsilon}{\varepsilon_0}\right) - \left(\dfrac{\varepsilon}{\varepsilon_0}\right)^2\right] & (\varepsilon \leqslant \varepsilon_0) \\ Kf'_c\left[1 - Z(\varepsilon.\varepsilon_0)^2\right] & (\varepsilon_0 < \varepsilon \leqslant \varepsilon_u) \\ 0.2Kf_c & (\varepsilon > \varepsilon_u) \end{cases} \tag{18-3}$$
$$\sigma_0 = Kf'_c \qquad (\varepsilon > \varepsilon_u)$$
$$\varepsilon_0 = 0.002K$$
$$K = 1 + \frac{\rho_S f_{yh}}{f'_c}$$

$$Z = \frac{0.5}{\dfrac{3 + 0.29 f_c'}{145 f_c' - 1000} + 0.75 \rho_s \sqrt{\dfrac{h'}{S_h}} - 0.002K}$$

$$\varepsilon_U = 0.004 + 0.9 \rho_s \left(\frac{f_{yh}}{300}\right) \text{或} \ \varepsilon_u = \varepsilon_0 + \frac{0.8}{Z}$$

根据以上混凝土本构关系，可得出在建模时受压混凝土的应力-应变关系，如图 18-1。

为使计算结果更好地收敛，针对混凝土受拉的情况，采用混凝土损伤塑性模型中的断裂能与开裂应变[41]的关系，其表达式如下：

$$G_f = a \cdot \left(\frac{f_c}{10}\right)^{0.7} \times 10^{-3} \quad (\text{N/mm}) \tag{18-4}$$

$$a = 1.25 d_{\max} + 10 \tag{18-5}$$

式中，$d_{\max}$ 为粗骨料最大粒径，f_c 为混凝土圆柱体抗压强度。

混凝土开裂后的 σ_p-u_t 关系如图 18-2 所示。

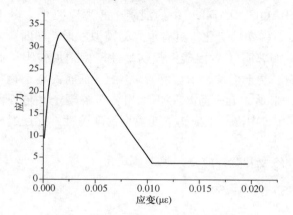

图 18-1　混凝土的本构关系

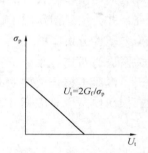

图 18-2　混凝土的 σ_p-u_t 关系

混凝土的峰值拉应力 σ_p 计算公式为：

$$\sigma_p = 0.26 (1.5 f_{ck})^{2/3} \ (\text{MPa}) \tag{18-6}$$

式中，σ_p 为应力；f_{ck} 为混凝土轴心抗压标准值。

18.1.2　钢筋的本构关系

本篇在选取钢筋的本构关系中采用 Esmaeily-Xiao[42] 模型，考虑钢筋的弹性阶段、屈服、硬化，引入各个阶段的极值点，泊松比取 0.3，钢筋本构函数如下：

$$\sigma = \begin{cases} E_s \varepsilon & \varepsilon \leqslant \varepsilon_y \\ f_y & \varepsilon_y < \varepsilon \leqslant k_1 \varepsilon_y \\ k_4 f_y + \dfrac{E_s (1 - k_4)}{\varepsilon_y (k_2 - k_1)^2} (\varepsilon - k_2 \varepsilon_y)^2 & \varepsilon > k_1 \varepsilon_y \end{cases} \tag{18-7}$$

式中，E_s 为钢材的弹性模量；f_y 为钢材的屈服强度；ε_y 为钢材的屈服应变；K_1 为钢材的强化段起点应变与屈服应变的比值；K_2 为钢材峰值应变与屈服应变的比值；K_3 为钢材峰值应力与屈服强度的比值。

本篇在建模过程中箍筋的屈服强度为 311MPa，纵筋的屈曲强度为 342MPa，钢筋应力-应变曲线如图 18-3。

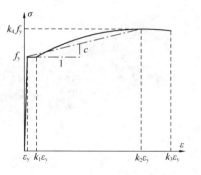

18.1.3 钢绞线、聚合物砂浆本构关系

钢绞线属于硬钢，在荷载达到其抗拉强度时，钢绞线立即崩断，所以在模拟钢绞线时可以把其当成线弹性材料，本篇采用的钢绞线本构关系函数如下：

$$\sigma_w = E_w \cdot \varepsilon_w \qquad (18-8)$$

聚合物砂浆在力学性能方面与混凝土相差不是很

图 18-3 钢筋应力-应变曲线

大，所以本篇在模拟聚合物砂浆的过程中采用同强度的混凝土作为替代，其本构关系也采用上文所提到的 Modified Kent-Park[39] 模型。

18.2 数值建模几个关键问题

18.2.1 分析步的建立

ABAQUS 中分析步主要有两种，一种是线性摄动分析，另外一种是一般性分析。对于线性问题分析一般采用第一种，非线性分析采用第二种，本篇属于模拟横向预应力钢绞线-聚合物砂浆加固钢筋混凝土柱偏心受压非线性分析。在 ABAQUS 中每一个分析步对应一个时间段，对应一种条件响应，本篇在分析过程中设置两个分析步，第一个分析步为预应力施加的过程，第二个分析步为位移荷载施加过程，本篇是针对横向钢绞线施加预应力后柱子的加固情况分析，所以预应力的施加必须在第一个分析步。

18.2.2 预应力施加

ABAQUS 在模拟钢筋混凝土施加预应力时，采用降温法[44]。降温法是利用材料的热胀冷缩性冷，通过设置材料的膨胀系数，施加一定的温度荷载实现预应力的模拟。本篇通过《预应力混凝土用钢绞线》GB/T 5224—2014[45] 中 1×19 型，公称直径为 2.5mm 的高强镀钢绞线的热膨胀系数为 2×10^5。在软件的"Edit Material"对话框选择力学性能中的膨胀性能，输入膨胀系数，在 load 模块中建立"Predefined Field"，输入相对应的温度幅值。本篇模拟采用的表达式为 $f_s = \alpha \cdot \Delta T \cdot E_s$。

施加 0.4 倍钢绞线极限抗拉强度后钢绞线网应力云图如图 18-4。

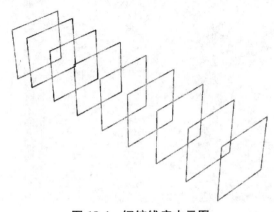

图 18-4 钢绞线应力云图

18.2.3 网格划分

ABAQUS 对于复杂的部件可采用结构

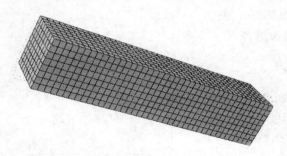

图 18-5　混凝土网格

化技术和扫掠技术进行网格划分，对于特别复杂的部件，分割过程繁琐，ABAQUS 给出了一种自由划分网格技术。中轴法和进阶法是网格划分的两种方法，如果想要得到高质量的网格，需要采用映射网格划分，但不能直接采用。本篇由于是加固钢筋混凝土方柱，在划分网格时比较简单，钢板采用 30mm×30mm 网格，混凝土、钢绞线、聚合物砂浆、钢筋均采用 30mm×30mm 网格，如图 18-5 和图 18-6 所示。

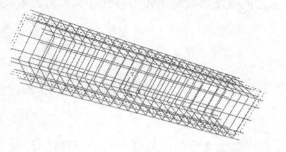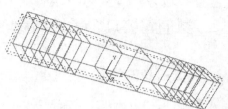

图 18-6　钢绞线和钢筋骨架网格

18.2.4　边界条件的建立

ABAQUS 中空间限制六个自由度，分别是 X、Y、Z 三个方向的平移自由度（U1、U2、U3）和绕 X、Y、Z 三个方向转动的自由度（UR1、UR2、UR3），在限制边界条件时，根据模拟需要选择试验实际情况的约束，让模拟结果更真实地反映试验。

本篇研究预应力钢绞线-聚合物砂浆加固偏心受压柱，分析步一横向钢绞线施加预应力时，通过约束柱底面 U1、U2、U3，相应地也约束了三个方向的转动，实现对柱地面的刚接，对柱顶不施加任何约束，对横向钢绞线施加预应力柱底部的约束如图 18-7。

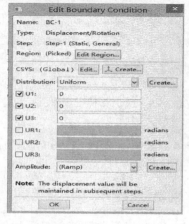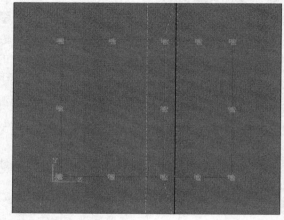

图 18-7　柱底部约束

分析步一预应力施加后柱的应力云图见图 18-8。

分析步二为施加荷载过程，本篇为使计算结果更好地收敛，采用位移荷载，至于为什么施加位移荷载计算结果能更好地收敛，参见前文详细介绍。本篇模拟横向预应力钢绞线加固钢筋混凝土柱的偏心受压情况，柱底部设置活动铰支座，约束 U1、U2、U3、UR1、UR3，从而限制其他方向的平移和转动只能绕 Y 方向转动，约束如图 18-9。

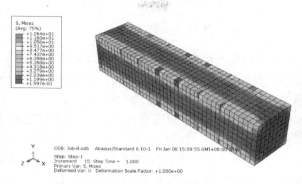

图 18-8　预应力施加后柱应力云图

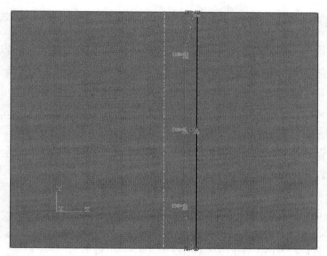

图 18-9　柱底部约束

柱顶端为荷载施加位置，同时也设置为活动铰支座，约束 U2、U3、UR1、UR3，在 U1 方向施加偏心荷载。对混凝土柱顶施加偏心荷载，为了避免柱顶面和底面出现应力集中而导致最后计算不收敛，在柱的顶面和底面分别设置一块 $280mm \times 280mm \times 20mm$ 弹性非常大的钢板作为垫板。柱顶加载如图 18-10。

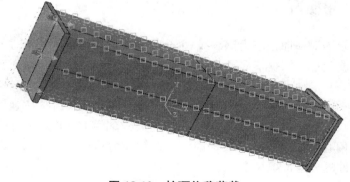

图 18-10　柱顶位移荷载

18.2.5　定义部件接触

ABAQUS 作为强大的有限元非线性分析软件，特别是在土木工程领域，有非常大的优势。材料分线性、几何非线性、接触面非线性是接触问题分析过程中比较常见的三种非线性，ABAQUS 在处理非线性接触中的优势主要体现在，能自动选择合适的增量和收敛准则。本篇钢筋骨架和混凝土之间钢绞线和混凝土采用嵌入式接触（embedbed region）。垫板和柱采用"tie 接触"，主面设置为垫板，从面设置为钢筋混凝土柱顶面和柱底面。对于"tie 接触"主从面之间的选择，一般选择刚度较大的为主面，刚度较小的为从面，这样可以更好地模拟接触面之间的协同变形，使计算结果更符合实际。模拟过程中不考虑钢筋和混凝土之间的粘结滑移，不考虑钢绞线网、聚合物砂浆、混凝土共用节点三者之间的粘结滑移，界面之间无相对滑移。

18.2.6　单位的选取

ABAQUS 中的单元类型可分为 8 大类，分别为薄膜单元、连续体单元（实体单元）、壳单元、杆单元（桁架单元）、梁单元、刚体单元、无限元和连接单元。

在 ABAQUS 中，混凝土材料一般可使用梁单元（Beam Element）和实体单元（Solid Element）来模拟。鉴于梁单元模拟比较粗糙，本篇混凝土采用实体单元，垫块和支座亦是如此。由于本篇中梁形状规则，选取在每条边中间节点进行二次插值的 C3D8 单元（8 节点线性三维六面体单元）。采用该种二次单元的完全积分模式就可以对单元刚度矩阵中的多项式进行精确积分求解。

桁架单元（Truss Element）不考虑竖向荷载和弯矩的作用，可用来模拟平面或空间里只承受轴向力作用的线状结构。桁架单元基本分为两类，二节点直线桁架单元（2-Node Straight Truss）和三节点曲线桁架单元（3-Node Curved Truss）。本篇模拟结构体内纵向受力的钢筋和体外钢绞线的单元选用的是二节点直线桁架单元中常用的一种单元类型，即两节点线性三维空间桁架单元 T3D2。该单元用线性内插的方法计算。相邻节点之间位移、位置及单元应力无变化。混凝土采用的单元形状为六面体，单元类型为 8 节点六面体单元（C3D8），钢筋采用的单元形状为直线，单元类型为两节点桁架（T3D2）。

18.3　验证试验概况

本课题组葛超等对横向预应力钢绞线-聚合物砂浆加固小偏心进行了试验研究[40]，共制作 5 根钢筋混凝土柱，根据横向预应力程度和偏心距大小分为 3 组。第一组为未用钢绞线-聚合物砂浆加固，偏心距为 30mm 的对比柱 C1；第二组为预应力钢绞线-聚合物砂浆加固，偏心距为 30mm，C2 预应力程度为 0.4 倍钢绞线实测最大抗拉强度，C3 预应力程度为 0.6 倍钢绞线实测最大抗拉强度即 $0.4f_{pt}$ 和 $0.6f_{pt}$；第三组为横向预应力钢绞线-聚合物砂浆加固，偏心距为 50mm，C4 横向钢绞线预应力程度为 $0.4f_{pt}$，C5 横向预应力程度为 $0.6f_{pt}$，试件的分组情况见表 18-1。

试件分组情况　　　　　　　　　　　表 18-1

试件编号	预应力程度（%）	偏心距（mm）	备注	
C1	—	30	未加固的对比试件	
C2	40	30	检验预应力程度影响	检验偏心距影响
C3	60			
C4	40	50	检验预应力程度影响	
C5	60			

柱采用钢筋混凝土方柱，截面尺寸为 250mm×250mm，柱高为 1.25m，长细比为 5。试件采用对称配筋，所用箍筋为 HPB300 级热轧钢筋，配筋取 $\phi 8@200$，纵筋采用 HRB335 级热轧钢筋，配筋取 $4\Phi 14$，试件柱的配筋如图 18-11 所示。

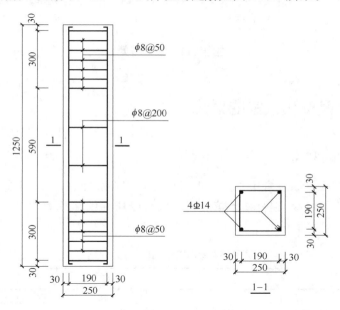

图 18-11　试件柱配筋图

混凝土采用 C30，混凝土的实测强度为 32.9MPa；加固试件采用国产高强镀锌钢绞线，公称直径为 2.5mm，横向钢绞线的间距为 30mm，纵向钢绞线采用规范设置，钢绞线加固如图 18-12 所示。

钢筋实测力学性能见表 18-2。实测钢绞线的极限抗拉强度为 1700MPa，聚合物砂浆抗压强度值为 58.2MPa。

钢筋实测力学性能　　　　　　　　　　表 18-2

材料	规格/直径	f_y（MPa）	f_u（MPa）	E_c（10^5MPa）
HPB300	8	311.8	417.4	2.1
HRB335	14	342.4	528.5	2.0

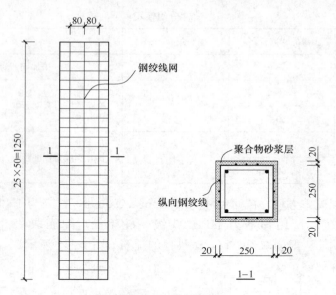

图 18-12　钢绞线网

18.4　有限元模拟和试验的对比

18.4.1　承载力的对比

试验共制作五根钢筋混凝土柱，一根对比柱，四根加固柱，关于试验详细情况前面已做了介绍。预应力钢绞线-聚合物砂浆加固小偏心受压柱的承载力模拟结果和试验值如表18-3。

表 18-3

试验值与模拟值峰值承载力对比

试件编号	C1	C2	C3	C4	C5
试验值（kN）	1510	2238	2393	1892	1957
模拟值（kN）	1589	2442	2456	1980	2004

由表 18-3 可知，模拟结果和试验值吻合较好，应用预应力钢绞线加固后承载力有明显的提高。当偏心距为 30mm，预应力为 $0.4f_{pt}$，试验结果表明加固后峰值承载力提高 48.39%，模拟结果显示加固峰值承载力提高 44.74%，二者较为接近；当偏心距为 30mm，预应力为 $0.6f_{pt}$，试验结果表明加固后峰值承载力提高 58.39%，模拟结果显示加固后峰值承载力提高 58.55，两者吻合非常好；当偏心距为 50mm，横向预应力为 $0.4f_{pt}$，试验结果表明预应力加固后峰值承载力提高 45.66%，模拟结果表明峰值承载力提高 35.05%，二者吻合较好；当偏心距为 50mm，横向预应力为 $0.6f_{pt}$，试验结果表明加固后峰值承载力提高 51.58%，模拟结果表明峰值荷载提高 44.67%。

模拟结果和试验结果在峰值荷载上存在一些差异，主要原因是：（1）由于模拟过程中不考虑钢筋、混凝土、钢绞线之间的粘结滑移，聚合物砂浆、钢绞线、混凝土之间的共用节点协同变形，在试验过程中想做到这几点几乎不可能。（2）钢绞线属于硬钢，模拟过程中把钢绞线当成线弹性材料，实际试验中虽然钢绞线也是突然崩断，但存在塑性阶段。（3）试验所用的混凝土存在强化，钢筋可能也会存在锈蚀，所以模拟采用的混凝土和钢筋的本构想要完全与试验吻合，比较困难。（4）混凝土开裂后，由于骨料之间的协同作用，在裂缝垂直方向还可能存在一定的抗力，而模拟结果是混凝土开裂后，裂缝垂直方向不存在抗力。

未加固对比柱 C1 和试验柱 C3 混凝土的应力云图如图 18-13。

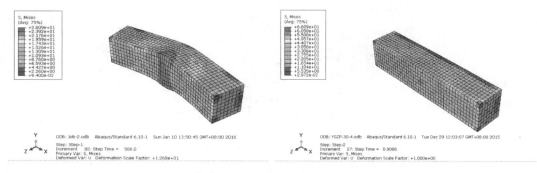

图 18-13　混凝土应力云图

对比柱 C1 和加固柱 C3 的钢筋骨架的应力云图如图 18-14。

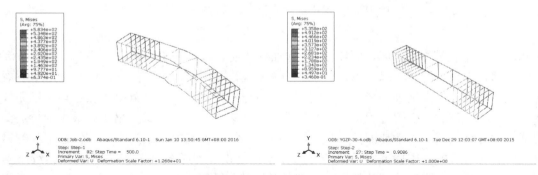

图 18-14　钢筋骨架应力云图

其他试件的有限元模拟结果与上面的结果类似。

18.4.2　挠度变形的对比

在建模过程中，通过建立"set"，得到想要的数据。峰值荷载通过拾取施加柱顶偏心荷载的一条线，在输出结果中，对这一条线所有荷载进行求和即可得到偏心荷载；跨中挠度通过拾取跨中单元，在结果输出中可直接导出跨中挠度。根据 ABAQUS 提供建立"set"的方法，试件运行破坏后，建立模拟试验过程的跨中挠度-荷载图，并与试验得出的结果进行对比，如图 18-15。

由图 18-15 跨中挠度-荷载曲线试验和有限元模拟对比可以明显看出，有限元模拟结果与试验结果吻合较好，走势和峰值也基本吻合。对于未加固柱 C1，峰值荷载试验值与有限元模拟值误差不超过 2.5%，峰值荷载所对应的跨中挠度试验值与模拟误差不超过

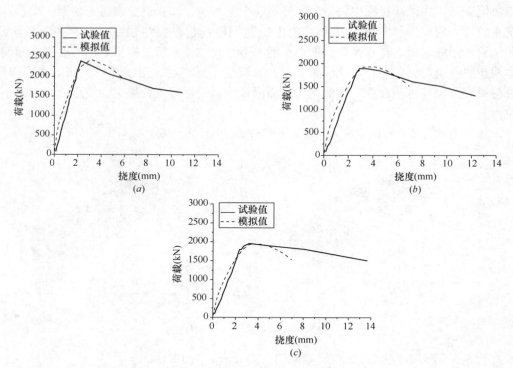

图 18-15 跨中挠度荷载曲线实验模拟对比

(*a*) C3 柱；(*b*) C4 柱；(*c*) C5 柱

0.5mm。试验和模拟都表明，对比柱 C1 在加载初期，试件处于纯弹性阶段，钢筋骨架和混凝土都处于完全线性状态，当荷载加载到峰值承载力的 70％左右，混凝土开始出现裂缝，混凝土受压区高度进一步减少，随着荷载的继续增加，受压区混凝土被压坏，钢筋外漏，达到峰值荷载。模拟过程中，通过设置时间周期、分析步的最大增量、最小增量，实现荷载的分级加载；对于加固柱 C2，峰值荷载实验值与有限元模拟值误差不超过 3.3％，峰值荷载所对应的跨中挠度实验值与有限元模拟值误差不超过 0.7mm，对横向钢绞线施加预应力，增强了主动约束的效果，在加载初期的弹性阶段和对比柱在变形和破坏上没有什么区别，但是当加载到峰值荷载的 80％左右时，就明显看出主动约束的效果，破坏有一定的征兆。对于加固试件 C3，峰值荷载试验值与有限元模拟值不超过 1％，峰值荷载所对应的跨中挠度实验值与有限元模拟出来的结果误差小于 1.3mm，由于横向预应力增大，钢筋混凝土受到的主动约束增强，有限元模拟过程中裂缝的垂直方向对整体刚度没有贡献，而在试验过程中由于骨料之间的相互作用，开裂后的混凝土裂缝垂直方向对整体刚度还是有一定的贡献。在有限元模拟过程中峰值荷载所对应的跨中挠度与实验过程峰值荷载所对应的跨中挠度，随着预应力增大，跨中挠度误差也在合理的范围内逐渐增大；对于加固试件 C4，峰值荷载试验值与有限元模拟值误差不超过 0.9％，峰值荷载所对应的跨中挠度试验值与有限元模拟值误差不超过 0.6mm，荷载加载过程，柱的破坏和 C2 相差不大，混凝土出现破坏时的承载力比 C2 有所提高；对于加固试件 C5，峰值荷载实验值与有限元模拟值误差不超过 0.8％，峰值荷载所对应的跨中挠度实验值与有限元模拟值误差不到 1.5mm，破坏形态和 C4 类似。

18.4.3　试件柱延性的对比

本篇延性系数计算公式与试验文献采用的一样，为：

$$\mu = \frac{u_{\mathrm{m}}}{u_{\mathrm{y}}} \tag{18-9}$$

式中，u_{m} 为峰值荷载下降 15％时所对应的跨中挠度；u_{y} 为峰值荷载所对应的跨中挠度。

表 18-4 列出了试件柱延性系数有限元模拟与试验结果的对比。

试件柱延性系数有限元模拟与试验对比　　　　　　　　　　　　　　表 18-4

试件标号	C1	C2	C3	C4	C5
试验所得延性指标	1.72	3.10	3.48	2.72	3.09
有限元模拟延性指标	1.03	1.82	1.89	1.58	1.68

偏心距为 30mm 时，相对于未加固柱 C1，试验结果表明预应力钢绞线加固柱可以使延性提高 1.8 倍左右，模拟结果显示横向预应力钢绞线加固柱可以使延性提高 1.7 倍左右，模拟结果与试验较为吻合。

偏心距为 50mm 时，相对于未用横向预应力钢绞线加固的柱 C1，试验结果表明横向预应力钢绞线加固柱可以使延性提高 1.6 倍左右，模拟结果显示横向预应力钢绞线加固柱可以使延性提高 1.5 倍左右，模拟结果与试验结果较为吻合。

试验和模拟的结果都显示横向预应力钢绞线加固钢筋混凝土柱对延性的提高比较明显，但偏心距较小时比偏心距较大时提高要明显。

18.4.4　近力侧纵筋的对比

取试件柱的近力侧（混凝土受压区）和远力侧（混凝土受拉区）的纵筋为研究对象，说明钢筋混凝土的破坏状态和加固状态。各个试件柱的纵筋荷载-应变曲线见图 18-16～图 18-20。

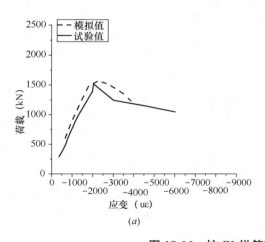

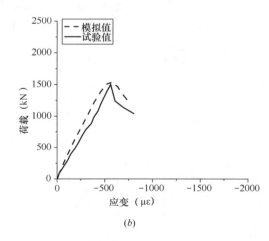

(a)　　　　　　　　　　　　　　(b)

图 18-16　柱 C1 纵筋有限元模拟和试验对比

(a) 近力侧纵筋；(b) 远力侧纵筋

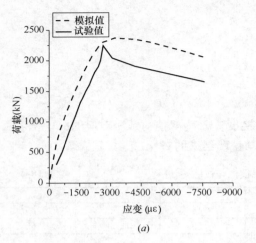

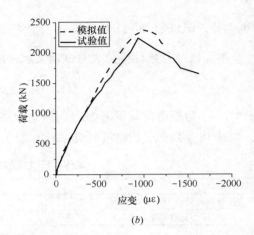

(a)

(b)

图 18-17　柱 C2 纵筋有限元模拟和试验对比

(a) 近力侧纵筋；(b) 远力侧纵筋

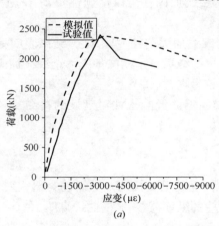

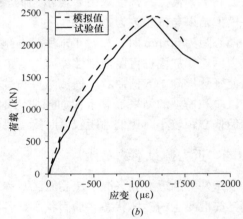

(a)

(b)

图 18-18　柱 C3 纵筋有限元模拟和试验对比

(a) 近力侧纵筋；(b) 远力侧纵筋

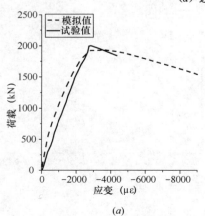

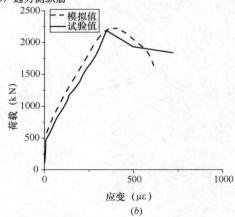

(a)

(b)

图 18-19　柱 C4 纵筋有限元模拟和试验对比

(a) 近力侧纵筋；(b) 远力侧纵筋

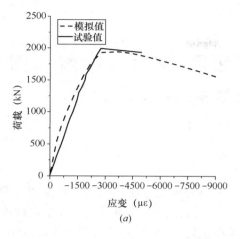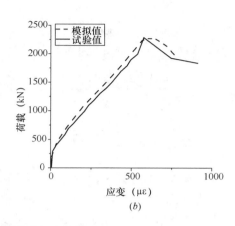

图 18-20　柱 C5 纵筋有限元模拟和试验对比

(*a*) 近力侧；(*b*) 远力侧

可以看出，在偏心距为 30mm 时不管是对比柱还是试验柱，近力侧和远力侧的纵筋都为受压状态，为全截面受压柱。偏心距为 50mm 时，有限元模拟和试验都显示近力侧纵筋为受压，远力侧纵筋为受拉，即 C4、C5 试件柱为部分受压柱。

有限元模拟和试验对于试件柱纵筋应变吻合良好，相比未加固对比柱 C1，加固试件在纵筋屈服后承载力有很大的提高，加固初期，纵筋应变基本处于线性，随着荷载的增加，横向预应力钢绞线提供主动约束，充分发挥混凝土的塑性性能，同时钢筋的塑性性能也得到很大程度的提高，整个混凝土柱的整体性能加强，使得加固试件在纵筋屈服后并没有立即失效，承载力和应变得以继续加大。未加固对比柱 C1 下降段比较明显，横向预应力钢绞线加固后的试件柱相对于未加固柱 C1 来说要缓和许多，说明横向预应力钢绞线加固试件充分发挥了材料的性能。

18.5　本章小结

本章通过在试验的基础上建立有限元模型，对试验过程的各个参数进行了有限元模拟，并与结果进行对比，吻合程度比较好。同时通过对试验的模拟验证了模型的可靠性，为下一章在此模型基础上进行参数的细化分析提供试验论证。根据本章的有限元模拟和试验的对比得出以下结论：

（1）用 ABAQUS 模拟横向预应力钢绞线-聚合物砂浆加固偏心受压柱，模拟结果与试验结果吻合较好，进一步验证试验的可靠性。

（2）对各试件挠度-荷载曲线、延性、纵筋的应变-荷载曲线等进行有限元模拟和试验对比，吻合较好，进一步说明预应力钢绞线-聚合物砂浆加固小偏心受压柱有较好的效果。

（3）通过模拟试验，验证了模型的可靠性，为下一章更细化的参数分析提供试验验证。

第 19 章 横向预应力钢绞线网-聚合物砂浆加固钢筋混凝土柱的影响参数有限元分析

19.1 有限元模型介绍

本篇利用 ABAQUS 建立有限元模型，通过上一章与试验对比，在限元模拟和试验对比吻合情况较好的前提下，本章对横向预应力钢绞线-聚合物砂浆加固柱的各个影响参数进行比较细化的有限元分析。试验中对比柱 C1 未用横向预应力钢绞线-聚合物砂浆加固；试验柱 C2、C3 用横向预应力钢绞线-聚合物砂浆加固，偏心距为 30mm，预应力大小分别为 $0.4f_{pt}$ 和 $0.6f_{pt}$；试验柱 C4、C5 用横向预应力钢绞线-聚合物砂浆加固，偏心距为 50mm，预应力大小分别为 $0.4f_{pt}$ 和 $0.6f_{pt}$。在进行试验结果对比分析时，因为对比柱没有采用横向预应力钢绞线加固，所以并不能很直观地反映预应力、偏心距等参数对加固效果的影响。本章在有限元分析过程中，补充了试验过程中存在的对比分析不足，并对预应力、钢绞线间距、偏心距等影响因数的分析做比较详细的对比分析。

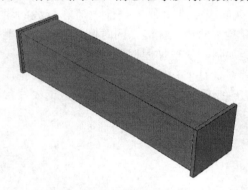

图 19-1 模型柱

本章采用的有限元模型尺寸、混凝土等级、钢筋强度等与第 18 章的有限元模拟及试验对比一样，柱尺寸为 250mm×250mm×1250mm，箍筋为 190mm×190mm，横向钢绞线为 250mm×250mm，纵向钢绞线为 1250mm，垫板为 280mm×280mm，如图 19-1～图 19-3。混凝土的本构关系采用 Modified Kent-Park 模型[42]；钢筋的本构关系采用 Esmaeily-Xiao 模型[39]，箍筋的弹性模量为 210000MPa、泊松比为 0.3，纵筋的弹性模量为 200000MPa、泊松比为 0.3；在施加位移荷载的过程中，为避免柱顶端和底端出现应力集中的情况，在柱顶端和底端分别设置垫板，垫板的弹性模量取 $1×10^{12}$MPa，泊松比取 0.0001；钢绞线视为弹性材料，弹性模量 105000MPa，泊松比取 0.3，极限抗拉强度为 1700MPa。有限元建模过程中不考虑钢筋和混凝土之间的粘结滑移。

为研究预应力水平、钢绞线间距、偏心距对横向预应力钢绞线-聚合物砂浆加固钢筋混凝土柱的影响，在第 18 章的基础上建立 33 根钢筋混凝土柱的有限元模型，包括五种预应力水平（0、$0.2f_{pt}$、$0.4f_{pt}$、$0.6f_{pt}$、$0.8f_{pt}$，其中，f_{pt} 为钢绞线的极限抗拉强度）、六种偏心距、三种钢绞线间距，具体参数和有限元模型时间编号见表 19-1，例如表中 YGC2-5-3，第一个数字"2"表示预应力为 $0.2f_w$；第二个数字"5"表示偏心距为 50mm；第三个数字"3"表示钢绞线间距为 30mm。

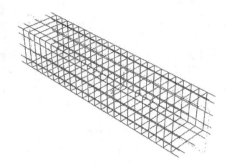

图 19-2　钢绞线网

图 19-3　钢筋网

试件主要参数　　　　　　　　　　　　　　　　　　　表 19-1

不同预应力水平偏心距为 0mm 试件柱编号			
试件编号	预应力水平（MPa）	偏心距（mm）	横向钢绞线间距（mm）
YGC0-0-3	0	0	30
YGC2-0-3	340	0	30
YGC4-0-3	680	0	30
YGC6-0-3	1020	0	30
不同预应力水平偏心距为 30mm 试件编号			
试件编号	预应力水平（MPa）	偏心距（mm）	横向钢绞线间距（mm）
YGC0-3-3	0	30	30
YGC2-3-3	340	30	30
YGC4-3-3	680	30	30
YGC6-3-3	1020	30	30
YGC8-3-3	1360	30	30
不同预应力水平偏心距为 50mm 试件标号			
试件编号	预应力水平（MPa）	偏心距（mm）	横向钢绞线间距（mm）
YGC0-5-3	0	50	30
YGC2-5-3	340	50	30
YGC4-5-3	680	50	30
YGC6-5-3	1020	50	30
YGC8-5-3	1360	50	30
不同预应力水平偏心距为 70mm 试件编号			
试件编号	预应力水平（MPa）	偏心距（mm）	横向钢绞线间距（mm）
YGC0-7-3	0	70	30
YGC2-7-3	340	70	30
YGC4-7-3	680	70	30
YGC6-7-3	1020	70	30
YGC8-7-3	1360	70	30

续表

不同预应力水平偏心距为 90mm 试件编号			
试件编号	预应力水平（MPa）	偏心距（mm）	横向钢绞线间距（mm）
YGC0-9-3	0	90	30
YGC2-9-3	340	90	30
YGC4-9-3	680	90	30
YGC6-9-3	1020	90	30
YGC8-9-3	1360	90	30
不同预应力水平偏心距为 110mm 试件编号			
试件编号	预应力水平（MPa）	偏心距（mm）	横向钢绞线间距（mm）
YGC0-11-3	0	110	30
YGC2-11-3	340	110	30
YGC4-11-3	680	110	30
YGC6-11-3	1020	110	30
YGC8-11-3	1360	110	30
不同横向钢绞线间距，预应力水平为 0.6 倍抗拉强度偏心距为 30mm 试件编号			
试件编号	预应力水平（MPa）	偏心距（mm）	横向钢绞线间距（mm）
YGC6-3-3	1020	30	30
YGC6-3-6	1020	30	60
YGC6-3-9	1020	30	90

19.2　钢绞线间距对柱的影响

　　根据前述横向预应力钢绞线-聚合物砂浆加固钢筋混凝土柱的有限元分析，本节横向钢绞线间距对小偏心加固效果的影响分析的建模选用预应力为 $0.6f_{pt}$，偏心距为 30mm，模型的尺寸、混凝土的本构、钢筋本构、接触等如前文。

　　钢绞线间距为 30mm、60mm、90mm 模型的混凝土、钢绞线网、钢筋网的应力云图分别如图 19-4、图 19-5、图 19-6 所示。

　　从图 19-4～图 19-6 可知，钢绞线间距为 30mm 的混凝土应力要比间距为 60mm 和间距为 90mm 分布更均匀，能充分发挥材料的性能，加固效果更理想，靠近纵向力一侧的混凝土首先被压碎。钢绞线网和钢筋网的应力云图差别不大，应力最大值出现在跨中附近，受压区纵筋达到抗压强度，而远离纵向力一侧的钢筋一般情况下不屈服，属于典型的小偏心破坏。

　　横向钢绞线间距为 30mm、60mm、90mm 的挠度荷载曲线如图 19-7。

　　从图 19-7 可知，横向钢绞线间距为 30mm 时峰值荷载为 2456kN，钢绞线间距为 60mm 时峰值荷载为 2130kN，钢绞线间距为 90mm 时峰值荷载为 1980kN，提高幅度分别为 53.5%、33.1%、23.7%。横向钢绞线间距为 30mm 时延性为 1.89，钢绞线间距为

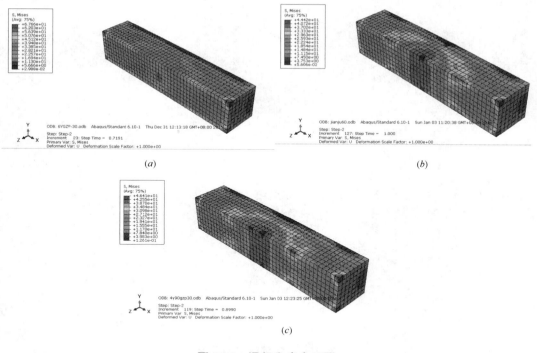

图 19-4　混凝土应力云图

（*a*）间距为 30mm；（*b*）间距为 60mm；（*c*）间距为 90mm

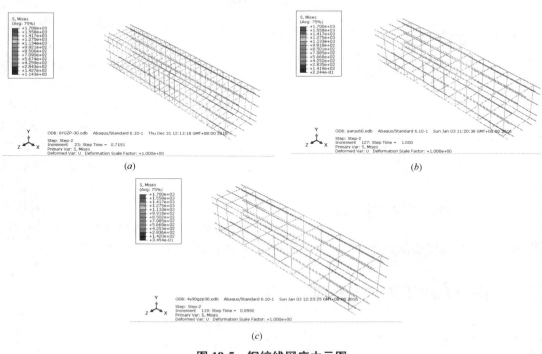

图 19-5　钢绞线网应力云图

（*a*）间距 30mm；（*b*）间距 60mm；（*c*）间距 90mm

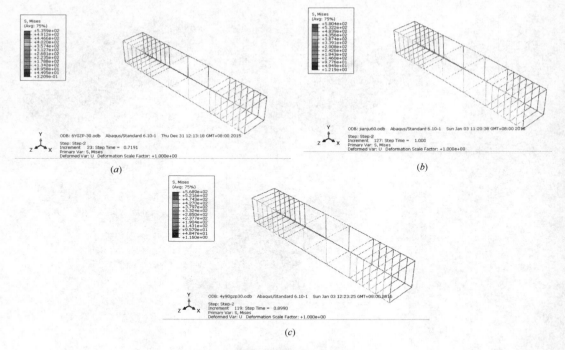

图 19-6 钢筋网应力云图

(a) 间距 30mm；(b) 间距 60mm；(c) 间距 90mm

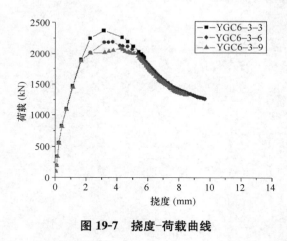

图 19-7 挠度-荷载曲线

60mm 时延性为 1.57，钢绞线间距为 90mm 时延性为 1.35。说明针对横向预应力钢绞线-聚合物砂浆加固小偏心受压柱，随着钢绞线间距的增大，峰值荷载和延性都减少，变形能力逐渐减弱。横向钢绞线预应力为 0，钢绞线间距为 30mm，偏心距为 30mm 时峰值荷载为 2304kN；横向钢绞线预应力为 $0.6f_{pt}$、钢绞线间距为 60mm、偏心距为 30mm 时峰值荷载为 2130；横向钢绞线预应力为 $0.6f_{pt}$、钢绞线间距为 90mm、偏心距为 30mm 时峰值荷载为 1980kN。这说明对于预应力钢绞线网-聚合物砂浆加固小偏心受压柱时横向钢绞线间距的影响要大于预应力的影响。

19.3 预应力水平对柱的影响

19.3.1 轴压柱

图 19-8 和图 19-9 分别给出了预应力水平在 0、$0.2f_{pt}$、$0.4f_{pt}$、$0.6f_{pt}$、$0.8f_{pt}$ 钢绞线

间距为 30mm 的挠度-荷载曲线和预应力度-荷载曲线。

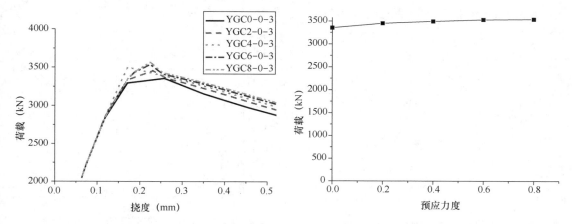

图 19-8　不同预应力水平轴压挠度-荷载曲线　　**图 19-9　偏心距为 0 时预应力度-荷载曲线**

横向预应力为 0 时峰值荷载为 3354kN，预应力水平为 $0.2f_{pt}$ 时峰值荷载为 3456kN，预应力水平为 $0.4f_{pt}$ 时峰值荷载为 3500kN，预应力水平为 $0.6f_{pt}$ 时峰值荷载为 3538kN，预应力水平为 $0.8f_{pt}$ 时峰值荷载为 3568kN。

当横向预应力钢绞线-聚合物砂浆加固钢筋混凝土柱在轴压状态下，预应力水平从 0 提高到 $0.2f_{pt}$，钢筋混凝土柱的峰值荷载提高 102kN，相对提高 3.04%；预应力水平从 $0.2f_{pt}$ 提高到 $0.4f_{pt}$，钢筋混凝土柱的峰值荷载提高 44kN，峰值荷载相对提高 1.27%；预应力水平从 $0.4f_{pt}$ 提高到 $0.6f_{pt}$，钢筋混凝土柱的峰值荷载提高 38kN，相对提高 1.08%；预应力水平从 $0.6f_{pt}$ 提高到 $0.8f_{pt}$，钢筋混凝土柱的峰值荷载提高 4kN，相对提高 0.04%。

当横向预应力钢绞线-聚合物砂浆加固轴压钢筋混凝土柱时，预应力水平越大加固效果越好，但是加固效果最明显的时候还是预应力水平从 0 提高到 $0.2f_{pt}$，承载力提高的相对百分比也最大。随着预应力水平不断加大，承载力提高的相对百分比逐渐减少，增加有所减缓。这也说明，对横向钢绞线施加一定的预应力，对钢筋混凝土柱的轴压性能有一定的提高，获得相对较好的加固效果。

19.3.2　小偏心柱

钢筋混凝土偏心受压构件按照破坏特征可以分为受拉破坏（习惯上称为大偏心受压破坏）和受压破坏（习惯上称为小偏心受压破坏）两类。

大偏心受压破坏为当偏心距 e_0 较大，且在偏心另一侧的纵向钢筋 A_s 配置适量时，发生大偏心受压破坏。这种破坏的特点是受拉区的钢筋首先达到屈服强度，最后受压区的混凝土也能达到极限压应变。破坏时，除非受压区高度太小，一般情况下受压区纵筋也能达到抗压屈服强度。破坏之前有明显的预兆，属于延性破坏。

小偏心受压破坏为当偏心距 e_0 较小或很小时，或者虽然偏心距较大，但配置了过多的受拉钢筋时，发生小偏心受压破坏。这种破坏的特点是靠近纵向力一侧的混凝土首先被压碎，同时受压区纵筋达到抗压强度，而远离纵向力一侧的钢筋不论是受压还是受拉，一般情况下不会屈服。破坏之前没有明显的预兆，属于脆性破坏。

偏心距为 30mm、横向钢绞线间距为 30mm、不同预应力水平加固的小偏心受压柱挠度-荷载曲线及预应力度-荷载曲线如图 19-10 和图 19-11 所示。

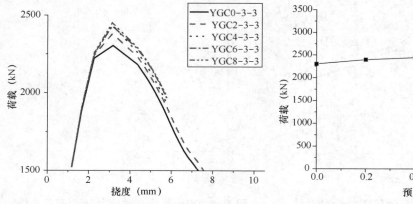

图 19-10　不同预应力水平加固偏心距为 30mm　　图 19-11　偏心距为 30mm 预应
　　　　　小偏心柱挠度-荷载曲线　　　　　　　　　　　力度-荷载曲线

可以看出，横向预应力钢绞线-聚合物砂浆加固偏心距为 30mm 的小偏心受压柱，在不同的预应力水平下上升段基本一致，当加载到峰值荷载的 85％左右，开始出现差别，但是整条曲线的趋势基本一致。

偏心距为 30mm 小偏心受压柱的横向钢绞线预应力水平为 0 时峰值荷载为 2304kN，预应力水平为 $0.2f_{pt}$ 时峰值荷载为 2396kN，预应力水平为 $0.4f_{pt}$ 时峰值荷载为 2442kN，预应力水平为 $0.6f_{pt}$ 时峰值荷载为 2456kN，预应力水平为 $0.8f_{pt}$ 时峰值荷载为 2478kN。当横向预应力钢绞线-聚合物砂浆加固钢筋混凝土柱在偏心距为 30mm 小偏心受压状态下，预应力水平从 0 提高到 $0.2f_{pt}$，钢筋混凝土柱的峰值荷载提高 92kN，相对提高 3.99％；预应力水平从 $0.2f_{pt}$ 提高到 $0.4f_{pt}$，钢筋混凝土柱的峰值荷载提高 36kN，峰值荷载相对提高 1.5％；预应力水平从 $0.4f_{pt}$ 提高到 $0.6f_{pt}$，钢筋混凝土柱的峰值荷载提高 24kN，相对提高 0.98％；预应力水平从 $0.6f_{pt}$ 提高到 $0.8f_{pt}$，钢筋混凝土柱的峰值荷载提高 22kN，相对提高 0.89％。

预应力钢绞线-聚合物砂浆加固偏心距 30mm 小偏心受压柱，在一定范围内预应力施加越大，钢筋混凝土柱的承载力提高越大，但是随着预应力水平的提高，加固效果越来越不明显，承载力提高的幅值也越来越小。预应力水平从 0 提高到 $0.2f_{pt}$，钢筋混凝土柱的峰值荷载相对提高 3.99％，加固效果最明显，承载力提高最大；预应力水平从 $0.6f_{pt}$ 提高到 $0.8f_{pt}$，钢筋混凝土柱的峰值荷载 0.89％，加固效果最不明显，承载力提高最小。

偏心距为 50mm、横向钢绞线间距为 30mm、不同预应力水平加固小偏心受压柱挠度-荷载曲线及预应力度-荷载曲线见图 19-12 和图 19-13。

由图可知，偏心距为 50mm 小偏心钢筋混凝土受压柱在不同预应力水平的横向钢绞线-聚合物砂浆加固时，不同预应力水平下的挠度-荷载曲线上升段和下降段基本一致，且差别不大。

偏心距为 50mm 小偏心受压柱的横向钢绞线预应力水平为 0 时峰值荷载为 1880kN，预应力水平为 $0.2f_{pt}$ 时峰值荷载为 1944kN，预应力水平为 $0.4f_{pt}$ 时峰值荷载为 1980kN，

预应力水平为 $0.6f_{pt}$ 时峰值荷载为 2004kN，预应力水平为 $0.8f_{pt}$ 时峰值荷载为 2028kN。当横向预应力钢绞线-聚合物砂浆加固钢筋混凝土柱在偏心距为 50mm 小偏心受压状态下，预应力水平从 0 提高到 $0.2f_{pt}$，钢筋混凝土柱的峰值荷载提高 64kN，相对提高 3.4%；预应力水平从 $0.2f_{pt}$ 提高到 $0.4f_{pt}$，钢筋混凝土柱的峰值荷载提高 36kN，峰值荷载相对提高 1.85%；预应力水平从 $0.4f_{pt}$ 提高到 $0.6f_{pt}$，钢筋混凝土柱的峰值荷载提高 24kN，相对提高 1.21%；预应力水平从 $0.6f_{pt}$ 提高到 $0.8f_{pt}$，钢筋混凝土柱的峰值荷载提高 24kN，相对提高 1.19%。

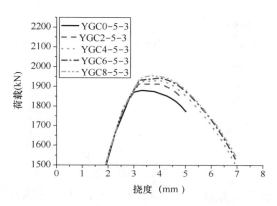

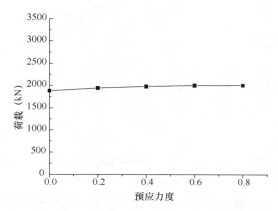

图 19-12　不同预应力水平加固偏心距为 50mm　　图 19-13　偏心距为 50mm 预应力度-荷载曲线
　　　　　小偏心柱挠度-荷载曲线

偏心距为 50mm 小偏心钢筋混凝土受压柱，其基本规律与偏心距为 30mm 的小偏心钢筋混凝土受压柱类似，只是峰值荷载有所差异。

钢筋混凝土柱偏心受压正截面承载力计算时，由于偏心距的存在导致钢筋混凝土柱的中和轴向一侧偏移，截面相对受压区高度减少，各截面应力、膨胀不均匀，影响主动约束的效果，使得柱极限承载力下降。

综上，对不同预应力水平下偏心距为 30mm 和偏心距为 50mm 的小偏心钢筋混凝土受压柱在横向预应力钢绞线-聚合物砂浆加固有限元分析，柱钢筋屈服后并没有立即破坏，变形和承载力都有一定程度的提高，主要是由于横向预应力钢绞线给柱子提供了主动约束，使得柱的整体性增强，充分发挥了混凝土的塑形性能。

横向预应力钢绞线-聚合物砂浆加固小偏心钢筋混凝土柱，相对于加固轴压钢筋混凝土柱，就预应力加固效果而言，从数据分析可明显看出，横向钢绞线不同预应力施加程度的加固效果相对于小偏心，轴压的加固效果更明显。横向预应力钢绞线-聚合物砂浆加固钢筋混凝土柱，不管是轴压还是小偏心受压，预应力从 0 到 $0.2f_{pt}$ 时，加固效果最好，峰值承载力提高最大，但随着预应力不断增大，峰值荷载提高不断减少。$0.4f_{pt}\sim0.6f_{pt}$ 是最好的预应力施加范围，预应力程度 $0.6f_{pt}\sim0.8f_{pt}$ 对加固效果几乎没有明显提高，随着偏心距的增大，峰值荷载有较大幅度的下降。

19.3.3　大偏心柱

不同预应力水平时，加固偏心距为 70mm 的大偏心钢筋混凝土受压柱的挠度-荷载曲线及预应力度-荷载曲线如图 19-14 和图 19-15。

由图可知，偏心距为 70mm 大偏心钢筋混凝土受压柱在不同预应力水平的横向钢绞线-聚合物砂浆加固时，不同预应力水平下的挠度-荷载曲线上升段与下降段基本一致，且差别不大。

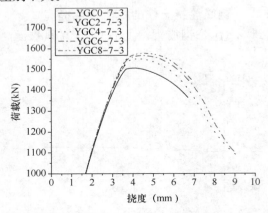

图19-14　不同预应力水平加固偏心距为 70mm
大偏心柱挠度-荷载曲线

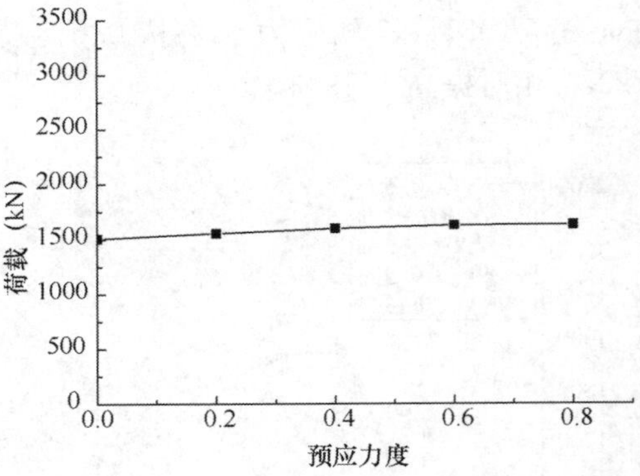

图 19-15　偏心距 70mm
预应力度-荷载曲线

偏心距为 70mm 大偏心受压柱的横向钢绞线预应力水平为 0 时，峰值荷载为 1505kN，预应力水平为 $0.2f_{pt}$ 时峰值荷载为 1553kN，预应力水平为 $0.4f_{pt}$ 时峰值荷载为 1595kN，预应力水平为 $0.6f_{pt}$ 时峰值荷载为 1625kN，预应力水平为 $0.8f_{pt}$ 时峰值荷载为 1647kN。当横向预应力钢绞线-聚合物砂浆加固钢筋混凝土柱在偏心距为 70mm 小偏心受压状态下，预应力水平从 0 提高到 $0.2f_{pt}$，钢筋混凝土柱的峰值荷载提高 48kN，相对提高 3.19%；预应力水平从 $0.2f_{pt}$ 提高到 $0.4f_{pt}$，钢筋混凝土柱的峰值荷载提高 42kN，峰值荷载相对提高 2.70%；预应力水平从 $0.4f_{pt}$ 提高到 $0.6f_{pt}$，钢筋混凝土柱的峰值荷载提高 30kN，相对提高 1.88%；预应力水平从 $0.6f_{pt}$ 提高到 $0.8f_{pt}$，钢筋混凝土柱的峰值荷载提高 20kN，相对提高 1.23%。

不同预应力加固偏心距为 90mm 的大偏心钢筋混凝土受压柱的挠度-荷载曲线及预应力度-荷载曲线如图 19-16 和图 19-17。

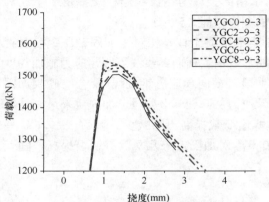
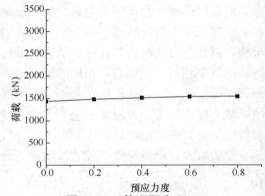

图 19-16　不同预应力水平加固偏心距为 90mm
大偏心柱挠度-荷载曲线

图 19-17　偏心距为 90mm
预应力度-荷载曲线

偏心距为 90mm 大偏心受压柱的横向钢绞线预应力水平为 0 时，峰值荷载为 1143kN，预应力水平为 $0.2f_{pt}$ 时峰值荷载为 1478kN，预应力水平为 $0.4f_{pt}$ 时峰值荷载为 1510kN，预应力水平为 $0.6f_{pt}$ 时峰值荷载为 1536kN，预应力水平为 $0.8f_{pt}$ 时峰值荷载为 1556kN。当横向预应力钢绞线-聚合物砂浆加固钢筋混凝土柱在偏心距为 90mm 小偏心受压状态下，预应力水平从 0 提高到 $0.2f_{pt}$，钢筋混凝土柱的峰值荷载提高 45kN，相对提高 3.14%；预应力水平从 $0.2f_{pt}$ 提高到 $0.4f_{pt}$，钢筋混凝土柱的峰值荷载提高 32kN，峰值荷载相对提高 2.10%；预应力水平从 $0.4f_{pt}$ 提高到 $0.6f_{pt}$，钢筋混凝土柱的峰值荷载提高 26kN，相对提高 1.72%；预应力水平从 $0.6f_{pt}$ 提高到 $0.8f_{pt}$，钢筋混凝土柱的峰值荷载提高 20kN，相对提高 1.30%。

不同预应力加固偏心距为 110mm 的大偏心受压柱的挠度-荷载曲线及预应力度-荷载曲线如图 19-18 和图 19-19。

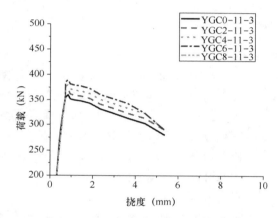

图 19-18　不同预应力水平加固偏心距为 110mm 大偏心柱挠度-荷载曲线

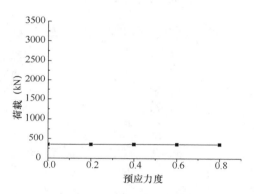

图 19-19　偏心距 110mm 预应力度-荷载曲线

偏心距为 110mm 大偏心受压柱的横向钢绞线预应力水平为 0 时，峰值荷载为 350kN，预应力水平为 $0.2f_{pt}$ 时峰值荷载为 350kN，预应力水平为 $0.4f_{pt}$ 时峰值荷载为 354kN，预应力水平为 $0.6f_{pt}$ 时峰值荷载为 358kN，预应力水平为 $0.8f_{pt}$ 时峰值荷载为 360kN。当横向预应力钢绞线-聚合物砂浆加固钢筋混凝土柱在偏心距为 110mm 大偏心受压状态下，预应力水平从 0 提高到 $0.2f_{pt}$，钢筋混凝土柱的峰值荷载提高 0kN，相对提高 0.00%；预应力水平从 $0.2f_{pt}$ 提高到 $0.4f_{pt}$，钢筋混凝土柱的峰值荷载提高 4kN，峰值荷载相对提高 1.14%；预应力水平从 $0.4f_{pt}$ 提高到 $0.6f_{pt}$，钢筋混凝土柱的峰值荷载提高 4kN，相对提高 1.13%；预应力水平从 $0.6f_{pt}$ 提高到 $0.8f_{pt}$，钢筋混凝土柱的峰值荷载提高 2kN，相对提高 0.75%。

综上，对不同预应力水平下偏心距为 70mm、90mm、110mm 的大偏心钢筋混凝土受压柱在横向预应力钢绞线-聚合物砂浆加固有限元分析，偏心距超过 90mm 以后，承载力下降得非常快。横向钢绞线预应力水平从 0 提高到 $0.2f_{pt}$，钢筋混凝土柱轴压峰值荷载平均提高 102kN、小偏心受压柱峰值荷载平均提高 78kN、大偏心受压柱峰值荷载平均提高 31kN；预应力水平从 $0.2f_{pt}$ 提高到 $0.4f_{pt}$，钢筋混凝土柱轴压峰值荷载平均提高 51.5kN、小偏心受压柱峰值荷载平均提高 40kN、大偏心受压柱峰值荷载平均提高

23.3kN；预应力水平从 $0.4f_{pt}$ 提高到 $0.6f_{pt}$，钢筋混凝土柱轴压峰值荷载平均提高 31kN、小偏心受压柱峰值荷载平均提高 27kN、大偏心受压柱峰值荷载平均提高 18kN；预应力水平从 $0.6f_{pt}$ 提高到 $0.8f_{pt}$，钢筋混凝土柱轴压峰值荷载平均提高 26kN、小偏心受压柱峰值荷载平均提高 21kN、大偏心受压柱峰值荷载平均提高 14kN。

有限元模拟结果表明，不管是大偏心、小偏心还是轴压状态下，横向预应力钢绞线-聚合物砂浆加固钢筋混凝土柱预应力水平从 0 提高到 $0.2f_{pt}$ 的加固效果最明显，随着预应力水平的提高，加固效果逐渐下降，预应力水平到 $0.6f_{pt}$ 以后加固效果不明显。

由于横向钢绞线的预应力对柱子提供了主动约束，整体性和混凝土的塑性都得到一定程度的提高，加固大偏心钢筋混凝土柱时，预应力程度越大，提供的主动约束就越强，柱的刚度得到提高。荷载下降段时，挠度变化比较平滑，意味着延性有一定程度的提高。

19.4　偏心距对柱的影响

不同预应力水平时偏心距-荷载曲线如图 19-20。

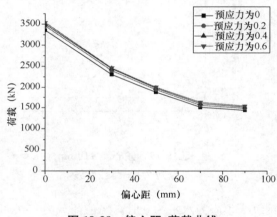

图 19-20　偏心距-荷载曲线

从图 19-20 可以明显看出，随着偏心距的增大，峰值荷载随之下降，从轴压到偏心距为 30mm 的时候，峰值荷载下载最大，下降幅度达到 1000kN 左右；偏心距从 30mm 到 50mm，下降幅度为 400kN 左右；偏心距从 50mm 到 70mm，峰值荷载下降幅度为 380kN 左右；偏心距从 70mm 到 90mm，峰值荷载下降幅度比较小，偏心距超过 90mm 以后峰值荷载下降幅度非常大，达到 1100kN 左右。横向预应力钢绞线-聚合物砂浆加固钢筋混凝土柱，随着偏心距的增大，峰值荷载逐渐下降，从轴压到小偏心峰值荷载下降幅度最大，大偏心状态下降幅度不明显，说明用横向预应力钢绞线-聚合物砂浆加固钢筋混凝土柱偏心距的影响主要体现在小偏心和轴压的时候，大偏心状态下影响不明显。通过对横向预应力钢绞线-聚合物砂浆加固大偏心受压柱的峰值荷载数据分析，横向钢绞线预应力对大偏心的加固效果峰值荷载平均提高 22.5kN，小偏心峰值荷载平均提高 45.3kN，不如小偏心的加固效果。

19.5　各参数对柱延性的影响

结构延性是指结构在荷载或者其他间接作用下，其变形能力在进入屈服状态后没有明显降低的情况。对抗震设防要求较高的结构，可通过结构的塑形变形抵消或者消耗地震能量。延性是重要的指标之一，衡量延性的常用指标有材料韧性、截面曲率延性系数、构件的位移延性系数、转角能力等。本篇采用极限荷载值下降 15% 所对应的挠度值与极限荷载所对应的跨中挠度值的比值作为本篇的延性指标，以评判加固构件的延性性能，与试验所采取的判断指标一致，公式如下：

$$\mu = \frac{u_{\mathrm{m}}}{u_{\mathrm{y}}} \tag{19-1}$$

式中，u_{m} 为峰值荷载下降 15% 时所对应的跨中挠度；u_{y} 为峰值限荷载所对应的跨中挠度值。

有限元模拟试件柱的延性结果如表 19-2。

试件柱延性模拟结果

表 19-2

延性　　偏心距（mm） 预应力（MPa）	0	1.27	50	70	90	110
0	1.20	1.32	1.38	1.38	1.65	3.3
340	1.21	1.35	1.42	1.42	1.77	3.45
680	1.25	1.40	1.50	1.50	1.82	3.57
1020	1.27	1.39	1.64	1.64	1.89	3.68
1360	1.26	1.27	1.66	1.66	1.90	3.70

从表 19-2 可以看出，横向钢绞线预应力不变时，随着偏心距的增大，柱的延性下降。偏心距从 0mm 到 30mm，延性下降 50% 左右；偏心距从 30mm 到 50mm，延性下降 15% 左右；偏心距从 50 到 70mm，延性下降 8% 左右；偏心距从 70mm 到 90mm，延性下降 5% 左右；偏心距从 90mm 到 110mm，延性下降 4% 左右。预应力钢绞线-聚合物砂浆加固钢筋混凝土柱在轴压状态下延性的效果最好，当开始出现偏心荷载时，延性下降幅度将近一半，随着偏心距的增大，试件柱从小偏心到大偏心的过程中延性下降并不明显，但是总体横向预应力钢绞线-聚合物砂浆加固小偏心钢筋混凝柱的延性效果要好于大偏心。

横向预应力钢绞线-聚合物砂浆加固钢筋混凝土柱，在轴压状态下，随着预应力水平的提高，延性得到一定程度的提高。横向钢绞线预应力从 0 到 $0.2f_{\mathrm{pt}}$ 时，延性提高 0.15；预应力从 $0.2f_{\mathrm{pt}}$ 到 $0.4f_{\mathrm{pt}}$ 时，延性提高 0.12；预应力从 $0.4f_{\mathrm{pt}}$ 到 $0.6f_{\mathrm{pt}}$ 时，延性提高 1.1；预应力从 $0.6f_{\mathrm{pt}}$ 到 $0.8f_{\mathrm{pt}}$ 时，钢筋混凝土柱的峰值荷载提高 0.02。

横向预应力钢绞线-聚合物砂浆加固钢筋混凝土柱，在小偏心受压状态下，随着预应力水平的提高，延性得到一定程度的提高。横向钢绞线预应力从 0 到 $0.2f_{\mathrm{pt}}$ 时，延性平均提高 0.1；预应力从 $0.2f_{\mathrm{pt}}$ 到 $0.4f_{\mathrm{pt}}$ 时，延性平均提高 0.07；预应力从 $0.4f_{\mathrm{pt}}$ 到 $0.6f_{\mathrm{pt}}$ 时，延性平均提高 0.12；预应力水平从 $0.6f_{\mathrm{pt}}$ 到 $0.8f_{\mathrm{pt}}$ 时，钢筋混凝土柱的平均延性提高 0.01。

横向预应力钢绞线-聚合物砂浆加固钢筋混凝土柱，在大偏心受压状态下，随着预应力水平的提高，延性得到一定程度的提高。横向钢绞线预应力从 0 到 $0.2f_{\mathrm{pt}}$ 时，延性平均提高 0.03；预应力从 $0.2f_{\mathrm{pt}}$ 到 $0.4f_{\mathrm{pt}}$ 时，延性平均提高 0.05；预应力从 $0.4f_{\mathrm{pt}}$ 到 $0.6f_{\mathrm{pt}}$ 时，延性平均提高 0.08；预应力从 $0.6f_{\mathrm{pt}}$ 到 $0.8f_{\mathrm{pt}}$ 时，钢筋混凝土柱的延性没有提高。

通过预应力水平对轴压、小偏心、大偏心的延性影响分析，可以看出预应力在小于 $0.6f_{\mathrm{pt}}$ 时，随着预应力增大延性相应地得到提高，而预应力超过 $0.6f_{\mathrm{pt}}$ 之后，延性几乎变化不大。预应力水平从 $0.4f_{\mathrm{pt}}$ 提高到 $0.6f_{\mathrm{pt}}$ 时，对延性的提高效果最明显。

通过以上对延性有限元模拟分析，可以很明显地看出预应力在 $0.6f_{pt}$ 左右时延性提高最好，本章第二节承载力有限元分析中加固效果最好的也是应力在 $0.6f_{pt}$ 左右。横向预应力钢绞线-聚合物砂浆加固钢筋混凝土柱时有限元模拟结果表明，施加预应力的水平应在 $0.6f_{pt}$ 左右，不宜超过。

19.6　本章小结

本章在第 18 章有限元模拟与试验吻合较好的前提下，对偏心距、预应力水平做了比较细化的有限元模拟分析，补充了试验，同时对横向钢绞线间距加固小偏心的效果进行了对比分析。根据本章内容得出以下结论：

（1）轴压状态下预应力对柱的加固效果明显好于小偏心受压柱，小偏心受压状态下预应力对柱加固效果明显好于大偏心。横向预应力钢绞线-聚合物砂浆加固钢筋混凝土柱在小偏心和轴压的时候加固效果较好，大偏心状态下加固效果不明显。

（2）预应力小于 $0.6f_{pt}$ 时，随着预应力增大延性相应地得到提高，而预应力超过 $0.6f_{pt}$ 之后，延性变化不大。预应力水平从 $0.4f_{pt}$ 提高到 $0.6f_{pt}$ 时，对延性的提高效果最明显。

（3）通过对偏心距、预应力水平参数对试件柱承载力和延性影响有限元分析，对于横向预应力钢绞线-聚合物砂浆加固钢筋混凝土柱，预应力在 $0.6f_{pt}$ 较为合理。

（4）横向预应力钢绞线-聚合物砂浆加固小偏心受压柱，随着钢绞线间距的增大，峰值荷载和延性都减少，变形能力逐渐减弱，横向预应力-聚合物砂浆加固小偏心受压柱时，横向钢绞线间距的影响要大于预应力的影响。

第 20 章　横向预应力钢绞线-聚合物砂浆加固偏压柱的承载力分析

20.1　约束混凝土概述

20 世纪初已有学者开始约束混凝土的研究，由 Considere 提出利用箍筋有效约束轴心受压的概念，开辟约束混凝土研究的先河，Richart 等人第一次通过试验研究推导出沿用至今的 Richart 约束模型。在这一百多年的历史过程中，产生了诸多经典的计算约束混凝土峰值应力的数学模型以及应力-应变关系模型，如：Richart 模型、Mander 模型、Kent-Park 模型、Sheikh 模型等。

预应力钢绞线网加固技术是一种主动加固技术，所利用的加固材料主要是钢绞线和砂浆，具有操作简单，运输方便，对原有结构影响小，对结构表面平整度要求低，聚合物砂浆具有耐火性好、耐久、抗腐蚀性强，加固性能好等特点，同时钢绞线与砂浆具有良好的粘结性，能充分发挥砂浆和钢绞线的特点，砂浆对延缓混凝土的碳化具有保护作用，应用前景广泛。基于该加固技术的特点，国内许多的学者对小偏心受压柱进行了承载力计算方法研究[46,48]。但在对钢绞线施加预应力后，柱的极限承载力简化计算方法验证较少。本篇在对有限元模拟和试验的基础上，采用预应力钢绞线-聚合物砂浆加固偏心柱承载力的简化计算公式，理论上计算出加固后柱承载力的大小，并与试验值和有限元模拟值进行对比，验证计算公式的可靠性以及本篇关于偏心受压下约束混凝土的本构关系的适用性。

20.2　约束混凝土计算模型和应力-应变模型

20.2.1　峰值应力及应变计算模型

（1）Richart 模型

Richart 通过实验推导出经典的 Richart 约束模型，

$$\frac{f'_{cc}}{f'_{co}} = 1 + k_1 \frac{f_l}{f'_{co}} \qquad (20\text{-}1)$$

$$\frac{\varepsilon_{cc}}{\varepsilon_{co}} = 1 + k_2 \frac{f_l}{f_c} \qquad (20\text{-}2)$$

式中，f'_{cc}、ε_{cc}——约束混凝土极限抗压强度、相应的应变；f'_{co}、ε_{co}——素混凝土极限抗压强度、相应的应变；f_l——环向约束应力；f_c——无侧向压力约束的试件的轴心抗压强度；k_1、k_2——试验参数。

Lam and Teng 抗压强度公式、Saadatmanesh 抗压强度公式等都是基于 Richart 模型。Richart 公式形式有着广泛的应用，在钢绞线网-聚合物砂浆约束混凝土计算模型关于 Richart 公式的运用如华东交通大学王嘉琪等人[49]、南京工业大学潘晓峰等人[50]。

（2）Mander 模型

圆形箍筋约束和矩形箍筋约束情况都适用于 Mander 等所提出的约束混凝土模型。两个方向约束时，在圆形、方形的截面轴心受压下：

$$\frac{f'_{cc}}{f'_{co}} = -1.254 + 2.254\sqrt{1 + \frac{7.94 f_l}{f'_{co}}} - 2\frac{f_l}{f'_{co}} \tag{20-3}$$

$$\frac{\varepsilon_{cc}}{\varepsilon_{co}} = 1 + 5\left(\frac{f'_{cc}}{f'_{co}} - 1\right) \tag{20-4}$$

式中，f'_{cc}、ε_{cc}——约束混凝土极限抗压强度、相应的应变；f'_{co}、ε_{co}——素混凝土极限抗压强度、相应的应变；f_l—横向约束应力。

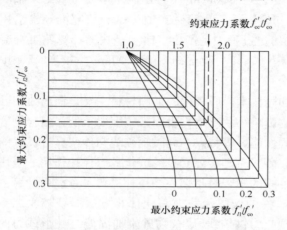

图 20-1　约束应力系数 f'_{cc}/f'_{co}

从 f'_{l2}/f'_{cc} 和 f'_{l1}/f'_{cc} 两者最终来确定约束应力系数 f'_{cc}/f'_{co}，如图 20-1 所示。

本篇通过有限元分析得出偏心距对主动约束的影响，可知偏心距主要影响柱正截面的膨胀变形，导致约束力有所差异，Mander 约束混凝土模型提出不同的侧向约束力的情况，比较符合本加固方法。

（3）郭俊平关于 Mander 模型的运用

北京工业大学郭俊平、邓宗才等人在 Mander 模型的基础上提出预应力约束混凝土柱的峰值应力、峰值应变的计算式：

$$f'_{cc} = f'_{co}\left(-1.254 + 2.254\sqrt{1 + \frac{7.94 f_{re}}{f'_{co}}} - 2\frac{f_{re}}{f'_{co}}\right) \tag{20-5}$$

$$\varepsilon_{cc} = 0.5\varepsilon_{co}\left(\frac{d_{cor}}{s}\right)^{1/3}\frac{f'_{cc}}{f'_{co}} \tag{20-6}$$

$$f_{re} = k_e f_r \tag{20-7}$$

$$f_r = \frac{2A_w f_w}{d_{cor}s} \tag{20-8}$$

$$k_e = 1 - \frac{s - d_w}{2d_{cor}} \tag{20-9}$$

式中，f'_{cc}、ε_{cc}——约束混凝土极限抗压强度、相应的应变；f'_{co}、ε_{co}——素混凝土极限抗压强度、相应的应变；f_r——作用于混凝土的约束应力；f_{re}——作用于混凝土的有效约束应力；k_e—预应力钢绞线约束折减系数。

20.2.2　应力-应变关系模型

（1）Mander 模型

1988 年，Mander、Priestley 和 Park 完成轴心受压柱试验，在此试验结果基础上，

Mander 等人提出模型如图 20-2 所示，主要公式如下：

$$f_c = \frac{f'_{cc} xr}{r - 1 + x^r} \qquad (20\text{-}10)$$

$$\varepsilon_{cc} = \varepsilon_{co} \left[1 + 5 \left(\frac{f'_{cc}}{f'_{co}} - 1 \right) \right] \qquad (20\text{-}11)$$

其中：

$$x = \frac{\varepsilon_c}{\varepsilon_{cc}} \qquad (20\text{-}12)$$

$$r = \frac{E_c}{E_c - E_{sec}} \qquad (20\text{-}13)$$

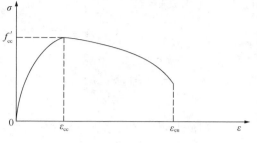

图 20-2　Mander 模型的应力-应力关系

$$E_{sec} = \frac{f'_{cc}}{\varepsilon_{cc}} \qquad (20\text{-}14)$$

Mander 在能量理论的基础上提出了统一包括多种配筋形式在内的约束混凝土的应力-应变关系曲线方程，认为箍筋的作用提高了约束混凝土的抗压强度 f'_{cc}、峰值应变 ε_{cc}，有效约束力主要取决于核心区的有效约束力的大小。

（2）郭俊平关于 Mander 模型的运用[46]

郭俊平等人在对预应力钢绞线轴压性能研究中提出的应力-应变全曲线以 Mander 模型为基础，该曲线的上升段采用 Mander 应力-应变曲线，下降段曲线考虑间距影响，结合加固柱结果得出相应的应力-应变曲线。

上升段：

$$\sigma_c = \frac{f'_{cc} \left(\dfrac{\varepsilon_c}{\varepsilon_{cc}} \right) r}{r - 1 + \left(\dfrac{\varepsilon_c}{\varepsilon_{cc}} \right)^r} \qquad (20\text{-}15)$$

下降段：

$$\sigma_c = \frac{f'_{cc} \left(\dfrac{\varepsilon_c}{\varepsilon_{cc}} \right)}{\dfrac{\varepsilon_c}{\varepsilon_{cc}} + a \left(\dfrac{\varepsilon_c}{\varepsilon_{cc}} - 1 \right)^2} \qquad (20\text{-}16)$$

其中：

$$r = \frac{6E_c}{E_c - E_{sec}} \qquad (20\text{-}17)$$

$$E_c = 4500 \sqrt{f'_{co}} \qquad (20\text{-}18)$$

$$E_{sec} = \frac{f'_{cc}}{\varepsilon_{cc}} \qquad (20\text{-}19)$$

通过对各模型的特点分析比较，可以为选择适合本篇加固模型的本构关系提供一定的参考。

20.3　峰值应力与峰值应变

葛超[40]以 Mander 约束混凝土的模型为基本理论模型，并在郭俊平修正后的预应力钢绞线加固混凝土柱的约束混凝土本构模型基础之上，重新定义参数，整合出基于此加固方法的约束模型，但公式多、参数复杂，并不利于实际工程应用。本篇根据上文对多种计算模型的理论分析和相关理论研究，通过详细的参数分析，引入钢绞线特征值 λ_w，通过回归分析简化相关系数。

$$\lambda_w = \mu_w \frac{f_{we}}{f_{co}} = \frac{2(b+h)(0.88f_{we}+f_0)A_w}{bhsf_{co}} \tag{20-20}$$

式中，μ_w——横向钢绞线体积率；f_{co}——无约束混凝土的极限抗压强度；A_w——钢绞线截面面积；f_0——初始控制应力；f_{we}——极限抗拉强度；

$$f'_{cc} = (\alpha + \beta\gamma\lambda_w)f_{co} \tag{20-21}$$

式中，α 和 β 为回归分析系数；γ 为偏心距影响系数，$\gamma = 0.8 + 0.2/\left(1 + \frac{6e_0}{h}\right)$；$f'_{cc}$ 为偏心受压强度。

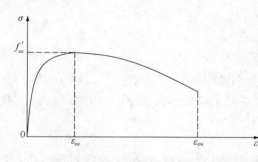

图 20-3　约束混凝土应力-应变关系

取 $\alpha=1$ 对试验数据进行回归分析，小偏心状态下 $\beta=3.9$，大偏心状态下 $\beta=2.7$；偏心距或应力梯度的关系对偏心受压混凝土应力-应变全曲线的形状也有影响，采用轴压状态下混凝土的应力-应变关系进行计算是可行的。本篇为简化计算约束区混凝土应力-应变关系曲线，采用郭俊平关于预应力钢绞线约束混凝土应力-应变多项式简化曲线，如图 20-3 所示。

$$y = -1.32a^3 + 1.47a^2 + 0.85a \quad a \leqslant 1 \tag{20-22}$$
$$y = -0.021a^3 - 0.104a^2 + 1.125a \quad a \geqslant 1 \tag{20-23}$$

其中：

$$\sigma_c = y \cdot f'_{cc} \tag{20-24}$$

$$a = \frac{\varepsilon_c}{\varepsilon_{cc}} \tag{20-25}$$

20.4　承载力计算

按照《混凝土结构设计规范》[51] 进行正截面承载力计算时，引入等效参数。而现行的《混凝土结构加固设计规范》[52] 并没有考虑聚合物砂浆层相关参数，本篇在计算过程中，对规范计算结果适当地提高，更加符合实际。

为简化计算，将聚合物砂浆按规范中同等强度混凝土等效替换。即将正截面混凝土受压区合力值大小 $\alpha_1 f'_{cc}bx$ 替换成 $\alpha_1 f'_{cc}b'x$，如图 20-4。

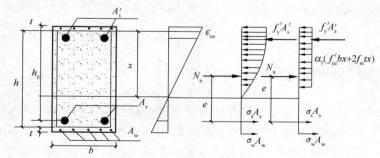

图 20-4　柱截面应变和应力图

$$E_w\big[(b+2t)(h+2t)-bh\big]+E_c bh=E_c b'h' \tag{20-26}$$

$$b'=b+c \tag{20-27}$$

$$h'=h+c \tag{20-28}$$

20.4.1　小偏心承载力计算

通过对纵向钢绞线用量对加固影响的分析，在偏心距很小的情况下，可以不用考虑钢绞线的抗拉，所以在小偏心受压状态下，承载力计算公式中不需考虑钢绞线的相关系数。为了更好地与现行规范所给出的公式结合起来，同时也是为了对极限承载力的计算进行必要的简化，由图 20-4 可以得出承载力计算的简化公式。

$$N_u=\alpha_1 f'_{cc}b'x+f'_y A'_s-\sigma_s A_s \tag{20-29}$$

$$N_u e=\alpha_1 f'_{cc}b'x\left(h_0-\frac{x}{2}\right)+f'_y A'_s(h_0-a'_s) \tag{20-30}$$

$$\sigma_s=f_y\frac{\xi-\beta_1}{\xi_b-\beta_1}=f_y\frac{\dfrac{x}{h_0}-\beta_1}{\xi_b-\beta_1} \tag{20-31}$$

采用简化后的承载力计算公式对本篇有限元模拟偏心距为 30mm 小偏心柱进行极限承载力求解，并与有限元模拟结果对比，结果如表 20-1 所示。表中试件编号第一个数字表示为横向预应力水平，第二个数字为偏心距，第三个数字为钢绞线间距。例如 YGC2-3-3 第一个数字 2 为横向预应力水平为 0.2 倍的钢绞线极限抗拉强度，第二个数字 3 表示为偏心距为 30mm，第三个数字 3 表示钢绞线间距为 30mm。

偏心距为 30mm 小偏心计算结果对比　　　　　　　　　表 20-1

试件编号	有限元模拟值（kN）	简化计算值（kN）	有限元模拟值/简化计算值
YGC0-3-3	2304	2367.92	0.973
YGC2-3-3	2396	2562.54	0.935
YGC4-3-3	2442	2530.85	1.012
YGC6-3-3	2456	2529.43	1.071

采用简化后的承载力计算公式对本篇有限元模拟偏心距为 50mm 小偏心柱进行极限承载力求解，并与有限元模拟结果对比，见表 20-2。

偏心距为 50mm 小偏心计算结果对比　　　　　　　　　表 20-2

试件编号	有限元模拟值（kN）	简化计算值（kN）	有限元模拟值/简化计算值
YGC0-5-3	1880	1997.40	0.912
YGC2-5-3	1944	2079.14	0.935
YGC4-5-3	1980	2086.40	1.149
YGC6-5-3	2004	2096.23	1.256

可见有限元模拟值与简化计算值基本吻合，商值介于 0.912～1.256，平均值为 0.991，方差为 0.00618，变异系数为 0.075，表明这种简化后的分析计算方法较为可靠，可应用于小偏心加固工程设计。

20.4.2 大偏心承载力计算

在进行大偏心简化计算时，由于大偏心的偏心距对加固效果影响比较明显，柱并非处于全截面受压，远力侧的钢绞线抗拉必须给予考虑，而钢绞线的抗压强度几乎可以忽略不计，所以在大偏心受压状态下，有关钢绞线的参数，需在承载力公式中反映出来。

综合以上的分析，为了更好地与现行规范所给出的公式结合起来，同时也是为了对极限承载力的计算进行必要的简化，由图 20-4 得出大偏心承载力计算的简化公式：

$$N_u = \alpha_1 f'_{cc} b' x + f'_y A'_s - \sigma_s A_s - \sigma_w A_W \tag{20-32}$$

$$N_u e = \alpha_1 f'_{cc} b' x \left(h_0 - \frac{x}{2} \right) + f'_y A'_s (h_0 - a'_s) + \sigma_w A_W (h_0 - a'_s) \tag{20-33}$$

式中，σ_s 为钢筋 A_s 的应力取值，近似取 $\sigma_s = \left(\dfrac{\xi - \beta_1}{\xi_b - \beta_1} \right) f_y$；$\sigma_w$ 为钢绞线 A_w 的应力值，根据平截面假定计算；e 为轴力作用点到受拉钢筋 A_s 合力的距离，$e = e_i + \dfrac{h}{2} - a$；$e_i$ 为初始偏心距。

本篇极限承载力计算简化后的计算公式，与现行的设计规范形式相同，且考虑了聚合物砂浆层的强度以及钢绞线的约束作用，是一种改进。

采用简化后的承载力计算公式对本篇有限元模拟偏心距为 70mm 大偏心柱进行极限承载力求解，并与有限元模拟结果对比，结果如表 20-3 所示。表中试件编号第一个数字表示为横向预应力水平，第二个数字为偏心距，第三个数字为钢绞线间距。例如 YGC2-7-3 第一个数字 2 为横向预应力水平为 0.2 倍的钢绞线极限抗拉强度，第二个数字 3 表示为偏心距为 70mm，第三个数字 3 表示钢绞线间距为 30mm。

偏心距为 70mm 大偏心计算结果对比　　　　　　　　　表 20-3

试件编号	有限元模拟值（kN）	简化计算值（kN）	有限元模拟值/简化计算值
YGC0-7-3	1505	1650.28	0.912
YGC2-7-3	1553	1609.32	0.965
YGC4-7-3	1595	1471.40	1.084
YGC6-7-3	1625	1571.56	1.034

采用简化后的承载力计算公式对本篇有限元模拟偏心距为 90mm 大偏心柱进行极限承载力求解，并与有限元模拟结果对比，见表 20-4。

偏心距为 90mm 大偏心计算结果对比　　　　　　　　　表 20-4

试件编号	有限元模拟值（kN）	简化计算值（kN）	有限元模拟值/简化计算值
YGC0-9-3	1433	1402.15	1.022
YGC2-9-3	1478	1329.13	1.112
YGC4-9-3	1510	1392.98	1.084
YGC6-9-3	1536	1485.49	1.034

可见有限元模拟值与简化计算值基本吻合，商值介于 0.912～1.112，平均值为 0.971，方差为 0.00638，变异系数为 0.078，表明这种简化后的分析计算方法较为可靠，

可应用于大偏心加固工程设计。

20.5　本章小结

（1）对预应力钢绞线约束加固柱的受力及破坏机理进行了分析，结合有限元分析结果，借鉴适用的约束混凝土模型，得出了适用于本篇的约束混凝土的峰值应力和应变的计算公式。

（2）在现行加固设计规范的计算公式基础之上，结合本篇有限元分析结果和理论分析所得的结果，基于平截面假定，推导出适用的简化计算方法。

第 21 章　本篇结论和展望

21.1　结论

本篇对预应力钢绞线-聚合物砂浆加固混凝土小偏心受压柱的受力和变形性能进行了有限元模拟，模拟结果与试验吻合较好。在此基础上，补充了试验，并对预应力、钢绞线间距、偏心距等影响因数的分析做了对比分析，提出此加固方法下的简化设计公式，得出以下结论：

（1）用 ABAQUS 模拟横向预应力钢绞线-聚合物砂浆加固偏心受压柱，模拟结果与试验结果吻合较好。

（2）轴压状态下预应力对柱的加固效果明显好于小偏心受压柱，小偏心受压状态下预应力对柱加固效果明显好于大偏心，横向预应力钢绞线－聚合物砂浆加固钢筋混凝土柱在小偏心和轴压的时候加固效果较好，大偏心状态下加固效果不明显。

（3）预应力小于 $0.6f_{pt}$ 时，随着预应力的增大，延性相应地得到提高，而预应力超过 $0.6f_{pt}$ 之后，延性几乎变化不大。预应力水平从 $0.4f_{pt}$ 提高到 $0.6f_{pt}$ 时，对延性的提高效果最明显。

（4）通过对偏心距、预应力水平参数对试件柱承载力和延性影响有限元分析，对于横向预应力钢绞线－聚合物砂浆加固钢筋混凝土柱，预应力在 $0.6f_{pt}$ 较为合理。

（5）横向预应力钢绞线-聚合物砂浆加固小偏心受压柱，随着钢绞线间距的增大，峰值荷载和延性都减少，变形能力逐渐减弱，横向预应力-聚合物砂浆加固小偏心受压柱时横向钢绞线间距的影响要大于预应力的影响。

（6）对预应力钢绞线约束加固柱的受力及破坏机理进行了分析，结合有限元分析结果，借鉴适用的约束混凝土模型，得出了适用于本篇的约束混凝土的峰值应力和应变的计算公式。

（7）在现行加固设计规范的计算公式基础之上，结合本篇有限元分析结果和理论分析所得的结果，提出此加固方法下的简化设计公式。

21.2　展望

（1）实际试验过程中，钢筋、钢绞线网、混凝土之间存在粘结滑移，而本篇在有限元模拟过程中没有考虑钢筋、钢绞线网、混凝土之间的粘结滑移。

（2）对横向预应力钢绞线-聚合物砂浆加固大偏心的影响参数分析，本篇只在有限元建模的基础上对预应力大小这一影响参数进行模拟分析，还需进一步的试验验证。横向钢绞线间距、混凝土强度、钢绞线直径等对大偏心柱加固效果的影响还需更为深入的研究。

（3）横向预应力钢绞线-聚合物砂浆加固钢筋混凝土长柱的偏心受压性能还需进一步的研究。

参考文献

[1] GB 50153—2013. 工程结构可靠性设计统一标准[S].

[2] GB 50016—2014. 建筑设计防火规范[S].

[3] 黄炎生，宋欢艺，蔡健. 钢筋混凝土偏心受压构件增大截面加固后可靠度分析[J]. 工程力学，2010，08：146-151.

[4] 季强，苏三庆，张心斌. 用外包钢筋混凝土法加固 RC 柱性能的试验研究[J]. 工业建筑，2015，S1：945-947.

[5] 沈丽华，焦洪秀，于彩云. 桥梁外包混凝土加固法[J]. 黑龙江交通科技，2014，02：42.

[6] 江元盛，钢筋混凝土结构增大截面加固法的几点体会[J]. 安徽建筑，2008，02：115-116.

[7] 李富全，粘钢加固法在工程中的应用[J]. 建材技术与应用，2008，06：19-20.

[8] 闫晓敏，粘钢加固法的应用及发展[J]. 价值工程，2012，04：86.

[9] 刘凤奎，赵志勇，蔺鹏臻. 预应力粘钢加固试验研究[J]. 铁道学报，2014，02：105-110.

[10] 刘丽娜，王伟超，丁亚红. 预应力加固法在土木工程中的研究应用[J]. 混凝土 2012，04：115-118.

[11] 张建仁. 预应力加固法在钢筋混凝土结构加固中的应用[J]. 中外建 2007，11：64-66.

[12] 岳晋霞. 预应力加固技术在路桥施工中的应用[J]. 山西建筑，2013，26：154-155.

[13] 陈辉，杨彦克，王传波. 纤维增强聚合物筋混凝土的研究与应用[J]. 混凝土 2007，01：42-45.

[14] 江传良. 碳纤维加固法在工程中的应用[J]. 工程抗震与加固改造，2005，02：55—57＋39.

[15] 徐新生，燕彬，许炳，彭亚萍. 碳纤维在混凝土结构物加固中应用研究[J]. 山东建材学院学报，2012，04：86-88.

[16] Mander J B, Priestley M J N, Park R. Theoretical stresss train model for confined concrete[J]. Journal of Structural Engineering, 1988, 114(8): 1804-1826

[17] Franco Braga, Rosario Gigliotti. Aalytical Stress-strain Relationship for Concrete Confined by Steel Stirrups and/or FRP Jackets [J]. Structural Engineering 2006, 132: 1402-1416

[18] 张立峰，姚秋来，程邵革，等. 高强钢绞线网-聚合物砂浆加固偏压柱实验研究[J]. 四川建筑科学研究，2007，33(2)，146-152.

[19] 张立峰，程邵革，姚秋来，高强钢绞线网-聚合物砂浆加固大偏心受压柱实验研究[J]. 工程抗震与加固改造，2007，29(3)，18-23.

[20] 刘伟庆，潘晓峰，王曙光，钢绞线网-聚合物砂浆加固小偏心受压混凝土柱的极限承载力分析[J]，南京工业大学学报(自然科学版)，2010，32(1)，1-6.

[21] 刘伟庆，王曙光，何杰，姚秋来. 钢绞线网-聚合物砂浆加固钢筋混凝土柱的正截面承载力研究[J]，福州大学学报(自然科学版)，2013，41(4)，457-462.

[22] 王忠海，姚秋来，张立峰. 高强钢绞线网片-聚合物砂浆复合面层加固钢筋混凝土柱的数值模拟分析[J]. 工程抗震与加固改造，2008(02)：82-86＋108.

[23] Murat Saatcioglu, Cem Yalcin, External prestressing concrete columns for improved seismic shear resistance [J]. Journal of Structural Engineering, 2003, 129(8): 1057-1070.

[24] 陈亮. 高强不锈钢绞线网用于混凝土柱抗震加固的试验研究[D]. 北京：清华大学，2004.

[25] 李辉，预应力钢绞线加固混凝土短柱抗震性能试验研究[D]. 北京. 北京工业大学，2012.

［26］ 郭俊平，邓宗才，林劲松，卢海波．预应力钢绞线网加固钢筋混凝土柱抗震性能试验研究［J］．建筑结构学报，2014，35(02)：128-136.

［27］ 郭俊平，邓宗才，卢海波，林劲松．预应力钢绞线网加固钢筋混凝土柱恢复力模型研究［J］．工程力学，2014，31(5)：109-118.

［28］ 田轲，史金辉，黄华，刘伯权．高强钢绞线网加固 RC 柱抗震性能的数值分析［J］．工程抗震与加固改造，2013，35(6)：123-128.

［29］ 郭俊平，邓宗才，林劲松，卢海波．预应力钢绞线网加固混凝土圆柱的轴压性能［J］．工程力学，2014，31(3)：130-138.

［30］ HUANG Hua，ZHANG Yu，ZHENG Yi-bin，TIAN Ke LlU Bo-quan．Parametric Analysis of Seismic Performance of RC Columns Strengthened with Steel Wire Mesh［J］．Highway and Transportation Research and Development，2014，8(3)：52-61.

［31］ Nete Nørgaard Kristensen．Rune Ottosen：I Journalistikkens grenseland．Journalistrollen mellom marked og idealer［J］．MedieKultur：Journal of Media and Communication Research，2006，040.

［32］ Bentz，Evan C．Justification of ACI 446 Proposal for Updating ACI Code Provisions for Shear Design of Reinforced Concrete Beams．Paper by Zdenek P．Bazant，Qiang Yu，Walter Gerstle，James Hanson，and J．Woody Ju/AUTHORS CLOSURE［J］．ACI Structural Journal，2008，1054.

［33］ Jeong-Hyeon Kim，Chi-Seung Lee，Myung-Hyun Kim，Jae-Myung Lee．Prestrain-dpendent viscoplastic damage model for austenitic stainless steel and implementation to ABAQUS user defined material subroutine［J］．Computational Materials Science，2013，67.

［34］ 张劲，王庆扬，胡守营，王传甲．ABAQUS 混凝土损伤塑性模型参数验证［J］．建筑结构，2008，08：127-130.

［35］ 姜庆远，叶燕春，刘宗仁．弥散裂缝模型的应用探讨［J］．土木工程学报，2008，02：81-85.

［36］ 蒋梅玲，金贤玉，田野，金南国．基于断裂力学和损伤理论的混凝土开裂模型［J］．浙江大学学报(工学版)，2011，05：948-953.

［37］ 郭明．混凝土塑性损伤模型损伤因子研究及其应用［J］．土木工程与管理学报，2011，03：128-132＋163.

［38］ 方秦，还毅，张亚栋，陈力．ABAQUS 混凝土损伤塑性模型的静力性能分析［J］．解放军理工大学学报(自然科学版)，2007，03：254-260.

［39］ Metin Husem，Selim Pul．Investigation of stress-strain models for confined high strength concrete［J］．Sadhana，2007，32(3)：243-252.

［40］ 葛超．横向预应力钢绞线-聚合物砂浆加固小偏心受压柱试验研究［D］．华东交通大学，2015.

［41］ 刘书波，刘婺．基于混凝土损伤塑性模型的框架结构开裂损伤分析［J］．山西建筑，2014，02：49-51.

［42］ 柳晓晨，王元清，戴国欣，等．结构消(耗)能元件芯材 SN490B 本构关系数值模拟［J］．土木建筑与环境工程，2015，06：70-77.

［43］ 隋鑫．浅谈用解析法研究后张法预应力钢绞线初始应力与推算伸长值［J］．中小企业管理与科技，2011，01：115.

［44］ 何琳，王家林．模拟有效预应力的等效荷载-实体力筋降温法［J］．公路交通科技，2015，11：75-80.

［45］ GBT 5224—2014 预应力混凝土用钢绞线［S］.

［46］ 郭俊平，邓宗才，林劲松，卢海波．预应力钢绞线网加固混凝土圆柱的轴压性能［J］．工程力

学，2014，31(3)：129-137.

[47] 刘伟庆，王曙光，何 杰，姚秋来．钢绞线网-聚合物砂浆加固钢筋混凝土柱的正截面承载力研究[J]．福州大学学报(自然科学版)2013，41(4)：457-461.

[48] 潘晓峰．高强钢绞线网-聚合物砂浆加固小偏心受压混凝土柱的试验研究[D]．南京：南京工业大学，2007.

[49] 王嘉琪．高强钢绞线网-高性能砂浆约束混凝土柱受力性能研究[D]．南昌：华东交通大学 2012.

[50] 潘晓峰．高强钢绞线网-聚合物砂浆加固小偏心受压混凝土柱的试验研究[D]．南京：南京工业大学，2007.

[51] GB 50010—2010. 混凝土结构设计规范[S].

[52] GB 50367—2013. 混凝土结构加固设计规范[S].

第五篇

预应力钢绞线网-高性能砂浆加固 RC 柱抗震性能的试验研究

摘要

高强钢绞线网-高性能砂浆加固技术是一种新型的加固技术，具有耐久、耐火、抗腐蚀性强、施工方便和应用广泛等特点。已有的研究表明：非预应力加固技术存在加固材料性能滞后现象，对高强钢绞线施加一定的初始应力，促使结构中原有的裂缝闭合，同时也充分利用了高强钢绞线的性能。

为了探究钢绞线预应力水平、钢绞线特征值、轴压比等参数对加固 RC 柱抗震性能的影响，本篇完成 8 根试件（其中 1 根对比试件，7 根加固试件）在低周往复作用下抗震试验。分析了各试件在往复荷载作用下裂缝开展模式、刚度退化、耗能能力、延性变化等抗震参数的发展规律；以及各试验参数对加固 RC 柱抗震性能的影响。试验结果表明：预应力钢绞线加固技术能明显提高 RC 柱的抗震性能；对比未加固试件，加固试件的滞回曲线饱满度增加，且加固间距为 30mm 的试件滞回曲线饱满度优于加固间距为 60mm 的试件；加固后试件的刚度退化平缓；轴压比相同时，加固间距为 60mm 的试件耗能、位移延性分别提高 1.56 倍和 1.27 倍，加固间距为 30mm 的试件分别提高 3.42 倍和 1.72 倍。

最后通过采用合理的材料本构模型，基于平截面假定，并结合 Clough 恢复力模型滞回规则，考虑轴压比、配箍率以及钢绞线特征值对截面刚度变化影响，对各试件的恢复力模型曲线进行研究分析，得到的恢复力模型曲线与试验曲线相吻合。本文建议的高强钢绞线加固 RC 柱的恢复力模型曲线考虑了多种主要影响因素，同时得到了试验验证，可以为实际工程中该加固技术的设计与应用提供理论依据。

第 22 章 绪 论

22.1 引言

22.1.1 课题来源

本文课题来源于国家自然科学基金项目："高强钢绞线网-高性能砂浆加固混凝土柱受力机理研究"，项目编号 05168019。

22.1.2 抗震加固背景

进入 20 世纪以来，随着建筑材料、施工技术的不断发展与革新，以及混凝土结构计算理论、计算软件的不断成熟，整个建筑行业得到了前所未有的发展，特别是在"二战"结束后，建筑行业经历了重建、改造、现代化建设三个主要时期[1]。1949 年新中国成立以来，国内兴建了一系列的工业与民用建筑，累计工业与民用建筑面积达到 30 亿 m^2，其中公共建筑项目达 60 万个，工业建筑 30 万个。1974 年，我国第一本《工业与民用建筑抗震设计规范》开始实施，而之前的很多建筑物并未考虑抗震设防的要求。随着时间的不断推移，按照设计使用年限为 50 年计算，其中 20 世纪 60 年代建成的建筑物，很大一部分建筑已经达到或超过设计使用年限，同时由于外界使用环境及建筑使用功能的改变、施工与设计存在的缺陷、结构材料自身的特性（如混凝土碳化脱落，钢筋锈蚀等），使建筑结构的耐久性发生了很大的变化，造成结构承载能力、抗震性能严重不足，因此，现阶段对建筑物的维修、加固和改造已经显得越来越重要。

有统计表明[1]：我国大部分的国土面积处于环太平洋地震带和地中海-喜马拉雅地震带之间，国内的 450 个城市中，有将近 3/4 的城市位于该地震区内，城市人口密集，高层及超高层建筑、工业建筑和经济命脉主要集中在城市区域，一旦发生地震或其他的自然灾害，将带来巨大的经济损失和人员伤亡。例如：1976 年的唐山 7.8 级地震，死亡 24.2 万人，伤残 1.6 万人，倒塌房屋 530 万栋，造成直接经济损失 54 亿元；2008 年的汶川 8.0 级地震，死亡和伤残人数共 38 万人之多，倒塌已有和在建的建筑达 50 多万栋，造成直接经济损失 8700 多亿；2010 年的青海玉树 7.1 级地震，造成 2000 多人死亡[2]，房屋大面积倒塌。可见地震对人类带来的灾难是多么的巨大。

对建筑物进行抗震加固改造是减轻地震等自然灾害的有效措施，也是缓解我国土地资源日益紧张的趋势。加固后的建筑物不仅可以提高建筑物的利用率、使用寿命、承载能力、抗震性能，节约了资源、能源，而且还增强了建筑结构安全性、适用性和耐久性，为结构在使用期间抵抗外界突如其来的事故（如爆炸、地基塌陷、洪水、震动等）提供安全保障[3]。对建筑物进行抗震加固改造与再利用，延续了"可持续发展"的思路，使其经济效益与社会效益都得到了充分的发挥与利用，迎合了建筑节能化发展的趋势。

22.1.3　抗震加固的目的和意义

对建筑物进行抗震加固的主要目的为：（1）满足结构使用期间的安全性、适用性、耐久性这三个方面的要求；（2）有利于提高建筑物承载力、抗震性能并能够抵抗外界环境因素对建筑结构造成的损伤；（3）加固后的建筑物能够明显提高其使用寿命，在建筑功能发生改变时具有一定的可靠度，保障人身安全与财产安全；（4）加固后的建筑物，能够有效改善结构薄弱部位的破坏模式。

每一个建筑项目从设计到投入使用都会花费大量的人力、物力和资源，对原有的建筑物进行加固的主要意义在于：（1）经济效益：使建筑投资经济减少，建筑利用率提高；（2）社会效益：节约土地资源，缓解建筑用地紧张趋势；（3）建筑节能：减少建筑能源的消耗，达到节能的目的。

22.2　现有 RC 柱加固方法概述

钢筋混凝土结构具有应用范围广、造价低的特点，由于混凝土材料的特性，致使混凝土结构自身的使用寿命也有一定的局限性，随时间、使用环境的变化，结构的承载力、抗震性能将低于原来的设计要求，对结构进行加固改造已经成为一种必然的发展趋势。对混凝土柱加固的方法层出不穷，如增大截面加固法、粘结钢片加固法、套钢加固法、碳纤维加固法等，以及近几年新发展起来的加固方法：高强钢绞线-聚合物砂浆加固法。许多学者对这些方法的应用做了大量的研究，不同的加固方法都有自己独特的优势，相比于高强钢绞线-聚合物砂浆加固法而言，不同加固方法特点如表 22-1 所示[4]。本节对这几种常用的加固方法做简要阐述。

22.2.1　增大截面加固技术

增大截面加固技术是在原有的结构表面配置一定量的受力钢筋，同时支模浇筑混凝土，增大原有结构的截面尺寸[5]。该加固技术能够明显提高结构的承载力、截面刚度、抗震性能，提高原有结构的耐久性，但施工工序复杂，施工周期长，现场湿作业量大，对周围环境影响明显，对原有结构的截面尺寸和使用空间影响较大，明显增加结构的自重。

22.2.2　粘结型钢加固技术

粘结型钢加固技术是通过在结构外侧粘贴钢板或角钢的加固方法[6]。该加固技术利用钢板提高结构的配筋率及配箍率，可明显改善结构的受剪和受弯承载力，但施工工序复杂，施工质量要求高，加固质量受材料影响明显，粘钢用的粘结剂耐火性能差，易老化。特别是粘钢以后，一旦发现施工质量问题，返工比较困难，加固用的钢片容易受到周围环境的影响，潮湿环境中容易造成钢片锈蚀，影响其加固效果，对该加固技术的应用范围具有一定的局限性。

22.2.3　外粘纤维复合材料加固技术

外粘纤维复合材料加固法是通过结构胶粘接剂将纤维复合材料粘合于原构件的表面，

使之形成具有整体性的复合截面，以提高其承载能力和延性的一种直接加固法。纤维复合增强材料（FRP）是一种新型复合材料[7-9]，FRP 中常用的纤维基材有玻璃纤维（GFRP）、碳纤维（CFRP）和芳纶纤维（AFRP）等，FRP 加固材料本身具有质轻、高强、密度低、耐腐蚀和耐久性好等特点，加固施工过程中现场湿作业对结构周围环境、居民生活状况影响小；加固过程相对简便，对建筑使用功能影响小，对既有结构构件的尺寸影响较小，对自重及结构构件外观的影响也小。但纤维复合增强材料的耐火和耐高温的性能较差，加固粘结剂容易老化脱落，使用局限性较大。

22.2.4 高强钢绞线网-聚合物砂浆面层加固技术

钢绞线网-聚合物砂浆面层加固法是通过聚合物砂浆将钢绞线网粘合于原构件的表面，使之形成具有整体性的复合截面，以提高其承载能力和延性的一种直接加固法。高强钢绞线可以与聚合物砂浆协同工作，形成加固面层，同时聚合物砂浆与结构表面粘结可靠，加固后可明显提高结构截面的刚度、承载力。该加固技术具有以下特点：（1）高强加固材料，高强绞线抗拉强度高、柔软、易加工等特性，聚合物砂浆强度高、无毒、渗透性强，两者可以协同受力；（2）应用范围广，适用于梁、板、柱、砌体、节点等任何结构构件；（3）对结构使用空间影响小，聚合物砂浆加固层厚度小，对结构的自重及室内使用空间影响小；（4）施工工序简单，现场操作面较小，无需大型施工设备；（5）无毒，对环境影响小。

各种加固方法的比较　　　　表 22-1

项目		增大截面法	外包钢加固法	复合纤维加固法	钢绞线网-聚合物砂浆加固法
适用构件类型	受弯	一般	一般	较好	较好
	受剪	一般	一般	较好	较好
	压弯	一般	一般	较好	较好
	砖墙	一般	一般	一般	较好
其他性能指标	对使用空间的影响	较差	一般	较好	一般
	防火性能	较好	较差	较差	较好
	环保性能	较好	较差	较差	较好
	耐久性能	较好	较差	较好	较好
	缺点	增加自重、施工干扰大	材料加工和施工安装难度大	防火环保性能差	施工工艺稍复杂

22.3 高强钢绞线网-聚合物砂浆加固技术研究现状

高强钢绞线网-聚合物砂浆加固技术具有应用范围广、可操作性强等特点，其研究也较为广泛。

22.3.1 加固 RC 梁受力性能研究

S. Y. Kim、Yang K H 等[14,15]以剪跨比、钢绞线预应力、布置方式及钢绞线间距为主要研究参数，共设计 15 根试件，对梁进行抗剪加固试验研究。结果表明：加固后试件的抗剪承载力明显提高，钢绞线的初始预应力和布置方式对加固效果的影响较为明显，且抗剪承载力随初始预应力的提高而增大，验证了初始预应力对加固构件的影响。

聂建国、蔡奇等[16,17]考虑加载方式和加固形式的不同，分别对混凝土梁进行抗剪和抗弯试验研究。抗剪试验结果表明：对比于未加固试件，加固试件屈服承载力、极限承载力、正常使用极限状态承载力分别提高 68.2%、39.1%、64.8%；抗弯试验结果表明：一次受力加固和卸载加固试件屈服承载力、极限承载力、正常使用状态承载力分别提高 12.5%、23.5%、11.7%；不卸载加固试件极限承载力提高 21.5%；并分析了抗弯、抗剪梁截面刚度变化及裂缝开展情况，提出了高强钢绞线网-聚合物砂浆加固梁试件抗剪和抗弯承载力计算公式，验证该加固技术在混凝土梁上加固的优越性。

胡新舒、聂建国等[18]对比完全加固和损伤加固两种方式，共设计了 8 根试件（其中 1 根对比试件，1 根静力试验），分别分析混凝土梁在常幅疲劳荷载和变幅疲劳荷载作用下材料的应力-应变情况、截面刚度、曲率及挠度发展规律。试验结果表明：疲劳荷载作用下，加固层与结构协同受力良好，加固后的试件能有效提高其抗疲劳寿命，且试件的疲劳破坏主要源于受力纵筋的断裂和混凝土的压碎，并在试验的基础上提出了加固试件在疲劳荷载作用下截面刚度、截面弯矩的计算公式，弥补了疲劳验算的不足。

黄华、刘伯权等[19,20]在试验的基础上利用 ANSYS 有限元软件以混凝土强度、剪跨比、钢绞线含量、配筋率为主要参数进行数值模拟，结果表明：钢绞线含量越高，截面刚度越大，试件延性变差，加固材料得不到充分利用；抗剪承载力、试件挠度与剪跨比呈负相关；在试验和模拟基础上，考虑多种因素提出抗剪承载力计算公式。

22.3.2　加固 RC 板受力性能研究

林于东、林秋峰等[21]以混凝土板的损伤程度为试验参数，共设计 4 个加固试件，对比各试件裂缝、刚度、跨中挠度变化情况，试验结果表明：经过加固的试件能有效抑制裂缝的开展，提高截面刚度，并在试验基础上提出加固试件极限抗弯承载力计算公式。

张盼吉[22]设计了 3 个加固试件、1 个对比试件进行板的抗弯试验研究，分析个试件裂缝、挠度、承载力变化情况，试验结果表明：加固试件的开裂荷载、屈服荷载、极限荷载的最大值分别比对比板提高 84.55%、91.06%，受弯承载力提高显著。

郭俊平、邓宗才等[23]考虑钢绞线预应力度对加固板的作用，设计了 3 个预应力试件、1 个非预应力试件和 1 个对比试件，进行板的抗弯试验研究，结果表明：预应力和非预应力试件截面刚度、承载力都显著提高；预应力试件裂缝开展缓慢，裂缝宽度较非预应力试件小，材料利用合理；对比未加固试件，各加固试件的开裂荷载、屈服荷载、极限荷载都有大幅度的提高，并在试验基础上，基于混凝土平截面假定，得出预应力钢绞线加固板抗弯承载力计算公式。

文学章、王智[24]考虑砂浆强度、加固方式等因素设计 5 个试件，对预制混凝土空心板进行抗弯试验研究，结果表明：加固试件能有效抑制预制板裂缝开裂，提高抗倒塌能力。在试验基础上利用 ANSYS 有限元软件，分析了多种因素对加固预制板的影响。

22.3.3　加固 RC 节点受力性能研究

曹忠民、李爱群等[25-27]利用该加固技术对建筑结构节点展开试验研究，通过 3 个带有直交梁和楼板的框架节点抗震试验，结果表明：该加固技术能够提高结构节点的抗震性能，改善节点破坏模式、刚度退化；加固后的试件极限受剪承载力提高 22％ 左右，延性系数提高 4 倍以上。另外，采用不同加固方式对震损的结构节点进行加固研究，结果表明：加固后明显改善节点耗能性能及抗剪能力。根据以上研究提出了加固节点的受剪承载力计算公式及施工建议。

黄群贤、郭子雄等[28,29]考虑钢丝绳加固量、预应力度、加固面层等参数，设置 7 根加固试件及 2 个对比试件，进行节点抗震试验研究，结果表明：采用预应力加固技术能有效抑制裂缝开展，提高节点受剪承载力，实现试件破坏位置和破坏形态的转移，抗震性能各项指标都有显著提高，验证了预应力加固技术在结构节点加固的优越性。

22.3.4 加固砖墙受力性能研究

王亚勇等[30]考虑钢绞线间距和加固方式为试验参数，设计 15 个砖墙试件开展试验研究，结果表明：加固后试件的开裂荷载、极限荷载分别提高 162.2％、105.9％；对比未加固试件，加固试件破坏裂缝呈现出分布密、宽度小、分布多的特点，表现出弯曲破坏的性质。

杨建平等[31]设计 2 个砖墙试件开展抗震试验研究，结果表明：加固试件的开裂荷载、极限荷载分别提高 25％、49％，极限位移大幅度提高；加固试件的耗能能力、刚度、滞回性能都有很大改善，并在试验基础上得出加固砖墙抗剪承载力计算公式。

潘志宏等[32]考虑加固方式和布置方式为实验参数，设计 8 个砖墙试件开展抗震试验研究，结果表明：加固试件均有良好的延性和抗震性能，同时存在钢绞线得不到充分利用等现象，并在试验基础上建立非线性分析方法。

王卓琳等[33]设计了 3 个加固试件，1 个对比试件对空斗墙开展低周反复荷载试验研究，对比各加固试件的破坏形态、变形能力、耗能能力等抗震性能，试验结果表明：对比未加固试件，加固试件开裂荷载、极限荷载、极限位移分别提高 3.0 倍、2.7 倍、3.2 倍，并延缓了试件刚度退化。

22.3.5 加固 RC 柱承载力研究

刘伟庆、王曙光等[34]以偏心距、钢绞线含量及混凝土强度为试验参数，设计 18 根试件（9 根大偏心，9 根小偏心）开展试验研究，观察并记录各试件裂缝分布情况、承载力及破坏形态，试验结果表明：加固试件承载力提高源于钢绞线的约束作用和抗拉强度高等因素，并在试验基础上，基于平截面假定，给出偏心受压柱承载力计算公式。

刘伟庆、潘晓峰等[35]以偏心距、混凝土强度为试验参数，设计 9 根小偏心试件开展试验研究，结果表明：对比未加固试件，加固试件的极限承载力、延性均有很大提高；在试验基础上给出钢绞线约束偏压柱混凝土应力-应变关系曲线，建立加固柱简化计算方法。

王嘉琪、曹忠民等[36]以混凝土强度、类型，钢绞线间距为参数，设计 24 根试件开展轴压试验研究，结果表明：加固试件极限荷载提高幅度为 30％～60％；素混凝土和低强度混凝土柱加固效果明显，并在试验基础上给出钢绞线约束轴压柱混凝土应力-应变关系曲线，建立轴压柱计算方法。

葛超、曹忠民等[37]开展横向预应力加固小偏压柱受力性能研究，以横向预应力水平和偏心距为参数，共设计 5 根试件，试验结果表明：加固试件的极限承载力和变形性能均得到了明显提高和改善；其中偏心距为 30mm 的试件，初始预应力水平为 40%、60% 的试件限承载力分别提高了 48.21%、54.48%，验证了预应力加固技术的有效性。

郭俊平、邓宗才等[38]开展预应力钢绞线加固混凝土圆柱的轴压试验研究，以钢绞线间距、预应力水平为参数，共制作了 24 根加固试件和 2 根对比试件，试验结果表明：相对于对比试件，加固试件轴向峰值应力、应变最大提高幅度分别为 83%、95%，且随着横向预应力水平的提高，钢绞线间距的减小加固效果更为明显，并在试验基础上基于 Mander 模型，提出钢绞线约束混凝土应力-应变关系多项式模型，验证了预应力钢绞线加固技术是一种主动、高效的加固技术。

22.3.6 加固 RC 柱抗震性能研究

对 RC 构件施加横向约束条件，使 RC 构件处于三向受压状态，提高混凝土的强度，构件的承载力，国内外许多学者对加固 RC 柱的抗震影响参数也进行了分析。

Murat Saatcioglu、Cem Yalcin 等[39]以截面类型、钢绞线间距、横向约束应力为参数，设计 7 根足尺寸短柱试件，开展抗震试验研究，结果表明：加固后试件的抗震性能提高明显；圆形截面试件滞回曲线饱满度、个数优于方形截面；随着钢绞线的间距变小、侧向预应力度的提高，抗震性能提高。在试验基础上，分析了加固试件抗剪承载力的来源，建立加固试件抗剪计算方法。

陈亮、聂建国等[40]以轴压比，钢绞线间距、直径为参数，设计 8 根方形截面柱，开展抗震试验研究，观察每个试件裂缝、位移、承载力、材料应力-应变变化情况，试验结果表明：加固试件的极限承载力和极限位移显著提高，试件抗震性能显著增强；最后在试验基础上，结合 takeda 恢复力模型，对试件的 P-Δ 曲线进行模拟计算。

李辉、邓宗才等[41]以轴压比、预应力水平、钢绞线特征值为参数，设计 13 根圆形截面短柱，开展抗震试验研究，在不同参数水平下，对各试件的破坏形态、截面刚度及延性等进行对比分析，试验结果表明：预应力加固试件的位移延性、累计耗能最大分别提高了 1.87、6.78 倍，且对滞回曲线饱满度也有一定影响；对不同轴压比作用下的最优钢绞线特征值、预应力水平提出建议，同时在试验基础上建立圆形截面柱抗剪承载力计算公式。

郭俊平、邓宗才等[42,43]以轴压比、预应力水平、钢绞线间距为参数，进行了 16 根圆形截面柱抗震试验研究，结果表明：对于轴压比为 0.4 的试件，屈服荷载、极限荷载、延性系数、耗能系数分别提高 36%、27%、44%、172%；轴压比为 0.8 的试件分别提高 36%、44%、76%、62%；并在试验基础上，结合 Clough 滞回规则建立恢复力模型曲线。

田轲、刘伯权等[44,45]在已有的试验基础上，利用 ANSYS 有限元软件，对加固方形截面柱进行数值模拟，主要模拟参数为：混凝土强度等级、轴压比、偏心距及钢绞线的用量，研究结果表明：不同轴压比试件的极限承载力、延性、耗能的提高幅度分别为 9%~17%，9%~15%，35%；偏心距对试件的抗震性能影响较为明显，随偏心距的增大，试件的抗震性能、截面刚度显著降低。

22.4 加固 RC 柱抗震研究的存在问题

通过本章的钢绞线加固技术研究综述以及 FRP 加固 RC 柱的研究可知，钢绞线加固技术应用广泛；然而，对高强钢绞线-聚合物砂浆加固 RC 柱抗震性能研究存在以下几点问题：

（1）对比分析不同的截面类型的试件，钢绞线的约束机理变化，试件的抗震性能存在差异性，对预应力钢绞线网-高性能砂浆加固 RC 方形截面柱抗震性能还需要开展一定的试验研究。

（2）通过综述分析可知：试件的轴压比、预应力水平对加固材料的约束作用均有不同程度影响。然而，现有的钢绞线加固 RC 柱的抗震有效约束系数都是基于钢绞线应变，对于预应力钢绞线加固 RC 方柱的抗震约束系数有待进一步确定。

（3）加固 RC 柱的恢复力模型研究中并未体现钢绞线配置特征值对截面刚度变化的影响。

22.5　本篇研究内容

结合本章的综述内容，基于高强钢绞线加固技术的优越性和该加固技术现存的问题，对于预应力高强钢绞线-聚合物砂浆加固方形截面柱的抗震性能开展试验研究。

本篇开展研究的主要内容为：

（1）以轴压比、钢绞线配置量、钢绞线预应力水平为主要参数开展方形截面柱抗震试验研究，并对各试件的截面刚度，能耗，延性等抗震性能参数进行分析计算。

（2）对往复荷载作用下预应力钢绞线加固钢筋混凝土柱的抗震参数进行分析，确定预应力钢绞线加固技术的抗震有效约束系数。

（3）结合所得的试验结果，对预应力加固试件的延性进行计算分析，为加固试件的延性设计提高理论指导。

（4）在试验基础上，通过截面非线性理论分析建立方形截面柱恢复力模型曲线，并与试验曲线对比。

22.6　本章小结

本章主要介绍了课题来源、抗震加固的背景、意义及抗震加固对节约经济的重要性，简单阐述了各种不同加固方法的特性和优缺点，对比各种加固方法，突出了高强钢绞线-聚合物砂浆加固技术的优越性、应用广泛性。

本章重点介绍高强钢绞线在各结构试件研究的现状，同时也阐述了高强钢绞线、FRP 加固柱抗震性能研究现状，以及高强钢绞线加固柱抗震研究存在的不足，进而提出了本文研究的内容。

第 23 章　预应力钢绞线网加固 RC 柱抗震试验设计

钢筋混凝土柱作为民用建筑中一种常用的竖向受力构件，随着结构的使用环境、使用功能等的改变，混凝土类构件均会发生不同程度的损伤，特别是在地震荷载作用下，构件破坏更加严重。RC 柱作为结构竖向受力构件，一旦发生破坏，很大程度上造成结构倒塌，带来巨大经济损失及人员伤亡。为此，对柱的加固改造进行了一系列的研究，从第 22 章综述部分可知：横向约束混凝土柱加固技术能够明显提高柱的抗震性能，对于横向非预应力加固，表现出加固材料应力滞后的现象。而横向预应力高强钢绞线网-聚合物砂浆加固柱技术，解决了钢绞线力学性能滞后等现象。同时，对横向高强钢绞线施加预应力，可促使原有结构中混凝土的裂隙闭合，也抑制了裂缝的开展，是一种高效、节能的加固技术，广泛应用于实际工程和试验研究的过程中。

23.1　试验目的

基于高强钢绞线加固技术的优越性，对横向预应力钢绞线加固方形截面柱缺乏一定的试验研究。本次试验主要研究预应力高强钢绞线网加固方形截面柱抗震性能，主要研究参数为：轴压比（n）、钢绞线间距（l）、钢绞线预应力水平（δ）对加固方形柱抗震性能影响，同时对各试件进行试验结果对比。

本文试验的主要目的为：

（1）对比未加固柱，验证横向预应力高强钢绞线网加固 RC 柱抗震性能的优越性。

（2）探究钢绞线间距（钢绞线特征值 λ_w）对柱的抗震性能（柱截面刚度变化、耗能分析、滞回性能、柱延性等）的影响分析。

（3）探究钢绞线预应力水平对 RC 柱抗震性能（柱截面刚度变化、耗能分析、滞回性能、柱延性等）的影响分析，确定预应力水平对方形截面柱的具体影响。

（4）探究在不同预应力度、钢绞线间距、轴压比作用下钢绞线约束机理的变化，并对横向预应力钢绞线约束 RC 柱的抗震加固有效约束系数进行确定。

（5）根据已有的试验数据，根据预应力钢绞线约束 RC 柱钢绞线抗震约束机理的变化及约束系数的确定，建立方形截面柱恢复力模型曲线计算公式，为实际工程中的应用研究与加固设计提供理论指导。

23.2　试件设计及制作

23.2.1　试件设计

本次试验主要研究横向预应力钢绞线-聚合物砂浆加固 RC 柱抗震性能，试件在试验过程中，横向预应力钢绞线对试件初始约束应力。

结合试验室条件及实际工程情况，试件设计原则如下：

（1）混凝土强度等级选择：在实际工程中，特别是一些加固改造工程中，柱类构件的混凝土强度等级一般较低，故在本次试验中，试件的混凝土强度等级取为 C25，与实际需要加固的柱类构件更加符合。

（2）试件截面尺寸：本次主要研究长柱的抗震性能，考虑到在加载过程中试验设备及支座约束的限制，本次试验的试件截面尺寸为 200mm×200mm。

（3）剪跨比：当剪跨比小于 2 且配箍率不高时，试件主要发生剪切破坏，本次试验主要以弯曲破坏为主，保持剪跨比 4.0 不变。

（3）轴压比：轴压比作为影响柱抗震性能的一项主要因素，本试验设计轴压比分别为 0.24 和 0.38 作为对比。

（4）钢绞线间距：根据试件加固长度的要求取 60mm、30mm 两组作为本次试验研究对比参数。

（5）钢绞线预应力水平：为了探究预应力水平对加固试件抗震性能的影响，对钢绞线分别施加 0％、30％、60％作为本次试验研究对比参数。具体试验参数如表 23-1 所示。

试验参数设置　　　　　　　　　　　　　　　　表 23-1

试件编号	设计轴压比 n_k	钢绞线间距（mm）	预应力水平 δ（％）
Z1	0.24	—	—
Z2	0.24	60	0
Z3	0.24	60	30
Z4	0.24	60	60
Z5	0.38	60	30
Z6	0.24	30	30
Z7	0.24	30	60
Z8	0.38	30	30

23.2.2　试件制作要求

柱截面尺寸为 200mm×200mm，试件总长度为 1330mm，加载剪跨比为 4.0。纵筋采用 HRB335 级热轧钢筋，配筋为 4Φ12，采用对称配筋，截面配筋率 1.13％，满足规范规定的最小配筋率的要求；箍筋采用 HPR300 级热轧钢筋，对柱端不进行加密处理，配筋取 φ8@100。为了防止在试验加载过程中加载点处发生局部破坏，对柱端进行箍筋加密处理，配筋取 φ8@40。试件在支模浇筑过程中，在模板两端预留直径为 20mm 的圆孔，便于用公称直径为 15.2mm 的钢绞线通过后张法对试件施加轴向力作用。试件尺寸及配筋如图 23-1 所示。

根据《凝土结构工程施工质量验收规范》的要求，试件浇筑的同时各个试件都预留一组混凝土试块进行混凝土强度测试，每组共 3 块尺寸为 150mm×150mm×150mm 的立方体试块，且同试件在同一条件下养护 28 天，测试其抗压强度，并取 3 个试块的算数平均值作为混凝土立方体抗压强度值，强度精确到 0.1MPa。

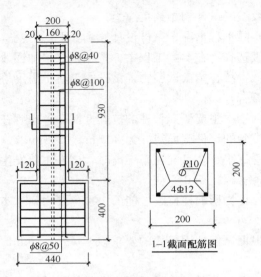

图 23-1　试件尺寸及配筋图

　　每个模型试件及试块的浇筑、养护均在华东交通大学结构试验室完成，养护、浇筑条件与外界环境均相同。采用自然养护法进行试件的养护，为保持混凝土在养护期内水泥的水化反应充分，对每个试件和试块采用保湿处理[51]，为了防止试件表面的混凝土因干燥开裂，在试件养护阶段不间断地浇水保湿，也保证水泥水化作用得到充分反应。

23.3　试件加固施工过程

　　试件养护达到 28 天，混凝土强度满足要求时，即可以对试件进行加固施工处理，根据《混凝土结构加固设计规范》[52] 的加固要求：固定横向与纵向钢绞线完成后，在柱的表面涂抹一定厚度聚合物砂浆，确保两者共同工作。本次试验加固施工过程中聚合物砂浆的涂抹厚度为 20mm，主要步骤[52-54] 如图 23-2 所示。

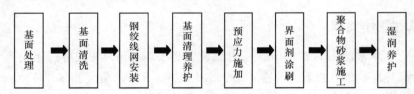

图 23-2　加固施工流程图

　　多次震害表明，柱类构件的破坏多发生在柱端的上下截面处。地震作用下，柱端的弯矩比较大，容易形成塑性铰使结构发生破坏，所以在试件加固设计时，主要对柱端进行加固处理，根据《建筑抗震设计规范》[56] 对柱端箍筋加密范围的取值要求："柱端取截面高度（圆柱直径）、柱净高的 1/6 和 500mm 三者中的最大值"，并考虑到试验过程中存在的误差及材料的离散性，加固长度取值为 600mm。

　　主要加固工序为：

　　（1）基面处理。将成型的试件表面进行凿毛处理，凿毛的厚度约为 5mm，使试件表面变得粗糙，有利于聚合物砂浆与试件截面的粘结。同时用打磨机将试件的四条棱边进行打磨，把棱角打磨成圆弧状。

（2）基面清洗。用清水将试件表明由于凿毛处理后留下的灰尘、小碎粒进行清洗、晾干，便于下一道工序的进行。

（3）钢绞线网安装。根据柱的尺寸对横向钢绞线网进行下料、安装端部拉环、钻孔、固定，横向钢绞线固定好之后，固定纵向钢绞线，然后对钢绞线网片进行调整、定位，便于对横向钢绞线施加预应力，如图 23-3 所示。

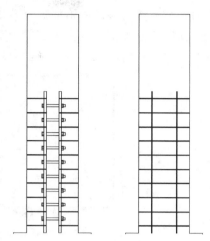

（4）基层清理养护。对于固定好的钢绞线网的试件，再次用气泵或水对试件表面进行清理，进行下一道工序时不得有明水存留。

（5）钢绞线预应力施加。根据试验事先设置的参数，通过扭矩扳手对固定好的横向钢绞线施加预应力。

图 23-3　钢绞线网固定示意图

（6）界面剂涂刷施工。用混凝土界面处理剂进行界面处理，增强混凝土面与砂浆的粘结程度。

（7）聚合物砂浆涂刷施工。在上述工作完成之后，可开始配制聚合物砂浆进行抹灰。采用两次抹灰的方法，在界面剂未干时进行第一次抹灰，抹灰厚度不超过 10mm，并在第一次抹灰尚未固化之前进行第二次抹灰。

（8）湿润养护。根据砂浆的抹灰厚度、砂浆用量及抹灰现场的施工情况，对完成施工抹灰的砂浆层进行湿润养护 3～5 天，然后自然养护。

图 23-4 为钢绞线网加固施工工程中的部分照片。

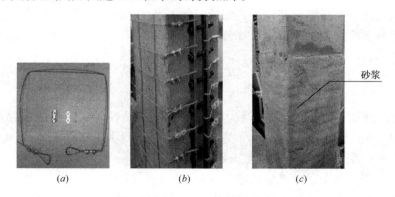

（a）　　　　　　　　（b）　　　　　　　　（c）

图 23-4　钢绞线网加固施工照片
（a）横向钢绞线锚固制作；（b）钢绞线网固定施工；（c）抹砂浆试件

23.3.1　钢绞线预应力施加过程

目前，机械张拉法成为对横向加固材料施加预应力的主要加固方法，国内外研究表明该方法可以解决预应力施加问题。本课题组在前人研究的基础之上，通过采用扭矩扳手张拉控制的方法解决了对钢绞线施加横向预应力的问题[37]。本文主要采用课题组提出的预应力施加方法对各试件施加预应力。

横向预应力钢绞线张拉装置、锚固及加载装置如图 23-5 所示。钢绞线预应力施加工具为型表盘式双向扭矩扳手，量程为 0～20N·m，精度为 0～0.2N·m。

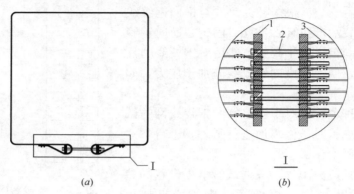

(a)　　　　　　　　　　　　　　　(b)

图 23-5　横向钢绞线预应力施加

(a) 加固平面图；(b) 局部放大图

23.3.2　钢绞线预应力施加控制

本文主要采用本课题项目基金成员提出的施加方法，对横向钢绞线施加预应力。该方法所采用的横向钢绞线预应力施加方法和装置，只适合于横向钢绞线的研究，不具备测定钢绞线张拉值的测试功能，必须借助于外部设备加以辅助。

根据钢绞线的特点，采用拉力传感器测量存在较大误差，以及现场施工的具体施工要求，所以在本文试验中，对横向钢绞线预应力的施加通过扭矩扳手来进行控制，即通过扭矩扳手施加的扭矩和高强螺栓张拉力之间的函数关系式来间接测量横向钢绞线预应力张拉值。试验采用高强度螺栓拧紧扭矩计算公式[37]换算对横向钢绞线的预应力施加值的大小，具体计算公式为：

$$T_c = kdP_c \tag{23-1}$$

$$P_c = \alpha A_w f_w \tag{23-2}$$

式中，T_c 为最终扭矩值（N·m）；P_c 为横向预张紧力（kN）；d 为螺栓公称直径（mm），本文螺栓为 10mm；k 为扭矩系数；f_w 为实测钢丝绳抗拉强度极限值（N/mm²）；α 为钢绞线预应力水平；A_w 为实测钢绞线截面积（mm²）。

在本文的前期试验中，对该规格的横向钢绞线进行标定。标定及测试过程为：取 3 根长度为 1m 的钢绞线进行标定试验；按照 1N·m 的扭矩梯度记录拉力传感器显示的拉力值；绘制出扭矩 T_c 与施工预拉力值 P_c 之间的关系[37]，如图 23-6 所示，最后取 3 根钢绞线测量值的平均值作为本文横向钢绞线预应力张拉标定的扭矩系数 k。

根据标定钢绞线扭矩-拉力的正比例关系，其中斜率为扭矩系数和高强螺栓直径的乘积，高强螺栓公称直径为 10mm。三条拟合曲线斜率所表示的扭矩系数 k 取为 0.161。

根据本文所使用钢绞线的规格，得到了不同预应力水平 δ 的条件下钢绞线的预应力张

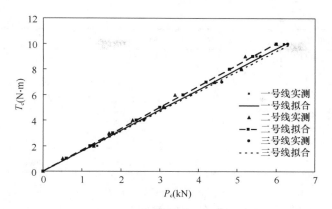

图 23-6　预应力钢绞线张拉标定

拉值对应的扭矩值，如表 23-2 所示，方便本文的应用以及查阅。

钢绞线预应力张拉值对应扭矩值 T_c（N・m）　　　　　　表 23-2

δ（%）	0	10	20	30	40	50	60	70	80	90	100
P_c（kN）	0	0.78	1.56	2.34	3.12	3.90	4.68	5.46	6.24	7.02	7.8
T_c（N・m）	0	1.26	2.51	3.77	5.02	6.28	7.53	8.79	10.05	11.30	12.56

23.3.3　横向钢绞线预应力损失处理

为了减少横向钢绞线的预应力损失程度，在对横向钢绞线施加预应力时，对横向钢绞线进行 3～5 天预张拉[37]，使横向钢绞线的预应力效果更显著，减少预应力损失。本次试验中，主要通过对横向钢绞线进行超张拉，减少对横向钢绞线的预应力损失。

正式张拉钢绞线之前，根据试验所需的钢绞线预应力张拉值，分别进行不同程度的超张拉，记录下超张拉值。3 天之后（正式施加预应力之后，需要在 3 天内涂抹砂浆，并使砂浆具备一定的强度，共需要 3 天），查看预应力的损失，得到损失的大致规律后再进行正式张拉，这样可以控制预应力的损失，保证试验值的精度。

本文试验所需的钢绞线预应力张拉值为 $0.3f_w$ 和 $0.6f_w$，即理论张拉值为 2.34kN 和 4.68kN。张拉处理结果表明，横向钢绞线的预应力水平越高，预应力损失的量也就越大，所以，对于 60% 的预应力程度的钢绞线，它的超张拉程度要比 30% 的大。各试件横向钢绞线预应力损失处理如表 23-3 所示。

各试件预应力损失处理　　　　　　　　　表 23-3

试件编号	预应力水平 δ	超张拉程度	初始拉力	最终拉力	预应力损失量
Z3	30%	0	2.34	2.18	6.80%
		10%	3.12	2.96	5.13%
Z4	60%	0	4.68	4.29	8.29%
		10%	5.15	4.68	9.14%
Z5	30%	0	2.34	2.16	7.69%
		10%	3.12	2.95	5.45%

试件编号	预应力水平 δ	超张拉程度	初始拉力	最终拉力	预应力损失量
Z6	30%	0	2.34	2.20	5.98%
		10%	3.12	2.97	4.81%
Z7	60%	0	4.68	4.29	8.33%
		10%	5.15	4.71	8.54%
Z8	30%	0	2.34	2.19	6.41%
		10%	3.12	2.99	4.17%

从表 23-3 可以看出，30%预应力程度的钢绞线在 0、10%超张拉时，预应力损失分别为 6.69%、4.89%；60%预应力程度的钢绞线在 0、10%超张拉时，预应力损失分别为 8.29%、9.14%。依据以上试验结果，最终本文试验分别对 30%和 60%的预应力加载的超张拉量程度定为 6%和 10%，即钢绞线的张拉拉力分别为 2.81kN 和 5.10kN，根据表 23-2 张拉钢绞线的拉力值与对应的扭矩关系可得，在实际试验过程中，扭矩扳手所需施加的扭矩分别为 4.51N·m 和 8.21N·m。

23.4　加载方案及测试内容

23.4.1　加载装置

（1）轴向荷载施加

试件的轴向荷载由公称直径为 15.2mm 的钢绞线通过后张法分别施加，张拉所使用的设备如图 23-7 所示，张拉过程中，一端先用预应力锚具对其进行固定，另一端用穿心千斤顶对钢绞线进行张拉。为了减少轴向荷载的损失，采用超张拉，施加到预设值的 1.2 倍后持续张拉 2min，再减小到预设值。

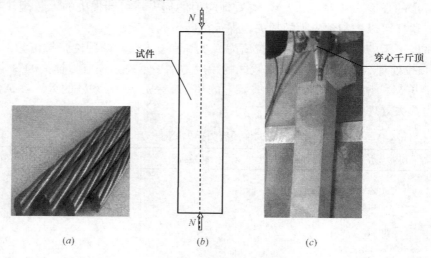

图 23-7　轴向荷载施加

（a）直径 15.2mm 钢绞线；（b）荷载施加示意图；（c）加载实物图

（2）水平加载过程

考虑试验条件和设备的局限性，试件在加载过程中水平放置，通过两个油压千斤顶对柱端采用拟静力试验的方式，对试件施加往复荷载。试件加载装置如图 23-8 所示。

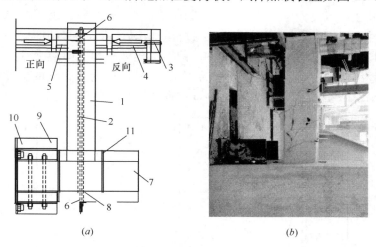

图 23-8　试件加载装置

（a）试件加载示意图；（b）试验现场照片

1—试件；2—15.2mm 钢绞线；3—反力架；4—油压千斤顶；5—力传感器；

6—位移计；7—混凝土支座；8—锚具；9—连接钢板；10—地脚螺栓；11—垫板

23.4.2　加载设计

根据《建筑抗震试验方法规程》[57]的要求，加载过程中采用力和位移双重控制的模式。当试件中纵筋应变达到屈服应变时，可认为试件已经达到屈服状态，所以在试件屈服之前，通过分级改变竖向荷载进行加载控制，每一级荷载循环一次；试件屈服之后采用位移控制的模式进行加载，每一级以屈服位移的一、二、三……倍数增加，每级循环两次，直到竖向荷载下降到极限荷载的 85％ 左右时试验结束。试验过程中合理控制加载的速率，确保数据采集的准确性，减少试验误差，加载控制如图 23-9 所示。

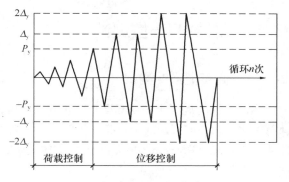

图 23-9　加载控制

23.4.3　测试内容及测点布置

（1）测试内容

试验采用东华 DH3815N 静态数据采集系统，由计算机自动采集各瞬间的应变和位移，试验过程中的主要测量参数包括：柱端轴向荷载 N；柱顶荷载 P；柱顶位移 Δ；纵筋及箍筋的应变变化情况；加固用的钢绞线应变变化情况。轴向荷载 N 可以根据试验轴向力设计值，通过张拉设备控制测量；柱顶受到的往复荷载 P 通过力传感器测量；柱顶位移 Δ 的变化通过位移计测量；钢筋及钢绞线的应变通过预埋电阻应变片测量。

（2）测点布置

考虑到试件在加载过程中，柱底 20cm 范围内将出现塑性铰，所以在纵筋预埋 4 片电阻应变片，编号为 C1～C4，用于判断试件的屈服情况；箍筋上面预埋 2 片电阻应变片，编号为 S1、S2。加固间距为 30mm 的试件，钢绞线预埋 4 片电阻应变片，从试件底部开始每隔一根钢绞线预埋一个应变片，编号为 Y1～Y4；间距为 60mm 的试件预埋 4 片电阻应变片，编号为 P1～P4，不同加固试件测点布置如图 23-10。

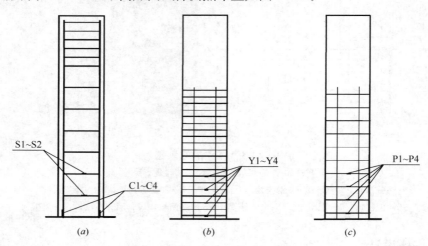

图 23-10　测点布置

（a）钢筋测点布置；（b）间距 30mm 钢绞线测点布置；（c）间距 60mm 钢绞线测点布置

23.5　试件材料强度测试

23.5.1　混凝土强度测试

本试验柱的混凝土采用 C25，每立方米混凝土的配合比为：PO42.5 级水泥∶中河砂∶碎石∶水＝436kg∶616kg∶1143kg∶209kg。试件浇筑的同时，各个试件都预留一组共 3 块尺寸为 150mm×150mm×150mm 的立方体试块，且同试件在同一条件下养护 28 天，混凝土试块强度如表 23-4 所示。

混凝土试块实测强度　　　　　　　　　　　　　　　　　　表 23-4

分组	C1 组	C2 组	C3 组	C4 组	C5 组	C6 组	C7 组	C8 组
强度（MPa）	30.0	29.1	29.2	29.3	30.1	29.0	29.7	30.2

23.5.2　钢筋强度测试

本次试验试件纵筋采用 HRB335 级热轧钢筋，箍筋采用 HPB300 级热轧钢筋，测试钢筋长度控制在 50mm 左右，采用试验室的 WAW-1000DL 型电液伺服万能试验机，对试件各种钢筋进行拉伸试验，其主要的力学性能如表 23-5 所示。

钢筋实测强度　　　　　　　　　　　　　　　　表 23-5

材料	规格	屈服强度 f_y（MPa）	极限强度 f_u（MPa）	弹性模量 E_c（10^5 MPa）
HPB300	Φ8	311.8	417.4	2.1
HRB335	Φ12	362.5	573.1	2.1
HRB335	Φ14	342.4	528.5	2.0

23.5.3　高强钢绞线力学指标测试

采用 1×19 型公称直径为 2.5mm 的高强镀锌钢绞线，外观及截面如图 23-11 所示。

由于钢绞线较细，试验室缺乏专门的夹具，故对钢绞线的力学性能测试要借助外界辅助设备进行。本次试验测试钢绞线性能的方法和步骤如下：

（1）为了方便钢绞线的夹持，借助弯折的钢筋进行测试，钢绞线两端分别固定在钢筋的弯折处，对弯折处的钢筋进行橡胶包裹处理，防止钢绞线在测试过程中被剪段。

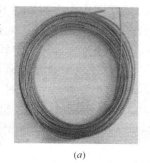
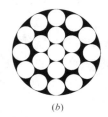

(a)　　　　　　　　　　　*(b)*

图 23-11　钢绞线示意图

（a）1×19 钢绞线实物图；（b）1×19 钢绞线截面示意图

（2）钢绞线采用双卡头固定，防止钢绞线在测试过程出现滑移，影响其测试性能。

（3）测试在结构试验室的 WAW-1000DL 型电液伺服万能试验机上进行，主要测试本次试验所用钢绞线的极限抗拉强度、弹性模量。

试验器具及试验装置如图 23-12 所示，实测性能结果如表 23-6 所示。

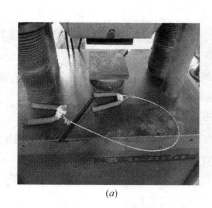

(a)　　　　　　　　　　　*(b)*

图 23-12　钢绞线性能测试

（a）测试用钢绞线；（b）测试加载

高强钢绞线实测力学指标 表 23-6

极限拉力（kN）	实测截面积（mm²）	极限抗拉强度（MPa）	弹性模量（N/mm²）
7.8	4.5	1701	1.05×10^5

23.5.4 高性能砂浆强度测试

高性能砂浆作为该加固方法中一种主要的加固材料，具有抗裂性好、防腐、耐久、抗剥落、收缩小、高强度等优点。配置高性能砂浆的主要材料为：水泥、中砂、水、微硅灰、聚丙烯纤维。其中微硅灰作为高性能砂浆的活性掺和料，均匀地填充在水泥颗粒的空隙之间，增加了砂浆的密实度，很大程度上提高砂浆的抗压、抗弯强度以及砂浆的抗裂性能；选取了长度为 9mm 的聚丙烯纤维作为有机纤维材料，在砂浆搅拌过程中均匀分布于浆体中，能有效控制砂浆的微裂缝，提高砂浆抗渗、抗冲击、抗裂及抗冻等耐久性能。

本试验所采用的高性能砂浆配合比为：水泥：中砂：水：微硅灰：聚丙烯纤维＝0.95：2.0：0.45：0.05：0.0015，按照配合比进行聚合物砂浆搅拌，并采用边长为 70.7mm 的立方体塑模，制作 6 个试块，对聚合物砂浆进行强度测试，在砂浆入模过程中，对砂浆进行振捣直到不产生气泡为止。试块入模 24h 后拆模，同时与加固试件在同一条件下进行养护，根据养护的天数，对聚合物砂浆进行抗压强度实测，确定在不同龄期下砂浆强度的实测值。

砂浆立方体抗压强度取 6 个试块实测值的算术平均值作为本文试验所配置的砂浆强度值，精确到 0.1MPa，测试结果如表 23-7 所示。

实测聚合物砂浆强度值 表 23-7

养护时长	荷载（kN）	抗压强度（MPa）
7d	97.1	19.3
14d	221.6	44.4
28d	290.9	58.3

23.6 本章小结

（1）本章以试验目的和试件设计为准则，分别设置了对比试件柱和加固试件柱，提出本次试验主要的加固柱抗震研究参数和研究目的。

（2）介绍本次试验中试件所涉及的材料力学性能、试件养护条件、加固流程、加固长度的确定、测点布置、测试内容及加载制度等。

（3）根据本课题项目组成员对横向钢绞线预应力施加方法的研究，对横向钢绞线预应力大小进行较为精准的控制，加固前，对钢绞线张拉系统进行标定试验，得到了不同预应力水平下钢绞线的预应力张拉值对应的扭矩值。

（4）由于高强钢绞线和聚合物砂浆为本实验的主要加固材料，本章对试验的高强钢绞线的各项参数指标进行测试，同时确定了聚合物砂浆的配合比，测定了聚合物砂浆在不同时期的抗压强度。

第 24 章　预应力钢绞线网加固 RC 柱抗震性能试验现象及结果分析

24.1　概述

为了使该加固技术能够在实际工程得到运用，特别是在需要加固改造的桥墩柱和建筑工程之中，因此探究加固后试件的抗震性能已经成为一项重要的研究课题，对高强钢绞线加固 RC 柱的抗震性能研究也越来越广泛。本章在第 23 章试验参数设置的基础之上，采用静力往复加载的方式得出预应力高强钢绞线网-高性能砂浆加固 RC 柱的滞回曲线、骨架曲线、钢筋和钢绞线应变变化，研究不同试件在往复荷载作用下的延性性能、耗能分析及刚度退化，对比不同参数作用下的抗震性能，并在试验的基础之上提出预应力加固 RC 柱抗震延性计算方法。

24.2　试验破坏现象

24.2.1　试件破坏过程

（1）未加固试件（Z1，$n_k = 0.24$）

初期的第一循环中，试件基本处于弹性工作状态，滞回曲线基本呈线性变化，加载线和卸载线处于同一条直线上。当荷载达到 12.08kN 时，在柱底部出现第一条裂缝，随着往复荷载的增大，试件裂缝逐渐开展延伸，试件刚度发生很大变化。当竖向位移达到 4.94mm，荷载达到 30.02kN 时试件屈服，此后采用位移进行加载控制，当位移达到 10.47mm 时，试件到达峰值荷载 38.42kN。随着加载的持续进行，刚度退化加快，承载力也下降明显，当荷载下降到极限荷载的 85% 左右时停止试验，试件底部裂缝开展明显，侧面形成交叉裂缝，试件破坏形态如图 24-1 所示。

（2）加固试件（Z2，$n_k = 0.24$，$l = 60mm$，$\delta = 0$）

荷载控制的前面几个循环中，加载线和卸载线基本在同一条直线上。当荷载达到 16.4kN 左右时，离支座底部 200mm 范围内砂浆出现横向水平裂缝，同时柱底砂浆发生脱离现象，主要是由于涂抹的砂浆与柱底部支座处没有形成连接。随着往复荷载的逐渐增大，裂缝开展延伸，受压面与受拉面砂浆面层发生鼓曲现象，钢绞线的应变也逐渐增大。对比未加固柱，初始刚度增大。当竖向荷载 32.99kN，试件达到屈服，进入位移加载控制模式，随着位移加载循环的进行，试件棱角处砂浆开裂脱落，刚度退化，承载力下降到极限荷载的 85% 左右时停止试验，对比于未加固柱，该试件的

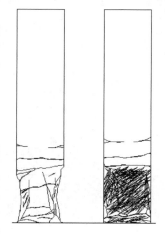

图 24-1　Z1 破坏形态

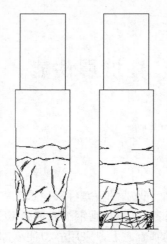

图 24-2　Z2 破坏形态

极限荷载与极限位移提高明显，试件最终破坏形态如图 24-2 所示。

（3）加固试件（Z3，n_k＝0.24，l＝60mm，δ＝30％）

荷载控制的前几个循环中，试验现象与试件 Z2 基本相同，加载线与卸载线基本在同一条直线上。当荷载达到 16.7kN 时，砂浆面层开裂，伴随着试件底部处的砂浆发生脱离，出现裂缝，钢绞线的应变也逐渐增大。对比未加固试件，刚度增大，退化缓慢。当竖向荷载达到 33.71kN 时，试件达到屈服条件，进入位移控制加载模式，随着加载的不断进行，钢绞线应变不断增大，伴随着"嘶嘶"声响。当位移达到 11.15mm 时，试件到达峰值荷载，离柱底部 100mm，正向加载面与反向加载面砂浆鼓曲，在试件的侧面形成交叉斜裂缝，同时棱角处砂浆部分脱落，刚度退化加快，承载力下降

到极限荷载的 85％左右时停止试验，裂缝主要集中在离柱底 200mm 的范围内，试件破坏形态与 Z2 类似，最终破坏形态如图 24-3 所示。

（4）加固试件（Z4，n_k＝0.24，l＝60mm，δ＝60％）

荷载控制的前几个循环中，试验现象与试件 Z2、Z3 基本相同，加载线与卸载线基本在同一条直线上。当荷载达到 16.24kN 时，砂浆面层开裂，试件底部砂浆发生脱离，钢绞线应变逐渐增加。对比未加固试件，初始刚度增大。当荷载达到 33.85kN 时，试件屈服，进入位移控制模式加载，随着加载的不断进行，钢绞线应变增大，也伴随着"嘶嘶"声响的出现。竖向位移达到 11.35mm 时，试件达到峰值荷载，棱角处砂浆开裂脱落，试件最终破坏形态如图 24-4 所示。

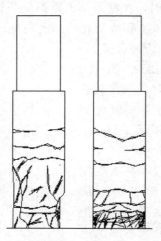

图 24-3　Z3 破坏形态

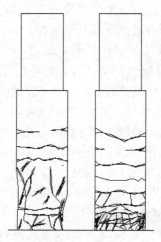

图 24-4　Z4 破坏形态

（5）加固试件（Z5，n_k＝0.38，l＝60mm，δ＝30％）

荷载控制的前几个循环中，试件无明显现象，滞回曲线基本在同一条直线上，试件残余变形小，试件刚度大。当往复荷载达到 24.03kN 时，离柱底 100mm 左右的位置出现裂

缝，底部砂浆脱离，随着加载的进行，裂缝扩展延伸，裂缝开展情况主要集中在离柱角 200mm 范围内，随着加载的进行，钢绞线应变增大。当荷载达到 38.62kN 时，试件屈服，进入位移控制模式加载，同时伴随"嘶嘶"声响的出现。竖向位移到达 11.06mm 时，试件到达峰值荷载 48.43kN，对比于 Z3，柱底砂浆压碎，砂浆面层开裂脱落较为严重，试件最终破坏形态如图 24-5 所示。

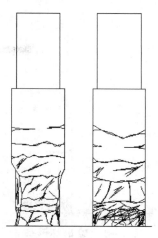

图 24-5　Z5 破坏形态

（6）加固试件（Z6，n_k＝0.24，l＝30mm，δ＝30%）

加固间距为 30mm 的试件，荷载控制前期，试件无明显现象，滞回曲线基本在同一条直线上，残与变形小，试件刚度比加固间距为 60mm 的大。当荷载达到 18.28kN 时，砂浆面层出现裂缝，出现裂缝的循环次数比加固间距为 60mm 多，主要是钢绞线间距影响。随着加载的进行，裂缝开展较为密集，试件底部砂浆脱离，钢绞线应变逐渐增大。当荷载达到 46.06kN 时，试件屈服，进入位移控制加载模式，中间区域部分的钢绞线应变发展最快，同时伴随"嘶嘶"声响。竖向位移到达 10.01mm 时，试件到达峰值荷载，刚度退化较为明显，对比加固间距为 60mm 的试件，砂浆面层裂缝开展多而密，脱落量较少，试件破坏形态如图 24-6 所示。

（7）加固试件（Z7，n_k＝0.24，l＝30mm，δ＝60%）

试件 Z7 在加载时的破坏现象与试件 Z6 无明显区别，加载初期残余变形小，滞回曲线基本在同一条直线上。当荷载达到 18.58kN 时，试件出现裂缝，随着加载的进行，对比间距为 60mm 试件，裂缝呈现多而密的特点，钢绞线应变的发展特点、试件刚度退化与试件 Z7 基本相同，变化不大。当荷载达到 37.55kN 时，试件屈服，进入位移加载控制模式，当位移达到 10.25mm 时，试件到达峰值荷载，刚度退化加快，柱底砂浆脱离压碎，砂浆面层脱落量相比加固间距为 60mm 的少，砂浆与钢绞线粘结可靠，试件破坏形态如图 24-7 所示。

（8）加固试件（Z8，n_k＝0.38，l＝30mm，δ＝30%）

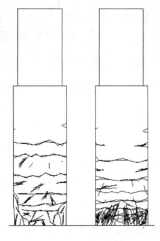

图 24-6　Z6 破坏形态

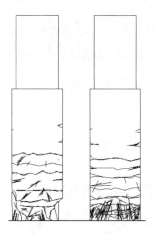

图 24-7　Z7 破坏形态

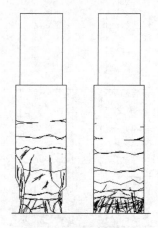

图 24-8　Z8 破坏形态

试件 Z8 在加载初期，与试件 Z6、Z7 无明显区别。由于轴压比的不同，试件开裂荷载比其他试件大，对比于加固间距为 60mm 的试件，裂缝开展呈现多而密的特点。当荷载达到42.14kN 时，试件屈服，进入位移控制模式加载，位移到达10.61mm 时，试件到达峰值荷载，刚度退化加快，柱底砂浆脱离压碎，砂浆面层脱落。对比于试件 Z6、Z7，该试件在塑性铰区域破坏严重，主要是由于轴压比影响，试件破坏形态如图 24-8 所示。

24.2.2　破坏现象结论

通过各试件试验现象可以得到以下初步结论：

（1）各试件的破坏裂缝在加固范围以内，主要的破坏区域集中在离柱底 200mm 范围，加固的区域满足工程设计和实验的要求。

（2）不同配置参数的试件，裂缝开展情况不同，加固后试件的屈服点、峰值点、破坏点均有所提高，主要的影响参数来源于轴压比和钢绞线配置特征值。

（3）各加固试件在加载时底部砂浆发生脱离现象，如图 24-9 所示，主要由于砂浆与试件没有形成连接；加固试件棱角处均出现混凝土压碎和砂浆脱落等现象，如图 24-10 所示，对比未加固试件，钢绞线对混凝土起到很好的约束作用，如图 24-11 所示。

（4）在达到屈服荷载之前，各试件的砂浆面层均已开裂。

图 24-9　砂浆脱离

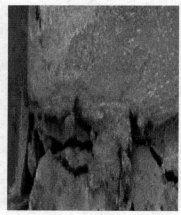
图 24-10　砂浆压碎

图 24-11　钢绞线约束作用

24.3　应变分析

24.3.1　箍筋应变分析

试件浇筑过程中，主要通过预埋电阻应变片的方法测试箍筋的应变变化。为了使箍筋的应变具有可比性，取距离柱底 100mm、编号为 S1 箍筋的应变进行分析，每一级循环作用下取正向、反向平均值作为箍筋的应变值。箍筋应变变化如图 24-12 和图 24-13 所示。

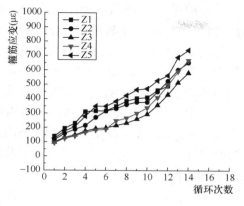

图 24-12　间距为 60mm 的试件

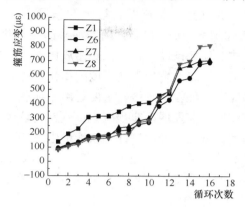

图 24-13　间距为 30mm 的试件

从图 24-12 和图 24-13 可得出：随着加载循环次数的不断进行，箍筋的应变也逐渐增大，主要是由于箍筋对混凝土的膨胀起到抑制作用，从而使箍筋的应变增加；对比加固试件，未加固试件在前几次循环中箍筋应变较大，主要是由于加固试件的钢绞线对混凝土的膨胀起到抑制作用；试件屈服后，在同级位移加载的控制模式下，箍筋的应变均有不同程度发展；在达到极限位移时，高轴压比试件的箍筋应变比低轴压比试件发展更快，主要是由于轴压比的作用加快了混凝土的膨胀；加固间距和轴压比相同时，不同预应力水平试件的箍筋应变变化趋势大致相同。

24.3.2　高强钢绞线应变分析

对横向钢绞线施加一定的约束应力，在初始阶段对混凝土提供较大的侧向压力，使试件处于"主动约束"状态。试件在加载初期，即使混凝土的变形很小，但由于预应力钢绞线的约束作用使试件完全处于三向受压状态，钢绞线的应变随荷载的增大而逐步增大。为了方便试件对比，对加固间距为 60mm 的试件取编号为 P2 的钢绞线进行分析，对加固间距为 30mm 的试件取编号为 Y2 的钢绞线进行分析（试件 Z8 由于应变片出现问题，未在图中表示），分别如图 24-14、图 24-15 所示。

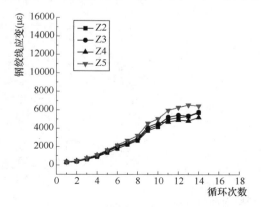

图 24-14　间距为 60mm 的试件

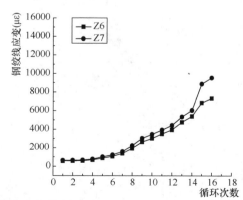

图 24-15　间距为 30mm 的试件

由于钢绞线初始应力的存在，促使原有结构中的裂隙闭合，不同预应力水平的存在对钢绞线的应变发展存在着很大的差异，取每级循环的平均值作为钢绞线应变值。从图 24-14 和图 24-15 可得出：随着加载的不断进行，钢绞线的应变逐渐增大，在同级位移控制模式的加载条件下，第二次循环比第一次循环的应变有所增加，主要是由于在往复荷载作用下，混凝土发生不同程度的损伤，混凝土的膨胀加大；在加载的前几个循环中，钢绞线的应变发展较为平缓，主要是由于加载初期钢筋起到主要的约束作用；施加预应力的试件钢绞线应变发展比非预应力试件发展较快，主要是由于预应力试件在初始阶段就起到约束作用；轴压比高的试件钢绞线极限应变高，主要是由于轴压比高，混凝土膨胀较大；在初始的几个循环中，加固间距为 30mm 的试件的钢绞线应变发展较为平缓，在加载后期钢绞线的应变增大，表现出钢绞线对混凝土的约束作用。

24.4 试验结果分析

24.4.1 滞回曲线

滞回曲线和骨架曲线是结构抗震性能的两个重要指标，试验过程中，每一个加载、卸载循环过程都会得到相应的位移和荷载，每一个循环周期的荷载和位移关系所形成的曲线，称为一个滞回环，加载过程中的所有滞回环形成的曲线称为滞回曲线[57]。滞回曲线是结构抗震性能的综合体现，反映了试件在往复荷载中的耗能能力、延性、刚度退化等抗震性能指标。常见的滞回曲线有梭形、弓形、反 S 形和 Z 形[41]。

本次试验的各滞回曲线如图 24-16 所示，通过各试件的滞回曲线可以看出，在试件达到屈服之前，各滞回曲线包含的面积较小，表明试件在屈服之前耗能较小，结构刚度退化缓慢。试件屈服之后，滞回曲线沿偏向水平方向发展，滞回环所包含的面积逐渐增大，表明试件屈服后，耗能能力增加。当试件达到极限荷载时，试件的承载力下降，刚度退化加快，但试件的耗能能力并未下降，包含的滞回面积持续增加，直到试验结束为止，且各试件滞回曲线出现的捏缩现象表明，加固后试件的抗震性能有很大程度的提高。

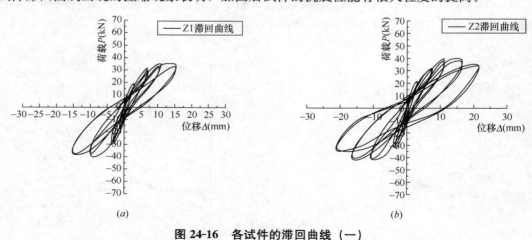

图 24-16 各试件的滞回曲线（一）

(a) Z1；(b) Z2；

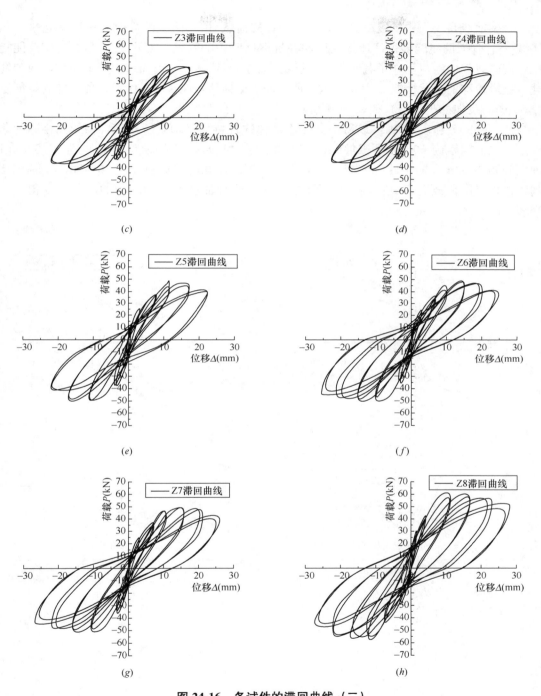

图 24-16　各试件的滞回曲线（二）

（c）Z3；（d）Z4；（e）Z5；（f）Z6；（g）Z7；（h）Z8

24.4.2 骨架曲线

骨架曲线是指结构抗震试验中，每次循环的荷载-位移曲线的峰值点所连接起来的包络线[57]。骨架曲线能够很好地体现试件在抗震试验中的刚度、变形和延性等抗震性能指标。同时骨架曲线也反映了各试件的屈服荷载、屈服位移、峰值荷载、峰值位移、极限荷载、极限位移的变化情况[57,41]，本试验所得的骨架曲线如图 24-17 所示，各试件的特征点（取正向与反向的平均值）如表 24-1 所示。

从图 24-17 和表 24-1 可以得出：加固试件的各特征点均有所提高，轴压比相同的条件下，加固间距为 60mm 的试件峰值荷载提高到 44.94kN，峰值位移提高到 22.52mm；加固间距为 30mm 的试件峰值荷载提高到 51.77kN，峰值位移提高到 26.92mm；轴压比高的试件极限荷载提高值较轴压比低的试件大；骨架曲线随加固间距的减小而变得更加平缓。

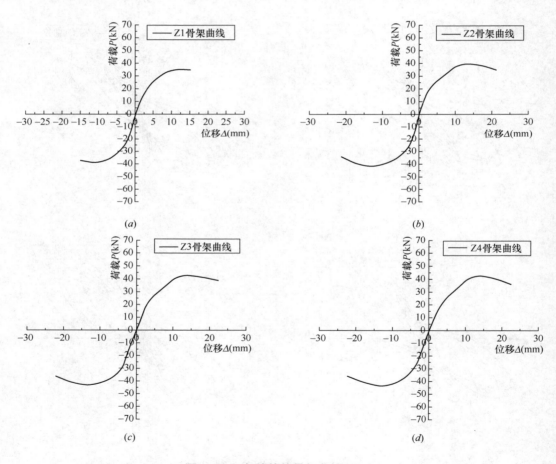

图 24-17 各试件的骨架曲线（一）

(*a*) Z1；(*b*) Z2；(*c*) Z3；(*d*) Z4；

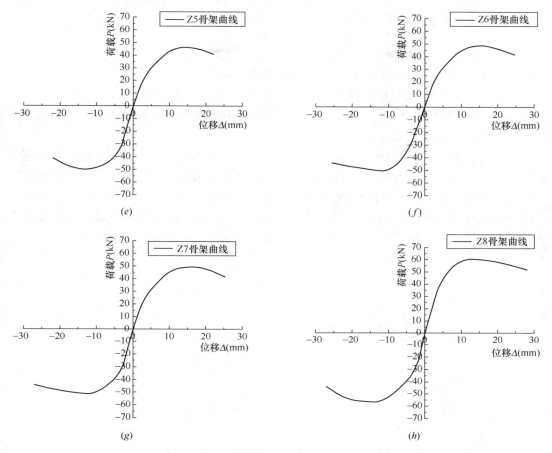

图 24-17　各试件的骨架曲线（二）
(*e*) Z5；(*f*) Z6；(*g*) Z7；(*h*) Z8

各试件特征点　　　　　　　　　　　　　　　　　　表 24-1

试件编号	屈服		峰值		极限	
	荷载 P (kN)	位移 Δ (mm)	荷载 P (kN)	位移 Δ (mm)	荷载 P (kN)	位移 Δ (mm)
Z1	28.10	5.19	37.78	9.95	32.06	16.01
Z2	32.29	5.47	42.23	10.55	34.55	21.21
Z3	33.71	5.70	43.98	11.15	37.38	22.23
Z4	33.85	5.75	44.94	11.35	36.18	22.52
Z5	38.26	5.62	48.43	11.06	41.05	22.05
Z6	36.06	5.50	51.48	10.01	41.55	24.68
Z7	37.55	5.08	51.77	10.25	41.61	26.92
Z8	42.14	5.80	60.60	10.61	51.77	28.12

24.4.3　延性分析

　　延性是衡量结构抗震性能的一项重要指标，延性通常用延性系数进行表述。延性系数指的是：在保证结构承载力的情况下，极限变形与屈服变形的比值。最常用的是曲率延性系数和位移延性系数[41]。

位移延性系数采用如下公式表示[41]：

$$\mu = \frac{\Delta_u}{\Delta_y} \qquad (24\text{-}1)$$

式中，Δ_u 为加载试件的极限位移，Δ_y 为加载试件的屈服位移。

屈服位移 Δ_y 可以按照如下方法进行确定[40,41]：

（1）对于有明显屈服点的试件，可以通过预埋电阻应变片测定钢筋的屈服应变或直径从荷载-位移曲线上进行确定。

（2）对没有明显屈服点的试件，可以采用能量等值法（图 24-18a）和几何作图法进行确定（图 24-18b）。能量等值法：以双折线代替曲线，使图中包围阴影部分的面积相等，则折线的转折点 Y 为该试件的屈服点，对应的位移为屈服位移。几何作图法：从曲线原点做切线 OA，通过极限荷载点 U 做水平线与切线 OA 相交于 A 点，再通过 A 做垂线与曲线相交于 B 点，连接 OB 与 AU 相交于 C 点，最后通过 C 点做垂线与曲线的交点为该试件的屈服点，对应的位移为屈服位移。

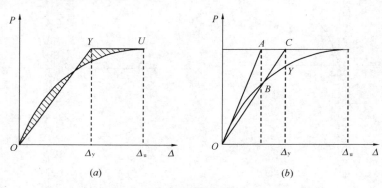

图 24-18　屈服点确定方法

（a）能量等值法；（b）几何作图法

极限位移 Δ_u 取试件荷载下降到峰值荷载的 85% 对应的位移值。

曲率延性系数采用如下公式表示：

$$\theta = \frac{\Delta_u}{H} \qquad (24\text{-}2)$$

式中，Δ_u 为加载试件的极限位移；H 为加载点到柱底的距离。

本试验各试件位移值（取正向与反向的平均值）、延性系数计算结果如表 24-2 所示。

各试件延性系数计算 表 24-2

试件编号	屈服位移 Δ_y (mm)	极限位移 Δ_u (mm)	位移延性 $\left(\mu=\frac{\Delta_u}{\Delta_y}\right)$	位移延性提高系数	曲率延性 $\left(\theta=\frac{\Delta_u}{H}\right)$	曲率延性提高系数
Z1	5.19	16.01	3.09	1.00	1/53.1	1.00
Z2	5.47	21.21	3.88	1.26	1/37.7	1.41
Z3	5.70	22.23	3.90	1.26	1/36.0	1.48
Z4	5.75	22.52	3.92	1.27	1/35.5	1.50
Z5	5.62	22.05	3.92	1.27	1/36.4	1.46

续表

试件编号	屈服位移 Δ_y （mm）	极限位移 Δ_u （mm）	位移延性 $\left(\mu=\dfrac{\Delta_u}{\Delta_y}\right)$	位移延性提高系数	曲率延性 $\left(\theta=\dfrac{\Delta_u}{H}\right)$	曲率延性提高系数
Z6	5.50	24.68	4.49	1.45	1/32.4	1.64
Z7	5.08	26.92	5.30	1.72	1/29.7	1.79
Z8	5.80	28.12	4.85	1.57	1/28.4	1.87

从表 24-2 可知：加固后试件的延性均有不同程度的提高，轴压比相同时，加固间距为 60mm 的试件位移延性、曲率延性最大提高 1.27、1.50 倍，加固间距为 30mm 的试件位移延性、曲率延性最大提高 1.72、1.79 倍；在 0~60% 的预应力水平范围内，加固试件的延性有所提高，加固间距为 30mm 比加固间距为 60mm 提高值更为明显，主要是由于高强钢绞线网相当于一种体外配筋加固技术，使试件的配箍率增大，延性提高；轴压比高的试件延性提高值低于轴压比低的试件，主要是由于轴压比高，试件的刚度大，延性降低。

24.4.4　耗能分析

地震荷载作用下，将会产生巨大的能量。建筑结构吸收和释放能量的好坏，是建筑结构抗震性能的重要体现，在建筑结构试验中，通常以试件的滞回环（图 24-19）所包含的面积或者用等效黏滞阻尼系数 h_e 来衡量试件抗震性能的好坏[57]，滞回曲线饱满，滞回环个数多，表明试件的抗震性能越好。

各试件的耗能如表 24-3 所示，当荷载下降到极限荷载的 85% 时作为试验结束的条件。通过表中的耗能数据可知，加固试件的耗能性能均有很大程度的提高；对于低轴压比的试件来说，钢绞线间距和轴压比成为构件耗能性能的两个重要指标，轴压比为 0.38 的构件提高 4.54 倍，钢绞线间距越小耗能性能越好，最大提高了 3.42 倍。

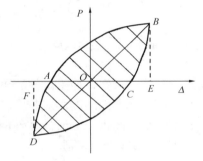

图 24-19　滞回环曲线

屈服后各试件耗能能力 （kN·mm）　　　　　　　　　　表 24-3

试件编号	循环次数	Δ_y	$2\Delta_y$	$3\Delta_y$	$4\Delta_y$	$5\Delta_y$	总耗能	提高倍数
Z1	第一次	112	316	526	—	—	1668	—
	第二次	94	172	448	—	—		
Z2	第一次	129	350	618	993	—	3854	1.31
	第二次	121	220	580	843	—		
Z3	第一次	146	390	678	1088	—	4257	1.55
	第二次	137	243	628	947	—		
Z4	第一次	143	391	680	1069	—	4318	1.56
	第二次	136	237	618	944	—		
Z5	第一次	173	431	756	1174	—	4718	1.83
	第二次	149	272	718	1045	—		
Z6	第一次	135	377	680	1087	1328	7084	3.25
	第二次	116	273	630	1159	1299		

试件编号	循环次数	Δ_y	$2\Delta_y$	$3\Delta_y$	$4\Delta_y$	$5\Delta_y$	总耗能	提高倍数
Z7	第一次	144	416	736	1071	1397	7373	3.42
	第二次	120	329	695	1091	1374		
Z8	第一次	137	573	799	1342	1708	9242	4.54
	第二次	161	559	828	1457	1678		

注：提高倍数＝（加固试件耗能－对比试件）/对比试件。

24.4.5　刚度退化分析

试件在往复荷载作用下，混凝土开裂膨胀，试件刚度退化。因此对试件刚度退化的分

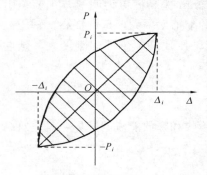

图 24-20　割线刚度

析研究，是结构抗震性能研究一项不可或缺的指标，同时刚度退化也是造成滞回曲线不断倾斜的主要因素。本文采用割线刚度（图 24-20）对各试件的刚度退化进行对比分析，计算公式为：

$$K_i = \frac{|+P_i|+|-P_i|}{|+\Delta_i|+|-\Delta_i|} \tag{24-3}$$

其中，分子 P_i 表示第 i 次循环正向最大荷载与反向最大荷载的绝对值之和，分母 Δ_i 表示第 i 次循环正向最大位移与反向最大位移的绝对值之和[40,41]。

不同位移状态下各试件的刚度退化曲线如图 24-21 所示。从图中可知，加固试件的初始刚度变大，试件屈服后刚度退化较缓慢；轴压比和钢绞线间距对试件的刚度影响较大，轴压比高的试件初始刚度比轴压比低的试件初始刚度大；钢绞线线间距 30mm 的试件刚度退化比间距 60mm 的试件更平缓；预应力水平对试件刚度变化的影响不明显。

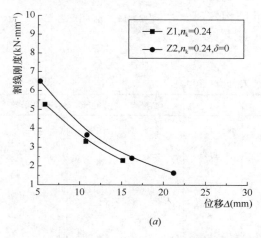

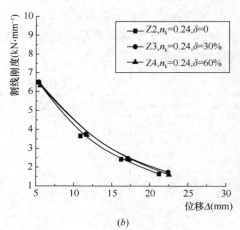

(a)　　　　　　　　　　　　　　　　(b)

图 24-21　刚度退化曲线（一）

（a）加固对比试件；（b）加固间距 60mm 不同预应力水平试件；

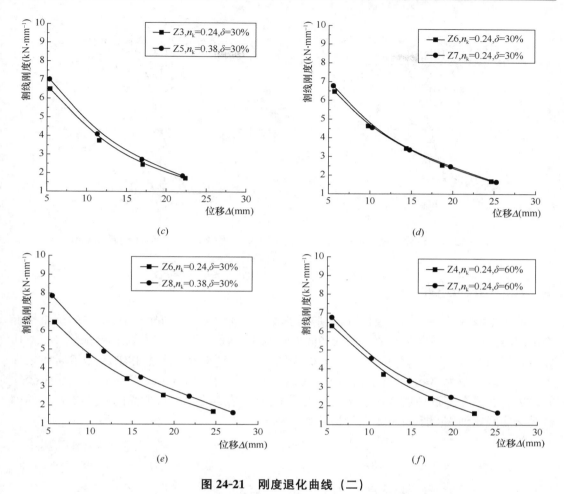

图 24-21　刚度退化曲线（二）

（c）加固间距 60mm 不同轴压比试件；（d）加固间距 30mm 不同预应力水平试件；
（e）加固间距 30mm 不同轴压比试件；（f）加固间距 30mm 和 60mm 试件

24.5　试验参数分析

24.5.1　轴压比

轴压比是影响结构抗震性能的一个主要因素，在钢绞线横向预应力水平相同的条件下，对加固间距为 60mm 和加固间距为 30mm 进行对比分析，如图 24-22 和图 24-23 所示，可知：对于其他试验参数相同的加固构件来说，高轴压比试件的极限承载力有所提高；轴压比较低的试件，骨架曲线下降段较为平缓，主要是因为轴压比低的试件截面刚度底，轴压比高的试件截面初始刚度大，骨架曲线的刚度变化明显。通过对比发现轴压比成为加固抗震试验研究的一项不可或缺的因素。

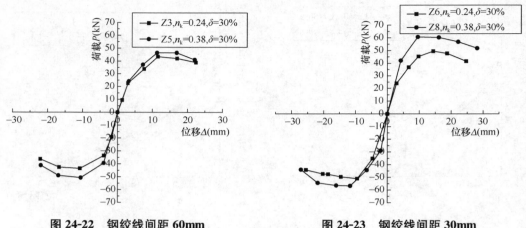

图 24-22　钢绞线间距 60mm　　　　　图 24-23　钢绞线间距 30mm

24.5.2　钢绞线间距

从第 22 章的综述可知，对于横向加固混凝土结构来说，加固间距对试件的抗震性能不可忽略，本章对横向预应力钢绞线加固低轴压比混凝土柱的钢绞线配置特征值进行对比分析，如图 24-24 和图 24-25 所示，分析表明：在横向预应力水平和轴压比相同的条件下，钢绞线间距为 30mm 的试件抗震性能优于钢绞线间距为 60mm 的试件；减小钢绞线间距可以明显提高试件的极限承载力、耗能能力、结构的延性；加固间距为 30mm 的构件骨架曲线比加固间距为 60mm 的构件更为平缓。

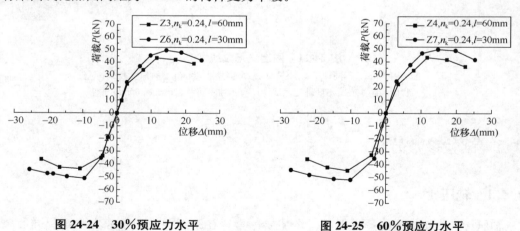

图 24-24　30％预应力水平　　　　　图 24-25　60％预应力水平

24.5.3　预应力水平

对横向钢绞线试件预应力，解决了钢绞线材料性能滞后的现象。本章对不同预应力水平的构件进行对比分析，如图 24-26 和图 24-27 所示，分析表明：对于加固间距为 60mm、30mm 的试件来说，适当提高预应力水平，试件的屈服荷载、峰值荷载及极限荷载均有所提高，提高的值不明显；加固间距为 30mm 的试件极限位移提高量比加固间距为 60mm

更加明显，所以为了方便该加固技术在实际工程中的应用，同时提高对钢绞线的利用率以及抗震延性设计的要求，可以对横向钢绞线施加一定的预应力。

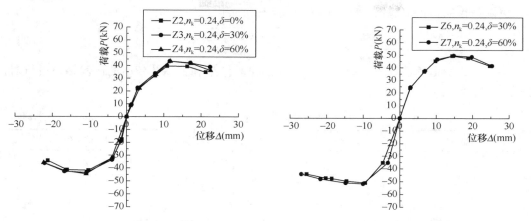

图 24-26　钢绞线间距 60mm　　　　　图 24-27　钢绞线间距 30mm

24.6　加固抗震延性计算

从本章的抗震参数分析可知，不同的轴压比、配箍率及钢绞线间距，其位移延性系数也不相同，可以看出试件的位移延性系数是一个与轴压比、钢绞线含量有关的量。

对于普通混凝土柱，箍筋的配箍特征值可以按如下公式计算：

$$\lambda_t = \mu_t \frac{f_{yt}}{f_{co}} \tag{24-4}$$

式中，μ_t 为横向箍筋的体积配箍率，$\mu_t = \dfrac{A_{st}(l_1 + l_2)}{l_1 l_2 S_t}$，$A_{st}$ 为箍筋截面面积；l_1，l_2 为箍筋的两个边长；S_t 为箍筋间距；f_{yt} 为横向箍筋的屈服强度；f_{co} 为素混凝土抗压强度。

高强钢绞线加固技术相当于一种体外配筋加固技术，通过高强钢绞线约束作用使混凝土处于三向受压状态，提高混凝土的强度。对钢绞线施加一定的预应力提高了对混凝土的约束作用，为此对高强钢绞线加固技术从"被动约束"状态过渡到"主动约束"状态进行研究。文献 [40] 借助于 FRP 对混凝土柱的约束作用，并基于钢绞线应变提出了钢绞线加固柱的延性计算公式 μ，计算公式为：

$$\mu = \frac{\sqrt{1 + 30\alpha\lambda_e}}{0.045 + 1.4n_k} \tag{24-5}$$

式中，λ_e 为总体配置特征值，$\lambda_e = \lambda_t + k_e\lambda_w$，$\lambda_w$ 为钢绞线配置特征值，其意义与箍筋配置特征值相同，k_e 为钢绞线的有效约束系数；α 为箍筋形式系数，方形箍筋 α 取为 1.0；n_k 为设计轴压比。

钢绞线的有效约束系数 k_e 指的是在试验过程中钢绞线材料性能的利用程度，通过钢绞线应变分析可知，试验参数不同，钢绞线应变发展也不同。为了体现轴压比及钢绞线预应力水平对钢绞线约束系数的影响，在文献 [59] 的研究基础上构造 k_e 函数的关系为：$k_e = A + Bn_k + Cn_k^2 + D\delta + E\delta^2$，通过非线性数据拟合可得，当设计轴压比 $n_k \leqslant 0.4$、钢绞线

预应力水平 $\delta \leqslant 0.6$ 时，预应力钢绞线的有效约束系数按下式计算：

$$k_e = 0.12 + 1.25n_k - 0.91n_k^2 + 0.62\delta - 0.51\delta^2 \tag{24-6}$$

所以，预应力钢绞线网-高性能砂浆加固柱的抗震延性计算公式为：

$$\mu = \frac{\sqrt{1 + 30 \times (\lambda_t + k_e\lambda_w)}}{0.045 + 1.4n_k} \tag{24-7}$$

将该公式所得延性计算结果分别与本文的试验结果和文献［42］的试验结果进行对比分析，如表 24-4 所示。

加固试件延性计算结果　　　　　　　　　　表 24-4

试件编号	试验值	理论值	试验值/理论值
Z2	3.88	4.91	0.79
Z3	3.90	5.04	0.77
Z4	3.92	5.08	0.77
Z5	3.92	3.68	1.07
Z6	4.49	5.46	0.82
Z7	5.30	5.54	0.96
Z8	4.85	4.71	1.03
PLC60-1[42]	5.30	4.85	1.09
PLC61-1[42]	5.21	4.90	1.06
PLC62-1[42]	5.59	4.93	1.13
PLC63-1[42]	5.88	4.95	1.19
PLC30-1[42]	7.11	5.50	1.29
PLC31-1[42]	6.81	5.76	1.18
PLC32-1[42]	6.74	5.81	1.16
PLC33-1[42]	5.26	5.85	0.90

由表 24-4 对比分析可知：试验值/理论值的结果介于 0.77～1.29，平均值为 1.01。方差为 0.028，变异系数为 0.167，且理论计算值的样本数大部分小于试验值，表明该抗震延性计算公式具有一定的安全储备。

24.7　本章小结

本章主要对抗震试验结果进行分析研究，并对横向预应力钢绞线网加固柱抗震性能进行因素分析，小结为以下几点：

（1）描述了各试件在试验过程中的破坏现象以及钢筋和钢绞线应变发展情况，同时得到各试件的滞回曲线、骨架曲线，并通过滞回曲线得出试件在加载各阶段的耗能性能、刚度退化等参数变化。

（2）钢绞线加固技术作为一种体外配筋加固技术，结合体积配箍率的概念得出预应力钢绞线有效约束系数的计算公式，并结合该公式对加固抗震试件的延性进行了计算。

（3）根据抗震耗能的概念，对各试件的滞回面积进行计算，对各试件的耗能能力进行计算对比，同时对各试件的刚度退化情况进行分析，得出：加固试件的初始刚度变大，同时刚度退化也较为缓慢。

（4）通过对本文设置的试验参数对比分析得出：轴压比和钢绞线含量成为影响试件抗震性能的主要因数；轴压比和钢绞线含量对试件极限承载力的影响高于钢绞线的预应力水平。

第 25 章 预应力钢绞线网加固 RC 柱
恢复力模型研究

25.1 概述

恢复力模型曲线包括骨架曲线和滞回曲线，是模拟在地震作用下混凝土结构荷载-位移之间的关系曲线，该模型曲线是对试验所得的荷载-位移曲线进行适当的简化所得。采用静力分析时，一般得到的是构件骨架曲线模型，结合滞回规则得到滞回曲线[60]。

对于混凝土结构来说，恢复力模型可以分为材料和构件两个层次的研究，材料层次主要研究钢筋和混凝土的应力-应变关系曲线；构件层次主要研究构件变形与荷载之间的滞回关系，包括截面弯矩-曲率滞回关系（M-φ），荷载-位移滞回关系（P-Δ）。当然，对混凝土构件恢复力模型研究必须满足以下两点要求：①具有一定的精度要求，体现构件在试验条件下的滞回性能；②对实际工程具有一定的适用性，不会因为模型的复杂性，影响构件的非线性分析过程[61]。

曲线形和折线形是目前恢复力模型研究中应用最多的两种类型，其中曲线模型虽然能够比较真实地反映实际地震情况，但是非线性分析计算繁琐，应用具有一定的局限性，其主要类型包括 Y. K. wen 光滑曲线模型、Ozdemir 模型、Wen-Bouc 模型等；折线形模型计算相对简单，工程应用广泛，其主要类型包括双线性模型、Takeda 模型、Clough 刚度退化模型、退化三线型模型等[62]，目前对退化三线型模型应用较为广泛。

25.2 高强钢绞线加固 RC 柱恢复力模型现状

针对普通 RC 构件恢复力特性的研究较为广泛，提出了许多具有实际应用价值的模型。文献［62］考虑了轴压比作用，在试验基础上建立高轴压比恢复力模型曲线；文献［63］收集 28 根轴压比超限钢筋混凝土柱，研究各试件刚度与剪跨比、轴压比、配箍特征值的函数关系，并应用刚度退化三线型模型将理论结果与拟静力试验结果相比较；文献［64］根据 108 根试件在往复荷载作用下的试验结果，通过线性拟合，分析归纳试件加卸载刚度与轴压比、配箍特征值、剪跨比、截面核心区面积的关系，并根据理论结果，采用刚度退化三线型模型与试验结果对比，吻合度较高。

在高强钢绞线加固领域，陈亮[40]根据试验结果，同样采用刚度退化三线型模型，建立恢复力模型曲线，并且与试验结果吻合度高。郭俊平[42-43]根据试验结果，选择合理的材料本构模型，采用迭代法建立骨架曲线，再根据 Clough 刚度退化规则建立滞回曲线。以上对 RC 柱恢复力模型的研究，考虑了多种因素，为本文对加固 RC 柱恢复力模型研究具有重要意义。从第 22 章可知，对于钢筋混凝土结构来说：配箍特征值、配筋率、轴压比、剪跨比、截面形状、钢绞线配置特征值等参数都会对结构的抗震性能产生不同程度的影响。

但在高强钢绞线加固 RC 柱的恢复力模型研究领域中，并未体现钢绞线特征对截面卸载刚度的影响。基于现存的问题，本文在前人研究的基础上，选择合理的材料本构模型，采用积分迭代的计算方法，并结合 Clough 刚度退化规则，建立恢复力模型曲线。

25.3　材料本构模型

钢筋混凝土结构在往复荷载作用下，材料受力特性复杂，选择合理的材料本构模型能够更加真实地反映材料在地震荷载作用下的受力特性，同时也为截面非线性分析奠定基础。

25.3.1　钢筋本构模型

本文考虑往复荷载作用下钢筋屈服、强化、软化等现象，采用由双直线和抛物线组成的本构关系模型曲线[65]。钢筋的应力-应变关系按式（25-1）确定。通过对系数 k_1、k_2、k_3、k_4 的不同取值可分别模拟不同类型的钢筋，钢筋的本构模型曲线如图 25-1 所示。

$$\sigma = \begin{cases} E_s\varepsilon & \varepsilon \leqslant \varepsilon_y \\ f_y & \varepsilon_y < \varepsilon \leqslant k_1\varepsilon_y \\ k_4 f_y + \dfrac{E_s(1-k_4)}{\varepsilon_y(k_2-k_1)^2}(\varepsilon-k_2\varepsilon_y)^2 & \varepsilon > k_1\varepsilon_y \end{cases} \tag{25-1}$$

式中，E_s——钢筋弹性模量；f_y，ε_y——钢筋的屈服应力、屈服应变，$\varepsilon_y = f_y/E_s$；k_1——钢筋硬化时应变与屈服应变 ε_y 的比值；k_2——钢筋峰值应变 ε_m 与屈服应变 ε_y 的比值；k_3——钢筋极限应变 ε_u 与屈服应变 ε_y 的比值；k_4——钢筋峰值应力 σ_m 与屈服应力 σ_y 的比值。

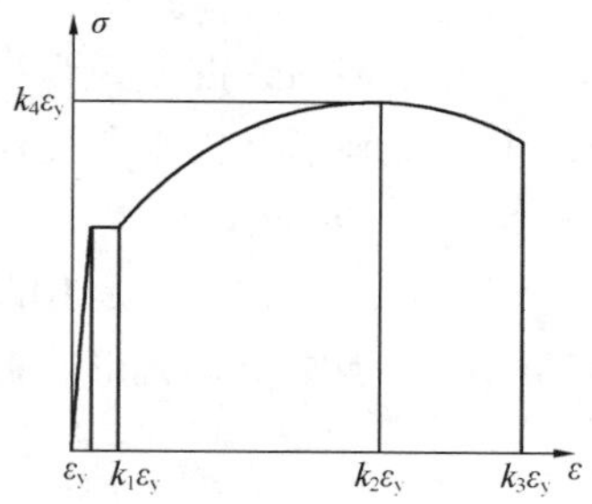

图 25-1　钢筋本构模型

25.3.2　混凝土本构模型

混凝土本构模型是指混凝土应力与应变关系曲线，为了更好地应用于试验与理论分析，国内外许多学者对素混凝土和约束混凝土的本构关系提出了多种模型。

（1）未加固混凝土本构模型

考虑箍筋对未加固试件混凝土强度的影响及计算方便，采用过镇海在文献［63］中提出的本构模型，当配箍特征值 $\lambda_t \leqslant 0.32$ 时，混凝土应力-应变全曲线方程按下式计算：

$$y = \begin{cases} \alpha_{a,c}x + (3-2\alpha_{a,c})x^2 + (\alpha_{a,c}-2)x^3 & x \leqslant 1.0 \\ \dfrac{x}{\alpha_{d,c}(x-1)^2+x} & x \geqslant 1.0 \end{cases} \tag{25-2}$$

式中，$y = \sigma/f_{cc}$，$x = \varepsilon/\varepsilon_{cc}$；当混凝土为 C20～C30 时，$\alpha_{ac} = (1+1.8\lambda_t)\alpha_a$，$\alpha_{d,c} = (1-1.75\lambda_t^{0.55})\alpha_d$，$\alpha_a$，$\alpha_d$ 为素混凝土参数，根据本文混凝土强度等级 α_a，α_d 分别取为 1.7、

$0.8^{[62]}$；f_{cc}，ε_{cc} 分别为箍筋约束柱混凝土的峰值应力和峰值应变，按下式计算；

$$f_{cc} = (1 + 0.5\lambda_t)f_{co} \tag{25-3}$$

$$\varepsilon_{cc} = (1 + 2.5\lambda_t)\varepsilon_{co} \tag{25-4}$$

式中，f_{co}、ε_{co} 为素混凝土极限抗压强度、极限压应变。

（2）约束混凝土本构模型

针对约束混凝土的本构模型，Richart 等人[65]开创性地通过试验，定量地研究约束混凝土的力学性能，推导出一直沿用至今的经典 Richart 约束模型。对约束混凝土本构关系的研究长达一百多年历史，其间，研究还诞生了很多经典约束混凝土本构关系模型，如：Mander 模型、过镇海模型等。

① Richart 模型[66]

Richart[66]通过试验，定量地研究约束混凝土的力学性能，通过液体对约束混凝土进行研究试验，推导出经典 Richart 约束模型。

$$\frac{f'_{cc}}{f'_{co}} = 1 + k_1 \frac{f_l}{f'_{co}} \tag{25-5}$$

$$\frac{\varepsilon_{cc}}{\varepsilon_{co}} = 1 + k_1 \frac{f_l}{f'_{c}} \tag{25-6}$$

式中，f'_{cc}、ε_{cc}——约束混凝土极限抗压强度、相应的应变；f'_{co}、ε_{co}——素混凝土极限抗压强度，相应的应变；f_l——环向约束应力；f_c——无侧向压力约束的试件的轴心抗压强度；k_1、k_2——试验参数。

目前很多约束混凝土强度公式是基于 Richart 模型发展来的，在我国混凝土结构设计规范里，螺旋箍筋柱轴心受压正截面承载力计算也采用了 Richart 计算模型。

② Mander 模型[67]

Mander 等人[67]所提出的约束混凝土模型，既适用圆形箍筋约束的情况，也适用矩形箍筋约束。当圆形、方形等截面柱轴心受压，截面的两个方向有效约束应力相同时：

$$\frac{f'_{cc}}{f'_{co}} = -1.254 + 2.254\sqrt{1 + \frac{7.94f_l}{f'_{co}}} - 2\frac{f_l}{f'_{co}} \tag{25-7}$$

$$\frac{\varepsilon_{cc}}{\varepsilon_{co}} = 1 + 5\left(\frac{f'_{cc}}{f'_{co}} - 1\right) \tag{25-8}$$

式中，f'_{cc}、ε_{cc}——约束混凝土极限抗压强度、相应的应变；f'_{co}、ε_{co}——素混凝土极限抗压强度、相应的应变；f_l——横向约束应力。

当柱偏心受压时，混凝土侧向有效约束应力也不同。

③ 本文建议模型

为了计算方便，本文采用郭俊平[38]建议的预应力钢绞线约束混凝土多项式本构模型，对约束混凝土柱进行恢复力模型计算，计算公式如下：

$$y = \begin{cases} -1.32x^3 + 1.47x^2 + 0.85x & x \leqslant 1 \\ -0.021x^3 - 0.104x^2 + 1.125x & x \geqslant 1 \end{cases} \tag{25-9}$$

式中，$y = \sigma_c / f_{cc}$，$x = \varepsilon_c / \varepsilon_{cc}$；$f_{cc}$、$\varepsilon_{cc}$ 分别为加固柱混凝土的峰值应力、应变，按下式计算：

$$f_{cc} = f_{co}\left(-1.254 + 2.254\sqrt{1 + \frac{7.94 f_{re}}{f_{co}}} - 2\frac{f_{re}}{f_{co}}\right) \tag{25-10}$$

$$\varepsilon_{cc} = \varepsilon_{co}\left[1 + 5\left(\frac{f_{cc}}{f_{co}} - 1\right)\right] \tag{25-11}$$

$$f_{re} = k_e f_r \tag{25-12}$$

$$f_r = \frac{2 f_{we} A_w}{sa} \tag{25-13}$$

式中，f_{cc}、ε_{cc}——约束混凝土极限抗压强度、相应的应变；f_{co}、ε_{co}——素混凝土极限抗压强度、相应的应变；f_r——作用于混凝土的约束应力；f_{re}——作用于混凝土的有效约束应力；k_e——预应力钢绞线约束折减系数，按公式（24-6）计算；s——钢绞线间距；a——试件截面宽度；A_w——钢绞线面积；f_{we}——钢绞线极限抗拉强度。

25.4　截面非线性分析

截面非线性分析是结构、构件非线性分析的基础，通过截面的非线性分析可以求出截面的弯矩-曲率关系，进而分析构件刚度的变化、开裂、钢筋屈服、承载力极限状态时的特征值。截面非线性分析需要以下基本假定[58]：

（1）平截面假定，材料应力-应变关系满足函数关系；

（2）忽略混凝土的抗拉强度 f_t；

（3）钢筋和混凝土粘结可靠，不考虑两者间的滑移；

（4）试件剪跨比大于 2，剪切变形的影响小。

通过截面非线性分析可以得出截面弯矩-曲率的关系。在满足平截面假定的条件下，根据计算的精度要求将截面划分为若干条带，再根据截面（图 25-2）几何条件和材料的本构关系求得截面的应力分布。在计算过程中需满足截面弯矩平衡、轴力平衡。

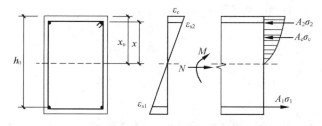

图 25-2　构件截面应力、应变分布图

（1）混凝土应变

$$\varepsilon_{cx} = \frac{x}{x_n}\varepsilon_c \tag{25-14}$$

式中，x_n 为中和轴到受压区混凝土边缘的距离；x 为混凝土计算单元到中和轴的距离；ε_c 为受压区边缘混凝土的应变。

（2）钢筋应力应变关系

$$\varepsilon_{s1} = \frac{h_0 - x_n}{x_n} \varepsilon_c \tag{25-15}$$

$$\varepsilon_{s2} = \frac{x_n - a_c}{x_n} \varepsilon_c \tag{25-16}$$

$$\sigma_1 = E_s \varepsilon_{s1} = E_s \frac{h_0 - x_n}{x_n} \varepsilon_c \tag{25-17}$$

$$\sigma_2 = E_s \varepsilon_{s2} = E_s \frac{x_n - a_c}{x_n} \varepsilon_c \tag{25-18}$$

式中，h_0 为截面有效高度；E_s 为钢筋弹性模量；a_c 为保护层厚度。

（3）轴力平衡方程

$$N = \int_0^{x_n} b \sigma_{cx}(\varepsilon_{cx}) \mathrm{d}x + A_2 \sigma_2 - A_1 \sigma_1 \tag{25-19}$$

式中，σ_1、σ_2 表示钢筋的应力；A_1、A_2 表示钢筋的面积。

（4）弯矩平衡方程

$$M = \int_0^{x_n} b \sigma_{cx}(\varepsilon_{cx})(x + h_0 - x_n) \mathrm{d}x + A_2 \sigma_2 (h_0 - a_s) - N\left(\frac{h}{2} - a_s\right) \tag{25-20}$$

式中，h 表示截面高度，本文 $h = 200\mathrm{mm}$。

对已知配筋的截面可以采用 Matlab 进行截面的非线性分析，主要分析过程为[58]：

（1）在初始轴力条件下计算混凝土的初始应变 $\Delta \varepsilon'$；

（2）以应变 $\Delta \varepsilon_0$ 为应变增量计算，则受压区混凝土应变为：$\Delta \varepsilon = \Delta \varepsilon' + \Delta \varepsilon_0$；

（3）将得到的 $\Delta \varepsilon$ 代入轴力平衡方程得到受压区高度 x_n；

（4）将每个增量得到的 x_n 代入弯矩平衡方程得到水平荷载 P；

（5）当水平荷载 P 迭代到峰值荷载的 85% 左右时停止计算。

根据上述步骤，由平截面假定可得截面曲率：

$$\phi = \frac{\Delta \varepsilon}{x_n} \tag{25-21}$$

屈服前柱顶位移为：

$$\Delta = \phi \frac{H^2}{3} \tag{25-22}$$

根据 R. Park[67] 等提出的等效塑性铰长度 L_p 理论，屈服后柱顶位移为：

$$\Delta = \Delta_y + (\phi - \phi_y) L_p (H - 0.5 L_p) \tag{25-23}$$

式中，Δ_y 为屈服位移；ϕ_y 为屈服曲率；L_p 为塑性铰长度，取 h_0[69]。

考虑轴力 N 的二次矩效应，得到内力和位移的关系为：

$$M = PH + N\Delta \tag{25-24}$$

25.5　分析结果

25.5.1　骨架曲线

通过对试验现象的观察可知，屈服之前试件已经开裂，且对骨架曲线转折点影响不明显，所以开裂荷载可不作为试件的特征点。本文计算的各试件骨架曲线的特征点如表25-1、表 25-2 所示。

屈服和峰值时计算值与试验值的比较　　　　　　　　　　　　　　　　表 25-1

试件编号	屈服荷载（kN）		屈服位移（mm）		峰值荷载（kN）		峰值位移（mm）	
	实验	理论	实验	理论	实验	理论	实验	理论
Z1	28.10	26.41	5.19	4.73	37.78	33.19	9.95	10.08
Z2	32.29	38.09	5.47	5.00	42.23	45.09	10.55	11.66
Z3	33.71	38.29	5.70	5.00	43.98	45.49	11.15	11.86
Z4	33.85	38.49	5.75	5.09	44.94	45.79	11.35	11.96
Z5	38.26	45.48	5.62	5.11	48.43	53.95	11.06	11.90
Z6	36.06	37.96	5.50	5.63	51.48	50.35	10.01	12.20
Z7	37.55	38.26	5.08	5.68	51.77	50.35	10.25	12.26
Z8	42.14	41.65	5.80	4.88	60.60	57.77	10.61	11.36

极限时计算值与试验值的比较　　　　　　　　　　　　　　　　表 25-2

试件编号	极限荷载（kN）		极限位移（mm）	
	实验	理论	实验	理论
Z1	32.06	31.43	16.01	14.82
Z2	34.55	34.57	21.21	22.08
Z3	37.38	34.77	22.23	22.48
Z4	36.18	34.87	22.52	22.08
Z5	41.05	43.37	22.05	23.10
Z6	41.55	42.64	24.68	25.90
Z7	41.61	42.84	26.92	25.90
Z8	51.77	49.61	28.12	28.42

理论骨架曲线与试验骨架曲线如图 25-3 所示。

表 25-1、表 25-2 及图 25-3 计算分析的结果表明：不计往复荷载作用下钢筋产生的包辛格效应，采用合理的钢筋、混凝土本构模型以及约束混凝土的本构模型，同时考虑塑性铰的作用，得出试验结果与理论计算结果吻合度高，说明本文骨架曲线的计算方法具有一定实用性。

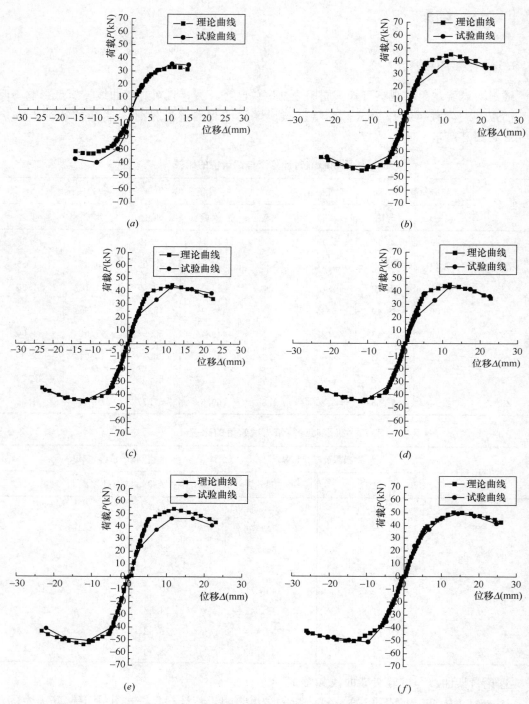

图 25-3 理论与试验骨架曲线的比较（一）

(*a*) Z1；(*b*) Z2；(*c*) Z3；(*d*) Z4；(*e*) Z5；(*f*) Z6；

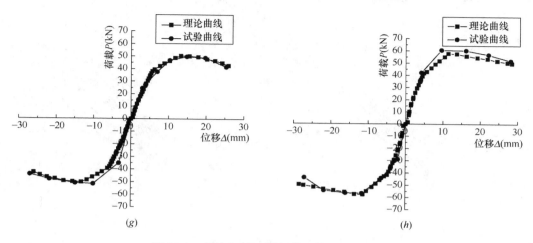

图 25-3　理论与试验骨架曲线的比较（二）

（g）Z7；（h）Z8

25.5.2　滞回曲线

骨架曲线是滞回曲线外包络线，反映了结构刚度的变化情况。根据本章 25.5.1 节建立的骨架曲线，并结合 Clough 加载与卸载刚度线性退化规则，在已经建立的骨架曲线的基础上建立恢复力模型曲线，并与试验曲线比较。理论分析过程中试件从位移和荷载为零的情况下，正向加载、反向卸载依次循环，加载线和卸载线取为斜直线。

（1）卸载线

根据已有的研究以及本文的试验结果，在试件屈服前，残余变形小，试件呈弹性变化；试件屈服后，残余变形加大，卸载刚度 K_r 随着位移改变变化明显，考虑到试件屈服后刚度的不断变化，则试件的弹性刚度、卸载刚度的计算公式为：

当 $\Delta \leqslant \Delta_y$ 时：

$$K_r = K_e \tag{25-25}$$

当 $\Delta_y < \Delta \leqslant \Delta_u$ 时：

$$K_r = K_e \left(\frac{\Delta_y}{\Delta} \right)^a \tag{25-26}$$

式中，K_e——结构的弹性刚度，大小等于屈服荷载 F_y 和屈服位移 Δ_y 的比值；K_r——卸载刚度；a——卸载刚度影响系数；Δ——骨架曲线上加载点或卸载点对应的位移幅值。

研究表明[64]：卸载刚度影响系数 a 是一个与轴压比、配箍率有关的量，本文根据前人的研究结果，考虑钢绞线的作用，对卸载刚度影响系数 a 重新定义计算，计算公式为：

$$a = 0.54 + 0.21n - 0.11\lambda_e \tag{25-27}$$

式中，n——实验轴压比；λ_e——总体配置特征值，按 24.6 节计算，当 $a \leqslant 0.4$ 时，取 $a = 0.4$；当 $a \geqslant 0.5$ 时，取 $a = 0.5$。

（2）再加载线

加、卸载过程中由一个方向荷载卸载为 0，残余位移为另一方向加载的起点，与上一循环最高点直线相连。若完成此级荷载循环，则沿骨架线前进，进入下一个循环。试验滞回曲线与理论曲线如图 25-4 所示。

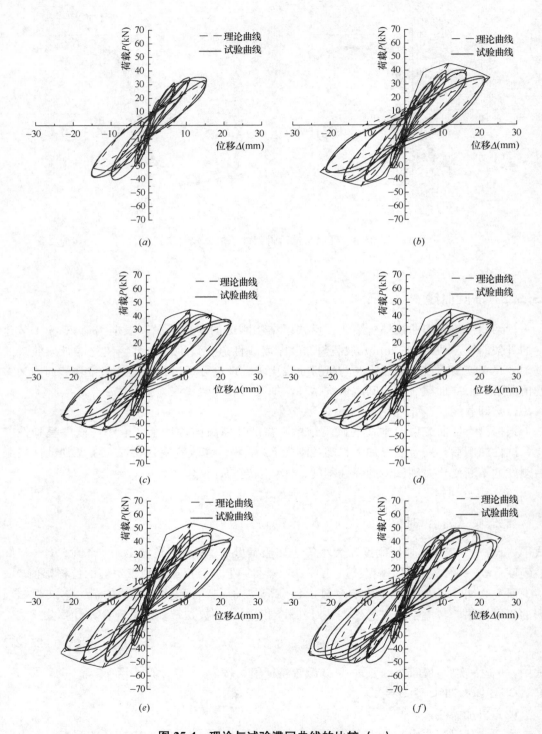

图 25-4　理论与试验滞回曲线的比较（一）

(a) Z1；(b) Z2；(c) Z3；(d) Z4；(e) Z5；(f) Z6；

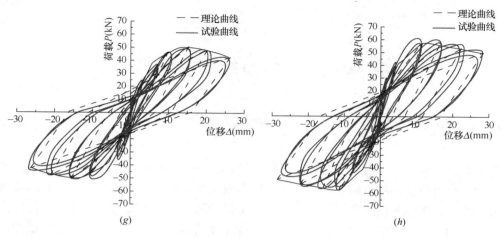

图 25-4　理论与试验滞回曲线的比较（二）

(g) Z7；(h) Z8

根据图 25-4 对比分析可知：从试件的加、卸载到整个试件的破坏，理论曲线与试验曲线吻合度较高，说明本文考虑钢绞线配置特征值所建立的恢复力模型曲线具有一定的适用性；同时本文建议恢复力模型曲线考虑了多种因素，为实际工程应用提供理论指导。

25.6　本章小结

本章主要结合 Clough 加卸载规则对预应力钢绞线网加固方形截面柱的恢复力模型进行非线性分析，小结内容如下：

（1）本文在受弯构件平截面假定的条件下，建立了钢筋和约束混凝土之间的应力-应变关系，同时根据截面平衡的原则建立了弯矩平衡方程和轴力平衡方程。

（2）本文在截面非线性分析的基础上，建立预应力钢绞线网加固低轴压比试件理论骨架曲线，并与试验所得的骨架曲线进行对比。

（3）结合 Clough 滞回规则，并考虑在加载卸载过程中钢绞线含量，轴压比对截面刚度系数的影响，在骨架曲线的基础上，建立了预应力钢绞线网-高性能砂浆加固 RC 柱的滞回曲线模型。

（4）本文在试验基础上建立的预应力钢绞线-高性能砂浆加固 RC 柱恢复力模型曲线考虑了多种因素的影响，且各特点值吻合度较高，可为实际工程中预应力钢绞线加固技术提供理论指导。

第 26 章　本篇结论和展望

26.1　结论

基于高强钢绞线网-聚合物砂浆加固技术的优越性，本文主要研究的是该加固技术对低轴压比钢筋混凝土柱的抗震性能。主要研究参数包括：轴压比、横向钢绞线间距及钢绞线预应力水平，考虑到试验室设备等因素，本文试验的轴压比主要通过后张法，张拉公称直径为 15.2mm 的钢绞线对试件施加轴力。试验中设置 8 个试件，其中一个对比试件，分析了不同参数条件下各试件的破坏现象、耗能性能、刚度退化、延性分析等抗震性能参数，结合总体配箍特征值的概念对抗震延性进行计算，同时在平截面假定的条件下，选择合理的材料本构模型建立了抗震试件的理论骨架曲线，结合 Clough 滞回规则建立抗震试件的理论滞回曲线。

本文的主要结论如下：

（1）通过对试件的破坏现象分析可知，在屈服之前加固试件和对比试件均已经开裂，裂缝的开展主要集中在加固区域，离柱脚 200mm 范围内裂缝开展严重，加固间距为 30mm 的试件比加固间距为 60mm 的试件裂缝呈现密而多的特点；在试件聚合物砂浆面层开裂处均发生鼓曲现象，说明钢绞线与聚合物砂浆粘结可靠，去除砂浆面层钢绞线对钢筋混凝土柱有很好的约束作用。

（2）通过对各试件的试验结果分析可知，轴压比和钢绞线配置间距对试件抗震性能的影响更加明显；钢绞线间距为 60mm 的试件滞回曲线饱满程度低于加固间距为 30mm 的试件，而且加固间距为 30mm 的试件滞回曲线下降段比加固间距为 60mm 的试件更加平缓；在其他参数相同的条件下，轴压比小的试件滞回曲线下降较为平缓；通过对试验结果的分析，加固试件的极限承载力、延性均有很大程度提高，参数横向钢绞线的预应力水平对低轴压比试件的抗震性能影响不大。

（3）本文对各试件所得结果的耗能能力和刚度退化进行计算分析，结果表明：加固后试件的耗能能力明显增强，最大提高 4.54 倍；加固后试件的初始刚度变大，屈服后，随着位移的改变，刚度退化更加缓慢，进一步说明该加固技术对提高构件的抗震性能有很好的效果。

（4）本文在加固试件的延性计算时，根据钢绞线有效约束系数，采用了总体配置特征值的概念，得到的延性计算结果与试验结果吻合度较高，为加固试件的抗震延性设计提供理论指导。

（5）本文在平截面假定的基础上，得出各材料间的应力应变关系，同时基于截面非线性分析得出各试件的荷载-位移骨架曲线，结合 Clough 滞回规则得到荷载-位移滞回曲线，所得的理论曲线与试验曲线的吻合度较高，并且考虑了多种因素，可为实际工程的应用提供一定的理论指导。

26.2 展望

高强钢绞线网-高性能砂浆加固技术作为一种新型的加固技术，具有很强的工程应用价值。通过本文的综述部分可知，该加固技术具有施工简便、应用范围广的特点，根据本文的研究内容和试验方法，对进一步研究工作提出以下建议：

（1）现有的加固试验研究主要集中在试验模型试件的基础上，对加固足尺寸的方形、圆形及变截面钢筋混凝土试件的抗震性能需要进一步研究。

（2）本文所建议的预应力钢绞线网-高性能砂浆加固技术中，钢绞线的有效约束系数在设计轴压比 $n_k \leqslant 0.4$、钢绞线预应力水平 $\delta \leqslant 0.6$ 时具有一定的实用性，对于高轴压比和轴压比超限时该有效约束系数需要进一步展开研究。

（3）在本次试验结果的分析和对加固试件恢复力模型的研究中，并未考虑高性能砂浆对试件的作用，所以加固所用的高性能砂浆对试件承载力及抗震性能的影响需展开研究。

（4）对于短柱的抗震有效约束系数 k_e 以及恢复力模型有待进一步研究。

参考文献

[1] 尚守平. 中国工程结构加固的发展趋势[J]. 施工技术，2011，40(337)：12-14.

[2] 梅圈亭，李健. 房屋抗震加固与维修[M]. 北京：中国建筑工业出版社，2009：5-11.

[3] 张熙光，王骏孙，刘惠珊. 建筑抗震鉴定加固手册[M]. 中国建筑工业出版社，2001：3-14.

[4] 潘晓峰. 高强钢绞线网-聚合物砂浆加固小偏心受压混凝土柱的试验研究[D]. 南京：南京工业大学，2007.

[5] 杨建江，张运祥. 增大截面加固后钢筋混凝土轴心受压柱的可靠度研究[J]. 工程抗震与加固改造，2014，36(6)：100-107.

[6] 陈赛亮. 粘钢加固法设计原理与施工技术[J]. 河北联合大学学报(自然科学版)，2013，35(1)：114-116.

[7] 张行强. 压弯作用下 FRP 约束混凝土应力-应变关系的试验研究[D]. 杭州：浙江大学 2014.

[8] 白晓彬. 环向预应力 FRP 加固混凝土圆柱轴心受压性能研究[D]. 北京：北京交通大学 2011.

[9] 于延东. 二次受力下 CFRP 布加固混凝土偏压柱的研究[D]. 青岛：青岛理工大学 2013

[10] 王用锁. 钢丝绳绕丝约束混凝土轴心受压短柱试验研究[D]. 哈尔滨：哈尔滨工业大学 2006.

[11] 陈志峰. 加固 RC 轴心受压柱二次受力试验研究与有限元分析[D]. 长沙：中南大学 2008.

[12] 张立峰，姚秋来. 高强钢绞线网-聚合砂浆加固大偏心受压柱试验研究[J]. 工程抗震与加固改造，2007，29(3)：18-23.

[13] Choi Jun-Hyeok. Seismic retrofit of reinforced concrete circular columns using stainless steel wire mesh composite[J]. Canadian Journal of Civil Engineering，2008，35(2)：140-147.

[14] Yang K H，Byun H Y. Ashour A F. Shear strengthening of continuous reinforced concrete T beams using wire rope units[J]. Engineering Structures，2009 (31)：1154-1165.

[15] Kim S Y，Yang K H，Byun H Y. Ashour A F. Tests of reinforced concrete beams strengthened with wire rope units[J]. Engineering Structures，2007 (29)：2711-2722.

[16] 聂建国，蔡奇，等. 高强不锈钢绞线网-渗透性聚合砂浆抗剪加固的试验研究[J]. 建筑结构学报，2005，26(2)：10-17.

[17] 聂建国，陶巍，张天申. 预应力高强不锈钢绞线网-高性能砂浆抗弯加固试验研究[J]. 土木工程学报，2007，40(8)：1-7.

[18] 胡新舒，高强钢绞线加固钢筋混凝土梁抗弯疲劳性能的试验研究[D]. 北京：清华大学 2004.

[19] 黄华，刘伯权等，高强钢绞线网加固 RC 梁抗剪性能及计算方法[J]. 中南大学学报（自然科学版），2011，42(8)：2486-2490.

[20] 黄华，刘伯权等. 高强钢绞线网加固 RC 梁抗剪性能的数值分析[J]. 公路交通科技，2012，29(9)：51-55.

[21] 林于东，林秋峰，王绍平等，高强钢绞线网聚合物砂浆加固钢筋混凝土板抗弯试验研究[J]. 福州大学学报(自然科学版)，2006，34(2)：254-260.

[22] 张盼吉. 钢绞线加固混凝土板实验研究[D]. 天津：河北工业大学，2006.

[23] 郭俊平，邓宗才，林劲松等，预应力高强钢绞线网加固钢筋混凝土板的试验研究[J]. 土木工程学报，2012，45(5)：85-91.

[24] 文学章，王智 尚守平. 高性能复合砂浆钢筋网薄层加固预制空心板抗弯性能试验及数值模

拟[J]. 工业建筑，2016，42(6)：169-173.

[25] 曹忠民，李爱群，王亚勇等，钢绞线网片-聚合物砂浆加固空间框架节点试验[J]. 东南大学学报(自然科学版)，2007，37(2)：236-239.

[26] 曹忠民，李爱群，王亚勇等，高强钢绞线网-聚合物砂浆复合面层加固震损梁柱节点的实验研究[J]. 工程抗震与加固改造，2005，27(6)：46-49.

[27] 曹忠民，李爱群，王亚勇等，高强钢绞线网-聚合物砂浆复合面层抗震加固梁柱节点的试验研究[J]. 工业建筑，2006，36(8)：92-96.

[28] 黄群贤，郭子雄，姚秋来，采用闭合预应力钢丝绳-聚合物砂浆加固 RC 框架节点技术研究[J]. 福州大学学报(自然科学版)，2013，41(4)：472-476.

[29] 黄群贤，郭子雄，崔俊等，预应力钢丝绳加固 RC 框架节点抗震性能试验研究[J]. 土木工程学报，2015，48(6)：2-8.

[30] 王亚勇，姚秋来，王忠海等，高强钢绞线-聚合物砂浆加固复合面层加固砖墙的实验研究[J]. 建筑结构，2005，35(8)：36-40.

[31] 杨建平，李爱群，王亚勇等，高强钢绞线-聚合物砂浆加固低强度砖砌体的试验研究[J]. 防灾减灾工程学报，2008，28(4)：474-478.

[32] 潘志宏，李爱群，杨建平，钢绞线网聚合物砂浆加固砖墙试验研究及静力非线性分析方法[J]. 工业建筑，2012，42(5)：146-150.

[33] 王卓琳，蒋利学，高强钢绞线-聚合物砂浆加固低强度空斗墙的实验研究[J]. 工业建筑，2011，41(11)：60-65.

[34] 刘伟庆，王曙光，何杰等，钢绞线网-聚合物砂浆加固钢筋混凝土柱的正截面承载力研究[J]. 福州大学学报(自然科学版)，2013，41(4)：457-462.

[35] 刘伟庆，潘晓峰，王曙光，钢绞线网-聚合物砂浆加固小偏心受压混凝土柱的极限承载力分析[J]. 南京工业大学学报(自然科学版)，2010，32(1)：2-5.

[36] 王嘉琪. 高强钢绞线网-高性能砂浆约束混凝土柱受力性能研究[D]. 南昌：华东交通大学 2012.

[37] 葛超. 横向预应力高强钢绞线网-高性能砂浆加固小偏心受压柱实验研究[D]. 南昌：华东交通大学 2015.

[38] 郭俊平，邓宗才. 预应力钢绞线加固混凝土圆柱的轴压性能[J]. 工程力学，2014，31(3)：129-137.

[39] Murat Saatcioglu, Cem Yalcin. External prestressing concrete columns for improved seismic shear resistance[J]. Journal of Structural Engineering, ASCE, 2003, 129(8)：1057-1070.

[40] 陈亮. 高强不锈钢绞线网用于混凝土柱抗震加固的试验研究[D]. 北京：清华大学，2004.

[41] 李辉. 预应力钢绞线加固混凝土短柱抗震性能试验研究[D]. 北京：北京工业大学，2012

[42] 郭俊平，邓宗才等，预应力钢绞线网加固钢筋混凝土柱抗震性能研究[J]. 建筑结构学报，2014，35(2)：129-134.

[43] 郭俊平，邓宗才等. 预应力钢绞线网加固钢筋混凝土柱恢复力模型研究[J]. 工程力学，2014，31(5)：109-118.

[44] 黄华，田轲，史金辉，刘伯权. 钢绞线网加固 RC 柱抗震性能影响因素分析[J]. 公路交通科技，2013，30(9)：44-52.

[45] HUANG Hua, ZHANG Yu, ZHENG Yi-bin, etc. Parametric Analysis of Seismic Performance of RC Columns Strengthened with Steel Wire Mesh[J]. Journal of Highway and Transportation Research and Development, 2014, 8(3)：52-63.

[46] 田腾．预应力碳纤维条带加固圆形混凝土墩柱抗震性能研究[D]．北京：北京交通大学，2011.

[47] Lieping Ye, Qingrui Yue, Shuhong Zhao, Quanwang Li. Shear Strength of Reinforced Concrete Columns Strengthened with Carbon-Fiber-Reinforced Plastic Sheet[J]. Journal of Structural Engineering, ASCE, 2002, 128(12)：1527-1534.

[48] Cheng Jiang, Yu-Fei Wu, Gang Wu. Plastic Hinge Length of FRP-Confined Square RC Columns[J]. Journal of Composites for Construction, ASCE, 2014, 18(4)：1-12.

[49] Togay Ozbakkaloglu and Yunita Idris. Seismic Behavior of FRP-High-Strength Concrete—Steel Double-Skin Tubular Columns[J]. Journal of Structural Engineering, ASCE, 2014, 140(6)：04014019-1-13.

[50] Yunita Idris, Togay Ozbakkaloglu. Seismic Behavior of High-Strength Concrete-Filled FRP Tube Columns[J]. Journal of Composites for Construction, ASCE, 2013, 17(6)：04013013-1-12.

[51] GB 50204—2002，混凝土结构工程施工质量验收规范[S].

[52] 水泥复合砂浆钢筋网加固混凝土结构技术规程[M]．北京：中国计划出版社，2008. 63-64.

[53] GB 50367—2013，混凝土结构加固设计规范[S].

[54] GB 50666—2011，混凝土结构工程施工规范[S].

[55] 刘大海，杨翠如，钟锡根．高层建筑抗震设计[M]．中国建筑工业出版社，1993.

[56] GB 50011—2011．建筑抗震设计规范[S].

[57] JGJ/T 101—2015．建筑抗震试验规程[S].

[58] 陈继东．高强箍筋约束混凝土柱抗震性能实验和非线性分析[D]．西安：西安建筑科技大学，2009.

[59] Gu Dongsheng, Wu Gang, Wu zhishen. Ultimate flexure strength of normal section of FRP-confined RC circular columns[J]. Journal of Southeast University (English Edition)，2010, 107-111.

[60] 尚春．恢复力模型[J]．城市建设理论研究(电子版)，2011，(24)；1-2.

[61] 郭子雄．杨勇．恢复力模型研究现状及存在问题[J]．世界地震工程，2004，20(4)：47-50.

[62] 郭子雄，吕西林．高轴压比下 RC 框架柱恢复力模型试验研究[J]．土木工程学报，2004，37(5)：32-38.

[63] 过镇海，时旭东，钢筋混凝土原理和分析[M]．清华大学出版社，2003.

[64] 张国军，吕西林，刘伯权．高强混凝土框架柱的恢复力模型研究[J]．工程力学，2007，24(3)：83-89.

[65] 汪训流，陆新征，叶列平．往复荷载下钢筋混凝土柱受力性能的数值模拟[J]．工程力学，2007，24(12)：76- 81.

[66] 周文峰，鲁瑛．约束混凝土文献综述[J]．四川建筑科学研究，2007，33(3)：144-146.

[67] Mander J B, Priestley M J N, Park R. Theoretical stresss train model for confined concrete[J]. Journal of Structural Engineering, 1988, 114(8)：1804-1826.

[68] Li Bing, R. Park, H. Tanaka. Stress-strain behavior of high-strength concrete confined by ulra-high-and normal-strength transverse reinforcement[J], ACI Structural Journal, 2001, 98(3).

[69] 朱伯龙，董振祥．钢筋混凝土非线性分析[M]．上海：同济大学出版社，1985.

第六篇

预应力钢绞线网-高性能砂浆
加固柱抗震性能分析

摘要

钢绞线网-高性能砂浆加固作为一种新型的加固技术，具有高强、耐久性好、适应性强等优点，已经在结构加固工程领域逐渐得到应用。已有研究表明，施加一定的预应力水平可以有效地改善钢绞线应力滞后的现象，但就预应力水平施加对加固后构件抗震性能的影响还需要进一步研究。目前，国内外对于预应力钢绞线加固柱的抗震性能研究较少，对其影响参数的分析和恢复力模型的研究也存在不足。

本文采用有限元软件对低周反复荷载作用下的预应力钢绞线网-聚合物砂浆加固柱进行模拟分析，主要考虑轴压比、预应力水平、混凝土强度和配箍率这四个参数对加固柱抗震性能的影响。通过引入钢绞线约束折减系数对混凝土本构模型进行修正，并对钢筋采用非线性随动强化模拟，使模拟结果与试验结果吻合较好。结果表明：（1）采用预应力钢绞线加固后试件的抗震性能明显得到改善，延性、峰值荷载和耗能能力均有所提高；随着轴压比、预应力水平、配箍率和混凝土强度的变化，加固试件的延性提高2%～51%，峰值荷载提高1%～38%。（2）在高轴压比情况下，预应力水平的提高对加固柱延性不利，但相比未加固柱仍有所提高；随着预应力水平的提高，加固柱的峰值荷载有所提高，耗能能力呈先升后降趋势。

在模拟结果的基础上，本文结合已有试验数据，利用灰色关联理论进行模型输入变量选择，建立了基于径向神经网络模型的延性分析模型并进行预测，进而研究轴压比、钢绞线间距、预应力水平因素对加固柱延性的影响规律。结果表明：（1）该方法能够反映延性与影响因素间的非线性变化规律。（2）不论是长柱还是短柱，加固柱的延性随轴压比的提高而降低，随钢绞线间距由密变疏而降低；钢绞线间距的变化对加固效果的影响显著大于预应力水平的变化。（3）本文提出的延性计算公式考虑了轴压比、预应力水平、箍筋和钢绞线配箍特征值的影响，拟合较好，可供工程设计参考。

最后分析了轴压比、预应力水平和配箍率对钢绞线约束折减系数的影响，通过考虑塑性铰对构件位移的影响，给出加固柱正截面抗弯承载力的理论计算方法，并结合回归的加卸载刚度公式，提出预应力钢绞线加固柱恢复力模型。结果表明：（1）随着轴压比和预应力水平的提高以及配箍率的降低，钢绞线约束折减系数呈现不同程度的上升趋势，且预应力水平变化对钢绞线约束折减系数的影响最大。（2）本文提出的恢复力模型考虑了多种影响因素，与模拟结果和试验结果相接近，可以较好地体现预应力钢绞线加固柱的滞回特性。

第27章 绪 论

27.1 引言

27.1.1 研究背景

课题来源于国家自然科学基金资助项目：高强钢绞线网-高性能砂浆加固混凝土柱受力机理研究，项目编号为 51368019。

高强钢绞线网具有抗拉强度高、与砂浆的粘结力强、配筋分散性好等优点，而聚合物砂浆是一种新型的无机材料，具有强度高、耐久性好、与混凝土粘结性能好、收缩小等优点[1]，克服了纤维复合材料加固法因使用有机环氧化物作为胶结剂而产生的问题。

作为一种新型的加固技术，钢绞线网-聚合物砂浆加固法已经在混凝土结构加固工程领域内逐渐得到应用，它与传统的加固方法相比其优势主要体现在[2-4]：

（1）施工效率高、便捷，既不需要使用大型施工机具，也无需在现场设置固定的设施，施工占地用量少；

（2）具有良好的耐腐蚀和耐久性，能够抵抗自然环境对建筑结构的酸、碱等腐蚀；

（3）适用面广，可用于各种结构及多个部位的补强、加固及改造；

（4）施工质量易保证，即使结构表面不平，也可以保证良好粘贴。不过，在施工前需进行灰尘控制；

（5）对结构外观尺寸和形状的影响很小。该技术只需要在原有结构外围抹一层聚合物砂浆，大约 15~25mm 厚，几乎不会影响建筑外形和结构净高，对原有建筑物的正常使用几乎不存在干扰；

（6）价格便宜，经济效益好，每平方米钢绞线网的价格仅为纤维复合材料的 1/15~1/30；

（7）具有良好的耐火和耐高温性能。

钢绞线网-聚合物砂浆加固法可以通过钢绞线对混凝土的侧向约束，有效地改善加固构件的承载力、刚度、延性和抗裂性等性能。但由于钢绞线网常存在受力过程中应变滞后效应和在施工过程中不易拉紧的现象，使得钢绞线的功能并不能完全发挥。为了弥补这一缺陷，提出了预应力的概念。通过对钢绞线施加一定的预应力，既改善了加固后存在的应力滞后效应，同时也达到了充分发挥钢绞线抗拉能力的要求。由于预应力的存在使得钢绞线网与被加固构件，尤其是既有加固构件，在二次受力情况下两者的贴合程度更加紧密，故对钢绞线施加预应力的技术也开始慢慢发展起来。

27.1.2 抗震加固的必要性

地震属于地壳岩石通过变形能的长期积累和突然释放而引起的地表运动，是人类面临的自然灾害中最为严重的一种。20世纪以来，据统计全球平均每不到两年发生一次8.0级以上地震灾害，直接导致的死亡人数超过百万。我国处于两大地震带之间，地震分布极其广泛，频率高，是世界上发生地震集中地域之一。国内20世纪以来灾难性地震震害[5]见表27-1。

国内20世纪以来灾难性地震震害　　　　　　　　　　　　　表27-1

时间	地点	震级	伤亡人数
1902.08.22	新疆阿图什	8.3	死亡1万多人
1920.12.16	宁夏海源	8.5	死亡23.4万多人
1932.12.25	甘肃昌马	7.6	死亡7万多人
1933.08.25	四川叠溪	7.5	死亡2万多人
1966.03.08	河北邢台	7.2	死亡8千多人，伤3.8万
1976.05.29	云南龙陵	7.4	死亡98人，伤2千多人
1976.07.28	河北唐山	7.8	死亡24万2千多人，伤1.6万多人
1976.08.16	四川松潘、平武	7.2	死亡41人，伤近千人
1999.09.21	中国台湾	7.7	死亡2千多人，伤近9千人
2008.05.12	四川汶川	8.0	死亡8万多人，伤残30多万人
2010.04.14	青海玉树	7.1	死亡2千多人

　　由于我国2/3的大城市都处在地震区范围内，历次地震震害都在不同程度上对已有建筑物造成毁坏和损伤。并且随着生产力的提高，城市化进程的推进，人口和建筑物的密集程度日益加剧。为了缓减日益紧张的城市用地矛盾，对已有的结构进行补强、加固及改造，使其保持正常使用功能、延长其寿命就显得很有意义[6]。

　　而很多震后调查表明，钢筋混凝土柱的破坏是主要震害之一[7]。钢筋混凝土柱作为建筑物承受竖向荷载及抵抗水平推力的主要构件，是结构的重要组成部分。在受力过程中一旦破坏必将对整体结构的安全造成严重的危害，如图27-1所示。这引起了广大学者高度重视[8]，也是研究钢筋混凝土柱的抗震性能及破坏方式必要性的体现。

(a)　　　　　　　　　　　　　　　　(b)

图27-1　地震中破坏的柱（一）

(a) 柱剪切破坏；(b) 柱头钢筋屈曲；

（c）   （d）

图 27-1 地震中破坏的柱（二）

（c）柱弯剪破坏；（d）锈蚀柱严重破坏

27.2 结构加固

27.2.1 结构加固必要性分析

1949 年以来，我国累计工业与民用建筑面积达到 30 亿 m^2，共完成工业建筑项目和公用建筑建设项目分别为 30 万个和 60 万个。随着时代的进步和社会的发展，相当多的建筑物在经历一段使用年限后，特别是早期并没有经过抗震设防设计的一部分建筑，都存在各种各样的问题，例如人为因素和自然环境的影响使得建筑物使用功能的降低，以及不可逆转的损伤和老化；由于结构设计中人为错误、材料的不当选择、施工过程中的不当控制等原因导致结构的质量缺陷。因此，已建成的房屋结构往往不能满足结构适用性、安全性和耐久性的要求，要想延续使用这些建筑，就必须对其进行必要的鉴定、维修、改造和加固[9,10]。

由于我国建筑用地紧张、土地资源有限，建筑使用功能的变化、原有结构受荷分布及大小的变化，使用环境、结构内部的化学和物理变化等种种原因也都促使着建筑结构加固技术的不断发展[11]。

27.2.2 结构加固方法

对结构进行加固的目的主要有：（1）提高结构、构件的强度；（2）提高结构、构件的稳定性；（3）提高结构、构件的刚度；（4）提高结构、构件的耐久性。

由于不同环境下结构有着不同的损伤程度，使得加固补强的目的也会相应变化，进而选择的加固方法和采用的补强措施也会有所不同[12]。目前常用的结构加固方法主要有以下几种[13]：增大截面加固法、外包钢加固法、粘钢补强加固法、粘贴纤维复合材加固法、钢绞线网-聚合物砂浆加固法。其特点及应用范围见表 27-2。

常用的结构加固方法特点及应用范围　　　　　　　　　表 27-2

加固方法	优点	缺点	应用范围
增大截面加固法	施工简便、适应性强、加固效果明显且具有成熟经验	现场作业量大，时间长，加固后空间减少，结构自重增加	适用于梁、板、柱、墙和一般构筑物的混凝土的加固
外包钢加固法	受力可靠、施工简便、现场作业量小，占用使用空间小，承载力提高幅度大	存在滞后应变、用量大、费用较高，节点处理困难，不宜用于高温场所	适用于使用上不允许显著增大原构件截面尺寸，但又要求大幅度提高承载能力的混凝土结构加固，如梁、柱、屋架以及大型或大跨结构
粘钢补强加固法	速度快，现场基本无湿作业，加固后对原结构外观和净空无显著影响	加固效果很大程度上取决于胶粘工艺与操作水平，存在滞后应变	适用于承受静力作用且处于正常湿度环境中的受弯或受拉构件的加固
粘贴纤维复合材加固法	除具有与粘贴钢板相似的优点外，还具有耐腐蚀、耐潮湿、几乎不增加结构自重、耐用、维护费用较低	防火性差，易发生胶-混凝土界面剥离破坏，易老化，不能暴晒	主要用于其他一般的混凝土结构构件和一般构筑物，不适用于偏心受压构件，也不适用于素混凝土构件和不满足最配筋率要求的构件
高强钢绞线网-聚合物砂浆加固法	抗拉强度高、与砂浆的粘结力强；聚合物砂浆强度高、耐久性好；基本不占使用空间；防腐、耐高温、防火性能良好；适用面广	钢绞线不易张拉，对施工要求比较高	适用于各种结构类型、形状、部位的加固修补，如桥梁、涵洞、梁、柱等

27.3　高强钢绞线网-聚合物砂浆加固法研究现状

27.3.1　加固梁

　　黄华、刘伯权等[14-17]对 T 形梁和矩形梁分别进行钢绞线加固的抗弯和抗剪的试验和 ANSYS 有限元模拟。结合试验数据，通过考虑钢绞线用量、原梁配箍率、加固方式、固定螺栓的数量和间距、二次受力、剪跨比等因素对构件性能的影响，给出相应的抗弯和抗剪承载力、挠度表达式，以及考虑剪切变形影响下加固后梁的抗剪最大斜裂缝宽度，并通过采用换算截面法来分别计算加固后钢筋混凝土梁在屈服和极限阶段的等效刚度。

　　郭俊平等[18]分别考虑剪跨比为 2.2、1.65 和预应力水平为 0.18、0.27、0.36 对加固梁受力性能的影响，对 6 根 U 形加固梁和 1 根对比梁进行试验研究，给出相应的承载力表达式。研究表明：对钢绞线施加一定的预应力水平可以明显提高构件的承载力和截面刚度；以 0.3 作为预应力水平的分界线，当小于 0.3 时，随着预应力水平的提高，构件承载力、截面刚度和钢绞线利用率也随之提高；反之，构件承载力则有所降低。

赵赤云、姚秋来等[19]等采用 ANSYS 软件对钢绞线-聚合物砂浆加固 RC 梁进行了模拟分析。研究表明：由于测量钢绞线应变方法的缺陷和实验的误差，使得模拟和试验二者应变存在一定的差别；经加固后，其承载力得到有效提升；钢绞线的施加可以抑制裂缝的发展，延缓其脆性破坏。

S. Y. Kim 等[20,21]以剪跨比、钢绞线初始预应力、布置方式及钢绞线间距为主要研究参数，共设计 15 根试件，对梁的抗剪性能进行研究。试验结果表明：经加固后，其承载力得到有效提升；布置方式和钢绞线初始预应力对构件抗剪性能影响较为显著，且随着初始预应力的提高，其承载力逐渐增大，验证了初始预应力对加固构件的有效性。

27.3.2 加固板

张盼吉等[22]在二次受力情况下，通过 3 个加固板与 1 个未加固板的对比试验研究，对混凝土板的受弯承载力进行理论公式推导，并结合试验中加固板的裂缝、变形情况进行加固板刚度公式推导，为实际应用提供更好的计算方法和公式。研究表明：钢绞线的加固效果很明显，加固后构件的承载力和变形能力都得到显著提高，裂缝发展合理。

郭俊平等[23]等进行了 4 块加固板和 1 块未加固板的试验研究，通过考虑有无预应力和不同预应力水平对板性能的影响，提出相应的承载力表达式，供加固板设计参考。试验表明：经加固后，构件承载力、刚度均大幅度提升，裂缝宽度减小；施加预应力构件的开裂荷载、极限荷载较未施加预应力构件要高；随着预应力水平的提高，钢绞线强度利用率越高，加固效果越好。

王颖、付强等[24]采用 ANSYS 建立了加固板的分离式模型，对短期荷载下的加固前后板受力过程进行分析。研究表明：利用生死单元可以较好地实现对实际过程中加固构件已经受力和后加钢绞线应力滞后的有限元模拟；使用钢绞线加固的钢筋混凝土板中部受力较大，应考虑对其进行局部增加钢绞线用量，使其达到更好的加固效果。

27.3.3 加固砖墙

王亚勇等[25]对 15 片墙体进行加固后观察砂浆等级、砌筑方式及加固方式三个参数的影响。结果表明：构件的抗剪承载力、开裂荷载都有大幅提升，延性和耗能能力也得到提升；原有砂浆等级对加固构件性能存在一定的影响，当等级较低时，钢绞线加固所起到的改善作用会更突出。

张蔚等[26]分别考虑加固方式、钢绞线间距及钢绞线铺设方式对加固墙抗震性能的影响，对 6 片墙体进行试验研究，并给出相应的受剪承载力表达式。研究表明：该方法对墙体性能改善；钢绞线越密耗能越大，延性越好；双面加固要优于单面加固。

华少锋[27]对 8 片墙体进行了后张预应力筋的抗震加固，通过预应力筋间距、预应力水平和预应力筋数量的变化，研究各参数对抗震性能的影响，并在规范公式的基础上给出其承载力建议公式。研究表明：施加一定的预应力可以有效地提高构件的抗震能力，并对其原有的破坏状态存在一定的影响；经加固后，构件的位移延性明显提高。

27.3.4 梁柱节点的加固

曹忠民等[28-30]对 4 个框架加固节点和 1 个框架未加固节点进行试验研究，通过考虑两种方式、是否震损对框架节点抗震性能的影响。结果表明：在离梁和柱的端部一段位置处设置钢绞线网，对加固构件的抗震性能改善更加明显；与完好状态下加固的构件相比，受损后加固构件的抗震性能相对较差，但与未加固构件相比仍存在一定的提升。

郭子雄等[31]通过对 9 个分别考虑加固量、聚合物砂浆面层、预应力水平及搭接锚固位置的试件进行研究分析，证明了该技术对节点加固的有效性，并结合 Attaalla 计算模型提出相应的抗剪承载力表达式，供工程设计和实践参考。研究表明：加固后构件的破坏方式及位置都发生了改变；预应力水平可以有效抑制裂缝的发展，当施加的预应力水平较低时，对构件性能的影响很小；由于聚合物砂浆过早剥离破坏，使得其对构件承载力的影响很微弱。

27.3.5　柱的加固

邓宗才、李辉等[32]对 7 个分别考虑 3 种钢绞线配置特征值、3 种轴压比和 3 种预应力水平的短柱进行了抗震性能研究。通过对参数影响的分析，给出相应的短柱受剪承载力建议公式。研究表明：预应力加固试件的位移延性、累计耗能最大分别提高了 1.87、6.78 倍，且对滞回曲线饱满度也有一定影响；给出试件在低轴压比作用下获得较好抗震性能所需的钢绞线特征值和预应力水平。

郭俊平等[35,36]在反复荷载作用下对 16 根预应力钢绞线加固柱和 2 根对比柱进行了研究，通过考虑不同轴压比、预应力水平和钢绞线间距对抗震加固效果的影响，建立相应约束混凝土应力-应变方程和恢复力模型，提出骨架曲线的计算方法。研究表明：对比未加固柱，各轴压比情况下加固构件的承载力、位移延性系数、累积耗能都有明显的提升；随着钢绞线间距的减小，构件的抗震性能明显得到提高，同时也减缓了刚度的退化；当钢绞线间距较小时，预应力水平的提高对构件加固效果的影响并不明显。

Murat Saatcioglu[37]等以截面类型、钢绞线间距、横向约束应力为参数，设计 7 根足尺寸短柱试件，并结合试验结果，分析试件抗剪承载力提高的来源，建立相应的抗剪承载力表达式。研究表明：加固后试件抗震性能提高明显；随着钢绞线的间距变小、侧向预应力水平的提高，抗震性能提高。

27.4　加固 RC 柱的抗震性能数值分析研究

27.4.1　材料本构模型研究

聂建国、张战廷等[33,34]对 ABAQUS 软件中混凝土模型的屈服准则、单轴应力-应变关系、滞回规则等进行全面讲解，并指出不同情况下本构模型对构件的影响。通过对混凝土、钢材和钢筋的滞回准则以及实现的程序流程进行研究，提出相应的精细滞回准则并验证其精度。研究表明：相比混凝土的滞回准则，影响结构抗震性能模拟精度的主要因素是钢材的滞回准则，应考虑包辛格效应对其滞回准则的影响。

张劲、张战廷等[38,39]通过引入损伤因子参数来描述受力过程中混凝土刚度的变化，建立混凝土塑性损伤模型与规范中的本构模型的关系，并给出相应的计算公式。通过对不同混凝土等级的本构模型进行模拟，对比规范曲线，证明其精度及可靠性。

郭俊平等[40]对 26 根分别考虑 3 种钢绞线间距和 4 种预应力水平的试件进行单调轴向试验研究。通过各参数对加固柱的影响分析，建立相应的圆柱峰值应力和应变计算式，提出多项式应力-应变全曲线关系模型。研究表明：经加固后，构件的轴向峰值应变和应力均呈现大幅度提升；预应力水平越高和钢绞线间距越小，加固效果越好；间距对构件的影响要大于预应力水平。

汪训流、陆新征等[41]通过考虑低周往复荷载作用下基于纤维模型编制更加完善的计算程序，并采用更加完善的本构关系，通过对钢筋采用考虑 Bauschinger 效应的本构方程，模拟 2 根不同配筋率和轴压比试件，验证其结果的正确性。

27.4.2　加固 RC 柱静力性能研究

王嘉琪等[42]对 24 根分别考虑 2 种钢绞线间距、2 种混凝土强度的棱柱体进行轴心受压试验研究。结合试验结果，对构件进行矩形箍筋作用机理分析，给出了钢绞线约束混凝土本构关系和推导构件的轴向承载力表达式。研究表明：经加固后，试件的变形、极限承载力均有显著提高；随着间距的减小，约束作用更强，核芯区强度增高，构件性能越好；混凝土等级越低，加固后效果越明显。

李森等[43]用 ANSYS 对加固柱进行轴压性能分析，分别讨论了 3 种直径、3 种间距、3 种砂浆厚度、3 种预应力水平对构件性能的影响。研究表明：构件的承载力得到有效提高，刚度变大，变形减小。

27.4.3　加固 RC 柱抗震性能研究

田轲、张玉等[44-46]分别采用 ANSYS 和 OpenSees 对钢绞线网加固柱进行抗震影响因素分析，讨论了 3 种配筋率、3 种配箍率、3 种钢绞线直径以及 3 种混凝土强度对构件抗震性能的影响。研究表明：随着轴压比的减小，配筋率和配箍率的提高、钢绞线直径增加以及混凝土强度的提高，使得加固柱的延性提高；偏心距的存在加快了钢绞线和箍筋应变的增长，降低了构件的耗能能力，延性和刚度均有所降低。

李慧、周长东等[47,48]考虑 4 种预应力水平、5 种轴压比和 2 种纤维布层数对构件地震损伤性能的影响。通过改进 Park-Ang 损伤模型，建立加固圆柱的地震损伤模型，确立加固柱的抗震性能标准和等级，并采用 ABAQUS 对其进行模拟验证。研究表明：主动约束对加固柱的效果是有明显的；预应力水平在 0.2 时达到最佳，当小于 0.2 时，随着预应力水平的提高，加固柱极限位移、承载力、耗能逐渐增大。

张蝶、周长东等[49]对不同预应力水平的构件采用 ANSYS 进行模拟分析，并对其破坏机理进行描述。研究表明：加固后，构件的抗震性能和耗能能力均有明显改善；预应力水平越高，构件的滞回面积越大，延性越好。

Cheng Jiang、Yu-Fei Wu 等[50]通过改变侧向约束率，设计 7 根试件开展抗震试验研究，试验结果表明：对比未加固试件，加固试件的塑性铰长度随侧向约束率的提高而减小；加固试件的峰值荷载显著增加，另外分析对比现有的塑性铰模型存在不足，并在试验的基础上，考虑多种因素的作用，提出了 FRP 约束混凝土柱塑性铰变化计算模型。

27.5　本篇研究的主要内容

基于我国的国情和恢复力模型对弹塑性地震分析的贡献，对构件的抗震性能及其恢复模型进行研究是很有必要的。然而截至现在，国内外对预应力加固构件抗震性能的研究相对较少，对施加预应力的钢绞线加固柱抗震性能的研究则更少，对其影响因素的分析也存在不足；其次，由于构件滞回特性很复杂，若仅考虑剪跨比和轴压比等少量因素对其的影响则存在一定的局限性，故应提出更为合理且适用的恢复力模型。

由于对构件抗震性能的影响因素很多，在试验数据有限的情况下，只能对部分参数在一定范围内进行分析，这并不全面，难以提出较为合理的延性及承载力计算公式，故本篇采用有限元软件对其进行参数分析，并可以进一步研究相应参数对构件受力性能的影响。本篇将对以下几点内容进行研究：

（1）根据已有试验资料及非线性分析理论，确立有限元建模中各种材料所采用的本构关系及相应的破坏准则，为建立正确的模型奠定理论基础。

（2）在已有试件的基础上，建立有效的数值分析模型，通过与试验数据的对比，验证建立模型的有效性和准确性。

（3）在验证模型的基础上，建立不同参数的预应力钢绞线网-聚合物砂浆加固柱模型，研究各参数对其抗震性能的影响。

（4）分析不同轴压比、预应力水平、配箍率和混凝土强度对位移延性系数的影响，拟合相应位移延性系数的公式，并提出通过确定目标延性系数得到加固所需的钢绞线用量的方法。

（5）分析不同轴压比、预应力水平和配箍率对钢绞线约束折减系数和刚度退化的影响，分别拟合相应的计算式，提出预应力钢绞线加固柱恢复力模型的理论计算方法，且分别与模拟结果和试验结果进行对比，验证其适用性和合理性。

27.6　本章小结

本章对课题研究的背景、主要加固方法的优缺点及适用范围进行了概述，并着重介绍了预应力钢绞线网-聚合物砂浆加固法的研究现状和加固 RC 柱的抗震性能数值分析研究。以现有研究的不足为切入点，进而阐述了本篇要研究的主要内容。

第 28 章　预应力钢绞线网-高性能砂浆
加固柱有限元建模和验证

有限元软件具有通用性广、准确、高效等优点，已被广泛应用于各个研究领域。相比其他软件，有限元软件 ABAQUS 更擅长于材料、边界等的非线性分析。本章将采用 ABAQUS 对钢绞线加固柱进行有限元模拟，通过对建模过程中必要环节的介绍，建立相应的模型并分析其整个受力过程及破坏状态。通过与试验结果和理论结果对比，验证模型的准确性和可靠性，为后续的参数分析奠定基础。

28.1　建立有限元分析模型

混凝土和钢筋这两种材料作为钢筋混凝土结构的重要组成成分，它们共同决定了结构最终的性能表现，尤其是在非线性阶段，它们都呈现出各自不同的属性，所以要想对结构进行准确的非线性分析，必须确定适合的理论模型。

28.1.1　混凝土模型

（1）模型基本准则

ABAQUS 中有脆性开裂模型（Brittle cracking）、弥散开裂模型（Smeared crack）、塑性损伤模型（Plasticity damage）三种混凝土本构模型，特点及应用范围见表 28-1。

混凝土模型特点及应用范围

表 28-1

模型	主要特点	算法	适用范围
脆性开裂模型	模拟混凝土的受拉状况下的性能非线性分析	仅适用于显式分析	素混凝土或少筋混凝土构件，如水工大坝等
弥散开裂模型	将离散的混凝土裂缝均匀化，模拟混凝土开裂后的行为	仅适用于隐式分析	低围压下单调加载混凝土构件
塑性损伤模型	考虑拉压情况混凝土性能的不同，定义损伤因子，引入非关联硬化，模拟往复荷载作用下材料损伤、刚度恢复等	两种算法均适用	受单调、循环或动力荷载下的混凝土构件

通过比较，本文应采用塑性损伤模型对往复荷载作用下的混凝土进行模拟，从以下几个方面对该模型的基本准则进行介绍[51]：

① 屈服准则

该模型的屈服面函数为：

$$F = \frac{1}{1-\alpha}[\sqrt{3J_2} + \alpha I_1 + \beta\langle\sigma_{max}\rangle - \gamma\langle-\sigma_{max}\rangle] - \sigma_{c0} \qquad (28-1)$$

式中，σ 为柯西应力；应力张量第一不变量 $I_1 = \sigma_1 + \sigma_2 + \sigma_3$；偏应力张量第二不变量 $J_2 = \dfrac{1}{6}\left[(\sigma_1 - \sigma_2)^2 + (\sigma_2 - \sigma_3)^2 + (\sigma_3 - \sigma_1)^2\right]$。

其余各参数计算公式如下：

$$\beta = \frac{\bar{\sigma}_c}{\bar{\sigma}_t}(1 - \alpha) - (1 + \alpha) \tag{28-2}$$

$$\alpha = \frac{\sigma_{b0}/\sigma_{c0} - 1}{2\sigma_{b0}/\sigma_{c0} - 1} \tag{28-3}$$

$$\gamma = \frac{3(1 - K_c)}{2K_c - 1} \tag{28-4}$$

式中，$\bar{\sigma}_c$ 和 $\bar{\sigma}_t$ 为受压和受拉的有效黏聚应力；σ_{b0} 和 σ_{c0} 为混凝土双轴和单轴受压初始屈服应力；σ_{t0} 为混凝土单轴抗拉强度。K_c 可以控制屈服面在偏平面上的投影形状，如图 28-1 所示。当 $K_c = 1.0$，投影为圆形，即 Drucker-Prager 准则；当 $K_c = 0.5$，投影为三角形，即 Rankine 准则。一般混凝土采用 $K_c = 0.67$。

② 流动法则

该模型采用基于 Drucker-Prager 流动面的非关联流动法则，材料矩阵并不对称，其公式为：

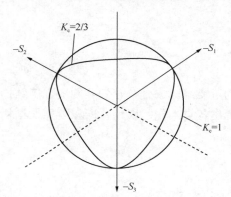

图 28-1　偏平面上屈服面形状与
K_c 的关系

$$\dot{\epsilon}^{pl} = \dot{\lambda}\,\frac{\partial G(\bar{\sigma})}{\partial \bar{\sigma}} \tag{28-5}$$

$$G = \sqrt{(\in \sigma_{t0}\tan\psi)^2 + 1.5\rho^2} + \sqrt{3}\xi\tan\psi \tag{28-6}$$

式中，$\bar{\sigma}$ 为有效应力；$\dot{\epsilon}^{pl}$ 为塑性应变率；$\dot{\lambda}$ 为塑性因子；G 流动势为 Drucker-Prager 双曲线函数；$\rho = \sqrt{2J_2}$；ψ 为膨胀角，其取值范围在 $37° \sim 42°$；$\in$ 为势函数的偏心距，一般取 $\in = 0.1$。

③ 滞回规则

该模型假定混凝土最终破坏是拉裂或压碎，通过引入受拉和受压损伤指标来分别模拟两种情况下的刚度退化，如图 28-2 所示。而随着损伤的增大，刚度逐渐减小，这样就可

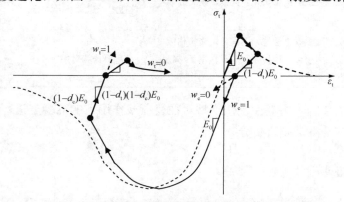

图 28-2　混凝土塑性损伤模型的滞回准则

以通过调整损伤指标对材料的受力性能进行更好的模拟。损伤指标如下：

$$(1-d_{\mathrm{t}}) = (1-s_{\mathrm{t}}d_{\mathrm{c}})(1-s_{\mathrm{c}}d_{\mathrm{t}}) \tag{28-7}$$

$$s_{\mathrm{t}} = 1-w_{\mathrm{t}}r^{*}(\sigma_{11}) \qquad 0 \leqslant w_{\mathrm{t}} \leqslant 1 \tag{28-8}$$

$$s_{\mathrm{c}} = 1-w_{\mathrm{c}}[1-r^{*}(\sigma_{11})] \qquad 0 \leqslant w_{\mathrm{c}} \leqslant 1 \tag{28-9}$$

$$r^{*}(\sigma_{11}) = H(\sigma_{11}) = \begin{cases} 1, & \sigma_{11} > 0 \\ 0, & \sigma_{11} < 0 \end{cases} \tag{28-10}$$

式中，d 为损伤因子，其取值在 0～1 之间；s_{t} 和 s_{c} 分别为刚度恢复应力状态函数；w_{t} 和 w_{c} 为权重因子；ABAQUS 默认 $w_{\mathrm{t}}=0$，$w_{\mathrm{c}}=1$。

（2）混凝土受压本构关系

受压区核心混凝土的横向变形受到约束后，其强度和延性都有明显的改善，故采用约束混凝土的本构模型。Mander 模型[52]为典型的约束混凝土本构模型，既适用于圆形截面，也适用于方形截面，其表达式为：

$$y = \frac{rx}{r-1-x^{\mathrm{r}}} \tag{28-11}$$

$$\frac{f_{\mathrm{cc}}}{f_{\mathrm{co}}} = -1.254 + 2.54 \sqrt{1 + \frac{7.94 f_{l}}{f_{\mathrm{co}}}} - 2\frac{f_{l}}{f_{\mathrm{co}}} \tag{28-12}$$

$$\frac{\varepsilon_{\mathrm{cc}}}{\varepsilon_{\mathrm{co}}} = 1 + 5\left(\frac{f_{\mathrm{cc}}}{f_{\mathrm{co}}} - 1\right) \tag{28-13}$$

式中，$y = \dfrac{f_{\mathrm{c}}}{f_{\mathrm{cc}}}$，$x = \dfrac{\varepsilon}{\varepsilon_{\mathrm{cc}}}$，$r = \dfrac{E_{\mathrm{c}}}{E_{\mathrm{c}} - \dfrac{f_{\mathrm{cc}}}{\varepsilon_{\mathrm{cc}}}}$；$f_{\mathrm{cc}}$ 和 $\varepsilon_{\mathrm{cc}}$ 分别为单轴峰值应力和应变。

经过预应力钢绞线加固后，由于钢绞线的主动约束作用，对混凝土的受力性能必然存在一定的影响。而以往相关研究大多都是通过对本构模型的修正考虑加固材料对混凝土性能的影响，故本文通过引入钢绞线配箍特征值 λ_{w} 和钢绞线约束折减系数 k_{e}，对峰值应力和峰值应变公式进行如下修正：

$$f_{\mathrm{cc}} = \left[1 + \frac{1}{2}(\lambda_{\mathrm{s}} + k_{e}\lambda_{\mathrm{w}})\right] f_{\mathrm{co}} \tag{28-14}$$

$$\varepsilon_{\mathrm{cc}} = \left[1 + \frac{5}{2}(\lambda_{\mathrm{s}} + k_{e}\lambda_{\mathrm{w}})\right] \varepsilon_{\mathrm{co}} \tag{28-15}$$

式中，λ_{s}、λ_{w} 分别为箍筋、钢绞线配箍特征值；f_{co} 和 $\varepsilon_{\mathrm{co}}$ 分别为未约束混凝土的单轴峰值应力和应变；k_{e} 为钢绞线约束折减系数，取加固柱钢绞线受力最大处所在环的平均应力与极限应力的比值，通过考虑轴压比、预应力水平及箍筋和钢绞线的配箍特征值对钢绞线约束折减系数的影响，经过调试和非线性回归得到 k_{e} 公式如下：

$$k_{e} = \frac{-0.46n^{2} + 1.04n - 0.26\alpha^{2} + 0.99\alpha + 0.13}{2.85\lambda_{\mathrm{s}} + 0.22\lambda_{\mathrm{w}} + 1.13} \tag{28-16}$$

式中，α 为钢绞线预应力水平，取钢绞线施加的张拉应力与其极限应力的比值。

混凝土受压本构曲线如图 28-3 所示。

（3）混凝土受拉本构模型

该软件中有三种定义混凝土受拉本构关系的方法：应力-开裂应变关系、应力-裂缝宽度关系、直接输入断裂能。由于混凝土的应力-开裂应变关系与定义的单元大小有关，所

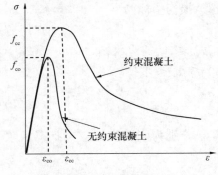

图 28-3　本构曲线对比

以当模型中存在单元网格不一致时，应当输入不同的应力-开裂应变关系，这将十分麻烦。而通过定义应力-裂缝宽度模拟混凝土的受拉关系则与单元大小无关，故本文采用通过定义应力-裂缝宽度关系方法。

假定受拉应变达到峰值应变前混凝土为线弹性阶段，通过参考文献［51］取：

$$f_t = 0.375 f_{cu}^{0.55} \tag{28-17}$$

超过峰值应变后，混凝土则进入开裂软化阶段。常用的应力-裂缝宽度模型有 Hillerborg 提出的单直线下降段模型和瑞典 Peterson 提出的双折线下降段模型，如图 28-4 所示。为了能更接近的模拟混凝土的受拉特性并便于模型收敛，本文采用瑞典 Peterson 的双折线应力-裂缝宽度模型，其中软化模量 E_{ts} 与混凝土单元大小 l_c 和断裂能 G_f 有关，公式如下：

$$E_{ts} = f_t / \varepsilon_{cu} \tag{28-18}$$

$$\varepsilon_{cu} = \omega_u / l_c \tag{28-19}$$

$$w_u = \frac{18 G_f}{5 f_t} \tag{28-20}$$

式中，ω_u 为极限裂缝宽度；断裂能 $G_f = \alpha (0.1 f_c)^{0.7}$，按欧洲规范 CEB-FIP MC90[53] 进行计算。

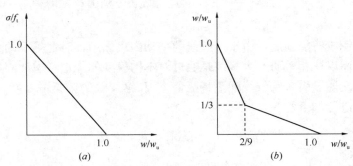

图 28-4　应力-裂缝宽度模型

(a) 单直线模型；(b) 双折线模型

（4）混凝土卸载及再加载曲线

混凝土卸载及再加载曲线主要反映其在反复受力情况下的滞回和刚度退化的特性，如图 28-5 所示，可按下列公式确定：

$$\sigma = E_r(\varepsilon - \varepsilon_z) \tag{28-21}$$

$$E_r = \frac{\sigma_{un}}{\varepsilon_{un} - \varepsilon_z} \tag{28-22}$$

$$\varepsilon_z = \varepsilon_{un} - \left(\frac{(\varepsilon_{un} + \varepsilon_{ca}) \sigma_{un}}{(\sigma_{un} + E_c) \varepsilon_{ca}} \right) \tag{28-23}$$

$$\varepsilon_{ca} = \max \left(\frac{\varepsilon_c}{\varepsilon_c + \varepsilon_{un}}, \frac{0.09 \varepsilon_{un}}{\varepsilon_c} \right) \sqrt{\varepsilon_c \varepsilon_{un}} \tag{28-24}$$

式中，ε_z 为受压混凝土卸载到零应力时的残余应变；ε_{un} 和 σ_{un} 分别为受压混凝土开始卸载时的应变和应力；ε_{ca} 为附加应变。

（5）模型参数确定

本文对混凝土采用塑性损伤模型进行模拟，该模型参数包括塑性和损伤两个部分。

塑性部分通过膨胀角 ϕ、流动势偏移量 e、拉伸子午面上与压缩子午面上的第二应力不变量之比 K_c、双轴与单轴极限强度之比 f_{b0}/f_{c0}、黏滞系数 η 来定义。ϕ 和 e 决定了子午面上双曲线 Drucker-Prager 流动势能面的形状，一般取

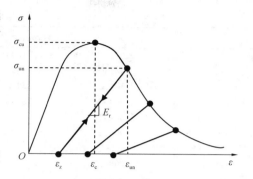

图 28-5　往复荷载作用下混凝土应力-应变曲线

$e=0.1$，$\phi=30°\sim50°$，膨胀角越大时，模型越容易收敛但计算结果反而不准，故本文取 $\phi=30°$。K_c 和 f_{b0}/f_{c0} 决定了屈服面投影的形状，本文取 $K_c=0.67$，$f_{b0}/f_{c0}=1.16$。ABAQUS 中黏滞系数缺省值为 0，此时模型容易出现收敛慢甚至无法收敛的现象，故本文取 $\eta=0.0005$[38]。

损伤部分通过损伤指标 d 和刚度恢复系数 w 来定义。混凝土受压、受拉损伤因子计算公式如下[39]：

$$\sigma_c = (1-d_c)E_0(\varepsilon_c - \varepsilon_c^{pl}) \tag{28-25}$$

$$\varepsilon_{0c}^d = \sigma_c/E_0 \tag{28-26}$$

$$\varepsilon_c^{in} = \varepsilon_c - \varepsilon_{0c}^d \tag{28-27}$$

联立式（28-25）、式（28-26）和式（28-27），得受压损伤因子：

$$d_c = 1 - \frac{\sigma_c/E_0}{\varepsilon_c^{pl}(1/b_c - 1) + \sigma_c/E_0} \tag{28-28}$$

式中，ε_{0c}^d、ε_c^{in}、ε_c^{pl} 分别为混凝土的弹性应变、非弹性应变、塑性应变；$b_c = \varepsilon_c^{pl}/\varepsilon_c^{in}$，本文取 0.7[39]。

$$\sigma_t = (1-d_t)E_0(\varepsilon_t - \varepsilon_t^{pl}) \tag{28-29}$$

$$\varepsilon_{0t}^d = \sigma_t/E_0 \tag{28-30}$$

$$\varepsilon_t^{ck} = \varepsilon_t - \varepsilon_{0t}^d \tag{28-31}$$

联立式（28-29）、式（28-30）和式（28-31），得受拉损伤因子：

$$d_t = 1 - \frac{\sigma_t/E_0}{\varepsilon_t^{pl}(1/b_t - 1) + \sigma_t/E_0} \tag{28-32}$$

式中，ε_{0t}^d、ε_t^{ck}、ε_t^{pl} 分别为混凝土的弹性应变、开裂应变、塑性应变；$b_t = \varepsilon_t^{pl}/\varepsilon_t^{ck}$，本文取 0.1[39]。

（6）输入 ABAQUS 的混凝土参数见表 28-2。

输入 ABAQUS 的受压混凝土数据　　　　　　　　　　表 28-2

σ_c	ε_c	σ_{true}	ε_{true}	ε_c^{in}	d_c
8.07535	0.00030	8.07293	0.00030	0.00000	0.00000
12.03037	0.00050	12.02435	0.00050	0.00010	0.06919
14.89979	0.00070	14.88936	0.00070	0.00020	0.10974

续表

σ_c	ε_c	σ_{true}	ε_{true}	ε_c^{in}	d_c
17.64702	0.00100	17.62938	0.00100	0.00041	0.17408
19.66826	0.00150	19.63876	0.00150	0.00085	0.27950
20.10000	0.00200	20.05980	0.00200	0.00133	0.37430
19.34495	0.00300	19.28691	0.00300	0.00236	0.52427
18.10149	0.00400	18.02908	0.00401	0.00341	0.62974
16.90375	0.00500	16.81923	0.00501	0.00445	0.70434
15.84864	0.00600	15.75355	0.00602	0.00549	0.75834
14.14796	0.00800	14.03478	0.00803	0.00756	0.82908
11.85314	0.01200	11.71090	0.01207	0.01168	0.89978
9.32846	0.02000	9.14189	0.02020	0.01990	0.95143
7.65941	0.03000	7.42963	0.03046	0.03021	0.97340
5.94872	0.05000	5.65128	0.05129	0.05110	0.98786

本文以受压混凝土本构模型输入为例进行说明，在 CDP 模型输入时，应将试验得到的名义应变 ε_{nom} 和名义应力 σ_{nom} 换算成真实应变 ε_{true} 和真实应力 σ_{true}，其转换公式为：

$$\varepsilon_{true} = \ln(1 + \varepsilon_{nom}) \tag{28-33}$$

$$\sigma_{true} = \sigma_{nom}(1 + \varepsilon_{nom}) \tag{28-34}$$

当 $f_{cu,k} = 30MPa$，$E_c = 3 \times 10^4$，$\varepsilon_{co} = 0.002$，通过计算得到数据如表 28-2，原始受压曲线 σ_c-ε_c 和输入受压曲线 σ_{true}-ε_c^{in} 如图 28-6 所示，原始受压损伤曲线 d_c-ε_c 和输入受压损伤曲线 d_c-ε_c^{in} 如图 28-7 所示。

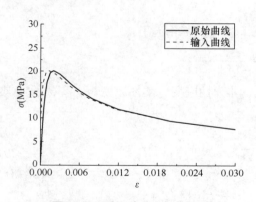

图 28-6　受压应力-应变曲线

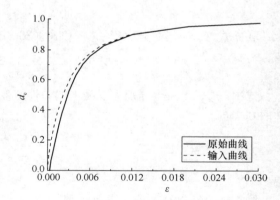

图 28-7　受压损伤曲线

28.1.2　钢筋模型

（1）模型基本准则

ABAQUS 中可以单独设置钢筋单元，也可以通过单元属性在组合模型中附加钢筋属性，还可以设置为杆单元嵌固在实体单元中。本文从以下几个方面对钢筋模型的基本准则进行介绍：

① 屈服准则

对于钢筋等金属材料，其屈服准则通常采用 Von. Mises 理论：$F = \sqrt{3J_2} - k$，即偏平面上钢筋屈服面的投影为圆形。

② 强化准则

强化准则是指随着塑性变形的变化材料屈服面发展的规律。通过对强化准则的理解从而建立相应的强化模型，ABAQUS 中主要的强化模型有以下三种：等向强化模型、随动强化模型及混合强化模型。随动强化模型与等向强化模型不同的是，当一个方向上屈服应力提高时，则相反方向上屈服应力必会降低，这解决了模拟钢材循环荷载作用下的包辛格效应。

③ 流动法则

钢筋的流动法则与普通的关联流动法则一样，塑性势函数与屈服面方程相同，其表达式为：

$$d\varepsilon_{ij}^{pl} = d\lambda \frac{\partial g}{\lambda \sigma_{ij}} \tag{28-35}$$

（2）钢筋本构关系

本文钢筋的应力-应变曲线采用 Esmaeily-Xiao 模型[54]，公式如下：

$$\sigma = \begin{cases} E_s\varepsilon & \varepsilon \leqslant \varepsilon_y \\ f_y & \varepsilon_y < \varepsilon \leqslant k_1\varepsilon_y \\ k_3 f_y + \dfrac{E_s(1-k_3)}{\varepsilon_y(k_2-k_1)^2}(\varepsilon - k_2\varepsilon_y)^2 & \varepsilon > k_1\varepsilon_y \end{cases} \tag{28-36}$$

式中，E_s 为钢材的弹性模量；f_y、ε_y 分别为钢材的屈服强度和屈服应变；k_1 为钢材的强化段起点应变与屈服应变的比值；k_2 为钢材的峰值应变与屈服应变得比值；k_3 为钢材峰值应力与屈服强度的比值；c 为等效硬化直线斜率，取屈服点和峰值点连线的斜率。

钢材的应力-应变关系如图 28-8 所示。

（3）钢筋卸载及再加载曲线

钢筋反复加载的应力-应变曲线见图 28-9。

曲线可通过下列公式确定：

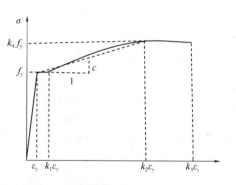

图 28-8　钢材的应力-应变关系

$$\sigma = [E_s(\varepsilon - \varepsilon_a) + \sigma_a] - \left(\frac{\varepsilon - \varepsilon_a}{\varepsilon_b - \varepsilon_a}\right)^p [E_s(\varepsilon_b - \varepsilon_a) - (\sigma_b - \sigma_a)] \tag{28-37}$$

$$p = \frac{E_s(1-c/E_s)(\varepsilon_b - \varepsilon_a)}{E_s(\varepsilon_b - \varepsilon_a) - (\sigma_b - \sigma_a)} \tag{28-38}$$

式中，ε_a 和 σ_a 分别为再加载路径起点应变和应力，一般取 $\sigma_a = 0$。

（4）钢筋参数设置

在往复荷载作用下，必须同时考虑包辛格效应和强化效应对钢筋滞回性能的影响，故采用随动强化模型。ABAQUS 中提供了两种随动强化模型：双线性随动强化模型和非线性随动强化模型。虽然双线性随动强化模型计算高效、简便，但是为了反映在往复荷载下钢筋受力各个阶段的不同力学特性，本文采用非线性随动强化模型。

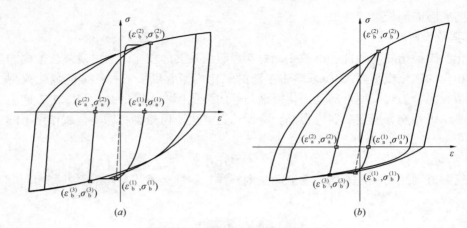

图 28-9 钢材反复加载应力-应变关系

（a）普通钢筋；（b）硬钢或钢绞线

此外，支座刚性垫块弹性模量取为 $10^{12}\mathrm{MPa}$，泊松比取为 1×10^{-6}。

（5）输入 ABAQUS 的钢筋参数

本文以 $f_y=385.25\mathrm{MPa}$，$\varepsilon_y=0.001926$ 为例进行说明，通过计算得到数据如表 28-3。

输入 ABAQUS 的钢筋数据   表 28-3

σ_s	ε_s	σ_{true}	$\varepsilon_{\mathrm{true}}$	ε_s^{pl}
385.25000	0.00193	385.99209	0.00192	0.00000
385.25000	0.00771	388.21835	0.00768	0.00573
402.01698	0.01000	406.03715	0.00995	0.00792
428.90022	0.01400	434.90482	0.01390	0.01173
452.80934	0.01800	460.95991	0.01784	0.01554
473.74434	0.02200	484.16672	0.02176	0.01934
491.70523	0.02600	504.48956	0.02567	0.02315
506.69199	0.03000	521.89275	0.02956	0.02695
518.70464	0.03400	536.34060	0.03343	0.03075
527.74317	0.03800	547.79741	0.03730	0.03456
533.80758	0.04200	556.22750	0.04114	0.03836
536.89788	0.04600	561.59518	0.04497	0.04217
537.01405	0.05000	563.86476	0.04879	0.04597
534.15611	0.05400	563.00054	0.05259	0.04978
528.70868	0.05779	559.26144	0.05618	0.05338

原始曲线 σ_s-ε_s 和输入曲线 σ_{true}-ε_s^{pl} 如图 28-10 所示。

28.1.3 钢绞线及高性能砂浆模型

（1）钢绞线本构关系

钢绞线加固 RC 柱属于体外配筋的一种，其工作机理和箍筋类似，故利用 ABAQUS

中弹塑性材料模型来定义钢绞线的材料参数。由于钢绞线并非是线弹性材料，为了与试验尽量保持一致，本文选择输入文献[36]中实测的应力-应变曲线，见图 28-11。

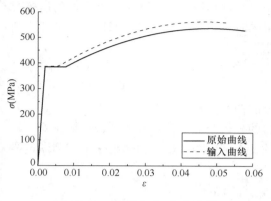

图 28-10　钢筋应力-应变曲线

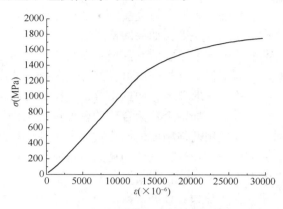

图 28-11　钢绞线的应力-应变曲线

（2）高性能砂浆本构关系

由于高性能砂浆属于脆性材料，且与混凝土的材料力学性能相似，有着相似的应力-应变关系，故本文高性能砂浆本构模型采用与其同等强度的混凝土本构模型来进行描述[43]。在进行非线性分析时，采用塑性损伤模型来定义高性能砂浆的材料参数。

28.1.4　选择材料单元

为了分别考虑混凝土、钢筋、钢绞线等的受力情况，本文采用分离式有限元模型，在建立模型时把混凝土、钢筋、钢绞线等作为不同的单元进行处理。

ABAQUS 提供的单元种类很多，为了达到预期效果，必须选择合适的单元进行模拟。由于线性减缩积分单元对求解位移结果较精确，当网格存在扭曲变形时，分析精度基本不受影响；弯曲荷载作用下，也不易发生剪切自锁[55]。而高性能砂浆属于脆性材料，且与混凝土的材料力学性能相似，有着相似的应力-应变关系，故本文混凝土和高性能砂浆单元都采用 C3D8R 进行模拟，

钢筋长细比很大，一般只承受轴向力不考虑弯矩，故本文采用桁架单元 T3D2 进行模拟。该单元采用线性内插法对位移和位置进行分析，每个节点只有垂直和水平两个自由度。钢筋单元的截面面积则通过 Solid section 来定义。钢绞线加固 RC 柱属于体外配筋，其工作机理和箍筋类似，故采用与钢筋相同的桁架单元来模拟钢绞线的受力。

28.1.5　网格划分

ABAQUS 自带三种网格划分技术和两种算法：结构化网格（Structured）、扫掠网格（Sweep）、自由网格（Free）；中性轴算法和进阶算法。结构化网格划分采用预先定义的、简单的网格进行单元划分。扫掠网格划分可以对表面区域和复杂的实体进行网格划分，可以沿任意形式的边进行扫掠。自由网格划分是最灵活的网格划分技术，最大特点就是不需要事先定义好网格样式，对于特别复杂的模型划分网格也十分有效。中性轴算法是将整体区域划分成一些简单的小区域，然后使用结构化网格对这些小区域进行划分网格。采用这

种方法可以更快地划分网格，提高网格质量，减少网格过渡。由于本文模型形状规则，故先对模型进行必要的划分后，采用结构优化网格及中性轴算法生成网格。

网格质量的好坏直接关乎模型分析是否能快速、顺利地完成，甚至是能否得到高精度分析结果的关键。如果网格过密，则会浪费大量的时间和资源；反之，如果网格过疏，则可能导致模型不收敛，甚至可能会出现严重的错误。

为了保证网格的质量及模型计算结果的精度，网格单元各个方向的尺寸不应相差过大，故应采取以下办法选出合适的网格密度：

（1）选择一个较为合理的密度进行网格划分的初始分析。

（2）用两倍精度的网格重新分析并比较两次的分析结果，若两次的分析结果相差不超过$\pm 1\% \sim \pm 2\%$，则认为初始网格密度是可行的；否则应继续进行网格细化，直到满足要求为止。

本文柱头、柱底混凝土单元尺寸为 100 mm，柱身混凝土单元尺寸为 50 mm，钢筋、箍筋和钢绞线杆单元尺寸为 25 mm，如图 28-12 所示。

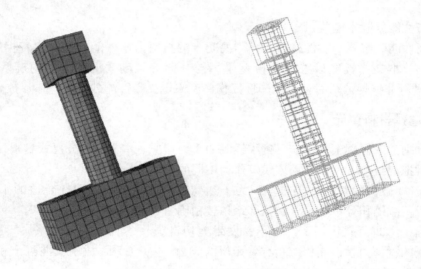

图 28-12　模型的网格划分

28.1.6　模型中的接触设置

模型中，各部件之间的相互作用通过设置接触来实现，本文模型中存在着二类接触：

（1）钢筋、箍筋及钢绞线均采用嵌入式约束。钢筋的各单元嵌入混凝土中，钢筋节点运动随混凝土变形而改变，能够模拟混凝土对钢筋的约束包裹作用。钢绞线的各单元嵌入到混凝土和砂浆的交界处，不仅能够模拟砂浆对钢绞线的约束包裹作用，而且可以模拟钢绞线对混凝土的约束作用。

（2）混凝土与聚合物砂浆之间的接触采用面与面的接触。由于聚合物砂浆的弹性模量要比混凝土的大，所以聚合物砂浆单元作为主面，混凝土单元作为从面。

面与面的接触由法向接触和切向粘结滑移组成，并认为[56]：①砂浆可穿透到混凝土中；②接触力的法向分量只能是压力；③接触面的切向存在摩擦。通常，法向采用硬接触，允许主、从面分离；而切向由于 ABAQUS 中模拟面之间的零滑移很难，故允许切向砂浆和混凝土之间存在小滑移。滑移摩擦系数越大，越不容易收敛，结合实际情况，考虑到抹砂浆前需要将混凝土表面凿毛，本文取 0.6[56]。

28.1.7　边界条件及加载方式

如图 28-13 所示，根据试验的实际约束情况，模型采用一端固定一端自由，固定端设置在柱底底面，相应位置所有节点的 6 个自由度全部约束。在柱头上表面设置一个参考点，使其与顶面耦合，并在参考点上施加顶面约束条件和恒定轴向荷载。然后在柱头水平向设置一个参考点作为水平加载点，将其与表面耦合，水平反复荷载通过荷载和位移混合控制的加载方式施加于参考点上，只设定其水平方向的运动位移。通过软件中 Amplitude 功能添加位移幅值曲线。

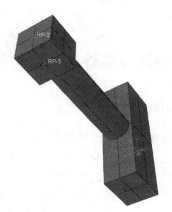

图 28-13　模型边界条件

本文加载制度与试验[36]保持一致，见图 28-14。

达到屈服前，采用荷载进行控制，每一级循环加载一次；达到屈服后，采用位移进行控制，以屈服位移的整数倍进行递增，每一级循环加载两次，直到水平承载力下降至最大值的 85% 时，认为试件破坏并中止加载。

建模时，需要对钢绞线施加预应力。ABAQUS 中施加预应力的方法常用的有初始应变法、初始应力法、温度法。本文采用温度法对钢绞线施加环向预应力，利用公式：

$$\varepsilon = \Delta T \times \kappa \qquad (28-39)$$

式中，ε 是应变，ΔT 是温差，κ 是热膨胀系数。

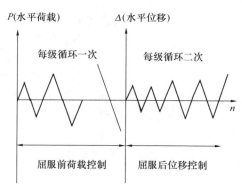

图 28-14　P-Δ 混合控制加载

根据热胀冷缩对钢绞线进行降温，使钢绞线收缩对混凝土产生压应力。要实现预应力的施加，先在在钢绞线的属性中定义其膨胀系数，然后通过在荷载模块中创建温度场，输入相应的温度值，达到预期的效果。

28.1.8　生死单元

由于聚合物砂浆是在钢绞线施加预应力之后才抹上去的，即钢绞线受力时，聚合物砂浆应该不存在任何的应力和应变，而在建立模型时，通常是建立好所有的单元并设置好接触再统一施加荷载。故本文对砂浆采用生死单元技术来实现这一效果，在钢绞线施加预应力这一阶段不激活聚合物砂浆单元，而在后期加载时激活使其共同受力。

单元生死技术的实现主要是对该单元的刚度矩阵进行修改，通过对单元的钝化和激活来模拟施工工序的先后顺序。当单元被钝化时，为了防止矩阵为零而发生奇异，通常对该单元刚度矩阵乘以一个极小的缩放系数而不是直接删除。此时，单元的刚度、质量、荷载等均为零输出，不发生变化。当单元再被激活时，单元的各个参数恢复真实状态，应变只从当前这一刻开始发生，对之前的应变没有任何记录。

28.2　有限元模型验证

28.2.1　试件基本信息

为了验证模型的准确性和可靠性，本文以郭俊平等[36]做的预应力钢绞线网－聚合物砂浆加固圆柱的抗震试验为基础，对试件 LC0-2、PLC60-2 及 PLC63-2 建立有限元模型进行对比分析。试件尺寸及配筋见图 28-15，建模试件主要参数见表 28-4，柱截面直径为300mm，柱身高度 1200mm，水平加载点距地梁顶面 1400mm；纵向钢筋配筋率为2.28%，箍筋体积配箍率为 0.76%；混凝土实测立方体抗压强度为 41.3MPa，弹性模量为 2.58×10⁴MPa，材料物理性能见表 28-5。

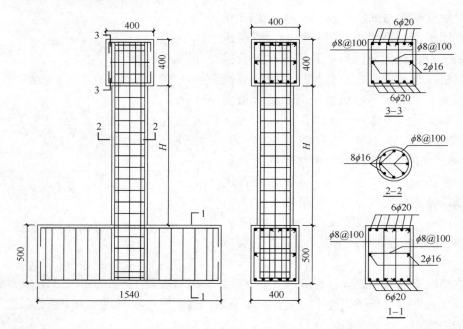

图 28-15　试件尺寸及配筋

试件主要参数				表 28-4
试件编号	轴压比	预应力水平	钢绞线间距	剪跨比
LC0-2	0.8	0	0	4.67
PLC60-2	0.8	0	60	4.67
PLC63-2	0.8	0.408	60	4.67

注：表中 LC 为未加固柱，PLC 加固柱。加固柱编号规则：如试件 PLC63-2，第 1 个数字表示钢绞线间距，第 2 个数字表示预应力水平，第 3 个数字表示轴压比，其他以此类推。

材料性能								表 28-5
钢筋			钢绞线				聚合物砂浆	
直径（mm）	f_y	E_s（×10⁵）	直径（mm）	f_{we}	f_w	E_w（×10⁵）	f_{pmu}	E_{pm}（×10⁴）
$\phi8$	407.33	2.1	4.5	1320	1750	1	53.6	3.31
$\phi16$	385.25	2.0						

注：表中未注明单位均为 MPa，f_y、f_{we}、f_{pmu} 分别为钢筋屈服强度、钢绞线的比例极限强度、砂浆立方体抗压强度。

28.2.2　有限元计算结果与试验结果对比

试件 PLC63-2 各阶段的柱身混凝土应力云图及损伤云图如图 28-16 所示。

模拟的滞回曲线和骨架曲线与试验得结果对比如图 28-17 和图 28-18 所示。

从图 28-17 和图 28-18 可知，两者的滞回曲线基本一致，滞回环的面积很接近；骨架

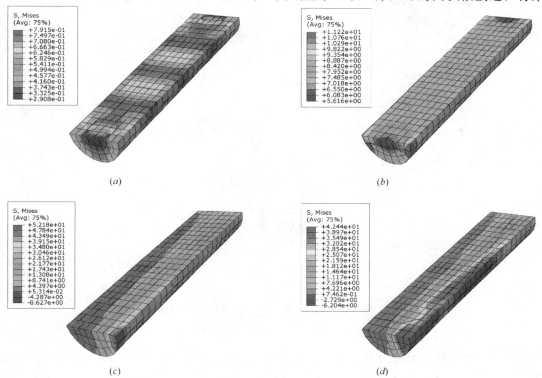

图 28-16　各阶段的柱身混凝土应力云图及损伤云图（一）

（a）施加预应力后应力云图；（b）施加轴力后应力云图；（c）屈服时应力云图；（d）破坏时应力云图

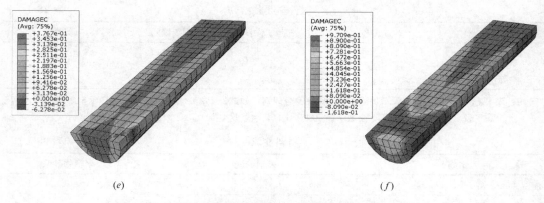

图 28-16　各阶段的柱身混凝土应力云图及损伤云图（二）

(e) 屈服时损伤云图；(f) 破坏时损伤云图

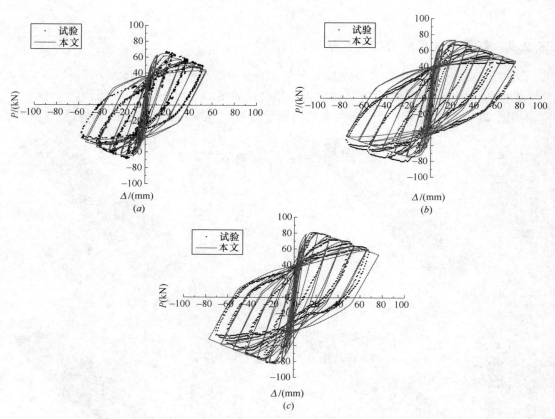

图 28-17　有限元模拟与试验滞回曲线对比

(a) LC0-2；(b) PLC60-2；(c) PLC63-2

曲线作为每次滞回曲线峰值点的连线，从图中可以发现两者屈服点、峰值点均较为接近，曲线趋势一致，下降段吻合较好。这说明通过引入钢绞线配箍特征值 λ_w 和钢绞线约束折减系数 k_e，对混凝土本构模型进行了修正，可以有效考虑施加预应力水平的钢绞线在受力时对约束混凝土产生的影响。同时对钢筋采用非线性随动强化模拟，使得有限元模拟结

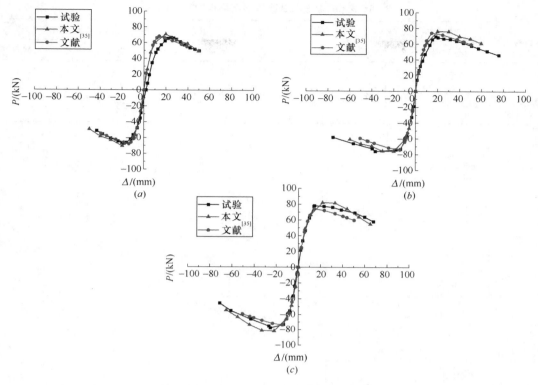

图 28-18　有限元模拟与试验骨架曲线对比

(*a*) LC0-2；(*b*) PLC60-2；(*c*) PLC63-2

果与试验结果吻合较好。

各特征值对比见表 28-6、表 28-7、表 28-8，特征值的误差对比见图 28-19。

有限元模拟值和试验值在屈服点的对比　　　　　　表 28-6

试件编号	屈服荷载（kN）			绝对误差（%）		屈服位移（mm）			绝对误差（%）	
	试验	本文	文献[35]	本文	文献[35]	试验	本文	文献[35]	本文	文献[35]
LC0-2	58.82	59.78	61.70	1.63	4.90	12.34	9.82	9.29	20.42	24.72
PLC60-2	59.99	60.84	58.96	1.42	1.72	12.16	9.97	8.31	18.01	31.66
PLC63-2	67.54	65.08	58.96	3.64	12.7	11.55	10.83	8.31	6.23	28.05

有限元模拟值和试验值在峰值点的对比　　　　　　表 28-7

试件编号	峰值荷载（kN）			绝对误差（%）		峰值位移（mm）			绝对误差（%）	
	试验	本文	文献[35]	本文	文献[35]	试验	本文	文献[35]	本文	文献[35]
LC0-2	68.83	70.73	68.46	2.76	0.54	20.34	19.76	14.14	2.85	30.48
PLC60-2	74.53	76.13	74.04	2.15	0.66	21.24	21.4	14.68	0.75	30.89
PLC63-2	81.9	82.05	74.04	0.18	9.60	20.15	21.78	14.68	8.07	27.15

有限元模拟值和试验值在破坏点的对比

表 28-8

试件编号	破坏荷载（kN）			绝对误差（%）		破坏位移（mm）			绝对误差（%）	
	试验	本文	文献[35]	本文	文献[35]	试验	本文	文献[35]	本文	文献[35]
LC0-2	58.51	60.12	58.19	2.75	0.55	34.33	36.42	34.47	6.08	0.41
PLC60-2	63.35	64.71	62.93	2.15	0.66	53.69	53.03	43.74	1.24	18.53
PLC63-2	69.61	69.85	62.93	0.34	9.60	45.91	48.43	43.74	5.50	4.73

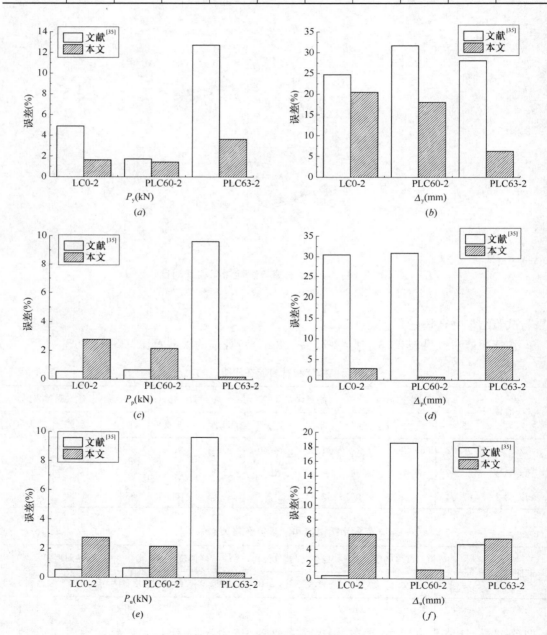

图 28-19　各特征值的误差对比

（a）屈服荷载；（b）屈服位移；（c）峰值荷载；（d）峰值位移；（e）破坏荷载；（f）破坏位移

　　由于文献［35］的理论计算方法对部分参数进行了简化，如没有考虑不同预应力水平对混凝土本构模型的影响、钢筋采用的是简化二折线模型等，故本文通过对其进行修正，使得有限元模拟结果比文献［35］的理论计算结果更接近试验结果。据此，验证了有限元分析的准确性和可行性，同时也可以利用模拟得到的曲线来进一步研究预应力钢绞线网－聚合物砂浆加固柱的抗震性能。

28.3　本章小结

　　本章采用 ABAQUS 有限元软件，对材料分析模型及本构关系的选择、单元及网格划分、接触设置、边界条件及加载方式等方面进行概述，建立往复荷载作用下预应力钢绞线网－高性能砂浆加固柱的有限元模型，并将模拟结果与试验结果进行验证。

　　得到结论如下：

　　（1）通过引入钢绞线配箍特征值和钢绞线约束折减系数对混凝土本构关系中峰值应力和峰值应变进行修正，可有效考虑预应力钢绞线对约束混凝土产生的影响。

　　（2）采用修正后的混凝土本构模型和钢筋的非线性随动强化模型进行模拟，得到结果与试验结果吻合，较文献［35］的理论计算结果更接近试验结果，表明建立模型的准确性和可行性，为后面进一步研究预应力钢绞线加固柱的抗震性能奠定了基础。

第 29 章　预应力钢绞线网-高性能砂浆加固柱抗震性能参数分析

郭俊平等[36]通过考虑不同轴压比、预应力水平和钢绞线间距对抗震加固效果的影响，对钢绞线加固 RC 圆柱抗震性能进行了研究。由于试验的局限性和现有技术的缺陷，试验中仅对部分参数进行了分析，也没有考虑高预应力水平对试件的影响，故本文在上一章已建立模型的基础上，进一步分析高轴压比、预应力水平、混凝土强度和配箍率这四个参数对加固后试件抗震性能的影响。

29.1　轴压比对抗震性能的影响

29.1.1　构件模型参数

本文主要考虑设计轴压比为 0.55、0.70、0.85、1.00、1.15 五种情况对试件抗震性能的影响。模拟时，所有试件的柱身高度 $H=1000$mm，其他参数均与文献［36］试验提供的数据一样，主要参数见表 29-1。

构件的主要参数　　　　　　　　　　　　　　　　表 29-1

试件编号	混凝土强度	设计轴压比	箍筋	配箍率（%）	钢筋	钢绞线	预应力水平
CZ8-30-70	C30	0.7	A 8@100	0.76	4B 16	A 4.8@50	—
CZ8-30-85	C30	0.85	A 8@100	0.76	4B 16	A 4.8@50	—
YGCZ8-30-55-0	C30	0.55	A 8@100	0.76	4B 16	A 4.8@50	0
YGCZ8-30-70-0	C30	0.7	A 8@100	0.76	4B 16	A 4.8@50	0
YGCZ8-30-85-0	C30	0.85	A 8@100	0.76	4B 16	A 4.8@50	0
YGCZ8-30-100-0	C30	1	A 8@100	0.76	4B 16	A 4.8@50	0
YGCZ8-30-115-0	C30	1.15	A 8@100	0.76	4B 16	A 4.8@50	0

注：表中 CZ 为未加固柱，YGCZ 为加固柱。加固柱编号规则：如试件 YGCZ8-30-55-0，第 1 个数字表示箍筋直径为 8mm，第 2 个数字表示混凝土强度等级为 C30，第 3 个数字表示设计轴压比为 0.55，第 4 个数字表示预应力水平为 0，其他试件以此类推。

29.1.2　滞回曲线及骨架曲线

滞回曲线是构件受力过程中变形、耗能、刚度变化的综合体现，它通过构件在低周往复荷载作用下的荷载-位移曲线来进行描述。不同轴压比下各试件滞回曲线见图 29-1，骨架曲线见图 29-2。

由图 29-1 和图 29-2 可知：

（1）屈服前各试件滞回环叠加基本在一条直线上，卸载后基本上不存在残余变形，这说明试件还处于弹性阶段；屈服后，曲线开始出现转折，随着位移的加大，各试件残余变形逐渐增加，曲线斜率不断减小，刚度出现明显退化。

（2）在相同轴压比情况下，未加固试件滞回环呈现出明显的弓字形，特别是试件 CZ8-30-85，曲线捏缩严重，耗能明显降低；而相比经过钢绞线加固的试件滞回环面积变大，骨架曲线下降趋势变缓，刚度退化变缓，对试件的抗震性能有着明显的改善。这说明采用钢绞线对试件进行加固，提高其抗震性能是有效的。

（3）在不同轴压比时，随着轴压比的提高，加固柱的滞回环面积逐渐减小，骨架曲线

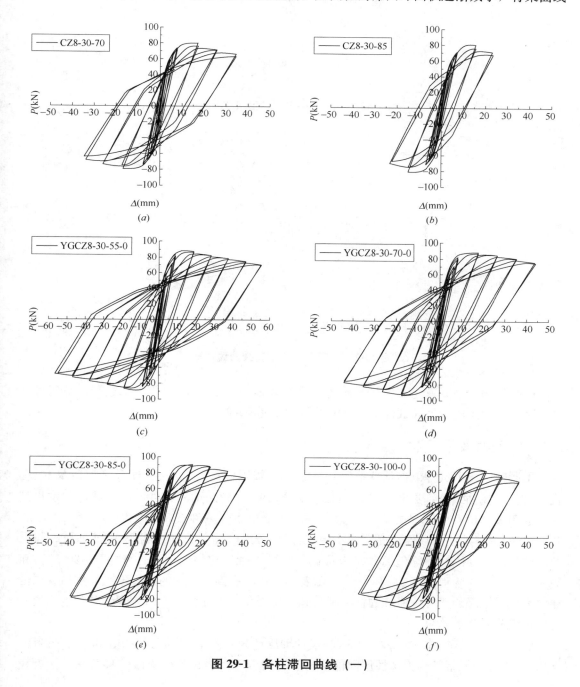

图 29-1　各柱滞回曲线（一）

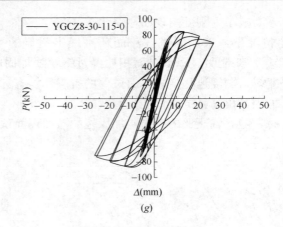

图 29-1 各柱滞回曲线（二）

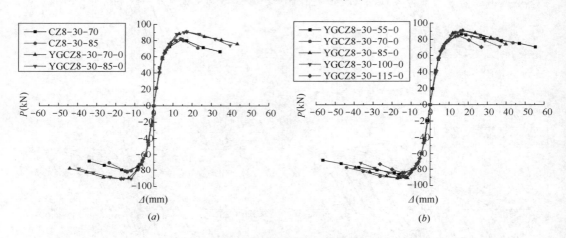

图 29-2 不同轴压比下骨架曲线对比

下降趋势加剧，刚度退化加快，尤其是试件 YGCZ8-30-115-0 滞回曲线已经开始呈现弓字形，这说明轴压比对加固试件抗震性能的影响是明显的。

29.1.3 延性及承载力

不同轴压比下试件位移延性系数 $\mu = \Delta_u / \Delta_y$、极限位移角 $\theta_u = \Delta_u / H$ 及峰值荷载 P_p 见表 29-2，对比曲线分别见图 29-3、图 29-4 及图 29-5。较未加固试件，加固试件的位移延性系数和极限位移角明显要高，在同一轴压比情况下，试件 YGCZ8-30-70-0 和 YGCZ8-30-85-0 的位移延性系数分别提高 36% 和 54%，极限位移角分别提高 39% 和 59%。与未加固柱相比，加固柱的峰值荷载略有提高，在同一轴压比情况下试件 YGCZ8-30-70-0 和 YGCZ8-30-85-0 分别提高 9% 和 10%。随着轴压比的提高，试件的位移延性系数和极限位移角都出现下降的趋势，但加固柱下降的趋势要缓于未加固柱。峰值荷载随着轴压比的提高呈现先升后降的趋势。

由表 29-2 可知，试件 CZ8-30-85 的设计轴压比为 0.85，位移延性系数 3.04，极限位移角 1/51 近似框架结构弹塑性层间位移角限值 1/50。此时试件的极限位移角几乎接近我国规范[57]对抗震框架柱的极限要求，若再提高轴压比，试件必不满足规范要求。此时采用钢绞线加固后，构件 YGCZ8-30-85-0 的延性和极限位移角分别提高 55％和 59％，且 YGCZ8-30-115-0 的位移延性系数和极限位移角也均满足规范要求。由此可见，通过钢绞线加固后不仅可以改善柱的抗震延性，还可以适当提高构件的轴压比限值。

不同轴压比下构件的延性和承载力 表 29-2

试件编号	Δ_y （mm）	Δ_u （mm）	μ	提高系数	θ_u	P_p （kN）	提高系数
CZ8-30-70	8.64	30.93	3.58	1.00	1/39	83.12	1.00
CZ8-30-85	7.80	23.71	3.04	0.85	1/51	82.29	0.99
YGCZ8-30-55-0	9.40	47.61	5.06	1.41	1/25	86.44	1.04
YGCZ8-30-70-0	8.82	42.94	4.87	1.36	1/28	90.92	1.09
YGCZ8-30-85-0	7.98	37.60	4.71	1.32	1/32	90.84	1.09
YGCZ8-30-100-0	7.32	32.40	4.43	1.24	1/37	88.64	1.07
YGCZ8-30-115-0	6.80	26.62	3.91	1.09	1/45	84.62	1.02

注：屈服位移 Δ_y 采用能量等值法进行确定，极限位移 Δ_u 取试件荷载下降至 85％的极限荷载点对应的位移值。

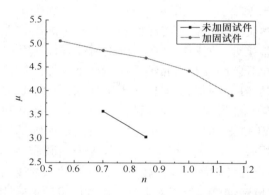

图 29-3 不同轴压比时试件位移延性系数曲线

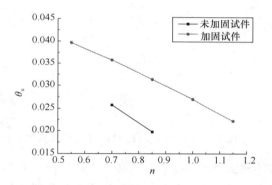

图 29-4 不同轴压比时试件极限位移角曲线

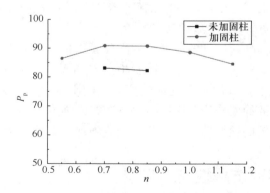

图 29-5 不同轴压比时试件峰值荷载曲线

29.1.4 耗能能力

试件的各滞回环面积和累积总耗能 Q 值见表 29-3，累计耗能值和水平位移的曲线如图 29-6 所示。

试件编号	各循环位移荷载下的滞回环面积（kN·mm）						总耗能 Q（kN·mm）
	Δ_y	$2\Delta_y$	$3\Delta_y$	$4\Delta_y$	$5\Delta_y$	$6\Delta_y$	
CZ8-30-70	492	1666	3023	4189	—	—	9370
CZ8-30-85	380	1425	2665	—	—	—	4471
YGCZ8-30-55-0	642	2334	3694	4952	6253	7518	25392
YGCZ8-30-70-0	519	2021	3437	4577	5911	—	16466
YGCZ8-30-85-0	356	1726	2739	4107	5332	—	14261
YGCZ8-30-100-0	289	1442	2739	3690	4938	—	13099
YGCZ8-30-115-0	185	1233	2339	3286	—	—	7044

不同轴压比下试件滞回面积   表 29-3

注：总耗能 Q 为试件在受力过程中各循环荷载下滞回曲线面积之和。

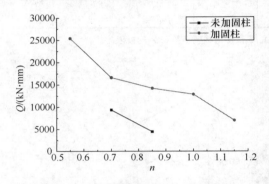

图 29-6 不同轴压比时试件总耗能曲线

由表 29-3 和图 29-6 可知：

（1）在达到屈服前，各试件的滞回面积相差较小，在相同轴压比情况下，加固试件达到屈服位移时的滞回环面积和未加固试件很接近；屈服后，各试件的滞回环面积开始拉开差距，在相同轴压比情况下，加固试件的滞回环面积明显要大于未加固试件，累计耗能显著提高，加固试件 YGCZ8-30-70-0 和 YGCZ8-30-85-0 的总耗能分别比未加固试件提高了 76％和 219％。这是因为屈服前，试件施加的水平位移相对较小，柱身尚未开裂或仅在柱底产生少许微裂缝，加固的钢绞线几乎不起作用，此时的耗能主要靠微裂缝间的摩擦和钢筋的拉压来吸收。试件屈服后，试件裂缝不断产生，此时随着水平位移的不断加大，加固柱上的钢绞线开始参与工作，有效抑制试件裂缝的开展，约束试件变形，同时也吸收部分能力，从而使得试件的整体耗能能力得到显著提升。由此可见，钢绞线的施加对试件耗能能力的提升是非常有效的。

（2）随着轴压比的提高，试件的各循环滞回环面积相对减小，总耗能呈下降趋势，抗震性能变差。试件 YGCZ8-30-115-0 的总耗能相比未加固试件 CZ8-30-70-0 降低了 25％，这是由于高轴压比情况下，试件本身的脆性变大，极限位移明显减小，试件很快达到破坏，这导致后期钢绞线的约束作用并不明显，钢绞线的强度也得不到有效发挥。故要使钢绞线在高轴压比时也能较好地发挥，应当对钢绞线施加一定的初始预应力。

29.2 预应力水平对抗震性能的影响

29.2.1 构件模型参数

本文主要考虑预应力水平为 0、0.2、0.4、0.6、0.8 五种情况对试件抗震性能的影响。模拟时，所有试件的柱身高度 $H=1000mm$，其他参数均与文献［36］试验提供的数据一样，主要参数见表 29-4。

构件的主要参数　　　　　　　　　　　　　　表 29-4

试件编号	混凝土	设计轴压比	箍筋	配箍率（%）	钢筋	钢绞线	预应力水平
CZ8-30-70	C30	0.70	A 8@100	0.76	4B 16	A 4.8@50	—
CZ8-30-85	C30	0.85	A 8@100	0.76	4B 16	A 4.8@50	—
YGCZ8-30-70-0	C30	0.70	A 8@100	0.76	4B 16	A 4.8@50	0
YGCZ8-30-70-2	C30	0.70	A 8@100	0.76	4B 16	A 4.8@50	0.2
YGCZ8-30-70-4	C30	0.70	A 8@100	0.76	4B 16	A 4.8@50	0.4
YGCZ8-30-70-6	C30	0.70	A 8@100	0.76	4B 16	A 4.8@50	0.6
YGCZ8-30-70-8	C30	0.70	A 8@100	0.76	4B 16	A 4.8@50	0.8
YGCZ8-30-85-0	C30	0.85	A 8@100	0.76	4B 16	A 4.8@50	0
YGCZ8-30-85-2	C30	0.85	A 8@100	0.76	4B 16	A 4.8@50	0.2
YGCZ8-30-85-4	C30	0.85	A 8@100	0.76	4B 16	A 4.8@50	0.4
YGCZ8-30-85-6	C30	0.85	A 8@100	0.76	4B 16	A 4.8@50	0.6
YGCZ8-30-85-8	C30	0.85	A 8@100	0.76	4B 16	A 4.8@50	0.8
YGCZ8-30-100-0	C30	1.00	A 8@100	0.76	4B 16	A 4.8@50	0
YGCZ8-30-100-2	C30	1.00	A 8@100	0.76	4B 16	A 4.8@50	0.2
YGCZ8-30-100-4	C30	1.00	A 8@100	0.76	4B 16	A 4.8@50	0.4
YGCZ8-30-100-6	C30	1.00	A 8@100	0.76	4B 16	A 4.8@50	0.6
YGCZ8-30-100-8	C30	1.00	A 8@100	0.76	4B 16	A 4.8@50	0.8
YGCZ8-40-70-0	C40	0.70	A 8@100	0.76	4B 16	A 4.8@50	0
YGCZ8-40-70-2	C40	0.70	A 8@100	0.76	4B 16	A 4.8@50	0.2
YGCZ8-40-70-4	C40	0.70	A 8@100	0.76	4B 16	A 4.8@50	0.4
YGCZ8-40-70-6	C40	0.70	A 8@100	0.76	4B 16	A 4.8@50	0.6
YGCZ8-40-70-8	C40	0.70	A 8@100	0.76	4B 16	A 4.8@50	0.8

29.2.2　滞回曲线及骨架曲线

不同预应力水平下各试件滞回曲线见图 29-7，骨架曲线见图 29-8。

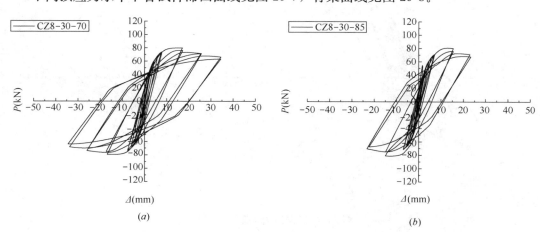

(a)　　　　　　　　　　　　　　　　　(b)

图 29-7　各柱滞回曲线（一）

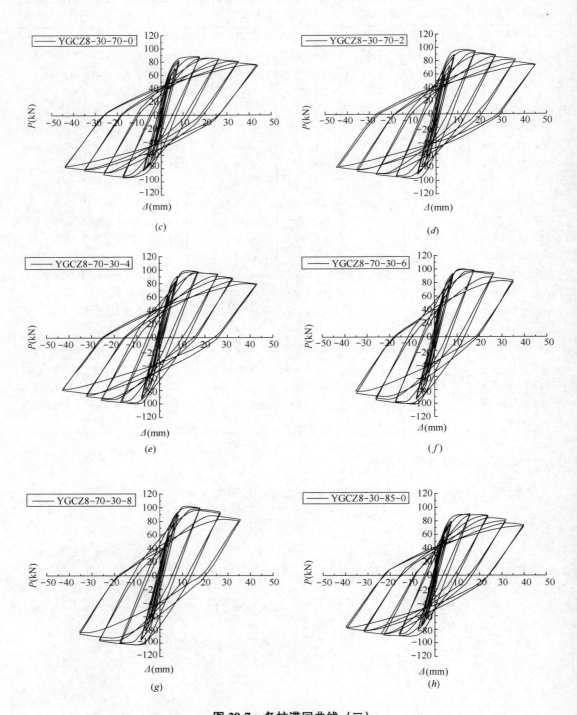

图 29-7　各柱滞回曲线（二）

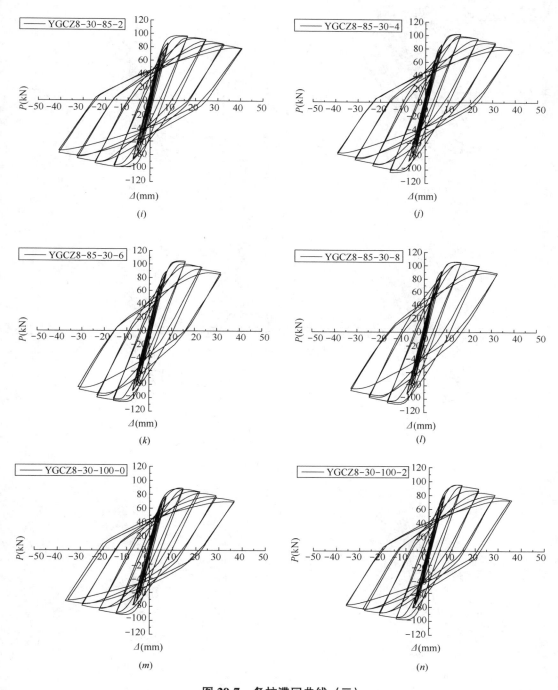

图 29-7　各柱滞回曲线（三）

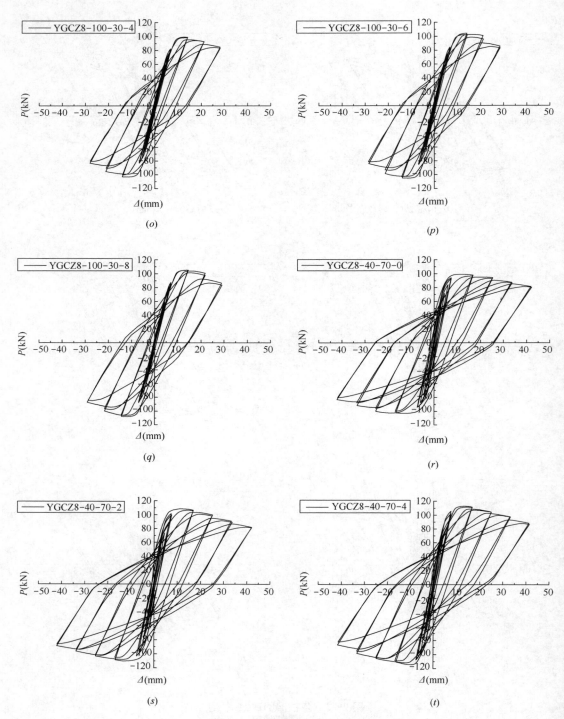

图 29-7　各柱滞回曲线（四）

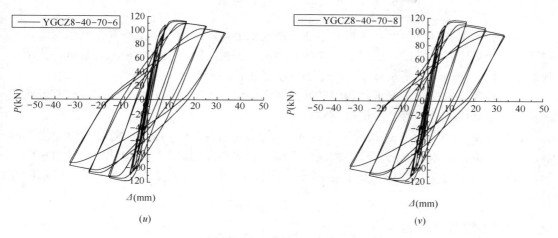

图 29-7　各柱滞回曲线（五）

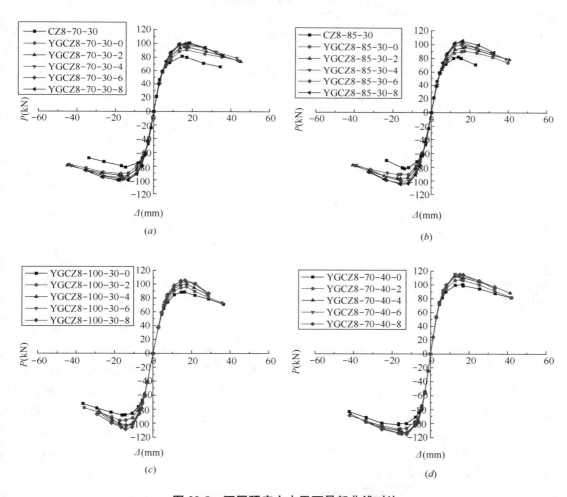

图 29-8　不同预应力水平下骨架曲线对比

(a) $n=0.7$；(b) $n=0.85$；(c) $n=1.00$；(d) C40

由图 29-7 和图 29-8 可知：

（1）屈服前各试件滞回环叠加基本在一条直线上，卸载后基本上不存在残余变形，这说明试件还处于弹性阶段；屈服后，曲线开始出现转折，随着位移的加大，各试件残余变形逐渐增加，曲线斜率不断减小，刚度出现明显退化。

（2）在相同轴压比情况下，加固试件滞回环面积要大于未加固柱，骨架曲线有着明显的提升，下降段趋势变缓，刚度退化减慢。

（3）如图 29-8 所示，在相同轴压比或混凝土强度情况下，各试件随着预应力水平的提高，骨架曲线屈服后有所提升，相应的下降段趋势更加明显，刚度退化更快，这说明对钢绞线施加预应力使得约束区核心混凝土三向受压，在一定程度上提高了试件的刚度和强度。

29.2.3　延性及承载力

不同预应力水平下构件的延性和承载力　　　　表 29-5

试件编号	Δ_y（mm）	Δ_u/mm	μ	提高系数	θ_u	P_p（kN）	提高系数
CZ8-30-70	8.64	30.93	3.58	1.00	1/39	83.12	1.00
CZ8-30-85	7.80	23.71	3.04	0.85	1/51	82.29	0.99
YGCZ8-30-70-0	8.82	42.94	4.87	1.36	1/28	90.92	1.09
YGCZ8-30-70-2	9.05	40.37	4.46	1.25	1/30	94.77	1.14
YGCZ8-30-70-4	8.63	36.50	4.23	1.18	1/33	97.59	1.17
YGCZ8-30-70-6	8.82	35.08	3.98	1.11	1/34	99.37	1.20
YGCZ8-30-70-8	8.91	34.69	3.89	1.09	1/35	100.56	1.21
YGCZ8-30-85-0	7.98	37.60	4.71	1.32	1/32	90.84	1.09
YGCZ8-30-85-2	8.17	35.77	4.38	1.22	1/34	96.46	1.16
YGCZ8-30-85-4	7.82	31.49	4.03	1.12	1/38	100.20	1.21
YGCZ8-30-85-6	7.96	30.77	3.87	1.08	1/39	102.61	1.23
YGCZ8-30-85-8	8.16	30.98	3.80	1.06	1/39	104.30	1.25
YGCZ8-30-100-0	7.32	32.40	4.43	1.24	1/37	88.64	1.07
YGCZ8-30-100-2	7.17	29.26	4.08	1.14	1/41	96.09	1.16
YGCZ8-30-100-4	7.07	26.91	3.81	1.06	1/45	100.28	1.21
YGCZ8-30-100-6	7.15	26.50	3.70	1.03	1/45	103.74	1.25
YGCZ8-30-100-8	7.28	26.61	3.66	1.02	1/45	105.96	1.27
YGCZ8-40-70-0	8.45	38.31	4.53	1.27	1/31	100.59	1.21
YGCZ8-40-70-2	8.43	35.63	4.23	1.18	1/34	107.84	1.30
YGCZ8-40-70-4	8.33	33.96	4.08	1.14	1/35	111.39	1.34
YGCZ8-40-70-6	8.42	33.01	3.92	1.10	1/36	113.53	1.37
YGCZ8-40-70-8	8.42	32.26	3.83	1.07	1/37	115.06	1.38

从表 29-5 可知，与未加固试件相比，加固试件的位移延性系数明显要高。在相同混凝土强度情况下，随着预应力水平的提高，施加预应力试件 YGCZ8-40-70-8 较未施加预应力试件 YGCZ8-40-70-0 位移延性系数下降 15%，极限位移角下降 16%，而峰值荷载提高 15%。在相同轴压比情况下，随着预应力水平的提高，施加预应力试件 YGCZ8-30-70-8、YGCZ8-30-85-8、YGCZ8-30-100-8 较未施加预应力试件 YGCZ8-30-70-0、YGCZ8-30-85-0、YGCZ8-30-100-0 位移延性系数分别下降 20%、19%、17%，极限位移角分别下降 19%、18%、18%，而峰值荷载分别提高 11%、15%、20%；较未加固试件 CZ8-30-70、CZ8-30-85，相应施加预应力试件位移延性系数分别提高 9%、25%，极限位移角分别提高 12%、31%，而峰值荷载分别提高提高 21%、27%。

不同预应力水平下试件位移延性系数 μ、极限位移角 θ_u 和峰值荷载 P_p 分别见图 29-9、图 29-10 和图 29-11。由图可知，当施加预应力水平小于 0.6 时，随着预应力水平的提高，位移延性系数和极限位移角呈下降趋势，峰值荷载呈上升趋势，轴压比越大趋势相对较缓；当施加预应力水平大于 0.6 时，随着预应力水平的提高，位移延性系数、极限位移角和峰值荷载变化均不明显。图 29-11 中出现试件 YGCZ8-30-100-8 的峰值荷载高于试件 YGCZ8-30-70-8 的现象，这是由于预应力水平和轴力的同时施加，使得试件处于三向受压状态，核心区混凝土强度提高；并且施加预应力水平后，试件的前期变形相对减小，聚合物砂浆对试件承载力的提高作用也存在一定的影响。

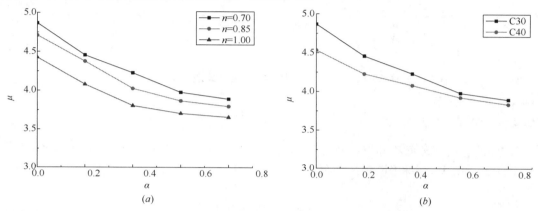

图 29-9　不同预应力水平时试件位移延性系数曲线

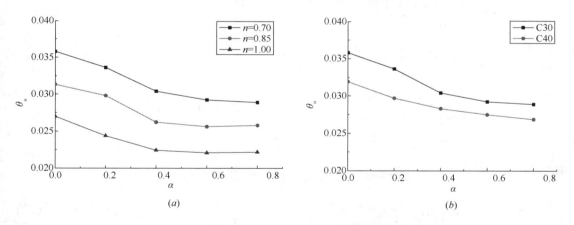

图 29-10　不同预应力水平时试件极限位移角曲线

由此可见，当预应力水平小于 0.6 时，随着预应力水平的提高加固柱的抗震延性明显降低；当预应力水平大于 0.6 时，预应力水平的提高对加固柱抗震延性不利影响趋于平缓。随着对钢绞线施加预应力水平的提高，虽然改善了其应力滞后的程度，使其得到充分的发挥，且峰值荷载有所提高，刚度增大，但抗震延性有所下降。当钢绞线施加预应力水平达到 0.8 时，加固柱的位移延性系数和极限位移转角仍大于未加固柱，抗震延性仍有所提高。所以当加固构件抗震延性满足要求的情况下，可以对其施加一定的预应力来相对提高构件的承载能力。

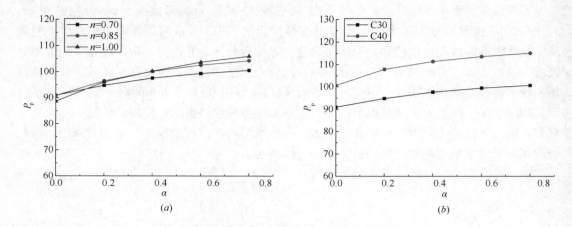

图 29-11　不同预应力水平时试件峰值荷载曲线

29.2.4　耗能能力

试件的各滞回环面积和累积总耗能 Q 值见表 29-6，累计耗能值与水平位移曲线如图 29-12 所示。由表 3-6 和图 29-12 可知：

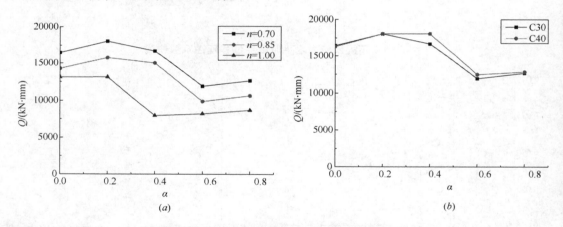

图 29-12　不同预应力水平时试件总耗能曲线

（1）在达到屈服前，各试件的滞回面积相差较小，在相同轴压比或相同混凝土强度情况下，加固柱达到屈服位移时的滞回环面积和未加固柱很接近；屈服后，各试件的滞回环面积开始拉开差距，在相同轴压比或混凝土强度情况下，随着预应力水平的提高，各滞回环面积出现略微提升，总耗能出现先降后升的趋势。这是由于影响总耗能的因素主要和延性系数有关，但也和承载力的提高存在一定的联系，随着预应力水平的提高，构件承载力出现了不同程度的提升，这导致相同水平位移下的滞回环面积略有提高。

（2）表 29-6 中，在相同情况下，施加预应力的加固试件 YGCZ8-30-70-0 和 YGCZ8-30-85-0 较未加固试件 CZ8-30-70 和 CZ8-30-85 总耗能分别提高 35％和 138％；施加预应力的试件 YGCZ8-30-70-2、YGCZ8-30-85-2 和 YGCZ8-40-70-2 较未施加预应力的试件 YGCZ8-30-70-0、YGCZ8-30-85-0 和 YGCZ8-40-70-0 总耗能分别提高 10％、10％和 11％；

而施加预应力的试件 YGCZ8-30-70-8、YGCZ8-30-85-8 和 YGCZ8-40-70-8 较未施加预应力的试件 YGCZ8-30-70-0、YGCZ8-30-85-0 和 YGCZ8-40-70-0 总耗能分别降低 23％、25％ 和 21％。由此可知，在高轴压比情况下，对钢绞线施加一定的预应力，可以使其更早的参与受力，得到充分的发挥，进而提高试件的耗能能力；但是预应力水平过大，也将导致试件延性的减小，这将不利于试件的整体抗震性能，故应该施加一个合理的预应力水平。

不同预应力水平下试件滞回面积　　　　　　表 29-6

试件编号	各循环位移荷载下的滞回环面积（kN·mm）					总耗能 Q（kN·mm）
	Δ_y	$2\Delta_y$	$3\Delta_y$	$4\Delta_y$	$5\Delta_y$	
CZ8-30-70	492	1666	3023	4189	—	9370
CZ8-30-85	380	1425	2665	—	—	4471
YGCZ8-30-70-0	519	2021	3437	4577	5911	16466
YGCZ8-30-70-2	527	2434	3931	4964	6204	18061
YGCZ8-30-70-4	437	2001	3831	4220	6194	16683
YGCZ8-30-70-6	457	2214	4152	5084	—	11907
YGCZ8-30-70-8	463	2337	4432	5399	—	12631
YGCZ8-30-85-0	356	1726	2739	4107	5332	14261
YGCZ8-30-85-2	356	1925	3366	4412	5691	15748
YGCZ8-30-85-4	278	1489	3392	4391	5462	15012
YGCZ8-30-85-6	282	1697	3356	4546	—	9882
YGCZ8-30-85-8	318	1805	3711	4828	—	10661
YGCZ8-30-100-0	289	1442	2739	3690	4938	13099
YGCZ8-30-100-2	217	1475	2830	3669	4926	13117
YGCZ8-30-100-4	200	1227	2811	3680	—	7918
YGCZ8-30-100-6	210	1231	2835	3900	—	8176
YGCZ8-30-100-8	192	1250	3083	4133	—	8658
YGCZ8-40-70-0	396	2231	3337	4494	5867	16325
YGCZ8-40-70-2	506	2560	3893	4963	6148	18069
YGCZ8-40-70-4	480	2231	4089	5204	6063	18067
YGCZ8-40-70-6	497	2350	4360	5238	—	12445
YGCZ8-40-70-8	450	2573	4475	5291	—	12788

29.3　混凝土强度对抗震性能的影响

29.3.1　构件模型参数

本文主要考虑混凝土强度为 C25、C30、C35、C40 四种情况对试件抗震性能的影响。模拟时，所有试件的柱身高度 $H=1000$mm，其他参数均与文献［36］试验的数据一样，主要参数见表 29-7。

构件的主要参数　　　　　　表 29-7

试件编号	混凝土	设计轴压比	箍筋	配箍率（％）	钢筋	钢绞线	预应力水平
CZ8-30-70	C30	0.70	A 8@100	0.76	4B 16	A 4.8@50	—
YGCZ8-25-70-0	C25	0.70	A 8@100	0.76	4B 16	A 4.8@50	0
YGCZ8-30-70-0	C30	0.70	A 8@100	0.76	4B 16	A 4.8@50	0
YGCZ8-35-70-0	C35	0.70	A 8@100	0.76	4B 16	A 4.8@50	0
YGCZ8-40-70-0	C40	0.70	A 8@100	0.76	4B 16	A 4.8@50	0

29.3.2　滞回曲线及骨架曲线

不同混凝土强度下各试件滞回曲线见图 29-13，骨架曲线见图 29-14。由图可知：

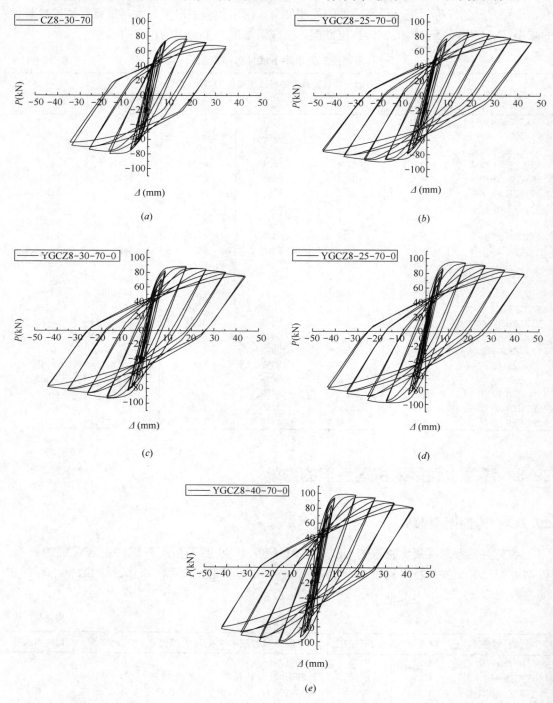

图 29-13　各柱滞回曲线

（1）屈服前各试件滞回环叠加基本在一条直线上，卸载后基本上不存在残余变形，这说明试件还处于弹性阶段；屈服后，曲线开始出现转折，随着位移的加大，各试件残余变形逐渐增加，曲线斜率不断减小，刚度出现明显退化。

（2）如图 29-14 所示，在相同轴压比情况下，各试件随着混凝土强度的提高，骨架曲线屈服后有所提升，相应地下降段趋势更加明显，刚度退化更快，这说明随着混凝土强度的提高，混凝土弹性模量和峰值应力也相应地提高，试件的峰值承载力和刚度有所提升，但同时混凝土的脆性加大，裂缝发展更快，退化速率加快。

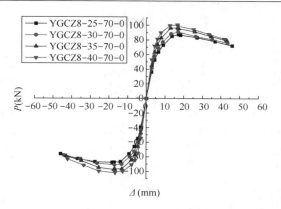

图 29-14　不同混凝土强度下骨架曲线对比

29.3.3　延性及承载力

不同混凝土强度下试件位移延性系数 μ、极限位移角 θ_u 和峰值荷载 P_p 分别见图 29-15、图 29-16 和图 29-17。

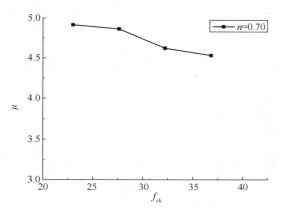

图 29-15　不同混凝土强度时试件位移
延性系数曲线

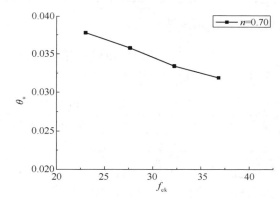

图 29-16　不同混凝土强度时试件极限
位移角曲线

由图 29-15、图 29-16 和图 29-17 可知，随着混凝土强度的提高，试件的位移延性系数和极限位移角呈下降趋势，峰值荷载呈上升趋势。

表 29-8 列出了不同混凝土强度下构件的延性和承载力。从表 29-8 可知，随着混凝土强度的提高，对比各加固试件，试件 YGCZ8-40-70-0 较试件 YGCZ8-30-70-0 位移延性系数下降 8％，极限位移角下降 11％，而峰值荷载提高 15％；而对比未加固试件 CZ8-30-70-0，试件 YGCZ8-40-70-0 位移延性系数上升 27％，极限位移角上升 24％，峰值荷载提高 21％。由此可见，混凝土强度的提高，虽然试件极限荷载有所提高，但混凝土脆性加大，极限应变减小，导致延性下降，对试件的抗震性能存在不利的影响，但相比未加固试件仍有明显提高。

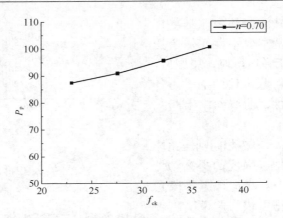

图 29-17 不同混凝土强度时试件峰值荷载曲线

不同混凝土强度下构件的延性和承载力 表 29-8

试件编号	Δ_y（mm）	Δ_u（mm）	μ	提高系数	θ_u	P_p（kN）	提高系数
CZ8-30-70	8.64	30.93	3.58	1.00	1/39	83.12	1.00
YGCZ8-25-70-0	9.22	45.36	4.92	1.37	1/26	87.47	1.05
YGCZ8-30-70-0	8.82	42.94	4.87	1.36	1/28	90.92	1.09
YGCZ8-35-70-0	8.68	40.14	4.62	1.29	1/30	95.54	1.15
YGCZ8-40-70-0	8.45	38.31	4.53	1.27	1/31	100.59	1.21

29.3.4 耗能能力

试件的各滞回环面积和累积总耗能 Q 值见表 29-9，累计耗能值与水平位移曲线如图 29-18 所示。由表 29-9 和图 29-18 可知：

不同混凝土强度下试件滞回面积 表 29-9

试件编号	各循环位移荷载下的滞回环面积（kN·mm）					总耗能
	Δ_y	$2\Delta_y$	$3\Delta_y$	$4\Delta_y$	$5\Delta_y$	Q（kN·mm）
CZ8-30-70	492	1666	3023	4189	—	9370
YGCZ8-25-70-0	513	2030	3320	4960	6383	17207
YGCZ8-30-70-0	519	2021	3437	4577	5911	16466
YGCZ8-35-70-0	400	2164	3266	4495	5942	16265
YGCZ8-40-70-0	396	2231	3337	4494	5867	16325

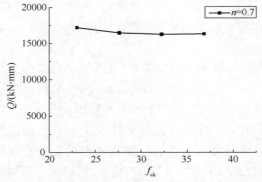

图 29-18 不同混凝土强度时试件总耗能曲线

（1）在达到屈服前，各试件的滞回环面积相差较小，在相同轴压比情况下，加固柱达到屈服位移时的滞回环面积和未加固柱很接近；屈服后，各试件的滞回环面积开始拉开差距，在相同轴压比情况下，随着混凝土强度的提高，各滞回环面积出现略微下降，总耗能呈微下降趋势。

（2）表 29-9 中，试件 YGCZ8-40-70-0 较试件 YGCZ8-30-70-0 总耗能仅下降 1%，而对比未加固试件 CZ8-30-70-0 总耗能提高

74%。由此可见，混凝土强度的提高，其脆性加大，试件的延性有所下降，但同时试件的峰值荷载也有所提升，使得个别峰值荷载左右的滞回环面积略有提高，这是导致最后试件总耗能随混凝土强度仅略有下降的主要原因。

29.4　配箍率对抗震性能的影响

29.4.1　构件模型参数

本文主要考虑箍筋直径分别为 6、8、10、12 四种情况对试件抗震性能的影响。模拟时，所有试件的柱身高度 $H=1000\text{mm}$，其他参数均与文献[36]试验提供的数据一样，主要参数见表 29-10。

构件的主要参数　　　　　　　　　　　　　　　表 29-10

试件编号	混凝土	设计轴压比	箍筋	配箍率（%）	钢筋	钢绞线	预应力水平
CZ8-30-70	C30	0.70	A 8@100	0.76	4B 16	A 4.8@50	—
YGCZ6-30-70-0	C30	0.70	A 6@100	0.43	4B 16	A 4.8@50	0
YGCZ8-30-70-0	C30	0.70	A 8@100	0.76	4B 16	A 4.8@50	0
YGCZ10-30-70-0	C30	0.70	A 10@100	1.19	4B 16	A 4.8@50	0
YGCZ12-30-70-0	C30	0.70	A 12@100	1.71	4B 16	A 4.8@50	0

29.4.2　滞回曲线及骨架曲线

不同配箍率下各试件滞回曲线见图 29-19，骨架曲线见图 29-20。由图可知：

（1）屈服前各试件滞回环叠加基本在一条直线上，卸载后基本上不存在残余变形，这说明试件还处于弹性阶段；屈服后，曲线开始出现转折，随着位移的加大，各试件残余变形逐渐增加，曲线斜率不断减小，刚度出现明显退化。

（2）如图 29-20 所示，在相同轴压比情况下，对比各加固试件，骨架曲线在达到峰值

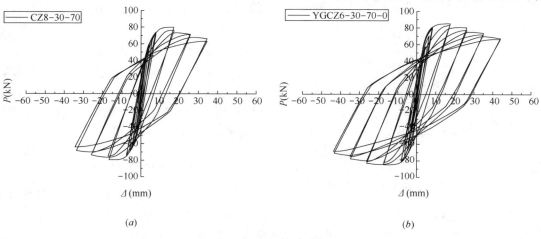

图 29-19　各柱滞回曲线（一）

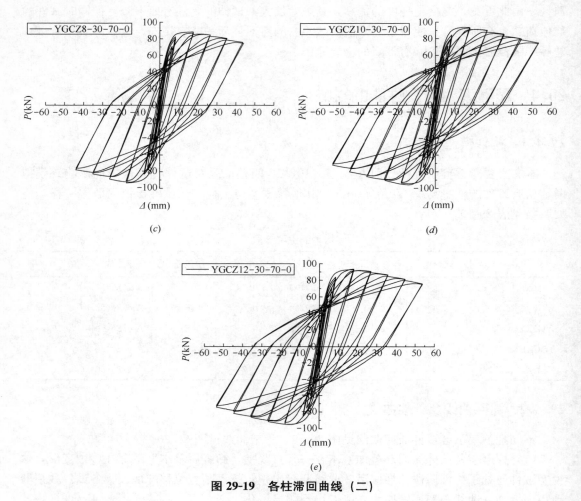

图 29-19 各柱滞回曲线 (二)

图 29-20 不同配箍率下骨架曲线对比

前基本保持一致，随着配箍率的提高，达到峰值后下降段趋势变缓，刚度退化变慢；而且试件 YGCZ10-30-70-0 和试件 YGCZ12-30-70-0 的骨架曲线十分接近。由此可见，随着配箍率的提高，混凝土核心区受到的约束有所增大，也可以加强对裂缝的抑制，使得试件刚度退化相对减缓，提高试件的抗震性能。

29.4.3 延性及承载力

不同配箍率下试件位移延性系数 μ、极限位移角 θ_u 和峰值荷载 P_p 分别见图 29-21、图 29-22 和图 29-23。由图可知，配箍率的提高，使得试件的位移延性系数和极限位移角呈上升趋势；当体积配箍率小于 0.76% 时，试件峰值荷载呈上升趋势，当体积配箍率大于 0.76% 时，试件峰值荷载仅略微变化。从

表 29-11 中可知，随着配箍率的提高，对比各加固柱，试件 YGCZ12-30-70-0 较试件 YGCZ8-30-70-0 位移延性系数提高 11%，极限位移角提高 13%，而峰值荷载仅提高 2%；对比未加固试件 CZ8-30-70-0，试件 YGCZ12-30-70-0 位移延性系数提高 51%，极限位移角提高 56%，峰值荷载提高 12%。由此可见，随着配箍率的提高，混凝土核心区受到的约束有所增大，也可以加强对裂缝的抑制，使得试件的抗震性能有所提高。但箍筋对试件承载力的提高是有限。

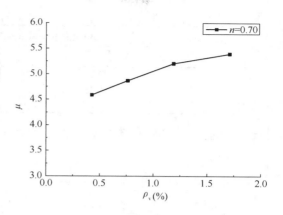

图 29-21 不同配箍率时试件位移延性系数曲线

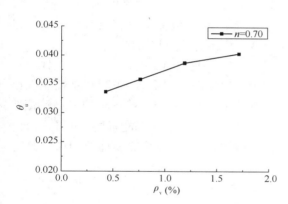

图 29-22 不同配箍率时试件极限位移角曲线

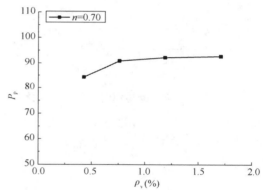

图 29-23 不同配箍率时试件峰值荷载曲线

不同配箍率下构件的延性和承载力   表 29-11

试件编号	Δ_y（mm）	Δ_u（mm）	μ	提高系数	θ_u	P_p（kN）	提高系数
CZ8-30-70	8.64	30.93	3.58	1.00	1/39	83.12	1.00
YGCZ6-30-70-0	8.78	40.28	4.59	1.28	1/30	84.33	1.01
YGCZ8-30-70-0	8.82	42.94	4.87	1.36	1/28	90.92	1.09
YGCZ10-30-70-0	8.92	46.46	5.21	1.45	1/26	92.29	1.11
YGCZ12-30-70-0	8.96	48.36	5.40	1.51	1/25	92.81	1.12

29.4.4 耗能能力

试件的各滞回环面积和累积总耗能 Q 值见表 29-12。

不同配箍率下试件滞回面积   表 29-12

试件编号	各循环位移荷载下的滞回环面积（kN·mm）						总耗能 Q（kN·mm）
	Δ_y	$2\Delta_y$	$3\Delta_y$	$4\Delta_y$	$5\Delta_y$	$6\Delta_y$	
CZ8-30-70	492	1666	3023	4189	—	—	9370
YGCZ6-30-70-0	518	1939	3129	4450	5832	—	15868

续表

试件编号	各循环位移荷载下的滞回环面积（kN·mm）						总耗能 Q（kN·mm）
	Δ_y	$2\Delta_y$	$3\Delta_y$	$4\Delta_y$	$5\Delta_y$	$6\Delta_y$	
YGCZ8-30-70-0	519	2021	3437	4577	5911	—	16466
YGCZ10-30-70-0	536	2133	3718	4916	6169	7496	24967
YGCZ12-30-70-0	541	2176	3699	5008	6254	7554	25233

累计耗能值与水平位移曲线如图 29-24 所示。

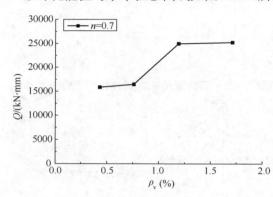

图 29-24　不同配箍率时试件总耗能曲线

由表 29-12 和图 29-24 可知：

（1）在达到屈服前，各试件的滞回环面积相差较小，在相同轴压比情况下，加固柱达到屈服位移时的滞回环面积和未加固柱很接近；屈服后，各试件的滞回环面积开始拉开差距，在相同轴压比情况下，随着配箍率的提高，各滞回环面积有所提高，总耗能呈上升趋势。

（2）表 29-12 中，试件 YGCZ12-30-70-0 较试件 YGCZ10-30-70-0 总耗能仅提高 1%；试件 YGCZ10-30-70-0 较试件 YGCZ8-30-70-0 总耗能提高 52%，对比未加固试件 CZ8-30-70-0 总耗能提高 166%。由此可见，在一定范围内，随着配箍率的提高，试件的耗能提高，对其抗震性能的影响是有利的。

29.5　本章小结

本章通过改变模型中构件的轴压比、预应力水平、配箍率和混凝土强度这四个参数，对预应力钢绞线网—高性能砂浆加固柱抗震性能进行研究。主要对滞回曲线、骨架曲线、延性、承载力及耗能能力这五个方面进行分析，得到结论如下：

（1）较未加固试件，采用预应力钢绞线加固后试件的抗震性能明显得到改善，位移延性系数、极限位移转角、峰值荷载和耗能能力均有所提高。随着轴压比、预应力水平、配箍率和混凝土强度的变化，本文加固试件的位移延性系数提高 2%～51%，峰值荷载提高 1%～38%。

（2）随着轴压比的提高，加固试件的峰值荷载呈先升后降的趋势，位移延性系数、极限位移转角和耗能能力呈下降趋势。但相同轴压比情况下，加固试件较未加固试件位移延性系数分别提高 36% 和 54%，极限位移角分别提高 39% 和 59%，峰值荷载分别提高 9% 和 10%，耗能能力分别提高 76% 和 219%。对比我国规范对抗震框架柱的极限要求，发现加固后，构件的轴压比限制可适当提高。

（3）随着预应力水平的提高，加固试件的位移延性系数呈下降趋势，峰值荷载呈上升趋势，耗能能力呈先升后降趋势。当预应力水平小于 0.6 时，随着预应力水平的提高加固试件的抗震延性明显降低；当预应力水平大于 0.6 时，预应力水平的提高对加固试件抗震延性不利影响趋于平缓，且加固柱的抗震延性仍大于未加固柱。在相同情况下，施加预应力水平为 0.8 的加固试件较未加固试件位移延性系数分别提高 9％和 25％，极限位移角分别提高 12％和 31％，峰值荷载分别提高 21％和 27％，耗能能力分别提高 35％和 138％。随着预应力水平的提高，钢绞线应力滞后的程度得到改善，试件的峰值荷载有所提高，耗能能力也随之提高，但当预应力水平过大时，试件的延性下降过多，不利于整体抗震性能，故应施加一个合理的预应力水平。

（4）加固试件的位移延性系数、极限位移角和耗能能力随着混凝土强度的降低和配箍率的提高而提高；峰值荷载随着混凝土强度和配箍率的提高而提高，但由于箍筋的作用主要是用来抵抗试件的剪力，故对加固试件承载力的提高是有限的。

第30章 预应力钢绞线网-高性能砂浆加固柱位移延性系数研究

目前，钢绞线网-聚合物砂浆加固钢筋混凝土结构在抗震加固领域受到关注，但关于其在工程实际中延性变形能力的研究还相对较少。在抗震加固领域中，加固混凝土柱遇到的许多问题都是非线性的，影响构件延性的因素非常复杂，各因素对其的影响也并非线性，它们之间存在着一定的耦合作用。

而人工神经网络具有联想推理、模拟思维和自适应识别的能力，通过学习可以找到输入数据与输出指标之间的规律[58,59]。故本文采用文献[32]、[36]中的试验数据结果和上一章有限元的模拟结果，应用 RBF 神经网络得到预应力钢绞线加固柱延性和各因素之间的影响规律，并用检验样本数据验证神经网络的正确性。表明神经网络对加固柱延性预测的可行性和准确性，可以为其更加高效、准确的计算提供帮助。本文在所建立模型的基础上，对加固柱的延性进行参数分析，并采用多元非线性回归得到钢绞线加固柱延性的计算公式，所得结果可为此类问题的评定提供科学依据，并可供工程实际参考。

30.1 径向基神经网络基本原理及模型

随着计算机的飞速发展，人工神经网络（ANN）被广泛应用于土木工程领域。在分析结构中，由于影响结构的因素众多，且存在偶然性和随机性等特点，这就造就了相应的工作量大大增加。而神经网络拥有的联想记忆匹配模式、滤除噪声能力、抽取归纳能力等特点，使得其具有很强的分析能力，可以解决很多相关领域的难题，如损伤检测、结构优化、性能预测等。

30.1.1 人工神经网络

人工神经网络是从生物神经网络发展起来，通过输入层、中间层和输出层组合控制网络信息的传递，模型表达式：

$$I_i = \sum_{j=1}^{n} \omega_{ij} x_j - \theta_j \tag{30-1}$$

$$y_i = f(I_i) \tag{30-2}$$

式中，f 为神经元的响应函数（或激励函数）。

常用的激励函数有以下四种：

（1）线性函数

它起到对输入数据的适当放大的作用，是最基本的激励函数，如图 30-1（a）所示，其表达式为：

$$f(x) = kx + c \tag{30-3}$$

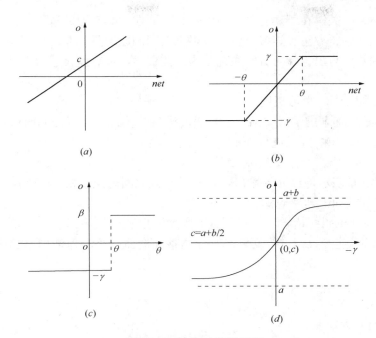

图 30-1　神经元激活函数

（*a*）线性函数（*b*）非线性斜面函数；（*c*）阈值函数（*d*）S 型函数

式中，k 为放大系数，c 为位移。

（2）非线性斜面函数

通过引入非线性斜面函数，对其值域进行限制，进而控制相应网络的功能。如图 30-1（*b*）所示，其表达式为：

$$f(x) = \begin{cases} \gamma & x \geqslant \theta \\ kx & |x| < \theta \\ -\gamma & x \leqslant -\theta \end{cases} \tag{30-4}$$

（3）阈值函数

阈值函数仅用于判定输入神经网络中的数值是否超越阈值，如图 30-1（*c*）所示，其表达式为：

$$f(x) = \begin{cases} \beta & x > \theta \\ -\gamma & x \leqslant \theta \end{cases} \tag{30-5}$$

式中，β、γ、θ 均为非负实数。当 $\beta = 1$、$\gamma = 0$ 且 $\theta = 0$ 时，函数为一阶跃函数；当 $\beta = 1$、$\gamma = -1$ 且 $\theta = 0$ 时，函数为 sgn 函数。

（4）S 型函数

由于它是非线性的且曲线处处连续可导，故是应用最多的函数，如图 30-1（*d*）所示，其表达式为：

$$f(x) = a + \frac{b}{1 + \exp(-\beta x)} \tag{30-6}$$

要想人工神经网络能够正常工作就必须要让其进行学习，也叫作训练，是通过外部环境的变化，刺激建立的神经网络，使其做出相应的参数调整，最终形成反应的过程。

　　建立神经网络的关键在于建立其学习的过程，而建立其学习的过程关键在于确定网络中各单元连接权的调整方法。连接权值可以根据实际问题的具体要求计算得出，也可以通过学习，不断调整而得出。学习方式主要分为无监督学习和有监督学习，相应的学习规则分为以下几种：

（1）无监督的 Hebb 学习规则

Hebb 规则是最基本的学习规则，它是通过对两个输入神经元的同时激励，使得两者的连接加强，并以乘积的方式进行表示，其表达式为：

$$\Delta_{\omega_{ij}} = \eta O_i O_j \tag{30-7}$$

式中，O_i 和 O_j 表示神经元的输出，ω_{ij} 是神经元之间的连接权，η 表示学习速率。

（2）有监督的 Delta 学习规则

Delta 学习规则也叫纠错学习规则，由于实际输出和理想输出存在一定的误差，通过 Delta 学习，可以对连接权值进行反复修改和调整，进而减小误差使网络趋于平衡，其表达式为：

$$\Delta_{\omega_{ij}} = \eta(d_j - O_j)O_i \tag{30-8}$$

式中，$d_j - O_j$ 为误差。

（3）有监督的 Hebb 学习规则

该学习规则是把前两者进行综合，构建其自有的学习规则，其表达式为：

$$\Delta_{\omega_{ij}} = \eta(d_j - O_j)O_jO_i \tag{30-9}$$

30.1.2　径向基神经网络模型

　　人工神经网络中，应用最为广泛的是 BP 神经网络和 RBF 神经网络。RBF 神经网络是一种局部逼近网络，相比 BP 神经网络，具有学习速度快，有唯一确定的解，能获得全局最小点等优点。正是因为这些优良特性使得 BP 神经网络在越来越多的领域被 RBF 神经网络所替代[60,61]。

（1）RBF 神经网络结构

径向基神经网络结构示意见图 30-2。$x_i(i = 1,2,3,\cdots,m)$ 为样本输入节点，m 为输入节点个数。$t_i(i = 1,2,3,\cdots,n)$ 为隐含层节点，r 为隐含层节点个数，可以根据网络训练算法的特点事先设定或者根据误差要求由网络训练时确定。w_{ji} 为输入层到隐含层的权重，w_{ki} 为隐含层到输出层的权重。$y_i(i = 1,2,3,\cdots,l)$ 为样本输出。

其数学模型表达式为：

$$y_k = \sum_{i=1}^{r} w_{ki} g(\parallel X - k_i \parallel) - \theta_k \tag{30-10}$$

$$g(X) = \mathrm{epx}\left[-\frac{\parallel X - k \parallel}{\sigma^2}\right] \tag{30-11}$$

式中：X 为 r 维输入向量，k_i 为第 i 个隐节

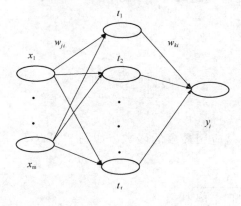

图 30-2　径向基网络结构示意图

点中心；$\|X-k\|$ 通常为欧氏范数；Q_k 为第 k 个输出节点的阀值；$g(X)$ 通常取为高斯函数。

（2）RBF 神经网络学习方法

RBF 神经网络的学习规则由无导师学习和有导师学习两部分组成。通过无导师学习对输入的样本进行聚类，求得各隐含层节点的 RBF 中心 k_i 与方差，并进行训练得到相应权值。要想得到权值则必须对式（30-10）进行求解，也就是求解一个线性优化问题，算法很多，如最小二乘法（OLS 法），计算公式如下：

$$w = \exp\left[\frac{n}{k_{\max}^2}\|x_m - k_i\|^2\right] \tag{30-12}$$

30.2　径向基神经网络建立及验证

30.2.1　试验值与设计值的转换

为了便于设计参考，本文将对模型中采用的试件统一采用设计值作为输入值。试验测得的实际混凝土立方体抗压强度、钢材屈服强度和实验中采用的轴压比与设计值之间的关系为[62]：

$$f_{ck} = 0.88\alpha_{c1}\alpha_{c2}f_{cu,k} \tag{30-13}$$

$$f_c = f_{ck}/1.4 \tag{30-14}$$

$$f_y = f_{yk}/1.1 \tag{30-15}$$

$$n_t = N_t/(f_{ck}A) \tag{30-16}$$

$$n = N/(f_cA) = 1.68n_t \tag{30-17}$$

式中，$f_{cu,k}$、f_{ck}、f_c 分别为混凝土立方体抗压强度标准值、棱柱体抗压强度标准值、设计值；f_y、f_{yk} 分别为钢材屈服强度标准值和设计值；n_t、n 分别为试验轴压比和设计轴压比；N_t、N 分别为试验轴向压力和考虑地震组合作用的设计轴力。

30.2.2　影响因素的灰色关联分析

建立神经网络模型前，必须要选择输入层的变量，即影响钢绞线网加固柱延性系数的主要因素，以取得更好的分析精度。本文拟采用灰色关联分析方法对各因素的影响程度进行量化，评价各因素与延性系数的相关性，以确定其主次影响因素，对输入层变量进行取舍。

灰色关联度分析法是一种因素比较分析方法，它通过对数据序列曲线的几何形状相似程度进行分析，判断数据之间联系的紧密程度，其紧密程度用关联度量化，进而从众多因素中找出影响指标的主要因素。数据曲线趋势越吻合则它们之间的关联度越大，反之亦然[63]。

分析步骤为：若有序列 $X_i' = (x_{1j}', x_{2j}', \cdots, x_{ij}')^T (i = 0, 1, \cdots, h; j = 0, 1, \cdots, q)$，首先将数据进行极差变换处理，其计算公式为：

$$x_{ij} = (x_{ij}' - x_{j\min}')/(x_{j\max}' - x_{j\min}') \tag{30-18}$$

设 $X_0 = (x_{10}, x_{20}, \cdots, x_{h0})^T$ 为母序列（参数序列），取延性系数序列，$X_1 = (x_{11}, x_{21},$

$\cdots,x_{h1})^T$，$X_2=(x_{12},x_{22},\cdots,x_{h2})^T$，$\cdots$，$X_m=(x_{1m},x_{2m},\cdots,x_{hq})^T$ 为子序列（比较序列），分别取混凝土强度、轴压比、体积配箍率、钢绞线间距、预应力水平和剪跨比序列，h 为实验数，取 $h=49$，q 为待分析的影响因素数，取 $q=6$。则定义 X_1 与 X_0 在第 k 点的关联系数 $L_{0j}(k)$ 为：

$$L_{0j}(k)=(a+\rho\cdot b)/[\Delta_j(k)+\rho\cdot b] \tag{30-19}$$

式中，$a=\min\limits_{1\leqslant i\leqslant h}\min\limits_{1\leqslant j\leqslant q}\{\Delta_j(k)\}$；$b=\max\limits_{1\leqslant i\leqslant h}\max\limits_{1\leqslant j\leqslant q}\{\Delta_j(k)\}$；$\rho$ 为分辨率系数，其值介于 0 ～1，一般取 $\rho=0.5$，$\Delta_j(k)=|x_{hj}-x_{0j}|$，$k=1,2,\cdots,h$。

则 X_j 与 X_0 之间的关联度为：

$$\gamma_{0j}=\frac{1}{h}\sum_{k=1}^{h}L_{0j}(k) \tag{30-20}$$

式（30-20）计算值的大小即表征各影响因素与延性系数的相关程度。本文结合有限元模拟数据和文献[32，36]的试验数据见表 30-1，关联度计算结果如表 30-2 所示。

试件主要数据 表 30-1

样本	试件编号	f_c（MPa）	n	ρ_v（%）	s（mm）	α	λ	μ
	1	20.30	0.68	0.25	30	0.00	1.93	4.93
	2	20.30	0.68	0.25	30	0.40	1.93	6.25
	3	20.30	0.68	0.25	30	0.50	1.93	6.44
	4	20.30	0.68	0.25	60	0.50	1.93	5.06
	5	20.30	0.76	0.25	90	0.65	1.93	3.71
	6	20.30	0.25	0.25	30	0.00	1.93	5.64
	7	20.30	0.25	0.25	30	0.30	1.93	10.94
	8	20.30	0.25	0.25	90	0.40	1.93	4.61
	9	19.73	0.35	0.76	60	0.00	4.67	5.30
	10	19.73	0.35	0.76	60	0.33	4.67	5.59
	11	19.73	0.35	0.76	60	0.41	4.67	5.88
	12	19.73	0.69	0.76	60	0.00	4.67	4.42
	13	19.73	0.69	0.76	60	0.25	4.67	4.34
	14	19.73	0.69	0.76	60	0.33	4.67	3.91
训	15	19.73	0.69	0.76	60	0.41	4.67	3.97
练	16	19.73	0.35	0.76	30	0.00	4.67	7.11
样	17	19.73	0.35	0.76	30	0.25	4.67	6.81
本	18	19.73	0.35	0.76	30	0.33	4.67	6.74
	19	19.73	0.35	0.76	30	0.41	4.67	5.26
	20	19.73	0.69	0.76	30	0.00	4.67	4.05
	21	19.73	0.69	0.76	30	0.25	4.67	3.86
	22	19.73	0.69	0.76	30	0.33	4.67	4.90
	23	19.73	0.55	0.76	50	0.00	4.00	5.06
	24	19.73	0.70	0.76	50	0.00	4.00	4.87
	25	19.73	0.85	0.76	50	0.00	4.00	4.71
	26	19.73	1.00	0.76	50	0.00	4.00	4.43
	27	19.73	1.15	0.76	50	0.00	4.00	3.91
	28	19.73	0.70	0.76	50	0.20	4.00	4.46
	29	19.73	0.70	0.76	50	0.40	4.00	4.23
	30	19.73	0.70	0.76	50	0.60	4.00	3.98
	31	19.73	0.70	0.76	50	0.80	4.00	3.89
	32	19.73	0.70	0.76	50	0.00	4.00	4.59

续表

样本	试件编号	f_c (MPa)	n	ρ_v (%)	s (mm)	α	λ	μ
训练样本	33	19.73	0.70	0.76	50	0.00	4.00	5.21
	34	19.73	0.70	0.76	50	0.00	4.00	5.40
	35	16.44	0.70	0.43	50	0.00	4.00	4.92
	36	23.02	0.70	1.19	50	0.00	4.00	4.62
	37	26.31	0.70	1.71	50	0.00	4.00	4.53
	38	19.73	0.85	0.76	50	0.20	4.00	4.38
	39	19.73	0.85	0.76	50	0.40	4.00	4.03
	40	19.73	0.85	0.76	50	0.60	4.00	3.87
	41	19.73	0.85	0.76	50	0.80	4.00	3.80
	42	19.73	1.00	0.76	50	0.20	4.00	4.08
	43	19.73	1.00	0.76	50	0.40	4.00	3.81
	44	19.73	1.00	0.76	50	0.60	4.00	3.70
	45	19.73	1.00	0.76	50	0.80	4.00	3.66
	46	26.31	0.70	0.76	50	0.20	4.00	4.23
	47	26.31	0.70	0.76	50	0.40	4.00	4.08
	48	26.31	0.70	0.76	50	0.60	4.00	3.92
	49	26.31	0.70	0.76	50	0.80	4.00	3.83
检验样本	50	20.30	0.68	0.25	30	0.30	1.93	5.86
	51	20.30	0.51	0.25	60	0.40	1.93	5.57
	52	20.30	0.25	0.25	60	0.40	1.93	6.37
	53	19.73	0.35	0.76	60	0.25	4.67	5.21
	54	19.73	0.69	0.76	30	0.41	4.67	4.82

注：ρ_v 为体积配箍率，s 为钢绞线间距，α 为预应力水平，λ 为剪跨比，μ 为延性。

关联度分析结果　　　　　　　　　　　　　　　　　表 30-2

延性	影响因素					
	f_c	n	ρ_v	s	α	λ
μ	0.6965	0.5897	0.6896	0.6586	0.6601	0.4714

从表 30-2 可以看出，关联度值介于 0.47～0.70。说明本文选取的各因素对钢绞线加固试件延性系数的影响均较大，而混凝土强度、配箍率、钢绞线间距和预应力水平的关联性较强。

30.2.3 神经网络模型的实现

RBF 神经网络模型的实现过程如下：

（1）选择主要影响因素。根据灰色关联分析的结果，输入参数取为 6 个，选择影响钢绞线加固 RC 柱延性的主要因素。

（2）构造神经网络训练样本。以文献[32]、[36]的试验数据和本文有限元的模拟数据为基础，训练样本取 49 组数据，剩余 5 组数据作为检验样本。为减小网络训练的误差，一般需要对输入样本先进行归一化处理。

（3）训练神经网络。把归一化后的样本输入到精确的 RBF 网络中，并确定输入和输出的单元个数，设定相应的扩展量 spread，开始对网络进行训练。训练过程中，隐含层节点的个数不断地增加，直到达到最大节点个数或者达到误差要求时，训练完成，从而确定其隐含层节点个数和各权重值。通过调试训练，本文取 spead 为 35。

（4）用神经网络进行仿真。确定评价指标量，并组合成序列输入到训练好的网络。利用检验样本集，以均方根误差（RSME）与平均绝对误差（MAE）这两个指标对 RBF 神经网络进行评价，验证其应用于钢绞线加固 RC 柱延性预测的准确性。

$$RSME = \sqrt{\frac{\sum_{i=1}^{n_{\text{test}}}(y_i - \hat{y}_i)^2}{n_{\text{test}}}} \tag{30-21}$$

式中，y_i 与 $\hat{y}_i$ 分别为钢绞线加固柱的实测值和预测值，n_{test} 为检验样本的个数。

训练样本的位移延性系数预测值散点图和残差散点图分别见图 30-3 和图 30-4，预测值和实测值基本成线性趋势，表明建立的神经网络模型学习效果非常好，满足进行预测的要求。检验结果见表 30-3，检验样本的均方根误差（RMSE）为 0.1656，平均绝对误差（MAE）为 0.0269，训练得到的网络模型的预测值与实测值吻合较好。检验结果反映了神经网络模型的准确性，可用于延性的预测。

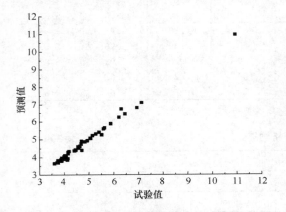
图 30-3　位移延性系数预测值散点图

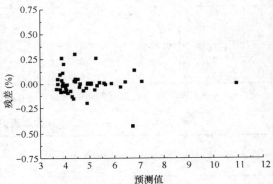
图 30-4　位移延性系数预测值残差散点图

样本检验　　　　　　　　　　　　　　　　　　　表 30-3

试件编号	μ			试件编号	μ		
	实测值	预测值	绝对误差（%）		实测值	预测值	绝对误差（%）
1	4.93	4.94	0.23	12	4.42	4.47	1.20
2	6.25	6.22	0.50	13	4.34	4.19	3.54
3	6.44	6.46	0.33	14	3.91	4.02	2.90
4	5.06	5.06	0.01	15	3.97	3.96	0.34
5	3.71	3.71	0.02	16	7.11	7.13	0.37
6	5.64	5.63	0.09	17	6.81	6.95	2.05
7	10.94	10.94	0.04	18	6.74	6.31	6.33
8	4.61	4.61	0.01	19	5.26	5.52	4.95
9	5.30	5.28	0.30	20	4.05	3.99	1.56
10	5.59	5.60	0.16	21	3.86	4.12	6.78
11	5.88	5.89	0.10	22	4.90	4.70	4.08

试件编号	μ			试件编号	μ		
	实测值	预测值	绝对误差（%）		实测值	预测值	绝对误差（%）
23	5.06	5.08	0.22	39	4.03	3.99	0.97
24	4.87	4.83	0.86	40	3.87	3.91	1.00
25	4.75	4.68	1.46	41	3.80	3.89	2.54
26	4.43	4.45	0.58	42	4.08	4.07	0.16
27	3.91	3.92	0.23	43	3.81	3.75	1.49
28	4.40	4.70	6.86	44	3.70	3.76	1.37
29	4.29	4.16	3.08	45	3.66	3.60	1.49
30	3.98	3.90	2.04	46	4.23	4.15	1.75
31	3.89	3.87	0.50	47	4.11	4.02	2.34
32	4.59	4.56	0.71	48	3.94	4.15	5.12
33	5.21	5.15	1.18	49	3.83	3.75	2.23
34	5.40	5.41	0.29	50	5.86	6.25	3.97
35	4.92	4.92	0.02	51	5.57	6.66	0.77
36	4.62	4.63	0.09	52	6.37	5.42	1.51
37	4.53	4.59	1.12	53	5.21	5.44	1.77
38	4.38	4.41	0.75	54	4.82	5.02	5.44

30.3　位移延性系数主要因素分析

由于试验量受到试验经费、工作量和时间期限等因素的影响，因此试件设计时往往采用正交试验设计等方法，以最少的试件、最小的人力和经费得到最多的数据。然而，当研究延性与影响因素间的变化规律时，得到的试验数据难以直接给出准确的变化趋势。本文采用建立好的神经网络模型，参照文献[32]试验中混凝土强度、剪跨比、体积配箍率的取值，考虑不同的轴压比、钢绞线间距和预应力水平三个参数，对钢绞线加固柱进行延性仿真模拟，实现在减少试验成本的前提下，更好地探究加固柱的延性规律。

30.3.1　轴压比的影响

轴压比对钢绞线加固试件延性的影响主要体现在两个方面。首先，试件截面边缘混凝土的主压应变及主压应力随着轴压比的增加而增大，从而导致其变形能力变差。其次，轴压比增大到一定程度后，由竖向荷载引起的 $P-\Delta$ 效应较明显，致使试件产生较大的附加变形，故达到最大荷载后，试件的稳定性与延性变差。

总体来说，随着轴压比的提高，试件的延性呈现快速下降。在同一轴压比情况下，由图 30-5（a）可知，随着预应力水平的提高，试件的延性增幅先大后小，整体呈上升趋势；由图 30-5（b）可知，钢绞线间距由密变疏，试件的延性呈下降趋势。对比可以发现，钢绞线间距的变化显著大于预应力水平对加固效果的影响，这和文献[36]中的结论不谋而合。由此可知，不论是长柱还是短柱，均有钢绞线间距变化对加固效果的影响显著大于预应力水平变化这一现象。

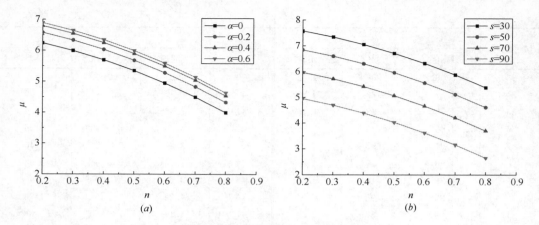

图 30-5　延性与轴压比的关系曲线

(a) $s=60$; (b) $\alpha=0.1$

30.3.2　钢绞线间距的影响

　　配置钢绞线是体外配筋的一种形式，由于钢绞线对混凝土受力性能的改善，使得钢绞线加密对加固柱的延性产生积极影响。首先，试件的核心区混凝土在钢绞线的有效约束作用下，处于多向受力状态，使其极限变形能力得到提高。其次，通过配置钢绞线可以延缓外层混凝土和砂浆的脱落和剥离。

　　总体来说，如图 30-6 所示，随着钢绞线间距由密变疏，试件的延性呈现快速下降。当轴压比较高时，应配置较密的钢绞线，使得加固柱具有足够的抗震性能。

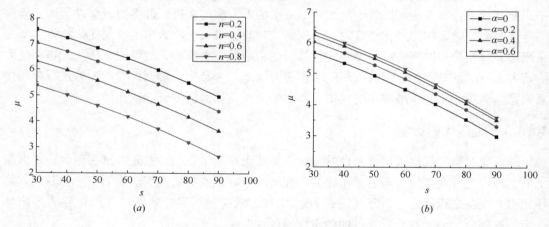

图 30-6　延性与钢绞线间距的关系曲线

(a) $\alpha=0.1$; (b) $n=0.8$

30.3.3　预应力水平的影响

　　预应力水平的施加，使得钢绞线的被动约束变为主动约束，可以有效改善被加固试件钢绞线应力滞后，充分发挥钢绞线的高强性能，同时也可以封闭已有裂缝和抑制其发展，对延性存在一定的影响。

总体来说，如图 30-7 所示，随着预应力水平的提高，试件的延性呈现先升后降的趋势。当预应力水平小于 0.4 时是试件的延性变化较大；预应力水平以 0.6 为分界点，预应力水平小于 0.6 时提高对延性是有利的，预应力水平大于 0.6 时再提高将对延性不利。由于试验的局限性，文献[32]仅提出预应力水平不小于 0.40 时可获得较好的抗震性能，而通过神经网络研究其变化规律不仅可以弥补这一缺陷，而且可以便捷、高效地提供更为精确的结论以辅助相应的科学研究。

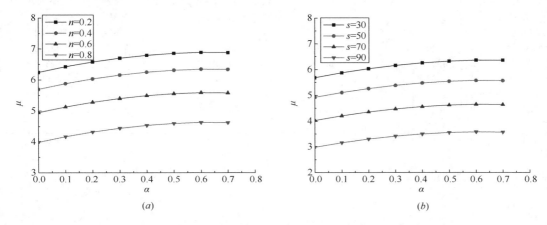

图 30-7　延性与预应力水平的关系曲线
(a) $s=60$；(b) $n=0.8$

30.4　延性公式拟合

本文参考文献[64,65]利用有限元模拟结果，并结合相应影响因素的分析规律，考虑轴压比、剪跨比、箍筋和钢绞线的配箍特征值及预应力水平对位移延性系数的影响，构造函数形式如下：

$$\mu = \frac{(a\lambda + b)\left[c\lambda_s + d(e\alpha^2 + f\alpha^2 + g)\lambda_w + h\right]}{(if_c + j)(kn + l)} \tag{30-22}$$

式中，a、b、c、d、e、f、g、h、i、j、k 和 l 为待回归系数。

对上述因素与位移延性系数的关系进行多元非线性回归，得到其表达式为：

$$\mu = \frac{(5.28\lambda + 18.1)\left[24.96\lambda_s + 2.88(13.6\alpha^2 - 25.7\alpha + 19.18)\lambda_w + 23.81)\right]}{(0.2f_c - 56.6)(-2.13n - 4.54)}$$

$$\tag{30-23}$$

将本文有限元模拟的位移延性系数值和拟合公式计算的位移延性系数值进行对比，如表 30-4 所示，公式计算值与有限元模拟值之比 ζ_1 的均值 $\bar{\zeta}_1 = 1.0011$，标准差 $S_1 = 0.0250$，两者吻合度较好。拟合公式计算的位移延性系数散点图和残差散点图分别见图 30-8 和图 30-9，公式计算值和有限元模拟值基本成线性趋势，可见提出的计算公式可以简便地得到试件的位移延性系数，并具有较好的精度，可供工程设计参考。

				有限元模拟值和公式计算值比较			表 30-4
试件编号	本文 μ	公式 μ	相对误差（%）	试件编号	本文 μ	公式 μ	相对误差（%）
YGCZ8-30-70	3.58	3.41	-4.86	YGCZ8-30-70-6	3.98	4.04	1.66
YGCZ8-30-85	3.04	3.23	6.39	YGCZ8-30-70-8	3.89	3.94	1.38
YGCZ8-30-55-0	5.06	5.09	0.46	YGCZ8-30-85-2	4.38	4.25	-2.81
YGCZ8-30-70-0	4.87	4.82	-1.03	YGCZ8-30-85-4	4.03	4.01	-0.43
YGCZ8-30-85-0	4.71	4.58	-2.87	YGCZ8-30-85-6	3.87	3.84	-0.71
YGCZ8-30-100-0	4.43	4.36	-1.57	YGCZ8-30-85-8	3.80	3.75	-1.31
YGCZ8-30-115-0	3.91	4.16	6.21	YGCZ8-30-100-2	4.08	4.05	-0.69
YGCZ6-30-70-0	4.59	4.61	0.60	YGCZ8-30-100-4	3.81	3.82	0.32
YGCZ10-30-70-0	5.21	5.08	-2.46	YGCZ8-30-100-6	3.70	3.66	-1.32
YGCZ12-30-70-0	5.40	5.40	0.04	YGCZ8-30-100-8	3.66	3.57	-2.42
YGCZ8-25-70-0	4.92	5.13	4.28	YGCZ8-40-70-2	4.23	4.32	2.20
YGCZ8-35-70-0	4.62	4.61	-0.35	YGCZ8-40-70-4	4.08	4.12	0.99
YGCZ8-40-70-0	4.53	4.42	-2.50	YGCZ8-40-70-6	3.92	3.98	1.59
YGCZ8-30-70-2	4.46	4.48	0.49	YGCZ8-40-70-8	3.83	3.91	1.99
YGCZ8-30-70-4	4.23	4.22	-0.18				

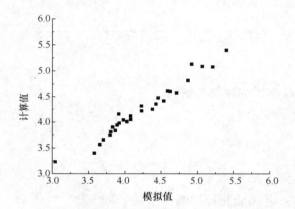

图 30-8　位移延性系数计算值散点图　　　图 30-9　位移延性系数计算值残差散点图

30.5　钢绞线材料加固量的计算

以 30.4 节提出的位移延性系数为基础，我们可定量分析钢绞线加固量与延性系数之间的关系，然而加固后延性系数至少要增大到多少才能满足使用功能要求，这都需要通过确定目标延性系数来进行量化，最终给出最少的加固量。

30.5.1　目标延性系数确定

文献[67]指出可通过层间位移角和位移延性系数来衡量结构的变形能力，其表达式为：

$$[\mu] = \frac{\Delta u_{\mathrm{p}}}{\Delta u_{\mathrm{y}}} = \frac{\eta_{\mathrm{p}}}{\varepsilon} \tag{30-24}$$

式中，$[\mu]$ 为目标延性系数；Δu_{p} 为弹塑性层间位移；Δu_{y} 为层间屈服位移；η_{p} 为楼

层屈服强度系数；ε 为弹塑性层间位移增大系数，可通过文献[69]查得。由于本文仅研究钢绞线加固柱这样的单一构件的延性，故上式仅作参考。

针对单自由体系情况，Giorgio Monti[66]等人基于延性设计方法，根据结构上可用延性量与力的谱纵坐标相，利用弹塑性振荡器，得到非倒塌需求目标延性系数的计算公式：

$$\mu_\Delta^{tar} = \frac{mR(T)a_g}{F_y} \leqslant \mu_\Delta^{ava} \tag{30-25}$$

式中，m 为单自由度体系质量；T 为弹性周期；F_y 为屈服荷载；$R(T)$ 为反应谱放大系数；a_g 为峰值地面加速度；μ_Δ^{tar} 为要达到的目标位移延性系数；μ_Δ^{ava} 为可用位移延性系数。

由于实际工程中结构经常会存在各种缺陷或者损伤，延性往往不能满足上式要求，此时则应采取一定的加固措施来提高结构的延性。

张轲等人[68]基于能量准则，通过分析碳纤维加固试件延性系数与滞回耗能系数的关系，得到目标位移延性系数的表达式：

$$\mu_\Delta^{tar} = \sqrt{\frac{2.155}{a^2} + 4.895} - 1.655 \tag{30-26}$$

式中，$a = F_y/F_e$ 为屈服强度系数；F_y 为弹塑性体系的最小屈服强度；F_e 为初始刚度与弹塑性体系相同的弹性体系的最大地震反应，可通过输入地震作用力求得。

本文通过参考文献 [68]，并简化各试件滞回关系，如图 30-10 所示，计算出各试件的滞回耗能系数 β，见表 30-5。结构的滞回耗能系数 β 为滞回环 S_{ABCDA} 与理想弹塑性滞回环 S_{AFCGA} 的比值。其中，$S_{AFCGA} = 4F_y(d_p - d_y)$，$d_p$ 为结构最大的弹塑性位移；d_y 为结构的屈服位移。

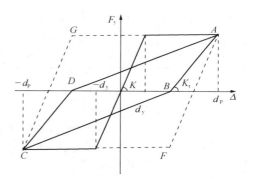

图 30-10　简化滞回关系

各试件滞回耗能系数

表 30-5

试件编号	不同位移幅值下试件滞回耗能系数 β					
	Δ_y	$2\Delta_y$	$3\Delta_y$	$4\Delta_y$	$5\Delta_y$	$6\Delta_y$
YGCZ8-30-55-0	0.03327	0.12099	0.19152	0.25672	0.32416	0.38973
YGCZ8-30-70-0	0.03428	0.13338	0.22682	0.30200	0.39008	—
YGCZ8-30-85-0	0.02619	0.12690	0.20144	0.30206	0.39213	—
YGCZ8-30-100-0	0.02303	0.11496	0.21845	0.29428	0.39377	—
YGCZ8-30-115-0	0.02201	0.14628	0.27755	0.38991	—	—
YGCZ8-30-70-2	0.03318	0.15323	0.24745	0.31251	0.39053	—
YGCZ8-30-70-4	0.02758	0.12614	0.24149	0.26601	0.39051	—
YGCZ8-30-70-6	0.03517	0.17019	0.31918	0.39082	—	—
YGCZ8-30-70-8	0.03383	0.17087	0.32396	0.39467	—	—
YGCZ6-30-70-0	0.03432	0.12842	0.20719	0.29466	0.38617	—
YGCZ10-30-70-0	0.02851	0.11354	0.19793	0.26170	0.32837	0.39903
YGCZ12-30-70-0	0.02912	0.11704	0.19897	0.26939	0.33643	0.40633

试件编号	不同位移幅值下试件滞回耗能系数 β					
	Δ_y	$2\Delta_y$	$3\Delta_y$	$4\Delta_y$	$5\Delta_y$	$6\Delta_y$
YGCZ8-25-70-0	0.03236	0.12807	0.20944	0.31288	0.40259	—
YGCZ8-35-70-0	0.02578	0.13967	0.21076	0.29008	0.38349	—
YGCZ8-40-70-0	0.02546	0.14332	0.21442	0.28876	0.37700	—
YGCZ8-30-85-2	0.02462	0.13317	0.23285	0.30522	0.39372	—
YGCZ8-30-85-4	0.01978	0.10606	0.24165	0.31281	0.38907	—
YGCZ8-30-85-6	0.02425	0.14579	0.28834	0.39058	—	—
YGCZ8-30-85-8	0.02588	0.14674	0.30168	0.39249	—	—
YGCZ8-30-100-2	0.01740	0.11817	0.22670	0.28594	0.39464	—
YGCZ8-30-100-4	0.02093	0.12824	0.29383	0.38462	—	—
YGCZ8-30-100-6	0.02086	0.12233	0.28180	0.38775	—	—
YGCZ8-30-100-8	0.01811	0.11803	0.29107	0.39021	—	—
YGCZ8-40-70-2	0.03124	0.15804	0.24036	0.30644	0.37956	—
YGCZ8-40-70-4	0.02970	0.13797	0.25287	0.32179	0.37496	—
YGCZ8-40-70-6	0.03624	0.17126	0.31775	0.38176	—	—
YGCZ8-40-70-8	0.03259	0.18649	0.32435	0.38348	—	—

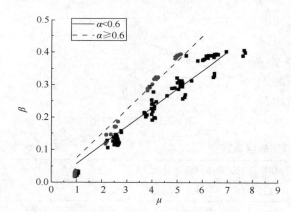

图 30-11　滞回耗能系数与延性系数关系曲线

经预应力钢绞线加固后，预应力的施加使得钢绞线强度得到有效发挥，构件前期耗能占总耗能的比例明显提高，显著影响了耗能系数和延性系数之间的线性关系，如图 30-11 所示。而文献[68]中并没有考虑预应力水平施加对构件滞回耗能能力的影响，鉴于此，本文将得到的各试件滞回耗能系数 β，以预应力水平 $\alpha=0.6$ 为界，进行分段拟合滞回耗能系数与延性系数的关系，其关系式如下：

$$\beta = \begin{cases} 0.0574\mu & \alpha < 0.6 \\ 0.0749\mu & \alpha \geqslant 0.6 \end{cases}$$

(30-27)

参考文献[69]基于能量准则，得到框架结构弹塑性位移和滞回耗能系数 β、结构屈服强度系数 a、延性系数 μ 的关系式如下：

$$d_p = \frac{1+(8\beta+1)a^2}{2(4\beta+1)a}d_e$$

(30-28)

$$\mu = \frac{d_p}{d_y} = \frac{d_p}{d_e}\frac{1}{a}$$

(30-29)

联立上式（30-27）～式（30-29）即可推导得出：

$$\mu = \begin{cases} -1.6777 + \sqrt{4.992 + \dfrac{2.1777}{a^2}} & \alpha < 0.6 \\[3mm] -1.1689 + \sqrt{3.0352 + \dfrac{1.6689}{a^2}} & \alpha \geqslant 0.6 \end{cases} \tag{30-30}$$

将式（30-30）计算结果作为结构所需的最小延性系数，即目标延性系数 $[\mu]$，一般 a 取 0.15～0.4，则可知 $[\mu]$ 取 2.5～8.41。

30.5.2　计算步骤

当普通柱需要进行加固处理时，可通过以下步骤计算出钢绞线的最小加固量：

（1）根据实际工程需求，确定加固柱所需达到的目标位移延性系数 μ_Δ^{tar}。

（2）通过鉴定、检测、查阅资料等手段，确定原有柱子的混凝土强度、钢筋和箍筋的等级和数量等设计情况，通过相应的公式计算出原柱的可用位移延性系数 μ_Δ^{ava}，当 $\mu_\Delta^{tar} \leqslant \mu_\Delta^{ava}$ 时，则柱子延性能够满足使用要求，不用加固；当 $\mu_\Delta^{tar} > \mu_\Delta^{ava}$ 时，则说明柱子延性不符合要求，需要进行加固处理。

（3）根据位移延性系数公式（30-23）计算出相应的钢绞线配箍特征值。

（4）根据所选钢绞线材料力学性能，计算所需钢绞线的间距和施加的预应力水平，来确定相应的最为经济的方案。

30.6　本章小结

本文结合钢绞线加固 RC 柱的试验数据和有限元模拟结果，利用灰色关联理论对各因素进行关联度分析，选择主要因素并建立 RBF 神经网络模型，对预应力钢绞线网－聚合物砂浆加固柱位移延性系数进行预测，并分析轴压比、钢绞线间距、预应力水平等因素对预应力钢绞线加固柱延性的影响规律。主要结论如下：

（1）首次应用神经网络预测预应力钢绞线加固柱的位移延性系数，建立的径向基神经网络模型学习和预测的整体精度较高，在样本空间范围内，可较准确地预测在轴压比、钢绞线间距、预应力水平等因素影响下预应力钢绞线加固柱的延性。

（2）基于试验数据和有限元模拟结果，利用灰色关联理论对延性的影响因素进行关联度分析，得到各因素关联值介于 0.47～0.7，表明本文选取得各因素对钢绞线加固柱延性系数的影响均较大，而配箍率、钢绞线间距和预应力水平的关联性较强。

（3）不论是长柱还是短柱，延性随轴压比的提高而降低，随钢绞线间距由密变疏而降低；钢绞线间距的变化对加固效果的影响显著大于预应力水平的变化；当剪跨比较小时，延性随预应力水平的提高而上升，预应力水平以 0.6 为分界点，预应力水平小于 0.6 时提高对延性是有利的，预应力水平大于 0.6 时再提高将对延性不利。

（4）本文所提出的延性计算公式考虑了混凝土强度、轴压比、预应力水平、剪跨比、箍筋和钢绞线配箍特征值的影响，计算值与模拟值进行对比，计算值与试验值之比的均值为 1.001，标准差为 0.025。结果表明，该延性计算公式拟合较好，可用于剪跨比较大时，不同轴压比、预应力水平、箍筋和钢绞线配箍特征值情况下的延性计算，可供工程设计参考。

（5）本文通过分析预应力水平对钢绞线加固柱滞回耗能能力的影响，提出分段式的滞回耗能系数与延性系数的表达式。以预应力水平在 0.6 时为分界点，当预应力水平小于 0.6 时 $\beta = 0.0574\mu$，预应力水平大于 0.6 时 $\beta = 0.0749\mu$。基于该表达式并结合能量准则，推导得到相应的目标延性系数，进而确定加固所需的最小钢绞线用量，可为该技术在实际工程中的应用提供理论依据。

第31章　预应力钢绞线网-高性能砂浆加固柱恢复力模型研究

结构的恢复力模型是将结构的反力与变形之间的关系曲线，通过适当地抽象、简化和归纳，得到相对实用的数学模型，其由骨架曲线的数学模型、加卸载刚度退化规则和滞回规则组成。恢复力模型作为结构弹塑性全过程受力分析的基础，有利于分析结构的动力特性，可为震后有损坏结构的修复加固和安全度评价提供理论依据。

但由于滞回特性的复杂性，对加固构件的恢复力模型研究较少，主要针对发生剪切破坏的框架短柱，仅考虑剪跨比和轴压比对滞回曲线的影响，没有对预应力水平、总体配箍率及混凝土强度等因素进行考虑，也没有考虑施加预应力钢绞线后对混凝土受力性能产生的影响。故本文基于预应力钢绞线加固混凝土圆柱的有限元分析结果，综合考虑各因素的影响，提出更为适应的恢复力模型，为今后的工程实际提供相应的理论参考。

31.1　恢复力模型的介绍及确定方法

20世纪60年代，国内外学者开始对普通钢筋混凝土结构的滞回特性进行研究，结合大量的试验数据，纷纷提出了各自的恢复力模型。恢复力模型可分为曲线型和折线型，曲线型可以满足刚度连续变化，但是计算量较大，折线型虽然计算简单，但是存在人为的拐点，不能真实反映构件的力学性能。其中应用较广的模型有Clough模型、武田模型、Takeda模型、捏拢模型等。

由于恢复力曲线的影响因素众多，要确定一个全面的恢复力模型极其困难，通常采用以下几种方法获得：

（1）理论计算法

通过对构件进行简化，并基于平截面假定，根据混凝土和钢筋的应力-应变关系计算单轴应力状态下的构件弯矩与曲率，最后求解出相应的荷载-位移曲线。

（2）系统识别法

通过借助现代系统控制理论，分析输入和输出的关系，进而确定相应的模型和参数。不同情况下，可以输入不同的外部荷载和结构的效应，从而确定相应结构的恢复力特性。

（3）试验拟合法

通过大量的拟静力试验结果，利用现有数据处理软件，对其进行非线性回归处理，计算出骨架曲线的各特征点，并确定相应的加卸载刚度退化表达式，提出相应的简化模型。

本文为得到更加合理的恢复力模型，结合曲线型和折线型的优点，采用理论计算法来确定骨架曲线，再根据有限元计算数据回归相应的加卸载刚度公式，建立满足要求的钢绞线加固柱恢复力模型。

31.2　预应力钢绞线加固柱骨架曲线确定

31.2.1　钢绞线约束折减系数

预应力钢绞线约束混凝土的受压应力-应变关系详见第 28 章式（28-11）、式（28-19）及式（28-20），钢筋的应力-应变关系详见式（28-37），这里只对如何得到钢绞线约束折减系数 k_e 的计算式加以说明。

钢绞线约束折减系数 k_e 是指柱施加横向钢绞线约束时钢绞线强度的发挥程度。由于钢绞线并非是线弹性材料，后期的材料应力-应变并不成比例，故本文 k_e 取加固柱钢绞线受力最大处所在环的平均应力与极限应力的比值。本文通过有限元模拟的钢绞线约束折减系数见表 31-1。

各试件钢绞线约束折减系数　　表 31-1

试件编号	平均应力	约束折减系数	试件编号	平均应力	约束折减系数
YGCZ8-30-55-0	612.21	0.350	YGCZ8-30-70-8	1389.04	0.794
YGCZ8-30-70-0	709.19	0.405	YGCZ8-30-85-2	966.86	0.552
YGCZ8-30-85-0	746.97	0.427	YGCZ8-30-85-4	1119.31	0.640
YGCZ8-30-100-0	792.80	0.453	YGCZ8-30-85-6	1296.72	0.741
YGCZ8-30-115-0	786.59	0.449	YGCZ8-30-85-8	1406.08	0.803
YGCZ6-30-70-0	738.53	0.422	YGCZ8-30-100-2	1002.06	0.573
YGCZ10-30-70-0	571.10	0.326	YGCZ8-30-100-4	1144.83	0.654
YGCZ12-30-70-0	479.28	0.274	YGCZ8-30-100-6	1305.00	0.746
YGCZ8-25-70-0	688.00	0.393	YGCZ8-30-100-8	1419.90	0.811
YGCZ8-35-70-0	726.34	0.415	YGCZ8-40-70-2	904.20	0.517
YGCZ8-40-70-0	740.88	0.423	YGCZ8-40-70-4	1067.10	0.610
YGCZ8-30-70-2	887.50	0.507	YGCZ8-40-70-6	1246.80	0.712
YGCZ8-30-70-4	1057.34	0.604	YGCZ8-40-70-8	1397.66	0.799
YGCZ8-30-70-6	1240.37	0.709			

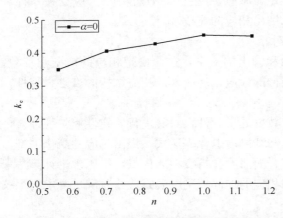

图 31-1　不同轴压比时约束折减系数曲线图

从表 31-1 可知，钢绞线约束折减系数受轴压比、预应力水平和配箍率的影响较大。由图 31-1、图 31-2 和图 31-3 可知：随着轴压比和预应力水平的提高，钢绞线约束折减系数呈现不同程度的上升趋势，尤其是对钢绞线施加预应力的试件 YGCZ8-30-70-8、YGCZ8-30-85-8、YGCZ8-30-100-8、YGCZ8-40-70-8 分别较未施加预应力试件 YGCZ8-30-70-0、YGCZ8-30-85-0、YGCZ8-30-100-0、YGCZ8-40-70-0 提高了 96％、88％、79％、89％；随着配箍率的提高，钢绞线约束折减系数呈现下降趋势，这是由于加固柱受力时箍筋和钢绞线共同约束混凝土的横向变形，并且此时钢绞线存在应变滞后的现象，所以箍筋增多的同时也削弱了钢绞线应变，达到破坏时，箍筋所承受的力增多则钢绞线分担的力相应减小。

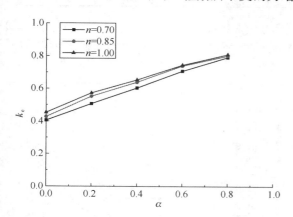

图 31-2　不同预应力水平时约束折减系数曲线

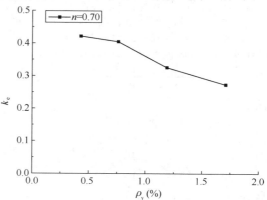

图 31-3　不同配箍率时约束折减系数曲线

本文参考文献[70]利用有限元模拟结果，并结合以上影响因素的分析规律，考虑轴压比、预应力水平及箍筋和钢绞线的配箍特征值对钢绞线约束折减系数的影响，构造函数形式如下：

$$k_e = \frac{an^2 + bn + c\alpha^2 + d\alpha + e}{f\lambda_s + g\lambda_w + h} \tag{31-1}$$

对上述因素与钢绞线约束折减系数的关系进行多元非线性回归，得到钢绞线约束折减系数的表达式为：

$$k_e = \frac{-0.46n^2 + 1.04n - 0.26\alpha^2 + 0.99\alpha + 0.13}{2.85\lambda_s + 0.22\lambda_w + 1.13} \tag{31-2}$$

将本文有限元模拟的钢绞线约束折减系数值和拟合公式计算的钢绞线约束折减系数值进行对比，如表 31-2 所示，公式计算值与有限元模拟值之比 ζ_1 的均值 $\overline{\zeta}_1 = 1.0044$，标准差 $S_1 = 0.0270$，两者吻合度较好。拟合公式计算的钢绞线约束折减系数散点图和残差散点图见图 31-4 和图 31-5，公式计算值和有限元模拟值基本成线性趋势，表明建立的公式可以很好地满足使用要求。

有限元模拟值和公式计算值比较　　　　　　　　　　　　　　　　　表 31-2

试件编号	约束折减系数		相对误差（%）	试件编号	约束折减系数		相对误差（%）
	本文值	公式值			本文值	公式值	
YGCZ8-30-55-0	0.350	0.351	−0.21	YGCZ8-35-70-0	0.415	0.411	−0.87
YGCZ8-30-70-0	0.405	0.394	−2.77	YGCZ8-40-70-0	0.423	0.436	2.99
YGCZ8-30-85-0	0.427	0.425	−0.53	YGCZ8-30-70-2	0.507	0.511	0.73
YGCZ8-30-100-0	0.453	0.442	−2.39	YGCZ8-30-70-4	0.604	0.615	1.75
YGCZ8-30-115-0	0.449	0.447	−0.56	YGCZ8-30-70-6	0.709	0.706	−0.44
YGCZ6-30-70-0	0.422	0.446	5.76	YGCZ8-30-70-8	0.794	0.784	−1.27
YGCZ10-30-70-0	0.326	0.342	4.93	YGCZ8-30-85-2	0.552	0.541	−2.01
YGCZ12-30-70-0	0.274	0.295	7.78	YGCZ8-30-85-4	0.640	0.645	0.89
YGCZ8-25-70-0	0.393	0.372	−5.38	YGCZ8-30-85-6	0.741	0.736	−0.64

续表

试件编号	约束折减系数		相对误差（%）	试件编号	约束折减系数		相对误差（%）
	本文值	公式值			本文值	公式值	
YGCZ8-30-85-8	0.803	0.814	1.34	YGCZ8-40-70-2	0.517	0.515	−0.42
YGCZ8-30-100-2	0.573	0.559	−2.36	YGCZ8-40-70-4	0.610	0.619	1.54
YGCZ8-30-100-4	0.654	0.663	1.34	YGCZ8-40-70-6	0.712	0.711	−0.24
YGCZ8-30-100-6	0.746	0.754	1.10	YGCZ8-40-70-8	0.799	0.789	−1.18
YGCZ8-30-100-8	0.811	0.832	2.53				

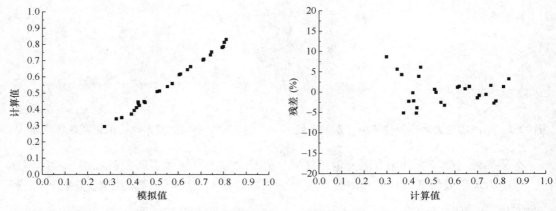

图 31-4　约束折减系数计算值散点图　　　图 31-5　约束折减系数计算值残差散点图

31.2.2　模型基本假定

本文参考文献[67]正截面承载力计算的基本假定，截面如图 31-6 所示。为了使模型计算简单、适用，假定钢绞线加固柱计算时满足的基本条件：（1）平截面假定，混凝土截面的应变分布按直线线性分布；（2）不考虑混凝土、聚合物砂浆的抗拉强度及纵向钢绞线的抗压强度；（3）各条带混凝土和聚合物砂浆应力呈均匀分布；（4）不考虑钢筋、钢绞线以及混凝土之间的粘结滑移。

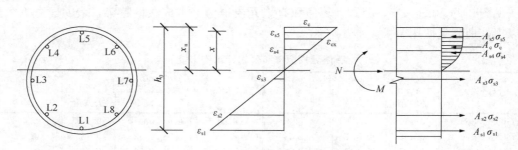

图 31-6　构件截面应力、应变分布图

图 31-6 中，x_n 为中和轴到受压区混凝土边缘的距离；x 为混凝土计算单元至中和轴的距离；ε_c 为受压区边缘混凝土的应变；h_0 为截面有效高度；ε_{si}、A_{si}、σ_{si} 分别为截面上第 i 根钢筋的应变、面积、应力；N、M 分别为截面的轴力和弯矩。

31.2.3　加固圆柱正截面承载力计算公式

在满足前面基本假定的前提下，对轴力产生的初应变 $\Delta\varepsilon_0$ 给以一个增量 $\Delta\varepsilon_c$，则荷载产生的应变为：

$$\varepsilon_c = \Delta\varepsilon_0 + \Delta\varepsilon_c \tag{31-3}$$

相应的钢筋产生的应力为：

$$\sigma_{si}(\varepsilon_{si}) = \sigma_{si}\left(\frac{x_{si}\varepsilon_c}{x_n}\right) \tag{31-4}$$

相应的混凝土产生的应力为：

$$\sigma_{cx}(\varepsilon_{cx}) = \sigma_{cx}\left(\frac{x_{cx}\varepsilon_c}{x_n}\right) \tag{31-5}$$

各条带截面力均应满足力的平衡（$\sum N=0$）和弯矩的平衡（$\sum M=0$）：

$$N = \int_0^{x_n} \sigma_{cx}(\varepsilon_{cx})2\sqrt{r^2-(r-x_n-x)^2}\mathrm{d}x + \sum_1^n A_{si}\sigma_{si}(\varepsilon_{si}) \tag{31-6}$$

$$M = \int_0^{x_n} \sigma_{cx}(\varepsilon_{cx})2\sqrt{r^2-(r-x_n-x)^2}(x+h_0-x_n)\mathrm{d}x + \sum_1^n A_{si}\sigma_{si}(\varepsilon_{si})d_{si} - N(r-c-d/2)$$

$$\tag{31-7}$$

式中，x_{si} 和 x_{cx} 分别为第 i 根钢筋和各条带混凝土截面中心到混凝土受压区边缘的距离；d_{si} 为截面上第 i 根钢筋到第 1 根钢筋的距离；r 为圆柱原截面半径；d 为钢筋直径。

31.2.4　塑性铰的影响

大量试验研究表明，当塑性铰出现后，构件会发现相应的内力重分布，故决定构件内力大小的关键在于塑性铰性能的好坏。而在结构抗震设计中经常会允许塑性铰的存在，这样可以使结构更好地吸收能量，进行耗能。可见，塑性铰的作用对构件的非线性分析有着重要的影响。

通常采用等效塑性铰长度对塑性铰的影响进行量化，如图 31-7 所示。

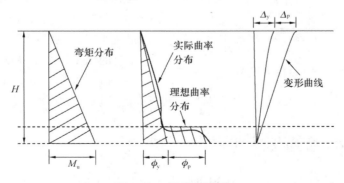

图 31-7　塑性铰模型

假定结构的塑性转动集中于等效塑性铰长度内，结构的实际曲率包括屈服曲率和塑性曲率两部分，则结构的顶部位移包括屈服位移和塑性位移，其计算公式如下：

$$\phi = \frac{\varepsilon_c}{x_n} \tag{31-8}$$

$$\Delta = \begin{cases} \phi \dfrac{H^2}{3} & \phi \leqslant \phi_y \\[2mm] \phi_y \dfrac{H^2}{3} + (\phi - \phi_y) l_p (H - 0.5 l_p) & \phi > \phi_y \end{cases} \tag{31-9}$$

式中，Δ 为水平侧向位移；ϕ 为塑性铰区截面的曲率；ϕ_y 为构件的屈服曲率；l_p 为试件等效塑性铰长度，经文献［71］验证 Paulay & Priestley 提出的塑性铰长度公式适用于结构处于高轴压比的情况，故本文采用 $l_p = 0.08H + 0.022 d f_y$。

考虑轴力 N 的二次矩效应，水平荷载 P 与位移 Δ 之间的表达式为：

$$P = \frac{M - N \cdot \Delta}{H} \tag{31-10}$$

31.2.5　计算步骤

通过 MATLAB 软件编制相应的程序可得到骨架曲线，程序流程如图 31-8 所示。

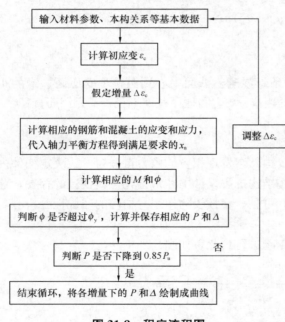

图 31-8　程序流程图

计算步骤如下：

（1）输入截面尺寸、钢筋、箍筋钢绞线屈服强度和直径、混凝土强度等级、本构关系等基本数据；

（2）计算初始轴力作用下的混凝土初应变 $\Delta\varepsilon_0$；

（3）受压区混凝土以应变 $\Delta\varepsilon_c$ 为应变增量计算 ε_c；

（4）计算相应的钢筋和条带混凝土的应变和应力，并代入式轴力平衡方程得到满足要求的混凝土受压区高度 x_n；

（5）将得到的 x_n 代入式计算相应的 M 和 ϕ；

（6）判断该次计算的曲率是否超过屈服曲率，根据不同的情况代入式计算相应的水平荷载 P 和侧向位移 Δ。

（7）重复（2）～（6）步，计算并保存各增量下得到的 P 和 Δ 值，直到水平荷载下降的峰值荷载的 85% 左右时停止计算。

31.3　加卸载刚度退化规则

刚度退化是指构件在反复荷载作用下，由于自身裂缝的产生和塑性变形的不断加大，滞回环不断向位移轴倾斜，其变形值逐渐变大的现象。构件的刚度退化能直接影响其滞回曲线的形状，是影响构件的滞回特性的主要因素之一，故需要建立相应的加载、卸载刚度退化规则。图 31-9 为构件滞回曲线在某一级加载位移下的滞回环，其中 K_1、K_2、K_3、

K_4 分别为正向卸载刚度、反向加载刚度、反向卸载刚度、正向加载刚度。

由于屈服前构件基本处于线弹性阶段，残余变形很小，故本文对于屈服前构件的加卸载刚度 K_e 采用屈服刚度 K_y。而构件屈服后，加卸载刚度不断变化，由文献[72]可知，轴压比和总体配箍率是影响试件加载和卸载刚度退化的主要因素，故构造函数形式如下：

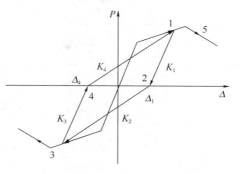

$$K_r = a \cdot K_e \left(\frac{\Delta_y}{\Delta}\right)^b \qquad (31\text{-}11)$$

图 31-9　加载、卸载刚度退化

$$K_u = c \cdot K_e \left(\frac{\Delta_y}{\Delta}\right)^d \qquad (31\text{-}12)$$

式中，K_r 为再加载刚度；K_u 为卸载刚度；a、b、c、d 是关于轴压比和总体配箍率的函数。

本文将采用有限元模拟的试件结果，对加载、卸载刚度分析进行多元非线性拟合。为了便于拟合，需将所得数据分别进行无量纲化，即分别把 Δ_y/Δ 和 K/K_e 看作一个整体变量。不同位移幅值下各试件的加载、卸载刚度退化率分别见表 31-3 和表 31-4。

试件的加载刚度退化率　　　　　　　　　　　　　表 31-3

试件编号	不同位移幅值下各试件加载刚度退化率				
	$2\Delta_y$	$3\Delta_y$	$4\Delta_y$	$5\Delta_y$	$6\Delta_y$
YGCZ8-30-55-0	0.44428	0.25660	0.17276	0.12490	0.09658
YGCZ8-30-70-0	0.48341	0.27646	0.18116	0.12947	—
YGCZ8-30-85-0	0.50095	0.29661	0.18850	0.13070	—
YGCZ8-30-100-0	0.51502	0.28819	0.18103	0.12376	—
YGCZ8-30-115-0	0.63991	0.28748	0.17856	—	—
YGCZ8-30-70-2	0.47103	0.26885	0.17703	0.12331	—
YGCZ8-30-70-4	0.47398	0.27276	0.19332	0.12459	—
YGCZ8-30-70-6	0.45740	0.26364	0.16786	—	—
YGCZ8-30-70-8	0.46776	0.25822	0.16629	—	—
YGCZ6-30-70-0	0.46690	0.25529	0.16493	0.11433	—
YGCZ10-30-70-0	0.59725	0.33157	0.21673	0.16636	0.12094
YGCZ12-30-70-0	0.49321	0.29100	0.19457	0.13976	0.10304
YGCZ8-25-70-0	0.50475	0.29619	0.19309	0.13500	—
YGCZ8-35-70-0	0.48124	0.27959	0.17517	0.12416	—
YGCZ8-40-70-0	0.46589	0.26739	0.17216	0.11972	—
YGCZ8-30-85-2	0.51127	0.28793	0.18463	0.12777	—
YGCZ8-30-85-4	0.51868	0.27997	0.17728	0.12330	—
YGCZ8-30-85-6	0.50594	0.28946	0.17758	—	—
YGCZ8-30-85-8	0.49450	0.27508	0.17416	—	—
YGCZ8-30-100-2	0.53991	0.29414	0.18689	0.12726	—
YGCZ8-30-100-4	0.53474	0.29281	0.18161	—	—

试件编号	不同位移幅值下各试件加载刚度退化率				
	$2\Delta_y$	$3\Delta_y$	$4\Delta_y$	$5\Delta_y$	$6\Delta_y$
YGCZ8-30-100-6	0.54281	0.29760	0.17446	—	—
YGCZ8-30-100-8	0.54259	0.29141	0.17514	—	—
YGCZ8-40-70-2	0.47692	0.27181	0.17655	0.12142	—
YGCZ8-40-70-4	0.47545	0.26785	0.17840	0.12275	—
YGCZ8-40-70-6	0.46928	0.26484	0.17647	—	—
YGCZ8-40-70-8	0.46556	0.26390	0.17185	—	—

注：表中数据皆为正向与反向加载刚度退化率的平均值。

试件的卸载刚度退化率　　　　　　　　　　　　　　表 31-4

试件编号	不同位移幅值下各试件卸载刚度退化率				
	$2\Delta_y$	$3\Delta_y$	$4\Delta_y$	$5\Delta_y$	$6\Delta_y$
YGCZ8-30-55-0	0.94612	0.73689	0.61555	0.53601	0.484515
YGCZ8-30-70-0	0.93528	0.71762	0.59896	0.52630	—
YGCZ8-30-85-0	0.92010	0.70503	0.58601	0.52025	—
YGCZ8-30-100-0	0.86128	0.66977	0.56001	0.49968	—
YGCZ8-30-115-0	0.77517	0.66300	0.54762	—	—
YGCZ8-30-70-2	0.9830	0.75788	0.62151	0.53888	—
YGCZ8-30-70-4	0.88970	0.6514	0.5715	0.49237	—
YGCZ8-30-70-6	0.91752	0.72084	0.56800	—	—
YGCZ8-30-70-8	0.94052	0.73031	0.56341	—	—
YGCZ6-30-70-0	0.9187	0.69662	0.59131	0.52514	—
YGCZ10-30-70-0	0.95017	0.74944	0.61971	0.53742	0.475377
YGCZ12-30-70-0	0.96341	0.76493	0.62722	0.54049	0.481857
YGCZ8-25-70-0	0.98237	0.76536	0.65192	0.57005	—
YGCZ8-35-70-0	0.91773	0.6914	0.57123	0.50343	—
YGCZ8-40-70-0	0.92801	0.68738	0.56966	0.50309	—
YGCZ8-30-85-2	0.93349	0.72762	0.60466	0.52961	—
YGCZ8-30-85-4	0.84884	0.68407	0.55949	0.49088	—
YGCZ8-30-85-6	0.85932	0.68438	0.55948	—	—
YGCZ8-30-85-8	0.85737	0.69276	0.54580	—	—
YGCZ8-30-100-2	0.88914	0.68853	0.56774	0.51031	—
YGCZ8-30-100-4	0.81677	0.65548	0.53421	—	—
YGCZ8-30-100-6	0.82105	0.65816	0.53143	—	—
YGCZ8-30-100-8	0.82404	0.65643	0.53055	—	—
YGCZ8-40-70-2	0.96470	0.72077	0.56940	0.48654	—
YGCZ8-40-70-4	0.89912	0.69631	0.53955	0.44879	—
YGCZ8-40-70-6	0.91664	0.71581	0.53435	—	—
YGCZ8-40-70-8	0.97109	0.72001	0.53966	—	—

注：表中数据皆为正向与反向卸载刚度退化率的平均值。

拟合后相应的系数 a、b、c、d 的表达式为：

$$a = 0.5 + 1.08n + 0.2\lambda_e \tag{31-13}$$

$$b = 1.13 + 0.49n - 0.26\lambda_e \tag{31-14}$$

$$c = 2.03 - 0.66n - 0.47\lambda_e \tag{31-15}$$

$$d = 0.89 - 0.2n - 0.48\lambda_e \tag{31-16}$$

式中，$\lambda_e = \lambda_s + k_e\lambda_w$，为总体配箍率。

加载刚度退化率计算值散点图和残差散点图见图 31-10 和图 31-11；卸载刚度退化率计算值散点图和残差散点图见图 31-12 和图 31-13，公式计算值和有限元模拟值基本呈线性趋势，加载刚度退化率的计算值与有限元模拟值之比 ζ_1 的均值 $\bar{\zeta}_1 = 1.0055$，标准差 $S_1 = 0.0534$；卸载刚度退化的计算值与有限元模拟值之比 ζ_2 的均值 $\bar{\zeta}_2 = 1.0014$，标准差 $S_2 = 0.0422$，两者吻合度较好，表明拟合的方程可以满足使用要求。

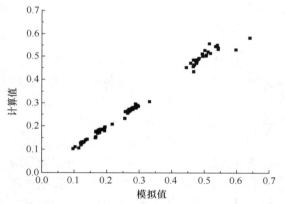

图 31-10　加载刚度退化率计算值散点图

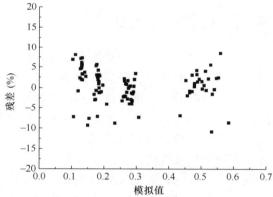

图 31-11　加载刚度退化率计算残差散点图

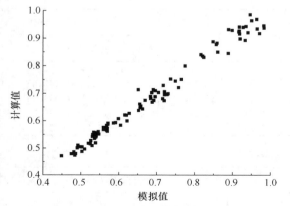

图 31-12　卸载刚度退化率计算值散点图

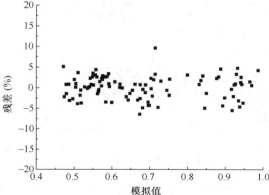

图 31-13　卸载刚度退化率计算残差散点图

31.4　滞回规则

图 31-14 为钢绞线加固柱 P-Δ 滞回模型，该模型滞回规则：试件屈服前，不考虑强度

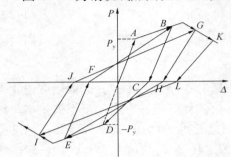

和刚度退化，每级加载、卸载刚度均与初始刚度保持一致，如图直线 AD 所示，即 $K_u = K_y$；试件屈服后，沿着骨架曲线进行加载，到达卸载点时再进行卸载，如图直线 BC、GH、KL，每级加载、卸载刚度按式（31-11）和式（31-12）进行计算；反向加载时指向该方向上一循环的最大值；当完成一级循环时，则应沿着骨架曲线进行，然后进入下一级循环，直到荷载下降到峰值荷载的 85％。

图 31-14　钢绞线加固柱 P-Δ 滞回模型

31.5　模型结果对比

通过理论计算得到的骨架曲线各特征值对比见表 31-5、表 31-6 和表 31-7，理论计算和有限元模拟的骨架曲线和滞回曲线对比分别见图 31-15 和图 31-16。通过分析可以发现，两种方法得到的各特征点荷载和位移均较为接近，曲线趋势基本一致，下降段吻合好。由此可见，在不同轴压比、预应力水平、混凝土强度和配箍率下，本文提出的恢复力模型均能较好的与模拟曲线和试验曲线吻合。从表 31-6 和图 31-15 可以分析出，本文理论计算方法得到骨架曲线较文献[35]得到的曲线更接近试件的试验结果。由图 31-16 可知，预应力钢绞线加固柱计算滞回曲线的加、卸载刚度与有限元和试验滞回曲线的加、卸载刚度在各不同位移时较为接近。故本文提出的恢复力模型可以较好的体现预应力钢绞线加固试件的滞回特性，可为结构弹塑性分析提供理论依据。

试件骨架曲线各特征值对比　　　　　　　　　　　　表 31-5

试件编号	屈服荷载（kN）		屈服位移（mm）		峰值荷载（kN）		峰值位移（mm）	
	有限元	理论	有限元	理论	有限元	理论	有限元	理论
CZ8-30-70	72.75	73.64	8.64	7.79	83.12	82.77	14.65	13.57
YGCZ8-30-70-0	74.72	75.90	8.82	8.00	90.92	90.53	16.97	15.35
YGCZ8-30-70-4	82.56	80.63	8.63	7.10	97.59	94.54	15.23	14.88
YGCZ10-30-70-0	74.91	76.08	8.92	8.01	92.29	91.25	17.14	17.66
YGCZ8-30-100-0	73.14	74.45	7.32	6.24	88.64	87.09	16.12	13.55

试件骨架曲线各特征值对比　　　　　　　　　　　　表 31-6

试件编号	破坏荷载（kN）		破坏位移/mm	
	有限元	理论	有限元	理论
CZ8-30-70	70.66	70.35	30.93	31.72
YGCZ8-30-70-0	77.28	76.95	42.94	42.15

续表

试件编号	破坏荷载（kN）		破坏位移/mm	
	有限元	理论	有限元	理论
YGCZ8-30-70-4	82.96	80.36	36.50	40.98
YGCZ10-30-70-0	78.44	77.56	46.46	44.28
YGCZ8-30-100-0	75.35	74.03	32.40	34.84

试件骨架曲线特征点计算值与试验值比较　　　　　表 31-7

试件编号	屈服荷载（kN）		屈服位移（mm）		峰值荷载（kN）		峰值位移（mm）		破坏荷载（kN）		破坏位移（mm）	
	试验	理论	试验	理论	试验	理论	试验	理论	试验	理论	试验	理论
PLC60-2	59.99	61.29	12.16	9.78	74.53	74.07	21.24	20.31	63.35	62.96	53.69	47.85
PLC63-2	67.54	66.25	11.55	9.59	81.90	77.58	20.15	19.10	69.61	65.94	45.91	46.42

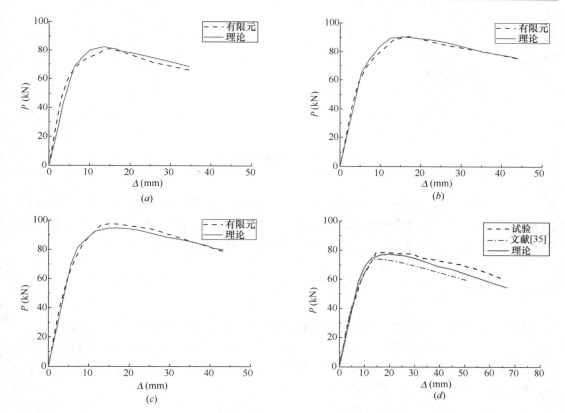

图 31-15　骨架曲线对比图

(a) CZ8-30-70；(b) YGCZ8-30-70-0；(c) YGCZ8-30-70-4；(d) PLC63-2

对比结果中存在差异的主要原因是：确定恢复力模型时考虑的影响因素不够；试件加载的不对称和材料的离散性，导致得到的骨架曲线及滞回曲线并不对称。

尽管存在一定的差异，但本文提出的预应力钢绞线加固柱的恢复力模型具有以下优

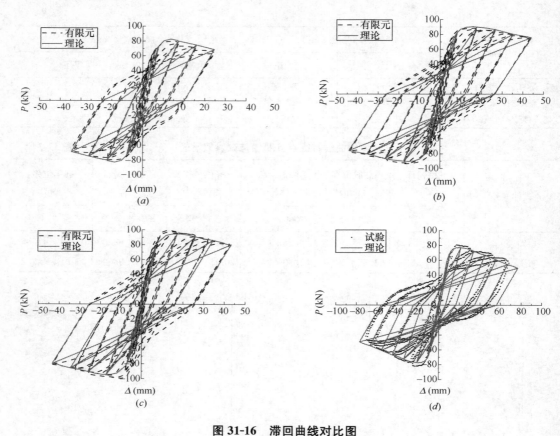

图 31-16　滞回曲线对比图

（*a*）CZ8-30-70；（*b*）YGCZ8-30-70-0；（*c*）YGCZ8-30-70-4；（*d*）PLC63-2

点：弥补了国内对高轴压预应力钢绞线加固柱恢复力模型研究的不足，为工程应用提供了方便；抓住轴压比、箍筋和钢绞线配箍特征值、预应力水平这四个影响柱变形和刚度的主要因素，略去其他次要因素，这样既可以反映实际工程又便于工程应用计算。

31.6　本章小结

本章对常用恢复力模型及恢复力模型的建立方法进行了简单介绍，通过分析轴压比、预应力水平、钢绞线和箍筋配箍特征值对钢绞线约束折减系数的影响，经多元线性回归得到相应的计算式，并将其用于混凝土本构模型的修正，同时考虑塑性铰对试件位移的影响，给出加固圆柱正截面抗弯承载力的理论计算方法。在确立骨架曲线的基础上，考虑轴压比和总体配箍特征值对加载和卸载刚度退化的影响，结合有限元模拟数据回归得到的加卸载刚度公式，建立预应力钢绞线加固柱的恢复力模型。主要结论如下：

（1）随着轴压比和预应力水平的提高，钢绞线约束折减系数呈现不同程度的上升趋势，且预应力水平变化对钢绞线约束折减系数的影响最大。在相同情况下，施加预应力水平为 0.8 的各加固试件分别较未施加预应力的加固试件提高了 96％、88％、79％、89％；

（2）随着配箍率的提高，钢绞线约束折减系数呈现下降趋势，这是由于加固柱受力时箍筋和钢绞线共同约束混凝土的横向变形，并且此时钢绞线存在应变滞后的现象，故箍筋所承受的力增多则钢绞线分担的力相应减小。

（3）在不同轴压比、预应力水平、混凝土强度和配箍率下，本文提出的恢复力模型均能较好地与模拟曲线和试验曲线吻合，且较文献[35]得到的曲线更接近试验结果，可以较好地体现预应力钢绞线加固试件的滞回特性。

（4）预应力钢绞线加固柱计算滞回曲线的加、卸载刚度与有限元和试验滞回曲线的加、卸载刚度在各不同位移时均较为接近。虽然存在一定的差异，但本文提出的预应力钢绞线加固柱的恢复力模型通过抓住影响柱的变形和刚度的主要因素，略去其他次要因素，既可以反映实际工程，又可以弥补了国内对高轴压比预应力钢绞线加固柱恢复力模型研究的不足，为工程应用提供了方便。

第 32 章　本篇结论和展望

32.1　结论

本文在总结已有研究的基础上，对预应力钢绞线网-聚合物砂浆加固柱的抗震性能进行模拟，分析轴压比、预应力水平、混凝土强度和配箍率参数对抗震性能的影响，并应用RBF神经网络模型对加固柱位移延性系数进行研究。通过理论计算确定相应的骨架曲线，结合加卸载刚度公式，提出预应力钢绞线加固柱的恢复力模型。主要结论如下：

（1）通过引入钢绞线约束折减系数对混凝土本构模型进行修正，可以有效考虑预应力钢绞线在受力时对约束混凝土产生的影响。

（2）采用预应力钢绞线加固后试件的抗震性能明显得到改善，位移延性系数、极限位移转角、峰值荷载和耗能能力均有所提高。随着轴压比、预应力水平、配箍率和混凝土强度的变化，本文加固试件的位移延性系数提高2%～51%，峰值荷载提高1%～38%。

（3）随着轴压比的提高，加固试件的峰值荷载呈先升后降的趋势，位移延性系数、极限位移转角和耗能能力呈下降趋势。但相同轴压比情况下，加固试件较未加固试件位移延性系数分别提高36%和54%，极限位移角分别提高39%和59%，峰值荷载分别提高9%和10%，耗能能力分别提高76%和219%。对比我国规范对抗震框架柱的极限要求，发现加固后，构件的轴压比限制可适当提高。

（4）随着预应力水平的提高，加固试件的延性呈下降趋势，峰值荷载呈上升趋势，耗能能力呈先升后降趋势。当预应力水平小于0.6时，随着预应力水平的提高加固试件的抗震延性明显降低；当预应力水平大于0.6时，随着预应力水平的提高对加固试件抗震延性不利影响趋于平缓，且加固柱的抗震延性仍大于未加固柱。在相同情况下，施加预应力水平为0.8的加固试件较未加固试件位移延性系数分别提高9%和25%，极限位移角分别提高12%和31%，峰值荷载分别提高21%和27%，耗能能力分别提高35%和138%。

（5）本文基于试验数据和有限元模拟结果，利用灰色关联理论对延性的影响因素进行关联度分析，表明配箍率、钢绞线间距和预应力水平对加固柱延性的关联性较强；建立的径向基神经网络模型学习和预测的整体精度较高，在样本空间范围内，可较准确地预测预应力钢绞线加固柱的延性，并反映其与影响因素间的非线性变化规律。

（6）不论是长柱还是短柱，加固柱延性随轴压比的提高而降低，随钢绞线间距由密变疏而降低；钢绞线间距的变化对加固效果的影响显著大于预应力水平的变化；本文提出延性计算公式拟合较好，可用于不同轴压比、预应力水平、箍筋和钢绞线配箍特征值情况下的延性计算，可供工程设计参考。

（7）随着轴压比和预应力水平的提高以及配箍率的降低，钢绞线约束折减系数呈现不同程度的上升趋势，且预应力水平变化对钢绞线约束折减系数的影响最大。在相同情况下，施加预应力水平为0.8的各加固试件分别较未施加预应力的加固试件提高了96%、

88%、79%、89%；

（8）本文提出的恢复力模型考虑了多种影响因素，与模拟结果和试验结果相接近，可以较好地体现预应力钢绞线加固柱的滞回特性。该模型既可以反映实际工程，又可以丰富国内对高轴压比预应力钢绞线加固柱恢复力模型研究，为工程应用提供了方便。

32.2　展望

（1）在实际工程中，试件受力时钢绞线、钢筋和混凝土之间存在一定的粘结滑移，尤其是当试件的剪跨比较小时，故还需要对模型进一步完善。

（2）影响钢绞线加固试件抗震性能的因素很多，除了本文研究的参数外，还需对剪跨比、截面尺寸、配筋率等参数进行相应的分析研究。

（3）由于对构件的加固大多是在经历一定的使用年限后进行的，这样存在一定的损伤是在所难免的，故还应对损伤或二次受力的加固试件抗震性能进行研究。

（4）本文只对加固柱进行拟静力试验模拟，这与实际中地震产生的影响还是存在一定的差异，还应进一步研究不同抗震等级、地震方式及地震波对加固试件抗震性能的影响。

参考文献

[1] 叶列平，冯鹏. FRP 在工程结构中的应用与发展[J]. 土木工程学报，2006，39(3)：24-36.

[2] 曹忠民，李爱群，王亚勇. 高强钢绞线网聚合物砂浆加固技术的研究和应用[J]. 建筑技术，2007，38(6)：415-418.

[3] 聂建国，王寒冰，张天申，等. 高强不锈钢绞线网-渗透性聚合砂浆抗弯加固的试验研究[J]. 建筑结构学报，2005，26(2)：1-9.

[4] 张春林，徐华. 混凝土结构加固方法综述[J]. 山西建筑，2014，40(12)：26-27.

[5] 梅圈亭，李建. 房屋抗震加固与维修[M]. 中国建筑工业出版社，2009.

[6] 尚守平. 中国工程结构加固的发展趋势[J]. 施工技术：下半月，2011，40(337)：12-14.

[7] 尚守平，蒋隆敏，张毛心. 钢筋网高性能复合砂浆加固钢筋混凝土方柱抗震性能的研究[J]. 建筑结构学报，2006，27(4)：16-22.

[8] 马颖. 钢筋混凝土柱地震破坏方式及性能研究 [D]. 大连：大连理工大学，2012.

[9] 尚守平，彭晖，童桦，等. 预应力碳纤维布材加固混凝土受弯构件的抗弯性能研究[J]. 建筑结构学报，2003，24(5)：24-30.

[10] 刘勋，施卫星，王进. 传统抗震加固技术和新型抗震加固技术的总结与对比[J]. 结构工程师，2012，28(2)：101-105.

[11] 吴雯. 钢筋混凝土框架结构加固技术的研究与应用[D]. 西安：西安工业大学，2014.

[12] 梁朝业. 钢筋混凝土结构抗震加固技术综述[J]. 湖南城市学院学报（自然科学版），2008，17(3)：12-15.

[13] 杜继涛，张小鹏. 钢筋混凝土结构加固应用综述[J]. 山西建筑，2016，42(16)：23-24.

[14] 黄华，刘伯权，刘卫铎. 高强钢绞线网-聚合物砂浆抗剪加固梁二次受力试验研究[J]. 工业建筑，2009，39(2)：99-102.

[15] 黄华，刘伯权，吴涛. 高强钢绞线网-聚合物砂浆抗剪加固梁刚度及裂缝分析[J]. 土木工程学报，2011，44(3)：32-38.

[16] 邢国华，付国，刘伯权. 钢绞线（丝）网-聚合砂浆加固钢筋混凝土梁受弯性能研究[J]. 工程力学，2013，30(1)：359-364.

[17] 黄华，刘伯权，贺拴海，等. 高强钢绞线网加固 RC 梁抗弯性能的数值分析[J]. 建筑科学与工程学报，2012，29(3)：40-48.

[18] 郭俊平，邓宗才，卢海波，等. 预应力高强钢绞线网抗剪加固钢筋混凝土梁试验[J]. 吉林大学学报：工学版，2014，44(4)：968-977.

[19] 赵赤云，陈亚静，黄世敏，等. 钢绞线-聚合物砂浆加固钢筋混凝土梁抗剪承载力试验研究及数值模拟分析[J]. 四川建筑科学研究，2010，36(1)：71-75.

[20] Yang K H, Byun H Y, Ashour A F. Shear strengthening of continuous reinforced concrete T-beams using wire rope units[J]. Engineering Structures, 2009, 31(5): 1154-1165.

[21] Kim S Y, Yang K H, Byun H Y, et al. Tests of reinforced concrete beams strengthened with wire rope units[J]. Engineering Structures, 2007, 29(10): 2711-2722.

[22] 张盼吉. 钢绞线加固钢筋混凝土板的试验研究[D]. 天津：河北工业大学，2006.

[23] 郭俊平，邓宗才，林劲松，等. 预应力高强钢绞线网加固钢筋混凝土板的试验研究[J]. 土木

工程学报，2012，45(5)：84-92.

[24] 王颖，付强. 钢绞线加固钢筋混凝土板有限元分析[J]. 建材技术与应用，2007(10)：6-8.

[25] 王亚勇，姚秋来，王忠海，等. 高强钢绞线网-聚合物砂浆复合面层加固砖墙的试验研究[J]. 建筑结构，2005，35(8)：36-40.

[26] 张蔚，李爱群，姚秋来，等. 高强钢绞线网-聚合物砂浆抗震加固既有建筑砖墙体试验研究[J]. 建筑结构学报，2009，30(4)：55-60.

[27] 华少锋. 既有砖砌体结构后张预应力抗震加固技术研究[D]. 北京：北京建筑大学，2013.

[28] 曹忠民，李爱群，王亚勇，等. 高强钢绞线网-聚合物砂浆抗震加固框架梁柱节点的试验研究[J]. 建筑结构学报，2006，27(4)：10-15.

[29] 曹忠民，李爱群，等. 钢绞线网片-聚合物砂浆加固空间框架节点试验[J]. 东南大学学报(自然科学版)，2007，37(2)：235-239.

[30] 曹忠民，李爱群，王亚勇，姚秋来. 高强钢绞线网-聚合物砂浆抗震加固框架梁柱节点的试验研究[J]. 建筑结构学报，2006，27(4)：10-15.

[31] 黄群贤，郭子雄，崔俊，等. 预应力钢丝绳加固 RC 框架节点抗震性能试验研究[J]. 土木工程学报，2015，48(6)：1-8.

[32] 邓宗才，李辉. 预应力钢绞线加固混凝土短柱抗震性能研究[J]. 应用基础与工程科学学报，2014，22(5)：941-951.

[33] 聂建国，王宇航. ABAQUS 中混凝土本构模型用于模拟结构静力行为的比较研究[J]. 工程力学，2013，30(4)：59-67.

[34] 陶慕轩，聂建国. 材料单轴滞回准则对组合构件非线性分析的影响[J]. 建筑结构学报，2014，35(3)：24-32.

[35] 郭俊平，邓宗才，卢海波，等. 预应力钢绞线网加固钢筋混凝土柱恢复力模型研究[J]. 工程力学，2014，31(5)：109-119.

[36] 郭俊平，邓宗才，林劲松，等. 预应力钢绞线网加固钢筋混凝土柱抗震性能试验研究[J]. 建筑结构学报，2014，35(2)：128-136.

[37] Saatcioglu M, Yalcin C. External prestressing concrete columns for improved seismic shear resistance [J]. Journal of Structural Engineering, 2003, 129(8): 1057-1070.

[38] 张劲，王庆扬，胡守营，等. ABAQUS 混凝土损伤塑性模型参数验证[J]. 建筑结构，2008，38(8)：127-130.

[39] 张战廷，刘宇锋. ABAQUS 中的混凝土塑性损伤模型[J]. 建筑结构，2011，41(S2)：230-231.

[40] 郭俊平，邓宗才，林劲松，等. 预应力钢绞线网加固混凝土圆柱的轴压性能[J]. 工程力学，2014，31(3)：129-137.

[41] 汪训流，陆新征，叶列平. 往复荷载下钢筋混凝土柱受力性能的数值模拟[J]. 工程力学，2007，24(12)：76-81.

[42] 王嘉琪. 高强钢绞线网-高性能砂浆约束混凝土柱受力性能研究[D]. 南昌：华东交通大学 2012.

[43] 李淼，申双俊，廖维张. 预应力钢绞线网-聚合物砂浆加固混凝土柱的轴压性能数值分析[J]. 工业建筑，2015，45(S2)：222-227.

[44] 黄华，田轲，等. 钢绞线网加固 RC 柱抗震性能影响因素分析[J]. 公路交通科技，2013，30(9)：44-52.

[45] 田轲，史金辉，黄华，等. 高强钢绞线网加固 RC 柱抗震性能的数值分析[J]. 工程抗震与加

固改造，2013，35（6）：122-128.

［46］ 张玉，刘伯权，黄华. HPFL 加固钢筋混凝土柱抗震性能影响因素分析［J］. 世界地震工程，2015，31（3）：128-133.

［47］ 周长东，李慧，田腾. 预应力碳纤维条带加固混凝土圆柱的地震损伤模型［J］. 工程力学，2015，32（2）：147-153.

［48］ 周长东，李慧，曾绪朗，等. 预应力碳纤维条带加固混凝土圆柱滞回性能有限元分析［J］. 应用基础与工程科学学报，2015，23（3）：586-595.

［49］ 周长东，张蝶. 预应力 CFRP 加固混凝土柱抗震性能的数值分析［J］. 北京交通大学学报，2010，34（1）：35-39.

［50］ Jiang C，Wu Y F，Wu G. Plastic hinge length of FRP-confined square RC columns［J］. Journal of Composites for Construction，2014，18（4）：04014003.

［51］ 江见鲸，陆新征. 混凝土结构有限元分析［M］. 北京：清华大学出版社，2013.

［52］ Mander J B，Priestley M J N，Park R. Theoretical Stress-strain Model for Confined Concrete［J］. Journal of Strctural Engineering，ASCE，1988，114（8）：1804-1826.

［53］ Model Code 90，CEB-FIP［S］. Lausanne：Mai，1993.

［54］ Esmaeily A，Xiao Y. Behavior of reinforced concrete columns under variable axial loads：analysis［J］. ACI Structural Journal，2005，102（5）：736～744.

［55］ 王玉镯，傅传国. ABAQUS 结构工程分析及实例详解［M］. 北京：中国建筑工业出版社，2010

［56］ 林加惠. 钢绞线网片-聚合物砂浆加固 RC 梁受弯性能试验研究［D］. 泉州：华侨大学，2014.

［57］ GB 50011-2010. 建筑抗震设计规范［S］. 北京：中国建筑工业出版社，2010.

［58］ 冯清海，袁万城. BP 神经网络和 RBF 神经网络在墩柱抗震性能评估中的比较研究［J］. 结构工程师，2007，23（5）：41-47.

［59］ 傅荟璇，赵红. MATLAB 神经网络应用设计［M］. 北京：机械工业出版社，2010，7.

［60］ Kim K B，Sim K B，Ahn S H. Recognition of concrete surface cracks using the ART1-based RBF network［J］. Lecture Notes in Computer Science，2006（3972）：669-6751.

［61］ 冯清海，袁万城. 型钢高强混凝土柱抗剪承载力 RBF 神经网络预测方法及参数分析［J］. 结构工程师，2008，24（3）：60-65.

［62］ 张国军，吕西林，刘伯权. 轴压比超限时框架柱的恢复力模型研究［J］. 建筑结构学报，2006，27（1）：90-98.

［63］ 刘思峰，谢乃明. 灰色系统理论及其应用［M］. 北京：科学出版社，2008，12.

［64］ 郑山锁，王帆，魏立，等. 型钢高强混凝土框架柱位移延性系数研究［J］. 工业建筑，2014，44（12）：137-141.

［65］ 韦翠梅，徐礼华，黄乐. 钢-聚丙烯混杂纤维混凝土柱恢复力模型试验研究［J］. 土木工程学报，2014，47（S2）：227-234.

［66］ Monti G，Nisticò N，Santini S. Design of FRP jackets for upgrade of circular bridge piers［J］. Journal of Composites for Construction，2001，5（2）：94-101.

［67］ GB 50011-2010. 混凝土结构设计规范［S］. 北京：中国建筑工业出版社，2010.

［68］ 张轲，岳清瑞，叶列平. 碳纤维布加固钢筋混凝土柱滞回耗能分析及目标延性系数确定［J］. 工业建筑，2001，31（6）：5-8.

［69］ Ye L，Otani S. Maximum seismic displacement of inelastic systems based on energy concept［J］. Earthquake engineering & structural dynamics，1999，28（12）：1483-1499.

［70］　余文华. CFRP 增强高强混凝土柱延性性能研究［D］. 大连：大连理工大学，2010.

［71］　王振民. 钢筋混凝土柱塑性铰长度的计算分析［D］. 西安：长安大学，2013.

［72］　张国军，吕西林，刘伯权. 高强混凝土框架柱的恢复力模型研究［J］. 工程力学，2007，24（3）：83-90.

第七篇

预应力高强钢绞线网-聚合物砂浆加固柱抗震性能数值模拟研究

摘要

预应力高强钢绞线网-聚合物砂浆加固技术是一种具有高强、耐火、耐腐蚀、施工方便、适用性广等特点的新型加固技术。目前，国内外对于高强钢绞线网-聚合物砂浆加固技术用于加固梁、板、节点、砖墙等的研究比较完善，而对横向钢绞线施加预应力后的加固柱抗震性能研究较少，且没有对预应力加固方柱抗震性能影响因素进行系统的对比分析；没有提出预应力加固方柱的延性公式。

本文在已有预应力钢绞线网-聚合物砂浆加固柱抗震试验的基础上，采用 ABAQUS 软件建立加固柱有限元模型，通过选择合理的材料本构模型，在有限元模拟结果与试验结果吻合程度较好的前提下，分析钢绞线预应力水平、轴压比、钢绞线间距等因素对于加固柱抗震性能的影响。在分析的基础上细化试验参数，研究不同因素对于加固柱抗震性能的发展规律。最后本文基于灰色系统理论，根据以上分析结果计算出关联度最高的影响因素，并建立基于灰色关联分析的 BP 神经网络预测模型，对加固柱的位移延性系数进行预测，并提出了加固柱的位移延性系数拟合公式。

通过以上研究，得出下列主要结论：（1）本文选取合理的材料本构模型，基于 ABAQUS 软件建立的有限元模型计算结果与试验吻合程度良好，表明了有限元模型的合理性和准确性；（2）加固后的试件较未加固试件抗震性能获得了明显改善，位移延性系数提高 5%～57%，峰值荷载提高 21%～74%，在不同预应力水平、轴压比、钢绞线间距下，加固柱较未加固柱的位移延性系数分别提高 1%～46%、5%～57%、28%～46%，峰值荷载分别提高 21%～74%；27%～39%、21%～49%；（3）在以上分析结果的基础上计算出预应力水平、轴压比和钢绞线间距的关联值分别为0.650、0.818 和 0.860，建立的基于灰色关联分析的 BP 神经网络预测模型可用于加固柱抗震性能预测与评估，拟合出的加固柱位移延性公式计算结果与试验结果相比具有一定安全储备，可为工程设计及运用提供参考。

第33章 绪 论

33.1 前言

33.1.1 课题来源

本文的课题来源于国家自然科学基金资助项目："高强钢绞线网-聚合物砂浆加固混凝土柱受力机理研究"，项目编号为 51368019。

高强钢绞线网具有抗拉强度高（钢绞线标准抗拉强度值为一般钢材的 4～5 倍）、自重轻不易锈蚀、与聚合物砂浆的粘结效果好、网片施工安装简单等优点[1]。聚合物砂浆与传统混凝土材料相比具有强度高、耐久性好、早期强度发展快、能够抑制原先结构裂缝的开展等优点。韩国爱力坚公司基于以上两种材料各自的优点，研发出高强不锈钢绞线网-聚合物砂浆加固技术。

这种新型的加固技术实质是钢绞线视为体外配筋，从而对混凝土形成侧向约束，改善原结构的力学性能，而聚合物砂浆作为粘结、保护材料对钢绞线进行粘结加固，两者相互协同作用与原结构形成整体共同工作，从而提高结构的整体承载能力。高强钢绞线网-聚合物砂浆加固技术近年来逐渐运用在混凝土抗震加固领域，自该技术问世以来，国内外大量学者对该项技术进行了深入研究，从最开始运用于抗震加固领域研究的空白，到现在被大量运用于工程实际之中，如：北京师范大学成人教育学院教学楼加固改造工程[2]、中国美术馆楼板改造[3]和厦门郑成功纪念馆加固改造工程[4]等。

高强钢绞线网-聚合物砂浆加固技术逐渐被认可和得到广泛应用，主要是它与传统加固技术相比具有以下优势[5-6]：

（1）钢绞线网片安装方便，不需要使用到大型施工机具，从而对施工现场占地量小，可提高施工效率。

（2）钢绞线强度高、不易锈蚀；聚合物砂浆耐久性好、耐腐蚀，两者材料适用性好。

（3）聚合物砂浆收缩性小，且该技术仅需在原结构表面涂抹大约 20mm 厚度左右的聚合物砂浆，对原结构的外形尺寸影响很小，因此不会影响原结构的正常使用。

（4）由于整体结构的密闭性，可防混凝土碳化及钢筋的锈蚀，具有良好的耐火、耐高温性能。

高强钢绞线网-聚合物砂浆加固技术中钢绞线作为体外配筋的方式，可以对原结构形成侧面约束，改善原结构的承载力、延性、刚度等力学性能。这种加固方式在一定程度上可以改善柱的受力性能，但不能够充分利用钢绞线的高强性能，即混凝土受力膨胀之后钢绞线才开始工作，在实际工程中，这将使得大多数构件发生破坏时钢绞线还未发挥出高强抗拉的特点。因此，普通钢绞线网施加的是被动约束。为了改善这种应力滞后的现象，学者提出了预应力概念，即对钢绞线施加横向的预应力，可以使得钢绞线网从原结构受力开始就参与工作，并对核心混凝土产生约束作用，同时对纵向的钢绞线产生锚固效果，能使普通钢绞线网对原结构由被动约束转化为主动约束，从而提高原结构的承载能力和延性，延缓裂缝的出现及发展。同时，由于预应力的存在，钢绞线网与原结构在二次受力状态下两者的贴合将更紧密，整体性更好，因此在高强钢绞线网-聚合物砂浆加固技术的基础上，对横向钢绞线施加初始预应力值的技术逐渐得到认可和运用。

33.1.2　研究背景及意义

地震是地下岩石层在长期积累的变形能作用下错动破裂而引起的地表运动。由于地震具有突发性、不可预知性、高强度性等特点，这给人类社会带来了巨大的生命、财产损失，因此地震被认为是人类遭遇的自然灾害中最为严重的一种。据中国地震台网数据，2012 年 1 月 1 日至 2017 年 1 月 1 日，全球范围内共发生震级 M≥6 级的地震 625 起；震级 M≥7 级的地震 92 起。地震发生位置分布图如图 33-2 所示，从图中可知我国领土范围内发生较大震级的地震概率是很大的。近年来，我国地震发生频繁且造成破坏影响大，据统计资料表明[7]，20 世纪 70 年代，中国因地震致死人数约占全球地震致死人数的 64%。2008 年汶川 8.0 级地震，造成死亡 8 万多人，伤残 30 多万人，造成直接经济损失 8700 多亿；2017 年九寨沟 7.0 级地震，造成 25 人死亡，17 万人受灾，7 万间房屋不同程度受到损失。

以上一方面说明了我国是一个地震灾害发生频繁的国家，一旦发生震级较大的地震，建筑物将会产生不同程度的破坏，灾后对出现局部破坏的结构进行维修、鉴定和加固改造，使其耐久性、安全性、正常使用性仍然符合要求是十分必要的[8]。另外，我国建筑物设计使用年限为 50 年，1949 年至今部分保留下来的建筑物使用年限已经超过了 50 年，但这并不意味着建筑物不能正常使用，只是超过了 50 年的建筑物，其安全可靠性要降低，同时，混凝土的脱落和钢筋锈蚀等材料自身特性将导致结构耐久性下降，为了保证建筑物正常使用的可靠性，对建筑物进行加固改造是必要的措施。

然而，随着现代高层建筑楼层数的不断增长，设计荷载随之增大，这对框架结构中柱的承载能力提出了更高的要求。为了满足设计所需的承载力，柱子的截面面积设计得越来越大，但由于层高限制，柱子的高度被限制不可以随意加大，这导致结构中将出现大量剪跨比小于 2 的短柱。短柱在地震作用下，延性很差，很容易由于侧向约束不足发生如图 33-1 的剪切、屈曲和剥离破坏。同时，建筑在人为和自然环境等因素的影响下，结构将出现功能的衰退以及老化的现象，因此对建筑物的维修，加固和改造显得尤为重要。现阶段我国逐渐步入了以现代化改造和维修加固的重要阶段。随着结构使用年限和使用环境的不断变化，结构承载力存在着严重不足，其中建筑结构中柱子作为重要的承重构件对于结构整体的重要性不言而喻，所以对于加固柱技术的深入研究具有重要意义。

(*a*)　　　　　　　　　　　　　　　　　(*b*)

图 33-1　地震中柱的破坏

(*a*) 柱剪切破坏；(*b*) 柱顶钢筋屈曲破坏

33.2　常用加固技术概述

　　钢筋混凝土结构具有造价低，适用范围广等优点，是工程建设领域中适用范围最为广泛的一种材料。但也正因为混凝土材料的特性，随着结构使用年限的增加、外部环境的改变和结构维护使用不当等因素的影响下，结构的承载能力将低于设计要求，危害结构的安全。因此，提高结构及构件的强度、改善建筑物的整体稳定性，提高结构和构件的刚度及耐久性，可以保证建筑物在这些外在因素下仍然可以满足正常使用要求。由此可知，根据建筑物在承载力、刚度、耐久性等方面的不足，结合不同的加固方法的适用特点，针对性地进行维修、改造及加固将成为必然的发展趋势。国外工程结构的发展历程也表明：工程建设随着人类社会经济的发展，建设方式将逐渐过渡至对已有建筑进行维修改造。延长结构的使用寿命、提高结构的耐久性，对社会发展和工程建设具有重大意义[9]，我国的工程建设发展也不例外。

　　常用的加固方法有增大截面法、粘钢加固法、纤维复合材料加固法、体外预应力加固法、高强钢绞线网-聚合物砂浆加固法等。对于混凝土结构，考虑不同的使用环境和结构的损伤程度，选择不同的加固方法，这些加固方法都有自己的优势及适用范围，下文对常见加固技术的优缺点及适用范围进行阐述。

33.2.1　增加截面法

　　增大截面加固法是增大原构件截面面积并增配钢筋，以提高其承载力和刚度，或改变其自振频率的一种直接加固法。增大截面法在各类构件加固工程之中获得广泛使用，主要由于其施工原材料易获取，加固效果良好，施工步骤较简洁。但这种加固法也存在着以下方面的不足，如：现场湿作业程度高对周边环境的污染大，施工周期长，加固周期内加固构件无法使用，从而造成间接损失。此外，加固效果对于截面尺寸小的构件较为局限。

33.2.2 粘钢加固法

外粘钢加固法是通过结构粘结剂将型钢或钢板粘合于原构件的表面，使之形成具有整体性的复合截面，以提高其承载能力和延性的一种直接加固法。该项加固技术具有对原结构的损坏小、适用性强、施工操作简单、无需专业的技术人士亦可操作等优点。但较为明显的缺点是加固效果依赖于胶粘技术和胶粘剂的好坏，尤其在粘钢后一旦发现空鼓，补救措施复杂，后期维护成本高。

相对于增大截面法，粘钢加固法现场无湿作业，对环境污染小，可以在不影响原建筑的特色下，较好地发挥出其加固效果。因此该项加固技术可以运用在正常湿度环境下的大偏心受拉或受压构件中。

33.2.3 粘贴纤维复合材料加固法

外粘纤维复合材料加固法是通过结构粘结剂将纤维复合材料粘合于原构件的表面，使之形成具有整体性的复合截面，以提高其承载能力和延性的一种直接加固法。利用纤维复合材料所具有的高强度和高弹性模量的优点，进而提高结构的承载力及延性。近年来，FRP 布和片材在建筑、桥梁等工程领域得到广泛的运用。纤维增强聚合物（FRP）材料是通过纤维增加胶凝材料与环氧树脂等基材胶合凝固等工艺形成的一种新型复合材料。FRP 常用的纤维基材有玻纤维、碳纤维和芳纶纤维等，对应制造而成的 FRP 分别称之为GFRP、CFRP 和 AFRP[12,13]。FRP 的优点有：施工操作简便，施工质量易于保证，对原建筑结构的尺寸影响微乎其微，原结构自重增加也不明显。

纤维复合材料的胶合材料属于有机材料，胶体抗火耐高温能力差，当加固的结构发生火灾时，粘结剂由于耐火性差将会立即丧失功能。因此对于加固实际工程，考虑其整体加固结构的耐火性是较为关键的一点。但综合其经济效益分析，该加固技术耐腐蚀、耐久性好，能够降低加固的成本，提高加固构件的承载力。

33.2.4 体外预应力加固法

体外预应力加固法是通过施加体外预应力，使原结构、构件的受力得到改善或调整的一种间接加固方法。体外预应力加固法[14,15]为了消除产生在一般加固方法中应力滞后的现象，通过外加预应力使得钢拉杆和型钢支撑受力，原先结构内部应力状态发生改变，新增加的构件与原结构协同工作，从而提高整体结构的承载能力。

该加固技术主要运用于应力、应变大的混凝土结构，跨度大的桥梁和结构变形大、外荷载难消除而柱受损较为严重的情况。同时该加固技术的缺点也较为明显，如不适用于混凝土收缩徐变大，不能改变原建筑物的外观等。

33.2.5 高强钢绞线网-聚合物砂浆加固法

钢绞线网-聚合物砂浆加固面层法是通过采用聚合物砂浆将钢绞线网粘合于原构件的表面，使之形成具有整体性的复合截面，以提高其承载能力和延性的一种直接加固法。高强钢绞线-聚合物砂浆加固技术是近年研究发展迅速的一种加固技术[16,17]。该项技术的实质是一种体外配筋的方式，高强钢绞线网可以看作受力筋，其作用的机理和钢筋类似，通过和作为粘结材料的渗透性聚合物砂浆协同工作，提高加固结构的承载力和刚度，约束了裂缝的产生和发展。该加固技术具有如下优点：

（1）高强、耐高温、耐腐蚀、耐老化。高强钢绞线网韧性强，强度高，而聚合物砂浆本身具备良好的耐久性，不存在材料的老化问题，与碳纤维加固方法对比具有良好的抗火性。

（2）对建筑结构使用功能影响小，不影响建筑的美观。由于复合加固层薄，与预应力加固法对比几乎不影响原结构的自重和几何尺寸。

（3）力学性能良好。试验表明使用高强钢绞线网-聚合物砂浆加固后的混凝土结构抗弯和抗剪性能均取得良好的效果。

（4）施工简便、周期短，适用范围广，施工质量易得到保证，整体经济效益好。

同时，高强钢绞线网-聚合物砂浆加固技术也存在以下不足，比如：高性能聚合物砂浆的价格较为昂贵；钢绞线不易张拉，施工操作难度较大。

33.2.6 常用加固技术的对比

从上述各种加固方法的对比分析可知：目前不同的加固方法对于结构构件的承载能力均可以不同程度地提高，但由于不同加固方法自身适用范围的局限性，加固效果也不尽相同。因此，对于实际加固需要的结构要从多目标性和经济性上进行多角度综合考虑，表33-1 对以上加固方法在不同指标下进行了对比总结。

不同加固方法对比　　　　　　　　　　　　　表 33-1

		增大截面法	粘钢加固法	复合纤维加固法	体外预应力加固法	钢绞线网-聚合物砂浆加固法
力学特性	受弯	一般	一般	良好	良好	良好
	受剪	一般	一般	良好	良好	良好
	压弯	一般	一般	良好	良好	良好
其他指标	防火、防腐	良好	差	差	一般	良好
	环保	良好	差	差	一般	良好
	成本	良好	差	一般	一般	一般
	施工难度	良好	差	一般	一般	一般
	改变原结构尺寸	差	良好	良好	差	良好
	适用范围	一般	一般	良好	一般	良好

33.3 高强钢绞线网-聚合物砂浆加固技术研究现状

从 33.2 节的不同加固方法对比可知，高强钢绞线网-聚合物砂浆加固技术具有防腐、耐火性好、适用范围广等优点。目前国内外对于该加固技术进行了一系列深入的研究，研究内容主要包括以下几个方面：加固梁、板、柱、砖墙、节点的受力性能研究；加固柱的承载力和抗震性能研究。下面简要介绍研究现状。

33.3.1　加固梁受力性能研究

1973 年，Logan 等[18]对加固梁进行受弯承载能力试验，试验研究了经过钢丝网-高性能砂浆加固后的梁的承载力、裂缝的开展、挠度和应变等。试验结果表明：随着钢丝网数量增大，裂缝的宽度减小，开裂荷载提高。

2005 年，美国学者 Huang X[19]等对采用该加固技术的加固 RC 梁进行试验研究，其中钢绞线直径为 1.1mm 左右，砂浆采用的为 SikaTop-121，试验结果表明：加固后梁的屈服荷载及峰值荷载获得显著地提高，提高幅度分别为 7%、22%。

2005 年，清华大学聂建国等[20]对钢绞线网加固混凝土梁进行了抗弯试验研究，试验结果表明：采用了钢绞线加固后的梁整体抗弯性能及工作性能得到显著改善，加固梁极限荷载提高了 33%，裂缝的发展速度和间距均小于未加固梁。

2007 年，S. Y. Kim 等[21,22]对 15 根采用钢丝绳加固的混凝土梁进行了抗剪加固试验研究，研究不同的剪跨比、钢丝绳的布置方式和间距、钢丝绳初始预应力等参数对梁抗剪加固效果的影响。试验结果表明：加固梁较未加固梁的抗剪承载力有明显提高，且加固效果跟初始预应力和布置方式等有关，初始应力越大，抗剪承载力提高越大；斜向加固比竖向加固效果明显。

2011 年，黄华等[23,24]对高强不锈钢绞线网-渗透性聚合物砂浆加固的 9 根矩形钢筋混凝土梁进行试验研究，在抗剪试验研究的基础上利用有限元软件进行数值模拟，研究了混凝土强度、原梁配箍率、加荷形式、剪跨比等因素对加固梁加固效果的影响。在试验和理论研究的基础上，提出了考虑剪切变形的抗剪加固计算公式。

2013 年，李炯、刘铮等[25]采用有限元软件研究了混凝土强度、剪跨比、钢绞线用量、加固方式等参数对加固梁抗剪性能的影响，并将有限元结果与试验结果进行了对比，提出了加固梁的抗剪承载力计算公式。

2014 年，北京工业大学郭俊平等[26]，对剪跨比为 2.2 和 1.65 的预应力钢绞线 U 形抗剪加固梁各 3 根和 1 根未加固梁进行了对比试验，研究了预应力水平、剪跨比等因素对加固效果的影响，提出了预应力抗剪加固承载力公式。研究结果表明：对钢绞线施加一定的初始预应力水平可以提高构件承载能力及截面刚度；预应力水平以 0.3 为分界线，当预应力水平高于 0.3 时，构件承载能力及刚度下降，低于 0.3 时则相反。

33.3.2　加固板受力性能研究

2000 年，韩国汉城工业大学金城勋、金明关等[27]最早对加固钢筋混凝土板的延性进行了试验研究。研究结果表明：经过该加固技术的钢筋混凝土板刚度退化程度小，有较好的恢复力，可以较好地抵抗荷载冲击，其承载能力及延性均获得显著提高。

2004 年，清华大学周孙基等[28]分别对钢绞线具有一定初始预应力和未施加初始预应力的加固板进行试验研究。试验结果表明：加固板的开裂荷载、屈服荷载和极限荷载得到明显提高，刚度也得到显著地增加，同时混凝土板裂缝的形态也得到了改善。并初步提出了钢绞线具有一定初始预应力和未施加预应力两种情况下加固混凝土板的受弯承载力计算方法及计算公式。

2006 年，林于东等[29]对 4 块具有不同损伤程度的加固钢筋混凝土板进行了试验研究。

研究结果表明：损伤程度对开裂荷载的提高有影响，加固后的板裂缝多且密，有效约束了裂缝的发展。在试验的基础上，提出了极限荷载和挠度的简化计算方法。

2012 年，郭俊平等[30]对 3 块不同预应力水平加固板、1 块非预应力加固板和 1 块对比板进行抗弯试验研究。试验结果表明：预应力加固板的承载力、截面刚度大幅度提高，裂缝宽度明显减小；较非预应力加固板，其开裂荷载显著提高，屈服荷载、极限荷载、截面刚度均有提高，裂缝宽度减小；随预应力水平的提高，加固效果、钢绞线强度的利用率明显提高。提出了预应力加固板承载力计算公式，可为预应力钢绞线抗弯加固混凝土板理论分析和设计的提供参考。

33.3.3 加固节点研究

2006 年，曹忠民等[31,32]提出了采用新技术高强钢绞线网片-聚合物砂浆加固技术提高钢筋混凝土空间框架节点抗震性能的方法，并通过 3 个带有直交梁和楼板的空间框架节点试件的低周反复加载试验对该加固方法进行了检验。试验表明加固方法可以有效提高节点的抗震受剪承载力、延性系数、能量耗散系数等抗震性能。

2013 年，郭子雄等[33]进行了 7 根加固试件和 2 根对比试件的节点抗震试验，分析了预应力值、钢丝绳数量、加固面层等参数的影响，试验结果表明：使用预应力加固技术可以抑制裂缝的产生及发展，转移结构破坏位置及形态，提高构件的承载力和抗震能力。

33.3.4 加固砖墙研究

2005 年，王亚勇等[34]对 15 片加固砖墙的抗剪承载力进行了分析试验研究，试验结果表明：加固后砖墙的抗剪承载力可以提高 50％以上。该技术对于砌体构件同样具有良好的加固补强效果，表明该加固技术具有较好的工程实际运用前景。

2008 年，徐明刚等[35]在王亚勇试验基础上，建立了高强钢绞线网-聚合物砂浆加固砖墙的计算模型，分析了当前使用该加固技术的砖墙受剪承载力计算方法中存在的问题和不足，提出了合理的承载力计算理论和方法。通过与试验结果对比，表明了新方法的合理性和适用性。

2012 年，潘志宏、李爱群等[36]为研究钢绞线网-聚合物砂浆加固砖墙的抗震性能，针对这一加固结构的非线性分析方法，在钢绞线网聚合物砂浆加固砖墙的抗震性能试验基础上，对 8 个采用钢绞线网-聚合物砂浆加固砖砌体进行抗震试验研究，在试验研究的基础上，提出相应的静力非线性分析方法，考虑界面剥离影响后，获得具有下降段的荷载-位移曲线，且总体趋势与试验结果符合较好。

33.3.5 加固柱承载能力研究

1994 年，Nedwell 等[37]对 4 根尺寸为 155mm×155mm×1000mm 的钢丝网加固混凝土短方柱进行承载力试验研究，试验设置了不同层数的钢丝网加固柱试件。试验结果表明：加固柱较对比柱的极限承载力提高幅度为 2％～37％，刚度也有明显的提高；而且加固所用的钢丝网层数越多，提高的幅度也越大。

2007 年，姚秋来、张立峰等[38,39]对 9 根大偏心受压混凝土柱进行了试验研究，其中6 根为加固柱，3 根为对比柱，并根据试件加载偏心距的大小及加固状态分为三组。试验结果表明：在对原柱截面改变较小的情况下，加固柱的极限承载力得到了显著提高。通过分析加固柱的极限承载力、破坏形态、裂缝分布、钢筋和钢绞线应变以及荷载-跨中挠度曲线等的发展规律，表明了经过钢绞线网-聚合物砂浆加固后的柱整体工作性能良好，加固效果明显。最后提出了大偏心受压情况下的承载力计算公式。

2010年，刘伟庆、潘晓峰等[40]在试验的基础上分析了小偏压加固柱破坏时各材料的应变特征。根据材料本构关系，编制了非线性计算程序。对小偏压加固柱的正截面极限承载力进行了计算和分析，并提出了简化计算方法。

2011年，王嘉琪[41]等对24根高强钢绞线网-聚合物砂浆加固混凝土棱柱进行受力性能试验研究，分析混凝土强度、钢绞线间距等因素对柱约束效果的影响，试验结果表明：在这些不同的条件因素下，经过该加固技术加固后的柱承载能力及延性都得到了提高。

2013年，刘伟庆等[42]对高强钢绞线网-聚合物砂浆加固钢筋混凝土柱进行大偏压和小偏压的试验研究与理论分析。考虑不同的混凝土强度等级、偏心距和钢绞线含量等设计参数，对比分析了各种因素影响下18根钢筋混凝土柱的破坏形态、承载力和变形性能等。在此基础上，归纳提出高强钢绞线网-聚合物砂浆加固钢筋混凝土柱的承载力计算公式，计算值与试验值吻合良好。

2015年，葛超等[43]对预应力高强钢绞线网-聚合物砂浆加固小偏心受压柱试验研究，考虑预应力度和偏心距，共制作5根试件，1根为对比柱，另外4根为施加了不同大小初始预应力和不同偏心距的试验柱。试验验证了预应力加固技术可有效提高偏压柱极限承载力。

2016年，熊凯等[44]建立多组横向预应力钢绞线-聚合物砂浆加固钢筋混凝土柱的有限元模型，包括5种预应力水平、6种偏心距、3种钢绞线间距，研究加固后偏心受压柱的破坏特征、各材料关于荷载-应变的发展规律。有限元模拟结果表明：对横向钢绞线施加预应力后对试件柱延性提高明显；钢绞线间距在合理范围内时横向预应力-聚合物砂浆加固偏心受压柱钢绞线间距的影响要大于预应力的影响；预应力在0.6倍的钢绞线极限抗拉强度时延性和峰值荷载较好。同时提出预应力钢绞线约束混凝土峰值应力、应变的计算方法，并结合相应的设计规范提出此加固方法下的简化设计公式。

33.3.6 加固柱抗震研究

2003年，Murat Saatcioglu等[45]考虑截面形状、钢绞线间距、横向预应力等因素的影响，设置加固足尺寸的方形和圆形截面柱共6根，其中方形截面柱2根，圆形截面柱4根，分别对比了圆形截面与方形截面柱滞回曲线的饱满程度，通过对比分析得出：方形截面与圆形截面柱抗震性能存在很大区别，验证了不同截面类型对抗震性能的影响，并从理论上分析了柱的抗剪承载能力的组成。

2014年，郭俊平、邓宗才等[46]对预应力钢绞线加固混凝土圆柱的轴压性能进行试验研究，共制作了24根预应力加固混凝土圆形截面柱和2根未加固对比柱进行试验，研究在单调轴向荷载下，钢绞线间距、预应力水平对混凝土加固效果的影响。试验结果表明：相较对比柱，预应力加固柱的轴向峰值应力和应变最大提高幅度为83%和95%，加固效果随预应力水平的提高而提高；随钢绞线间距的减小，加固效果大幅度提高；钢绞线间距对加固效果的影响大于预应力水平的影响，理论计算的结果与试验数据吻合较好，试验结果及理论分析结果得出结论：预应力钢绞线加固技术是主动、高效的。

2014 年，郭俊平、邓宗才等[47]制作了 16 根采用预应力钢绞线张拉锚固新技术加固的钢筋混凝土圆形截面加固柱试件和 2 根未加固对比柱试件，进行了不同轴压比下水平反复加载试验，研究轴压比、钢绞线间距、预应力水平对抗震加固效果的影响。试验结果表明：轴压比为 0.8 的加固试件较未加固试件屈服荷载、极限荷载、位移延性系数、累积耗能最大提高幅度分别为 36%、44%、76%、62%，轴压比为 0.4 的加固试件提高幅度分别为 36%、27%、44%、172%，在试验数据基础上建立了相应的恢复力模型曲线。

2016 年，邓宗才、李辉等[48]为研究预应力钢绞线加固钢筋混凝土短柱的抗震特性，对 7 个试件进行了低周反复加载试验。试验研究了轴压比、钢绞线配置特征值和预应力水平对加固短柱抗震性能的影响。在试验基础上，提出了预应力钢绞线加固 RC 圆形短柱的受剪承载力计算公式，计算结果与试验值总体吻合良好。试验为预应力钢绞线加固 RC 短柱设计提供了参考数据和计算方法。

33.3.7　加固柱数值分析研究

2013 年，黄华等[49]在试验的基础上，利用 ANSYS 软件进行钢绞线加固 RC 柱有限元模拟研究，考虑了轴压比、混凝土强度、钢绞线数量等参数对加固柱抗震性能的影响。研究表明：随混凝土强度、钢绞线数量、箍筋及纵筋配筋率的增加，加固柱极限承载力及延性提高 2%～28%，随着偏心距的增加，加固柱的极限承载力降低，耗能降低，刚度和延性减小。

2013 年，田珂等[50]使用 ANSYS 软件对钢绞线网加固柱进行抗震性能参数分析，对比研究了钢绞线间距、配筋率、混凝土强度等参数对抗震性能的影响。研究表明：随着轴压比的减小，配箍率的增加，混凝土强度等级的提高，加固柱延性提高；随着偏心距的增加使得钢绞线及箍筋应变增长加快，构件耗能能力减少。

2017 年，林鹤云等[51]在北京工业大学郭俊平预应力钢绞线加固混凝土圆柱低周反复加载试验的基础上，分析了混凝土强度、配箍率、轴压比及预应力等因素对加固柱抗震性能的影响。研究表明：随着混凝土强度、配箍率及轴压比等因素的变化，加固柱延性提高 2%～51%，峰值荷载提高 1%～38%。最后结合回归的加卸载刚度公式，提出了预应力钢绞线加固柱的恢复力模型。

33.4　本篇研究内容

通过本章对我国国情的分析和钢绞线网-聚合物砂浆加固研究进展概述可知，高强钢绞线网-聚合物砂浆加固技术具有耐腐蚀、耐高温、对原结构使用干扰小、适用面广等优点，许多学者对此类柱的加固改造进行了大量的研究，研究结果表明：横向约束混凝土柱加固技术能显著提高柱的抗震性能，但对于非预应力加固，材料应力滞后的现象不可避免。横向预应力高强钢绞线网-聚合物砂浆加固柱技术解决了钢绞线力学性能滞后的现象，同时闭合自身结构裂缝以及抑制裂缝的开展。

对于加固 RC 柱抗震性能而言，构件的轴压比、剪跨比、配箍率、初始偏心距、钢绞线配置量、截面类型等参数是影响钢筋混凝土柱抗震性能的主要因素。郭俊平[48]对 16 根采用预应力钢绞线网加固圆柱进行了初步的抗震试验研究；黄华[49]通过有限元软件研究了轴压比、箍筋配箍率、混凝土强度等因素对加固柱抗震性能的影响；林鹤云[51]研究了混凝土强度、配箍率及轴压比等因素对加固圆柱抗震性能的影响，但未考虑钢绞线配置量的影响；陈亮[52]主要对轴压比为 0.2 和 0.48 的加固柱进行了抗震试验研究，但没有考虑钢绞线预应力水平对加固柱影响。目前对于横向预应力钢绞线网加固方形柱的有关研究较少，因此基于横向钢绞线施加预应力技术的优势，研究该技术对方柱抗震加固性能的影响是必要的。由于影响构件抗震性能的因素众多，对构件进行试验数据参数分析并不全面，因此本篇在已有部分试验数据及有限元软件抗震性能参数分析的基础上，使用有限元软件进一步研究不同参数对构件受力性能的影响。本篇在国内外学者研究的基础上，考虑高强钢绞线网-聚合物砂浆加固混凝土柱的影响因素，针对以下方面进行重点研究：

（1）参考国内外有关该加固技术的文献，结合文献及国内外已有的高强钢绞线网-聚合物砂浆加固柱试验数据的基础上，提出加固柱抗震性能主要影响因素，并从理论分析这些影响因素对于加固柱抗震性能的影响规律；根据已有试验数据及相关研究，基于有限元分析软件，确立建模分析中各材料的本构关系和破坏准则，确保模型理论基础的正确性和准确性。

（2）在已有试验数据和加固柱抗震性能参数研究的基础上，对预应力高强钢绞线网-聚合物砂浆加固柱进行有限元建模分析，对建模过程中的必要步骤进行介绍，并将有限元分析结果与试验结果进行对比，验证模型的准确性；在模型验证工作的基础上，结合试验参数的设计，细化各影响参数并计算分析出相应的结果，定量研究对比不同影响因素下对加固柱抗震性能的影响。

（3）在定量分析各影响因素对加固柱抗震性能的影响的基础上，基于灰色关联理论，计算出关联性最高的影响因素，并根据有限元计算结果提出延性计算公式。

33.5　本章小结

本章主要介绍了课题的来源、研究背景及意义，简单概括了常见加固方法的优缺点及适用范围，并分析对比这些加固方法在不同方面的优势与不足，从而突出高强钢绞线网-聚合物砂浆加固技术的适用性与广泛应用性。

本章对高强钢绞线网-聚合物砂浆加固技术研究现状进行了重点介绍，并着重介绍了该加固技术在加固 RC 柱抗震性能方面的研究，通过现有的研究不足分析了对钢绞线施加横向预应力的可行性，进而提出本文的研究重点及研究方法。

第 34 章　预应力钢绞线网加固混凝土柱有限元建模与验证

34.1　ABAQUS 软件简介

20 世纪 40 年代，Courant[53]发表了一篇涵盖有限元基本思想的论文，论文内容为使用三角形区域的多项式来求解相关扭转的问题。20 世纪 50 年代，波音公司研究小组成员 Turner 等[54]发表的关于飞机结构的线性有限元分析论文闻名于世。20 世纪 60 年代，Clough[55]首次提出和使用"有限元方法"的名称，成功地将有限元基本思想的应用从飞机结构领域扩展至土木工程领域。20 世纪 60 年代之后，随着计算机软件的迅猛发展，Pedro Marcal 成功地使第一个商业有限元程序进入市场并获得了用户的一致好评。从有限元方法问世以来，人们通过有限元方法解决了各类实际工程运算问题，给社会带来了巨大的经济效益。与此同时，随着计算机软件技术在各个领域的不断发展与应用，人们也逐渐将目光投入到计算机分析计算软件的研发上，在此背景下诞生出一批优秀的有限元通用程序，这些在有限元理论和计算机技术支持下诞生出的分析软件在科学研究及实际工程设计方面得到了广泛的运用及发展。

有限元软件因通用性广、准确、高效等优点，被广泛运用在各个研究领域。目前，著名的有限元软件公司就有几十家，如国际著名的有限元软件 ANSYS 和 ABAQUS，这些软件功能强大，可以对结构静、动力强度和电磁场分析、热分析及渗流等技术参数进行分析计算，应用领域包括土木工程、军事制造、航空航天等。尽管 ANSYS 应用广泛，交流性强，具有较好的前处理和后处理功能，但是它主要解决的是非线性材料问题，而非完全非线性问题。因此在这激烈的全球市场竞争之下，ABAQUS 软件应运而生。相比于其他的有限元分析软件，ABAQUS 软件不但可以完成简单线性问题的求解，更擅长于对材料和边界等进行非线性分析。ABAQUS 材料模型库丰富，可以准确定义多种材料本构及失效准则模型。ABAQUS 单元库中包含了实体、壳、梁等上万种单元，可以根据实际工程模拟出任意几何形状的有限元模型。ABAQUS 提供了两种可供用户选择的操作界面，一种是 ABAQUS/STANDARD，另一种是通过编制 INP 文件进行编程处理，用户可以根据操作习惯和数据文件处理量选择适合自己的操作模式。其分析准确可靠、操作方便、适用范围广、能够解决复杂的非线性问题，这些优点被广大的用户所认可。

本章将根据本课题组邱荣文的预应力钢绞线网加固柱抗震试验的数据，采用 ABAQUS 有限元分析软件，对建模过程中必要环节进行介绍，建立相应的有限元模型，将有限元分析结果与试验结果进行对比，验证模型的可靠性与准确性，为下文参数定量分析奠定基础。

34.2　有限元分析模型的建立

混凝土材料耐久性好，成本造价低，具有广泛应用性。它能够和钢筋材料共同组合成钢筋混凝土结构，从而发挥出两者的优势。这两种材料共同决定了结构最终的受力机理和性能表现，特别在非线性阶段，混凝土自身就具有复杂的力学行为，钢筋材料也呈现出不同的属性，在三维条件下力学行为就更加难以确定，所以为了准确对钢筋混凝土结构进行非线性分析，必须选择适合、准确的混凝土和钢筋及其他材料的理论模型。

34.2.1　混凝土本构模型

（1）模型基本准则

ABAQUS 中混凝土本构关系包括以下 3 种：混凝土脆性开裂模型（Concrete Brittle cracking model（ABAQUS/Explicit））、混凝土弥散开裂模型（Concrete Smeared cracking model（ABAQUS/Standard））、混凝土塑性损伤模型（Concrete Damage plasticity model）。

混凝土脆性开裂模型主要为模拟混凝土受拉情况下不连续的脆性行为。该模型[56]假定受压总是线弹性的，以此重点展现出混凝土的受拉性能，通过运用朗肯准则来探测开裂，用后继应力应变关系来定义裂纹区后继破坏特性。该模型算法上只适用于显式分析模块，可以用来模拟素混凝土结构以及水工大坝等少筋混凝土结构。

混凝土弥散开裂模型[57]建立在弹塑性理论基础之上，其中裂纹是影响材料行为的最关键因素，通过固定弥散裂纹均匀化来模拟混凝土受拉后的本构模型。该模型在算法上只适用于隐式分析模块，可以用来模拟分析受拉开裂引起的低围压单调加载混凝土构件的非线性分析。

混凝土塑性损伤模型[58]可以模拟混凝土拉伸开裂、压缩破坏情况下的力学现象，通过定义损伤因子，引入非关联硬化，基于各向同性破坏的假设，可以较好地模拟往复荷载下材料的损伤、加载刚度恢复的混凝土力学特性等。该模型既适用显式分析模块也适用隐式分析模块。

通过以上对比分析可知，本文的研究对象为低周反复荷载作用下的预应力钢绞线网加固混凝土柱，因此选择混凝土塑性损伤模型具有更好的收敛性，下文针对该模型基本准则分成两个方面进行介绍[59]。

① 滞回规则

混凝土单轴拉压时拉应力-应变曲线如图 34-1 所示，图中反映了模型的拉压异性和刚度恢复效应。

曲线 OAI 段为初始无损伤下的拉伸应力应变曲线，OK 段曲线为初始无损伤下的压缩应力应变曲线，两段模型曲线不完全一致，这也是混凝土塑性损伤模型的一个特征，即拉压异性。ABAQUS 实际操作时，用户可根据实际需要将该特征设置为一致。众所周知，混凝土在拉伸作用下易产生裂纹，但是荷载从由拉变压的转变过程中，裂纹会闭合，闭合后支撑面变大，刚度会恢复，因此称之为刚度恢复效应。

图 34-1 中可以体现出该效应，如 OAB 段是一个拉伸的应力应变曲线，从 O 点处加载，B 点产生一定损伤后再卸载至 C 点，此时产生了一个损伤 d_t，而 C 点处是拉伸的应

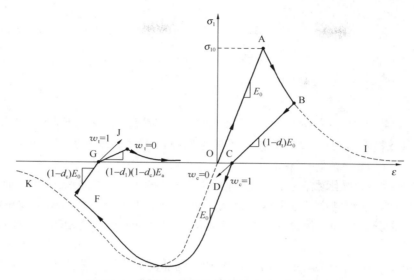

图 34-1　混凝土单轴拉压时拉应力-应变曲线

力状态变为压缩应力状态的分界点，此时刚度也将变化，如图中刚度明显增加，变成了初始的弹性模量 E_0，这是因为在混凝土塑性损伤模型中存在一个压缩刚度恢复系数 w_c，其值默认为 1，若将值由 1 设置为 0 则表示在由拉变压时刚度不会恢复，曲线将沿着 CD 发展。同理，压缩损伤后卸载，应力状态由压变拉，此时对应图中 G 点，默认情况下刚度是下降的，这是由于在二次拉伸时考虑到原先的拉伸损伤 d_t 以及压缩过程中的压缩损伤 d_c。拉伸刚度恢复系数 w_t 默认值等于 0，表示由压变拉时刚度不会恢复，若将 w_t 由 0 改为 1，则模型曲线将沿着 GJ 发展，此时 $(1-d_c)E_0$ 这部分的损伤将会被忽略掉，曲线 GJ 将与曲线 BC 平行。通过以上分析可知，可以通过对关键的损伤系数指标进行调整从而获得较为准确的材料受力性能模拟。各损伤指标如下：

$$(1-d_t) = (1-s_t d_c)(1-s_c d_t) \tag{34-1}$$

$$s_t = 1 - w_t r^*(\sigma_{11}) \qquad 0 \leqslant w_t \leqslant 1 \tag{34-2}$$

$$s_c = 1 - w_c[1 - r^*(\sigma_{11})] \qquad 0 \leqslant w_c \leqslant 1 \tag{34-3}$$

$$r^*(\sigma_{11}) = H(\sigma_{11}) = \begin{cases} 1, & \sigma_{11} > 0 \\ 0, & \sigma_{11} < 0 \end{cases} \tag{34-4}$$

式中，d 为损伤因子，取值范围为 $0 \sim 1$，其中 d_t、d_c 分别表示拉伸损伤因子、压缩损伤因子；w_t、w_c 为权重因子，分别表示拉伸刚度恢复系数、压缩刚度恢复系数，取值默认为 $w_t = 0$，$w_c = 1$；s_t 和 s_c 分别表示拉伸刚度恢复应力状态函数、压缩刚度恢复应力状态函数。

② 屈服准则与流动法则

屈服函数描述的是屈服面的形状和大小，而流动法则描述的是塑性应变增量的方向。混凝土塑性损伤模型的屈服面函数为：

$$F = \frac{1}{1-\alpha}[\bar{q} - 3\alpha\bar{p} + \beta\langle\alpha_{\max}\rangle - \gamma\langle-\alpha_{\max}\rangle] - \sigma_c(\tilde{\varepsilon}_c^{pl}) \tag{34-5}$$

$$\beta = \frac{\overline{\sigma}_c}{\overline{\sigma}_t}(1-\alpha) - (1+\alpha) \tag{34-6}$$

$$\alpha = \frac{\sigma_{b0}/\sigma_{c0} - 1}{2\sigma_{b0}/\sigma_{c0} - 1} \tag{34-7}$$

$$\gamma = \frac{3(1-K_c)}{2K_c - 1} \tag{34-8}$$

式中，$\overline{p}$ 为静水压力；$\sigma_c(\widetilde{\varepsilon}_c^{pl})$ 表示屈服强度-塑性应变；$\overline{\sigma}_c$、$\overline{\sigma}_t$ 分别表示受压有效黏聚应力、受拉有效黏聚应力；K_c 取值决定了屈服面在偏平面的投影形状，对于一般混凝土取值为 $K_c = 0.67$。

图 34-2 所示为屈服函数在主应力空间的投影，从图中可知该函数具有两个典型特征：第一个是多段性，曲线共由三部分函数组成；第二个是相对于传统的摩尔库伦准则来说，曲线不会存在奇异点，即曲线之间是光滑连接的，不存在尖角，这相比于摩尔库伦准则是一个优点。

该模型流动法则基于 Drucker-Prager 流动面的非关联法则，公式为：

$$G = \sqrt{(\in \sigma_{t0}\tan\psi)^2 + \overline{q}^2} - \overline{p}\tan\psi \tag{34-9}$$

式中，G 为 Drucker-Prager 双函数曲线；$\overline{p}$ 为静水压力；ψ 为膨胀角，取值范围为 $37°\sim42°$；$\in$ 为势函数偏心距，缺省值 $\in = 0.1$。

根据式（34-5）和式（34-9）可知，若 $F \neq G$，则表明屈服是非关联的，此外两个函数中均包含了静水压力 $\overline{p}$，这表明屈服法则和流动法则都与围压相关。

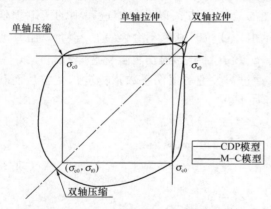

图 34-2　屈服函数在主应力空间的投影

（2）混凝土受压本构关系

预应力高强钢绞线网-聚合物砂浆加固混凝土柱实质上也属于约束混凝土的一种，因此若选择使用素混凝土的本构模型，就无法体现出受压区的核心混凝土受压膨胀后，使横向钢绞线网产生一个对核心混凝土环向的约束力的受力现象，因此选择约束混凝土本构模型更为合适。目前，国内外学者对约束混凝土本构模型研究初显成果，如：Kent-park 模型、Mander 模型、过镇海模型等。其中 Mander 模型[60] 因其适用面广、既可用于圆截面也可以用于方截面、有限元模拟准确度高等优点得到了广泛的应用，本文选用该模型，其表达式为：

$$\frac{f_c}{f_{cc}} = \frac{r\varepsilon/\varepsilon_{cc}}{r - 1 - (\varepsilon/\varepsilon_{cc})^r} \tag{34-10}$$

$$\frac{f_{cc}}{f_{c0}} = 2.54\sqrt{\frac{1 + 7.94f_1}{f_{c0}}} - 2\frac{f_1}{f_{c0}} - 1.254 \tag{34-11}$$

$$\frac{\varepsilon_{cc}}{\varepsilon_{c0}} = 1 + 5\left(\frac{f_{cc}}{f_{c0}} - 1\right) \tag{34-12}$$

$$r = \frac{E_c}{E_c - \dfrac{f_{cc}}{\varepsilon_{cc}}} \tag{34-13}$$

式中，f_{c0}、f_{cc} 分别为未约束混凝土抗压强度、约束混凝土峰值抗压强度；ε_{cc} 为峰值应变；E_c 为混凝土割线模量，取值为 $E_c = 5000\sqrt{f_{c0}}$。

预应力钢绞线网加固混凝土柱由于预应力钢绞线的主动约束机制，其受力和变形均会受到一定的影响，针对此现象以往学者大多是通过修正本构模型来提出钢绞线的约束作用，基于此可以引入两个参数：钢绞线配箍特征值 λ_w 和钢绞线约束折减系数来 k_e，以修正峰值应力 f_{cc} 及峰值应变 ε_{cc}。修正后的表达式为：

$$f_{cc} = \left[1 + \frac{1}{2}(\lambda_s + k_e\lambda_w)\right]f_{c0} \tag{34-14}$$

$$\varepsilon_{cc} = \left[1 + \frac{5}{2}(\lambda_s + k_e\lambda_w)\right]\varepsilon_{c0} \tag{34-15}$$

式中，λ_s 为箍筋配箍特征值；f_{c0}、ε_{c0} 分别表示未约束混凝土单轴峰值应力和应变；k_e 为钢绞线约束折减系数，可以定义为核心混凝土有效约束面积与箍筋中心线算起的有效约束面积的比值。

约束混凝土与未约束混凝土的本构曲线对比如图34-3所示。

（3）混凝土受拉本构关系

ABAQUS 中对于一般的钢筋混凝土受拉本构模型，可以通过输入应力-裂缝宽度关系来定义，其中影响力较大的为以下三种模型：瑞典 Hillerborg 在分析混凝土断裂应用时提出的单直线下降模型，如图34-4（a）；瑞典 Peterson 研究混凝土开裂应变后提出的双折线下降段模型，如图34-4(b)；江见鲸提出的指数下降段模型，如图34-4(c)。

当混凝土受拉应变 $\varepsilon \leqslant \varepsilon_{cc}$ 时，本文参考选用图34-4(c) 所示江见鲸曲线模型，假定混凝土此阶段为线弹性阶段，混凝土抗拉强度 f_t 的表达式[61]为：

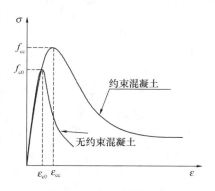

图34-3　约束混凝土和未约束混凝土本构曲线

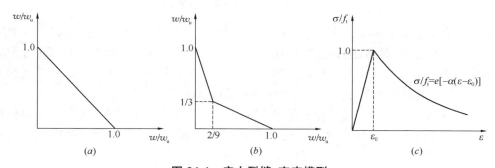

图34-4　应力裂缝-宽度模型

（a）Hillerborg 单直线下降模型；（b）Peterson 双直线下降模型；（c）江见鲸模型

$$f_t = 0.375 f_{cu}^{0.55} \tag{34-16}$$

当混凝土受拉应变 $\varepsilon \geqslant \varepsilon_{cc}$ 时，混凝土开裂软化，为使模型易于收敛的同时更加真实地模拟出混凝土的受拉特性，本文选用图 34-5(b) 所示瑞典 Peterson 的双折线下降段模型，表达式为：

$$E_{ts} = f_t/\varepsilon_{cu} \tag{34-17}$$

$$\varepsilon_{cu} = \omega_u/l_c \tag{34-18}$$

$$\omega_u = \frac{18G_f}{5f_t} \tag{34-19}$$

$$G_f = \alpha(0.1f_c)^{0.7} \tag{34-20}$$

式中，E_{ts} 为软化模量；l_c 为混凝土单元大小；G_f 为断裂能[62]；ω_u 为极限裂缝宽度。

（4）混凝土损伤因子

混凝土塑性损伤模型主要包含以下两部分主要思想：

① 应变相比于弹性材料可以视为和弹性材料相同的弹性应变（ε_{0t}^d，ε_{0c}^d）和非弹性应变（$\tilde{\varepsilon}_t^{ck}$，$\tilde{\varepsilon}_c^{in}$），抗拉状态下为开裂应变。

② 混凝土在受拉及受压时的应变可以通过各向同性的损伤（ε_t^d，ε_c^d）和各向同性的塑性应变（$\tilde{\varepsilon}_t^{pl}$，$\tilde{\varepsilon}_c^{pl}$）来表示，详细如图 34-5 所示。

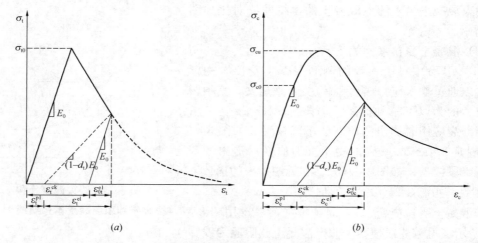

图 34-5　往复荷载作用下混凝土应力-应变曲线

(a) 混凝土受拉开裂应变；(b) 混凝土压缩非弹性应变

塑性部分通过膨胀角 φ、流动势偏移量 e、拉伸子午面与压缩子午面上第二应力不变量之比 K_c、双轴与单轴极限强度之比 f_{b0}/f_{c0}、黏滞系数 η 来定义。在 ABAQUS 中膨胀角 φ 取值范围为 $30° \sim 50°$，为了使得计算结果精确，本文膨胀角 φ 取 $30°$。黏滞系数 η 缺省值为 0，为了使得模型易于收敛，本文黏滞系数 η 取值为 0.0005。

对于损伤部分，首先明确一点的是 ABAQUS 中损伤因子与混凝土规范中的损伤演化参数相同之处在于符号字母一致，但损伤演化参数并不一致，下列公式中的 d_t、d_c 分别表示塑性损伤模型中的受拉损伤因子和受压损伤因子。

从图 34-5(a) 可知，对于受拉混凝土，各类应变计算公式[58]为：

$$\sigma_t = (1 - d_t) E_0 (\varepsilon_t - \widetilde{\varepsilon}_t^{pl}) \tag{34-21}$$

$$\sigma_t = E_0 (\varepsilon_t - \widetilde{\varepsilon}_t^{ck}) \tag{34-22}$$

由式（34-21）和式（34-22）可得受拉损伤因子为：

$$d_t = 1 - \frac{\sigma_t E_0^{-1}}{\sigma_t E_0^{-1} + \widetilde{\varepsilon}_t^{ck}(1 - 1/b_t)} \tag{34-23}$$

同理根据图 34-5(b)，对于受压混凝土，受压损伤因子为：

$$d_c = 1 - \frac{\sigma_c E_0^{-1}}{\sigma_c E_0^{-1} + \widetilde{\varepsilon}_c^{in}(1 - 1/b_c)} \tag{34-24}$$

式中，$b_t = \widetilde{\varepsilon}_t^{pl}/\widetilde{\varepsilon}_t^{ck}$，$b_c = \widetilde{\varepsilon}_c^{pl}/\widetilde{\varepsilon}_c^{in}$；弹性模量为混凝土受拉开裂时所对应的割线模量，参考 Britel 的试验研究，本文取 $b_t = 0.1$，$b_c = 0.7$，并且假定混凝土受拉开裂段不产生损伤，也无塑性变形，混凝土受压阶段初始期也不产生损伤，无塑性变形，在此基础上简化后的公式为：

$$\sigma_t = \begin{cases} E_0\varepsilon & \varepsilon \leqslant \varepsilon_{t,r} \\ \dfrac{\rho_t E_c \varepsilon}{\alpha_t (\varepsilon/\varepsilon_{t,r} - 1)^{1.7} + \varepsilon/\varepsilon_{t,r}} & \varepsilon > \varepsilon_{t,r} \end{cases} \tag{34-25}$$

$$\sigma_c = \begin{cases} E_0\varepsilon & \varepsilon \leqslant \varepsilon_0 \\ \dfrac{\rho_c n E_c \varepsilon}{n - 1 + (\varepsilon/\varepsilon_{c,r})^n} & \varepsilon_0 < \varepsilon < \varepsilon_{c,r} \\ \dfrac{\rho_c E_c \varepsilon}{\alpha_c (\varepsilon/\varepsilon_{c,r} - 1)^2 + \varepsilon/\varepsilon_{c,r}} & \varepsilon > \varepsilon_{c,r} \end{cases} \tag{34-26}$$

式中，ε_0 为受拉开裂弹性模量通过线性方式模拟混凝土受压初期对应的临界值；$\rho_t = f_{t,r}/E_c\varepsilon_{t,r}$，$f_{t,r}$ 为混凝土单轴抗拉强度值，$\varepsilon_{t,r}$ 为 $f_{t,r}$ 对应的混凝土峰值拉应变。

（5）混凝土 CDP 模型参数的输入

在 ABAQUS 塑性损伤模型参数数据输入时，应力及应变数据输入前须将试验测得的工程应变和工程应力，即名义应变 ε 和名义应力 σ 转化为真实应变 ε_{true} 和真实应力 σ_{true}，转化公式如下：

$$\varepsilon_{true} = \ln(1 + \varepsilon) \tag{34-27}$$

$$\sigma_{true} = \sigma(1 + \varepsilon) \tag{34-28}$$

表 34-1 给出了输入 ABAQUS 的受压混凝土本构数据，其中应力 σ_c，非弹性应变 ε_c^{in}，损伤系数 d_c 为 ABAQUS 软件中需要的数据。

ABAQUS 的受压混凝土本构输入数据　　　　　　　　　　　　　　　表 34-1

σ_c	σ_{true}	ε_c	ε_{true}	ε_c^{in}	d_c
6680000	6682421	0.00036	0.00036	0.00000	0.00000
11147918	11155511	0.00068	0.00068	0.00016	0.08309
14334612	14349258	0.00102	0.00102	0.00035	0.13459
16700000	16728438	0.00170	0.00170	0.00092	0.26001
14067534	14110654	0.00307	0.00306	0.00240	0.52178

续表

σ_c	σ_{true}	ε_c	ε_{true}	ε_c^{in}	d_c
13220891	13265919	0.00341	0.00340	0.00278	0.57346
11679828	11727563	0.00409	0.00408	0.00353	0.65906
9549892	9600305	0.00528	0.00527	0.00481	0.76337
8828402	8879517	0.00579	0.00577	0.00536	0.79518
7822275	7874224	0.00664	0.00662	0.00625	0.83640
5067720	5121224	0.01056	0.01050	0.01026	0.92835
3813543	3867443	0.01413	0.01404	0.01385	0.95875
3173054	3227087	0.01703	0.01689	0.01673	0.97122

本文模拟的混凝土强度等级取 C25，$f_c = 16.7\text{MPa}$，$E_c = 2.8 \times 10^4$，泊松比为 0.2，剪切模量取 $0.4E_c$，通过以上公式计算得到混凝土单轴受压本构模型曲线 σ_c-ε_c 如图 34-6 所示，受压损伤曲线 d_c-ε_c^{in} 如图 34-7 所示。

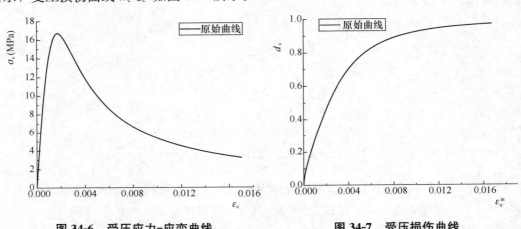

图 34-6　受压应力-应变曲线　　　图 34-7　受压损伤曲线

34.2.2　钢筋本构模型

根据金相学可知，在往复荷载的作用下，钢筋由于各晶体的取向不同，各晶体受力情况、变形情况及变形程度均不相同。当钢筋受到反向荷载时，一方面可以使得原晶体形状恢复或者反向变形，另一方面由于初始应力的存在，有残余应力的晶粒在作用小于初始弹性极限的压应力下，将从弹性变形阶段过渡至塑性变形阶段，发生包辛格效应的塑性应变软化。因此在往复荷载作用下，考虑钢筋的包辛格效应和强化效应对于钢筋滞回性能的影响是必要的，即钢筋采用随动强化模型对于钢筋实际受力变形的模拟更加合理。

在ABAQUS软件中可供选择的随动强化模型有双线性随动强化模型和非线性随动强化模型。双线性随动强化模型特征在于当应力超过屈服应力后，强化段的斜率恒定不变保持为一常数，优点在于计算更为简便，模型较为简洁。而非线性随动强化模型特征在于钢筋达到强化阶段后，斜率将随着受力不同而发生改变，优点是能够反映出钢筋在不同受力阶段下的力学特性。综合上述分析，本文选用非线性随动强化模型，模型采用

Esmaeily-Xiao 模型[63]，关系如式（34-29）所示，钢筋的应力-应变曲线如图 34-8（a）所示，根据式（34-29）计算得到直径 14mm 的 HRB335 钢筋应力-应变曲线如图 34-8（b）所示。

$$\sigma = \begin{cases} E_s\varepsilon & \varepsilon \leqslant \varepsilon_y \\ f_y & \varepsilon_y < \varepsilon \leqslant k_1\varepsilon_y \\ k_3 f_y + \dfrac{E_s(1-k_3)}{\varepsilon_y(k_2-k_1)^2}(\varepsilon - k_2\varepsilon)^2 & \varepsilon > k_1\varepsilon_y \end{cases} \tag{34-29}$$

式中，E_s 为钢筋的弹性模量；f_y 为钢筋屈服强度；ε_y 为钢筋屈服应变；图 34-8 所示 k_1 为强化段起始点与屈服应变 ε_y 的比值，本文取 $k_1=4$；k_2 为峰值应变与屈服应变 ε_y 的比值，本文取 $k_2=25$；k_3 为峰值应力与屈服强度 f_y 的比值，本文取 $k_3=1.3$；c 取值为屈服点与峰值点所连线段的斜率。

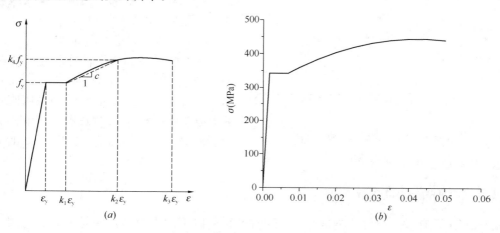

图 34-8　钢筋的应力-应变曲线

（a）钢筋应力-应变曲线；（b）HRB335 钢筋应力-应变曲线

钢筋的反复拉压应力应变曲线[64]如图 34-9 所示，曲线可按下式进行计算：

$$\sigma = \left[E_s(\varepsilon - \varepsilon_a) + \sigma_a \right] - \left(\frac{\varepsilon - \varepsilon_a}{\varepsilon_b - \varepsilon_a} \right)^p \left[E_s(\varepsilon_b - \varepsilon_a) - (\sigma_b - \sigma_a) \right] \tag{34-30}$$

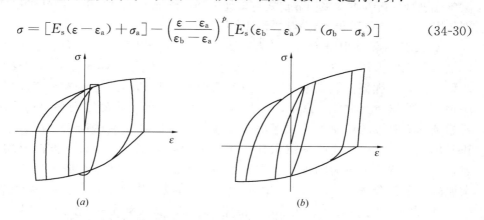

图 34-9　钢筋反复加载的应力-应变曲线

（a）普通钢筋；（b）高强钢丝或钢绞线

$$p = \frac{E_s(1-c/E_s)(\varepsilon_b - \varepsilon_a)}{E_s(\varepsilon_b - \varepsilon_a) - (\sigma_b - \sigma_a)} \tag{34-31}$$

式中，ε_a 和 σ_a 为再加载路径起点应变和应力，一般取 $\sigma_a = 0$。

34.2.3　钢绞线及聚合物砂浆本构模型

（1）钢绞线本构模型

硬钢含碳量高，硬度大但脆性高，钢丝及钢绞线均属于硬钢。当作用在钢绞线上的荷载超过其极限抗拉荷载值时，钢绞线随即被拉断。预应力钢绞线加固混凝土柱中，钢绞线的实质为体外配筋的一种，其作用机理类似于箍筋，本文为了与试验保持一致，选择输入文献[65]实测的钢绞线应力-应变曲线，如图 34-10 所示。

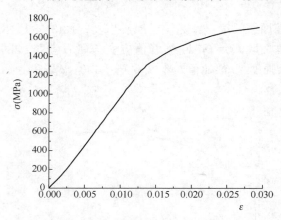

图 34-10　钢绞线应力-应变曲线

（2）聚合物砂浆本构模型

聚合物砂浆的力学性能与混凝土材料的力学性能类似，应力-应变关系大致相同，本文聚合物砂浆本构模型采用同强度的混凝土本构模型关系来表达，本构关系中的材料参数及模型均按照 34.2.1 节的混凝土塑性损伤模型来定义。

34.2.4　材料单元的选取

　　ABAQUS 有限元软件分析过程中，通常可采用以下两类模型：一是分离式有限元模型，二是整体连续有限元模型。预应力钢绞线网-聚合砂浆加固柱混凝土柱是由混凝土、钢筋、钢绞线和聚合物砂浆共同组成的复合构件，不同材料的材料属性及受力情况均有差异。同时考虑到分离式模型较为适合模拟小型构件的破坏行为，为了对以上材料的受力情况单独进行分析，本文采用分离式有限元模型，将混凝土、钢筋、钢绞线和聚合物砂浆分别建模，作为不同的单元分别进行有限元分析。

　　ABAQUS 软件中对于结构的有限元模拟可以从以下两个方面来进行考虑：一是使用梁单元来模拟构造柱、墙体及空心楼板等；二是使用实体单元来模拟楼板、墙和柱。两种思路各有优势，但是本文混凝土及聚合物砂浆选用的是混凝土塑性损伤模型，第一种的三维梁单元对此不适用，因此本文混凝土、聚合物砂浆及垫块均采用实体单元。考虑到本文模拟的对象不需要考虑改变接触条件及非常大的应变问题，单元选择缩减积分单元，同时由于线性缩减积分单元相对于完全积分单元在各方向上均少一个积分点，对于求解位移较为精确，且在复杂应力状态下，能够克服剪力自锁现象，据此本文混凝土及聚合物砂浆均采用 C3D8R 来进行模拟，其中 C 代表实体单元名字的字母开头，3D 表示三维单元，即单元的自由度为 3，8 表示单元的节点数，尾号 R 表示线性缩减积分。

　　桁架单元（Truss element）不传递剪力和弯矩，只承担受拉荷载，可以用来模拟铰接框架、线缆和弹簧。由于钢筋长细比大，一般不考虑弯矩，只考虑轴向力的作用，因此本文钢筋采用桁架单元 T3D2 进行模拟，钢绞线采用和钢筋类似的桁架单元，钢筋和钢绞线的截面面积通过直接输入横截面积来定义。

34.2.5　部件连接设置

ABAQUS 中可以选择创建独立实体或者非独立实体。考虑到本文有限元模型集合包含了不同性质的部件，选择创建独立实体将更有优势，这是因为相对于非独立实体来说，独立实体不仅可以进行网格划分还可以单独进行分割及虚拟拓步操作。由于模型中各部件相互独立，部件与部件之间就必须存在相互作用，相互作用的定义可以通过设置接触来实现，本文模型包括以下三类接触设置：

（1）钢筋骨架和钢绞线采用嵌入式约束。钢筋的建立又包含两种设置方法：采用 Rebar layer 和采用桁架布置的方法。本文模拟加固柱构件，采用第二种钢筋建立方法，在 Part 中建立好钢筋骨架，再分别赋予截面属性，最后将设置好的钢筋骨架内置到混凝土实体单元中，此时钢筋节点将随混凝土变形而变动，可以有效模拟出混凝土对钢筋骨架的约束包裹效应，钢筋内置如图 34-11 所示。

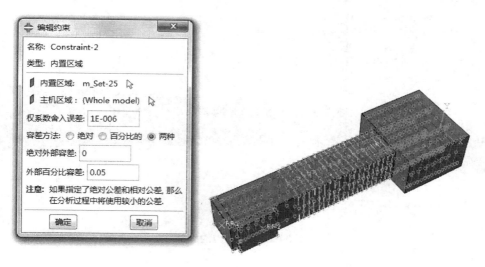

图 34-11　钢筋骨架的内置

（2）混凝土和聚合物砂浆采用面与面的接触。接触分析中接触对由主面和从面组成。应选择刚度大的面为主面，混凝土弹性模量较小，因此选择混凝土单元为从面，聚合物砂浆单元为主面。在整个有限元模拟过程中，主面法线方向为接触的方向，且混凝土面上节点不会穿透至聚合物砂浆面，但聚合物砂浆面的节点可以穿透至混凝土面。接触属性定义中，接触面之间的法向作用采用默认的硬接触，允许混凝土单元和聚合物砂浆单元之间分离。切向作用允许混凝土和聚合物砂浆之间有很小的相对滑动，由于摩擦系数越大收敛越困难，参考文献[66]，本文摩擦系数取 0.6。

（3）垫板与混凝土之间采用 Tie 接触，主面为垫板内表面，从面为混凝土。

34.2.6 分析步的设置

ABAQUS 模拟计算的加载过程是由单个步骤或者多个步骤组成的，为了对加载过程进行定义，就要通过定义分析步来实现。分析步的定义主要包括分析过程的选择、荷载的选择及输出要求的选择。不同的分析步之间，荷载、边界条件、分析过程及输出要求可以采取不同的设置。ABAQUS 中分析步又分为一般性分析和线性摄动分析。一般性分析针对非线性问题，线性摄动分析针对线性问题，本文是模拟预应力高强钢绞线网-聚合物砂浆加固钢筋混凝土柱抗震性能非线性分析。从上文可知，ABAQUS 中每一个分析步都代表了一个时间段，对应着一段条件响应，为了方便下一章抗震性能参数分析中设置对比不同的轴向力，本文共设置了三个分析步：第一个分析步为 Z 轴方向轴力的施加，如图 34-12 所示；第二个初始分析步为横向钢绞线预应力的施加，参见 34.2.8 节；第三个分析步是柱端加载点荷载和位移的施加。

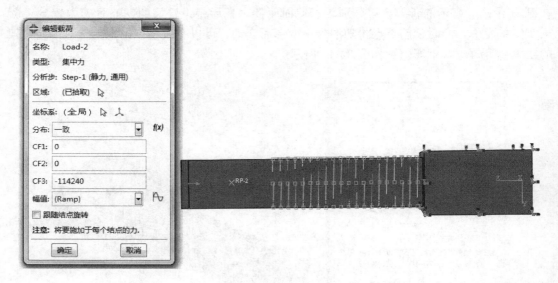

图 34-12　轴向力的施加

34.2.7 模型的边界条件

ABAQUS 中空间限制了 6 个自由度，分别是绕 X、Y、Z 轴的平动 U1、U2、U3 及绕 X、Y、Z 轴的转动 UR1、UR2、UR3，为使有限元模型与试验试件受力情况更加相符，定义边界条件时根据试验实际的约束条件，模型的底部混凝土支座端采用固定约束，约束支座底部所有节点的所有自由度，柱顶端设置一个参考点 RP-1，设置与顶部的垫板连续分布耦合，在参考点 RP-1 上施加根据轴压比公式计算出的恒定轴向荷载 F。在柱端 X 轴方向上设置一个参考点 RP-2，设置与 X 轴方向的垫板连续分布耦合，在参考点 RP-2 上施加水平的反复荷载，加载方式为荷载和位移混合控制，设置参考点 RP-2 只能沿 X 轴方向平动，约束 Y 轴和 Z 轴方向的平动，模型支座的边界条件如图 34-13 所示。

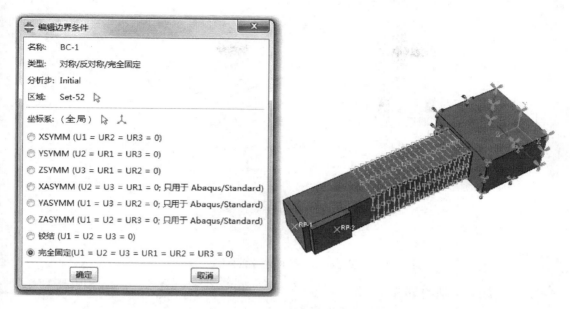

图 34-13　混凝土底座的边界条件

34.2.8　加载方式及预应力施加

ABAQUS 中对于荷载大小随时间的变化可以通过设置幅值曲线来实现，通过 Amplitude 功能可以添加位移幅值曲线，为使模拟结果更符合试验结果，加载方式与文献保持一致，加载制度如图 34-14 所示。在试件屈服前，分级改变水平荷载，每级循环加载一次；试件屈服后，通过分级提高屈服位移来进行加载控制，每级循环加载两次，当水平反力下降至极限荷载的 85% 左右时，加载结束。

模型加载之前需对钢绞线施加预应力，在 ABAQUS 软件中可以通过以下几种方法来模拟预应力筋：MPC 法、降温法、初始应力法等。降温法是目前采用较多的方法，通过设置温度场施加温度荷载，从而对预应力钢绞线进行降温，由于钢材的热胀冷缩效应，使得钢绞线对核心混凝土产生压应力来达到环向预应力的施加。本文采用降温法对钢绞线施加横向的初始预应力，通过下式计算得到所降温度 T：

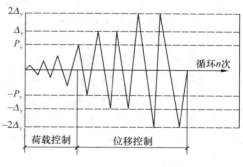

图 34-14　加载控制

$$\Delta T = \frac{f}{\kappa \cdot E_s \cdot A_s} \tag{34-32}$$

式中，f 为钢绞线拉力；ΔT 为温差；κ 为钢绞线热膨胀系数；E_s 为钢绞线弹性模量，$E_s = 1.05 \times 10^5 \, \text{N/mm}^2$；$A_s$ 为钢绞线面积，$A_s = 4.5 \, \text{mm}^2$。施加预应力后钢绞线应力云图如图 34-15 所示。

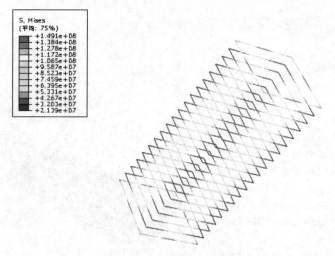

图 34-15　钢绞线应力云图

34.2.9　有限元网格划分

ABAQUS有限元仿真分析过程中，网格的划分对于有限元模型的建立是一项重要的环节，其中网格的数量、疏密、质量和形式等均会对计算精度和计算规模产生直接的影响，同时该环节考虑问题多，工作量较大，如何在有限的计算资源下，获得较为精确的计算结果，是该环节需要重点考虑的一个问题。

ABAQUS软件提供了结构优化网格、自由网格、扫掠网格三种网格划分技术，并提供了中性轴和进阶两种算法。结构优化网格采用预先定义简单的网格拓步优化技术来进行网格单元划分。自由网格与结构优化网格不同，该划分技术灵活，不需要使用预先定义的网格样式，这对于复杂的模型特别有效。扫掠网格通过沿着扫掠路径对复杂实体和表面进行网格划分。中性轴算法将整体区域划分为若干小区域，再通过结构优化网格方法进行划分，为了提高网格的质量，更快地划分好网格，减小网格过渡，本文采用结构优化网格划分技术及中性轴算法。

当网格数量较少时，增加网格的数量可在一定程度上提高计算的精度的同时，计算时间不会大量增加。当网格数量达到一定数量时，再增加网格数量不仅对于提高精度收效甚微，计算时间也将大幅度增加。所以考虑网格的划分经济性是十分重要的。一般对于网格尺寸与分析部位尺寸的比值不应小于 20，本文混凝土的单元尺寸为 30mm，钢绞线和箍筋的单元尺寸为 25mm，混凝土及钢筋骨架网格划分如图 34-16 所示。

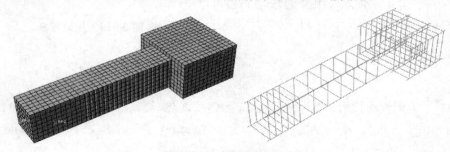

图 34-16　模型网格划分

34.2.10　生死单元

ABAQUS 软件中，单元的生死功能是通过对单元刚度矩阵的修改来实现的。为了达到单元死掉的效果，ABAQUS 软件并不是直接对单元进行删除，而是通过对单元矩阵乘以一个很小的系数，和被杀死的单元相联系的单元荷载同时也将被设置为 0，其质量和荷载同样被设置为 0。当单元需要激活时，同样通过调整刚度系数的方式来实现，单元激活之后，单元的刚度、质量和荷载将恢复至真实状态，应变将从此时开始发生变化，之前的应变记录将不会存在。

根据预应力钢绞线网加固柱抗震试验的流程，先对钢绞线施加初始预应力，再在钢绞线网上抹聚合物砂浆，当钢绞线受力时，聚合物砂浆理论上既没有应力也没有应变，而 ABAQUS 软件建模过程为先统一建立好钢筋、混凝土、钢绞线网等单元，再设置相互作用及接触，最后统一对单元或部件施加荷载，这个流程操作与实际的试验操作顺序存在一定出入。为了保持与试验的一致性，本文采用生死单元技术对聚合物砂浆单元进行钝化和激活，可有效模拟实际试验过程中的施工工艺流程，即在钢绞线施加预应力的阶段钝化聚合物砂浆单元，在聚合物砂浆抹至钢绞线网上之后再进行激活，从而模拟出两单元在加载过程中的共同受力。

34.3　有限元分析模型的验证

34.3.1　试验研究介绍

文献[65]进行了预应力高强钢绞线网-聚合物砂浆加固钢筋混凝土柱抗震试验，试验共进行了 8 根方形柱试件的低周反复加载试验，试件截面尺寸为 200mm×200mm，柱净高度为 930mm，加载剪跨比为 4.0，水平加载点到混凝土底座上表面距离为 800mm。采用对称配筋，纵筋采用二级热轧带肋钢筋，配筋取 4B12，截面对应配筋率 1.13%；箍筋采用一级热轧光圆钢筋，配筋取 $\phi 8@100$，钢筋弹性模量为 2.1×10^5 MPa。对柱端加载点周围采用箍筋加密配筋，配筋为 $\phi 8@40$。考虑现实中需要进行加固的柱类混凝土强度等级较低，试件混凝土强度按 C25 配制。柱的尺寸和配筋见图 34-17。试验共设计未加固柱 1 根，加固柱 7 根，轴压比 2 类（0.24、0.38），钢绞线间距 2 种（30mm、60mm），预应力水平 3 种（0、30%、60%），不同试件的编号见表 34-2，材料性能见表 34-3。试验结果表明：试件经过钢绞线网加固之后较未加固柱承载能力和延性均有显著提高。

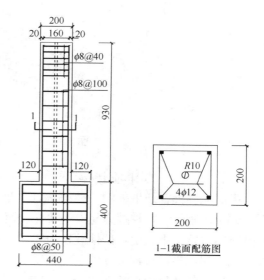

图 34-17　试件尺寸及配筋（单位：mm）

试件参数设置			表 34-2
试件编号	预应力水平（%）	钢绞线间距（mm）	轴压比
Z1	—	—	0.24
Z6	30	30	0.24
Z8	30	30	0.38

材料性能					表 34-3
钢筋	钢绞线				聚合物砂浆
直径（mm）	f_y（MPa）	f_u（MPa）	$E_s/(\times10^5)$	直径（mm）	f_{pmu}（MPa）
$\phi8$	311.8	417.4	2.1	4.5	58.3
$\phi14$	342.4	573.1	2.0		

34.3.2　有限元计算结果

有限元模拟柱 Z6 轴向力输入为 114240N，输入轴力之后柱应力云图如图 34-18 所示。

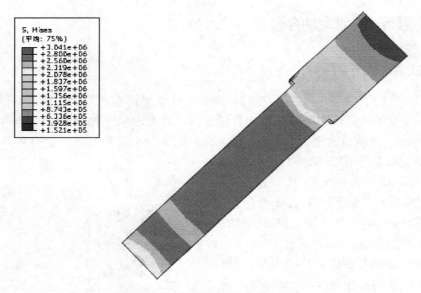

图 34-18　施加轴力后的应力云图

钢筋应力云图如图 34-19(a) 所示，柱身混凝土应力云图如图 34-19(b) 所示。

多次地震灾害结果表明，柱类构件的破坏大多集中在柱端上下截面处，在地震作用下，柱端弯矩较大，柱端因易产生塑性铰而发生破坏，而柱的跨中则不易发生弯曲破坏。文献[65]试验结果表明：试件破坏的区域主要为离柱支座上底面 200mm 的范围之内，试件加载初期，靠近柱根区域的混凝土损伤较大，柱跨中损伤很小；从图 34-20 可知，破坏时损伤严重区域集中在柱根 200mm 的范围内，这与试验破坏现象相同。

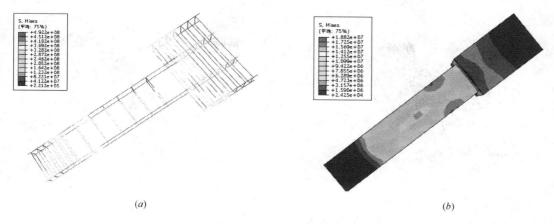

(a) (b)

图 34-19　钢筋和混凝土应力云图

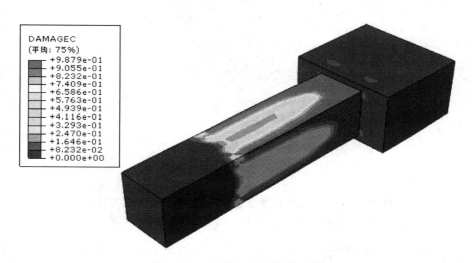

图 34-20　混凝土柱的损伤云图

34.3.3　滞回特性的对比

　　本文有限元模拟的三个试件的滞回曲线和骨架曲线分别如图 34-21、图 34-22 所示。由图可知，上文模拟的三个试件的模拟计算结果与试件结果较为接近，这是由于在分析模型本构关系时，对混凝土及钢筋的本构模型进行了修正，考虑了预应力水平对混凝土本构模型的影响，以及钢筋采用的是非线性随动强化模型等，计算结果在一定精度上能够较好地接近试验结果，得到的滞回曲线和骨架曲线能够基本吻合，验证了有限元模型的正确性和准确性，可以利用该模型计算所得到的模拟结果为下一章的有限元抗震性能参数分析提供数据支持。

　　从图 34-21 的滞回曲线可知，加固柱 Z6、Z8 与未加固柱 Z1 相比，承载力获得了显著提高，加固柱 Z6、Z8 在加载初始阶段，水平荷载较小，加载的位移不大，荷载和位移均为线性增长，刚度的变化不明显，随着荷载的不断增长，试件开始出现裂缝，混凝土受到挤压而膨胀开裂，而钢绞线对混凝土进行环向约束，钢绞线产生了环向应力，使得混凝土

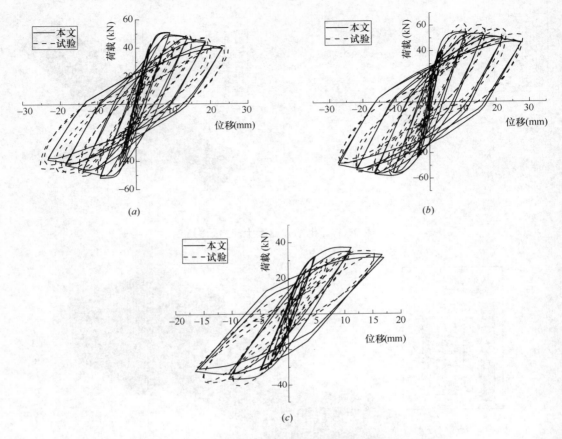

图 34-21 有限元模拟滞回曲线计算结果与试验结果对比

(a) Z6 滞回曲线对比；(b) Z8 滞回曲线对比；(c) Z1 滞回曲线对比

承载能力得到提高。在加载初始阶段，有限元模拟计算结果与试验结果基本一致，随着加载的进行及构件裂缝的发展，计算曲线较试验曲线更低，试件达到极限荷载之后，计算曲线较试验曲线下降得更快，同级卸载之后的残余变形更小。

从图 34-22 的骨架曲线可知，加固柱 Z6、Z8 与未加固柱 Z1 相比，各个阶段的承载力均有显著提高。轴压比为 0.24 的 Z6 与轴压比为 0.38 的 Z8 在试验破坏过程中的裂缝开展等试验现象大致相似，但由于 Z8 轴压比较高，相比于低轴压比的 Z6，混凝土受压开裂膨胀的现象更为明显，钢绞线的环向约束作用发挥得也更为显著。从图中也可看出，在加载初期骨架曲线的模拟结果与试验结果吻合较为一致，随着裂缝开展，模拟曲线较试验曲线更低，到达极限荷载之后刚度退化比试验曲线更快，导致这一现象的主要两方面原因如下：（1）本构关系的选取。在有限元模型本构关系选取时，本文聚合物砂浆的本构关系与混凝土本构关系选取一致，这与试验的聚合物砂浆本构关系存在一定差别，此外混凝土的本构关系与试验混凝土的本构关系也存在差别。（2）在 ABAQUS 软件分析时认为裂缝垂直方向上混凝土刚度为 0，然而实际中即使混凝土开裂产生了细微的裂缝，由于粗细骨料之间的黏聚咬合作用，混凝土的截面刚度不会像有限元软件中一样直接下降至 0。

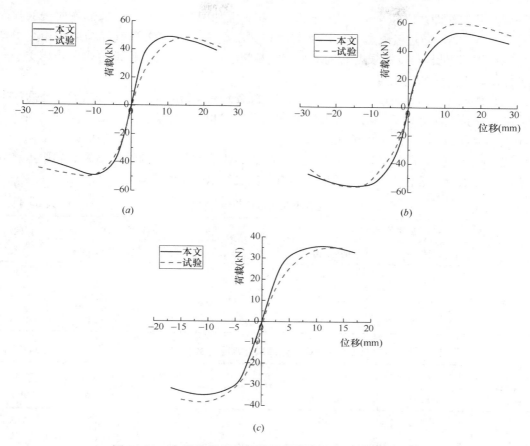

图 34-22　有限元模拟骨架曲线计算结果与试验结果对比

（*a*）Z6 骨架曲线对比；（*b*）Z8 骨架曲线对比；（*c*）Z1 骨架曲线对比

34.3.4　试件特征点处结果对比

试件屈服点的确定方法主要有以下三种方法[67]，本文采用等能量法进行计算。

（1）等能量法（Equvialent elasto-plastic energy method）：如图 34-23（*a*），过极值点 B 作水平直线，与过原点 O 的直线相交于点 C，与曲线相交于点 A，使得曲线上方面积 S_{OAO} 与 S_{ACBD} 相等，过点 C 作垂线交曲线于点 D，点 D 即为曲线的屈服点。

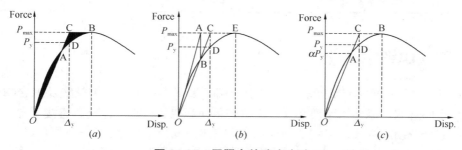

图 34-23　屈服点的确定方法

（*a*）等能量法；（*b*）几何作图法；（*c*）Park 法

（2）几何作图法（Geometric graphic method）：如图 34-23（b），过原点作曲线的弹性理论值直线 OA，与过极限点 E 的水平直线相交于点 A，过点 A 作垂线与曲线相交于点 B，连接 OB 并延长与过极限点 E 的水平直线相交于点 C，过点 C 作垂线与曲线相交于点 D，点 D 即为曲线的屈服点。

（3）Park 法（R. Park method）：如图 34-23（c），先确定参数 α，确定 αP_{max} 处曲线上的点 A，连接 OA 并延长，与过极值点 B 的水平直线相交于点 C，过点 C 作垂线与曲线相交于点 D，点 D 即为曲线的屈服点。

表 34-4、表 34-5 及表 34-6 分别给出了有限元模拟计算结果与试验结果在屈服点、峰值点、破坏点处的数值对比，表明模拟结果与试验结果吻合程度良好。

屈服点处有限元模拟计算值与试验值　　　　　　　　　表 34-4

试件编号	屈服荷载（kN）		试验/模拟	屈服位移（mm）		试验/模拟
	试验值	有限元值		试验值	有限元值	
Z6	36.06	41.54	0.87	5.50	5.26	1.05
Z8	42.14	37.26	1.13	5.80	5.05	1.15
Z1	28.10	30.51	0.92	5.19	5.45	0.95

峰值点处有限元模拟计算值与试验值　　　　　　　　　表 34-5

试件编号	峰值荷载（kN）		试验/模拟	峰值位移（mm）		试验/模拟
	试验值	有限元值		试验值	有限元值	
Z6	51.48	50.25	1.02	10.01	9.19	1.09
Z8	60.60	54.96	1.10	10.61	12.10	0.88
Z1	37.78	37.31	1.01	9.95	10.25	0.97

破坏点处有限元模拟计算值与试验值　　　　　　　　　表 34-6

试件编号	破坏荷载（kN）		试验/模拟	破坏位移（mm）		试验/模拟
	试验值	有限元值		试验值	有限元值	
Z6	41.55	42.71	0.99	24.68	21.88	1.12
Z8	51.77	46.71	1.10	28.12	27.62	1.02
Z1	32.06	31.71	1.01	16.01	17.15	0.93

34.4　本章小结

本章基于 ABAQUS 有限元软件，主要介绍了混凝土、钢筋、钢绞线及聚合物砂浆材料本构关系的选取，概述了建模必要过程中的单元选取、分析步设置、连接设置、边界条件、网格划分及加载方式，建立了预应力钢绞线网-聚合物砂浆加固柱试件 Z6、Z8 及未加固试件 Z1 的有限元模型，并与试验结果进行了对比，得出下列结论：

（1）对比加固试件及未加固试件的试验值和计算值，采用预应力高强钢绞线网加固技术可以显著提高柱的承载能力，其屈服荷载、峰值荷载和极限荷载均获得了提高。

（2）通过考虑钢绞线的主动约束作用对混凝土本构关系进行修正，以及钢筋采用非线性随动强化模型来模拟试件 Z6、Z8 和 Z1，试验结果与得到的模拟计算结果比值平均分别为 1.07、1.10 和 1.04，模拟计算得到的滞回曲线和骨架曲线与试验曲线吻合程度较好，表明有限元分析模型的合理性和可行性，为影响因素定量分析打下扎实基础。

第 35 章 预应力钢绞线网加固柱抗震性能的影响因素分析

35.1 引言

从第 33 章的介绍可知，目前国内外学者对于加固柱抗震性能影响因素研究的重点主要为轴压比、剪跨比、配箍率、初始偏心距、钢绞线配置量、截面类型等参数，这些参数也是在该加固技术在实际工程运用中主要考虑的几个方面。

清华大学陈亮对高强不锈钢绞线网加固柱进行了抗震试验研究，研究了轴压比为 0.24 和 0.48 的加固柱在不同钢绞线网加固量下的滞回曲线、骨架曲线、钢筋及钢绞线应变、位移延性系数及耗能分析。试验结果表明：加固柱的承载力平均提高 25%，位移延性系数及耗能能力均获得显著提高。然而试验未考虑钢绞线初始预应力对加固柱抗震性能的影响。北京工业大学郭俊平对预应力钢绞线网加固圆柱进行了初步的研究，研究了预应力水平、轴压比和钢绞线间距对加固圆柱抗震性能的影响，林鹤云在此研究基础上进行了预应力钢绞线网加固圆柱的抗震性能影响因素研究，然而由于影响柱抗震性能的因素众多，试验条件的局限性难以考虑周全。据此本文在学者研究的基础上，根据第 34 章建立的有限元分析模型，进一步研究预应力水平、轴压比、钢绞线间距这三个参数对加固柱抗震性能的影响。

35.2 预应力水平对抗震性能的影响

35.2.1 概述

从第 33 章的分析可知，对于高强钢绞线网-聚合物砂浆加固混凝土柱的研究，通常采用普通非预应力钢绞线网加固，该加固方式在一定程度可以改善柱的受力性能，但不能充分利用钢绞线的高强性能，即混凝土受力膨胀之后钢绞线才开始工作，这将使得大多数实际工程构件发生破坏时，钢绞线还未发挥出高强抗拉的特点。因此非预应力钢绞线网对于加固柱可以看作是被动约束，而对钢绞线施加横向预应力，可以从柱加载开始钢绞线就参与工作，并对核心混凝土产生约束效应，同时对纵向钢绞线产生锚固效果，使得钢绞线网由"被动约束"转化为"主动约束"，从而提高柱的抗弯能力和延性，延缓受压主裂缝的出现及开展。

邓宗才[47]对 6 个采用预应力加固的圆形短柱进行了抗震性能研究；郭俊平[48]进行了 16 根采用预应力钢绞线网加固圆柱进行了初步的抗震试验研究；清华大学陈亮[52]对 8 根加固试件进行抗震试验，研究了不同的轴压比及钢绞线加固量对于加固柱抗震性能的影响，但未考虑钢绞线施加初始横向预应力对加固柱抗震性能的影响；邱荣文[65]对 7 根加固方柱，1 根对比柱进行抗震试验研究，研究了预应力为 0、30％、60％ 三种不同初始预应力水平下加固柱的抗震加固效果，这些研究的试验数据如表 35-1 所示。

不同预应力水平加固柱相关试验数据 表 35-1

文献编号	试件编号	预应力水平（％）	屈服荷载（kN）	峰值荷载（kN）	屈服位移（mm）	极限位移（mm）	位移延性系数
[47]	PC1	—	264.88	252.13	6.32	24.09	3.81
	PC2	0	285.97	275.57	7.20	40.65	5.64
	PC3	30	278.41	294.76	6.34	69.34	10.94
[48]	PLC61-1	24.5	53.23	56.20	12.40	64.56	5.20
	PLC62-1	32.7	58.32	59.16	12.46	69.59	5.59
	PLC63-1	40.8	60.78	59.13	12.26	72.08	5.88
[65]	Z2	0	32.29	42.23	5.47	21.22	3.88
	Z3	30	33.71	43.98	5.70	22.23	3.90
	Z4	60	33.85	44.94	5.75	22.54	3.92

从表 35-1 可知，随着预应力水平的提高，加固试件的屈服荷载和峰值荷载均有不同程度提高，提高幅度分别为 5％～14％ 和 6％～17％。随着预应力水平的提高，极限位移提高程度明显，提高幅度为 8％～71％，屈服位移随着预应力水平的提高变化规律不明显。加固试件的位移延性系数随着预应力水平的提高而提高，提高幅度为 1％～94％。通过以上数据分析可知，对加固柱钢绞线施加一定程度横向初始预应力，可以提高加固柱的承载能力。加固柱抗震性能的提高，一方面原因是使用高强钢绞线网-聚合物砂浆加固技术使得柱截面面积增加，更主要的一方面是因为钢绞线网对于混凝土产生了环向约束力，使得混凝土的抗压能力提高。考虑到混凝土柱材料的特性，当混凝土破坏时，纵向变形大约为 3‰，由于混凝土变形较小，钢绞线网对于混凝土柱在弹塑性阶段的应力分布的改善及抑制裂缝产生和发展的贡献微不足道。另外钢绞线材料的抗拉强度高，平均值大约为 1800N/mm²，从理论上分析可以提供很强的约束力，但是在大量的工程运用中，往往约束混凝土已经被压碎破坏，而钢绞线却未达到极限抗拉强度而被拉断。在以上分析基础上，对钢绞线施加预应力具有以下几方面的优势：第一，将钢绞线材料对混凝土的约束由被动约束转化为主动约束，提高钢绞线材料对于混凝土柱的贡献率；第二，施加初始预应力，使得钢绞线网约束混凝土柱变为强约束，在强约束下提高加固柱的承载能力；第三，钢绞线网材料购置安装需要一定费用，在最大程度提高钢绞线的利用率的同时，可以降低一部分的经济要求。

高强钢绞线网-聚合物砂浆加固技术实质是一种体外配筋的加固方式，2004 年中国建筑科学研究院钟聪明[68]对该加固技术进行了相应研究，研究表明使用高强钢绞线网-聚合物砂浆加固技术的加固柱较未加固柱承载能力提高了 50％，耗能能力提高了 1.6 倍，试件的延性提高了 30％。随着近年来专家学者对该技术的不断深入研究和该技术在工程中的实际运用，针对钢绞线施加横向预应力的加固方法也逐渐深入，邓宗才[47]对采用预应力钢绞线网加固短柱进行了抗震试验，试验结果表明：采用预应力钢绞线可以明显提高短柱耗能能力，最多可提高 6.78 倍，且预应力水平不超过 0.4，可以获得良好的抗震性能。熊凯对横向预应力加固偏心柱进行了有限元分析,提出了预应力水平为0.6时加固试件的延性和峰值荷载较好。通过以上分析可知,采用预应力钢绞线网加固技术能够显著改善加固柱抗震性能,表明对钢绞线施加横向初始预应力是一种有效的、可行的加固方式。

35.2.2 构件模型参数设置

预应力对加固柱抗震性能的影响,本文主要考虑预应力水平为0、0.2、0.3、0.6、0.8这五种情况。为了对比分析,均设置了未加固柱与加固柱,所有混凝土的强度等级取C25,柱端加密区箍筋为A8@50,其他参数设置与第34章模拟参数一致,各试件参数设置见表35-2。

试件主要参数设置　　　　　　　　　　　　　　　　表35-2

试件编号	轴压比	纵筋	箍筋	钢绞线	预应力水平
Z-24	0.24	4B12	A8@100	—	—
Z-48	0.48	4B12	A8@100	—	—
JGZ-24-30-0	0.24	4B12	A8@100	A2.5@30	0
JGZ-24-30-2	0.24	4B12	A8@100	A2.5@30	0.2
JGZ-24-30-3	0.24	4B12	A8@100	A2.5@30	0.3
JGZ-24-30-6	0.24	4B12	A8@100	A2.5@30	0.6
JGZ-24-30-8	0.24	4B12	A8@100	A2.5@30	0.8
JGZ-48-30-0	0.48	4B12	A8@100	A2.5@30	0
JGZ-48-30-2	0.48	4B12	A8@100	A2.5@30	0.2
JGZ-48-30-3	0.48	4B12	A8@100	A2.5@30	0.3
JGZ-48-30-6	0.48	4B12	A8@100	A2.5@30	0.6
JGZ-48-30-8	0.48	4B12	A8@100	A2.5@30	0.8
JGZ-24-20-0	0.24	4B12	A8@100	A2.5@20	0
JGZ-24-20-2	0.24	4B12	A8@100	A2.5@20	0.2
JGZ-24-20-3	0.24	4B12	A8@100	A2.5@20	0.3
JGZ-24-20-6	0.24	4B12	A8@100	A2.5@20	0.6
JGZ-24-20-8	0.24	4B12	A8@100	A2.5@20	0.8

注:试件编号中JGZ表示的为加固柱,Z表示未加固柱;第二个数字24表示轴压比为0.24;第三个数字30表示钢绞线间距为30mm,第四个数字3表示预应力水平为0.3。

35.2.3 滞回特性对比

不同预应力水平下,各试件在水平力循环往复作用下的荷载—变形曲线如图35-1所示,骨架曲线如图35-2所示。其中滞回曲线的形状大致可分为以下四种:梭形、弓形、反S形、Z形。图35-1(a)为未加固柱的滞回曲线,从模拟结果的滞回曲线可知,滞回曲线形状近似为反S形,曲线形状不饱满,表明试件延性及耗散地震能量的能力较差。图

35-1(*b*)～(*d*) 为不同预应力水平下加固柱的滞回曲线,与未加固柱滞回曲线相比,加固柱滞回曲线形状较为饱满,表明加固柱在低周反复加载作用下塑性变形能力更强,能够较好吸收耗散地震能量。

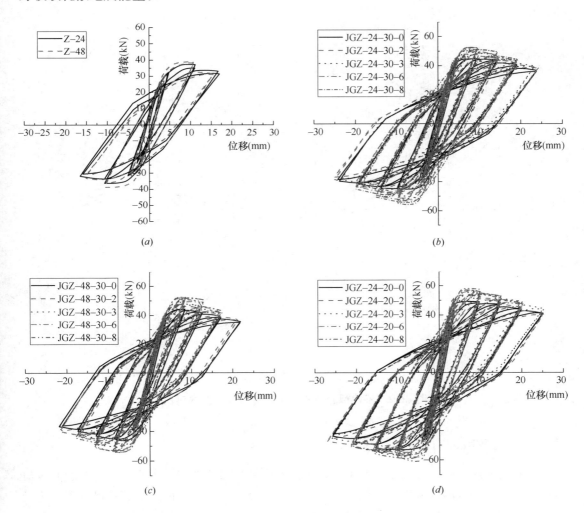

图 35-1　不同预应力水平下试件滞回曲线的对比

从图 35-2 可知,试件的骨架曲线基本上重叠在一条直线上,卸载之后残余变形很小,表明该阶段为试件的弹性阶段;随着水平荷载的不断提高,试件位移不断增大,残余变形也随之增大,曲线刚度开始退化。与未加固柱相比,加固柱曲线下降段更为平缓,刚度退化程度更小。图 35-2(*b*)～(*d*)分别为在相同轴压比 0.24、相同轴压比 0.48、相同钢绞线间距 20mm 下不同预应力水平加固柱的骨架曲线,对比骨架曲线可知,在相同轴压比及钢绞线间距下,随着预应力水平的提高,加固柱的峰值荷载明显提高,下降段下降趋势逐渐明显,刚度退化程度加快,导致这一现象的原因是由于对横向钢绞线施加的初始预应力的提高,钢绞线对核芯区混凝土的约束能力增强,混凝土在三向受压的状态下,承载能力得到明显提高。

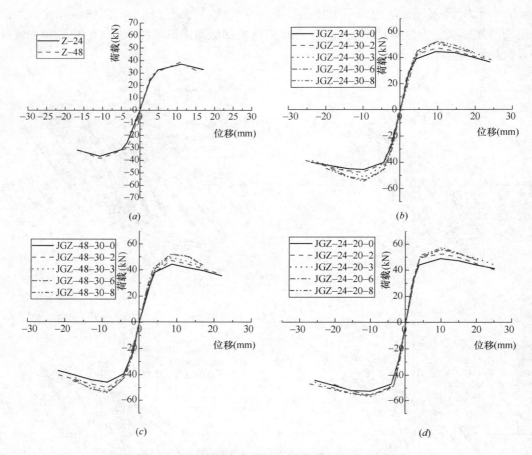

图 35-2　不同预应力水平下试件骨架曲线的对比

35.2.4　耗能能力对比

　　滞回曲线加荷载阶段曲线下所围区域的面积为结构吸收能量的大小，卸载时的曲线与加载时曲线所形成的区域面积为结构耗散能量的大小，因此滞回曲线的面积可以用来衡量结构的耗能能力。滞回环的面积通常可用 Origin、Excel 或 Matlab 软件计算，本文通过 Origin 软件，将不同循环位移荷载下的滞回环导入软件，分别计算其 Area，得到不同预应力水平下各试件滞回环面积及总耗能 Q，见表 35-3，不同预应力水平下总耗能曲线图如图 35-3。

不同预应力水平下试件耗能对比　　　　　　　　　　　表 35-3

试件编号	各循环位移荷载下试件耗能能力（kN·mm）					总耗能 Q	提高系数
	Δ_y	$2\Delta_y$	$3\Delta_y$	$4\Delta_y$	$5\Delta_y$		
Z-24	92	477	896			1465	1.00
Z-48	85	498	745			1328	0.91
JGZ-24-30-0	96	506	804	1220	1595	4221	2.88
JGZ-24-30-2	95	559	1032	1348	1725	4759	3.25

续表

试件编号	各循环位移荷载下试件耗能能力（kN·mm）					总耗能 Q	提高系数
	Δ_y	$2\Delta_y$	$3\Delta_y$	$4\Delta_y$	$5\Delta_y$		
JGZ-24-30-3	88	463	1020	1310	1585	4466	3.05
JGZ-24-30-6	93	533	771	1344		2741	1.87
JGZ-24-30-8	95	566	986	1451		3098	2.11
JGZ-48-30-0	73	450	698	1213	1429	3863	2.64
JGZ-48-30-2	71	443	842	1283	1498	4137	2.82
JGZ-48-30-3	65	388	853	1299		2605	1.78
JGZ-48-30-6	70	391	880	1161		2502	1.71
JGZ-48-30-8	71	409	961	1242		2683	1.83
JGZ-24-20-0	112	688	1051	1418	1842	5111	3.49
JGZ-24-20-2	121	782	1114	1562	1927	5506	3.76
JGZ-24-20-3	108	684	1258	1591	1807	5448	3.72
JGZ-24-20-6	115	730	1347	1549		3741	2.55
JGZ-24-20-8	103	792	1390	1619		3904	2.66

　　根据表 35-2 和图 35-3 可知：初始循环位移荷载下未加固柱与加固柱的滞回环面积小，试件循环耗能小，各试件之间耗能大小相差不大；随着加载点位移的不断增加，试件进入弹塑性阶段，滞回环的面积逐渐增大，未加固柱与加固柱滞回环面积大小拉开差距。当轴压比为 0.24 时，JGZ-24-30 较未加固柱 Z-24 总耗能平均提高了 1.41 倍；当轴压比为 0.48 时，JGZ-48-30 较未加固柱 Z-48 总耗能平均提高了 1.16 倍；当钢绞线间距为 20mm 时，JGZ-24-20 较未加固柱 Z-24 总耗能平均提高了 2.24 倍，表明使用预应力钢绞线网加固混凝土柱可以有效地提高试件的耗能能力。

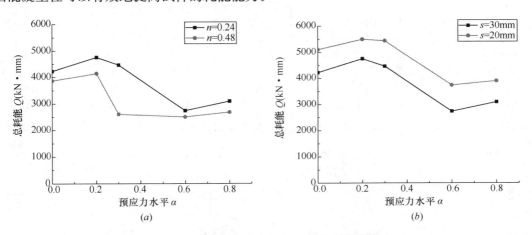

图 35-3 不同预应力水平下试件总耗能的对比

　　在相同的轴压比条件下，随着预应力水平的提高，试件各循环位移下的滞回环面积不断增加，但增加幅度减小；试件总耗能呈现出先升后降的趋势，这是因为随着预应力水平的提高，试件承载力得到一定程度的提高，但是预应力水平过大，使得试件的延性降低，整体抗震性能下降。因此预应力水平对于试件抗震性能不是越大越有利，应该设置一个合适的初始预应力水平。根据前文的分析及表 35-2 的数据结果，本文建议预应力水平不超过 0.6。在不同的轴压比情况下，轴压比为 0.48 的加固柱 JGZ-48-30 较轴压比为 0.24 的加固柱 JGZ-24-30 在不同预应力水平下总耗能平均降低了 25%，因为随着轴压比的提高，试件脆性变大，极限位移减小，试件破坏程度加快。

35.2.5　延性及承载力

表 35-4 给出了在不同预应力水平下各试件的位移延性系数 μ 和峰值荷载 P_p，图35-4、图 35-5 分别为加固柱在不同预应力水平下位移延性系数和峰值荷载的对比。从中可知：当轴压比为 0.24 时，加固柱 JGZ-24-30 较未加固柱 Z-24 位移延性系数、峰值荷载平均分别提高了 28%、50%；当轴压比为 0.48 时，加固柱 JGZ-48-30 较未加固柱 Z-48 平均分别提高了 24%、47%；当钢绞线间距为 20mm 时，加固柱 JGZ-24-20 较未加固柱 Z-24 平均分别提高了 33%、65%。

不同预应力水平下试件延性及承载力对比　　　　　表 35-4

试件编号	Δ_y（mm）	Δ_u（mm）	μ	提高系数	P_p（kN）	提高系数
Z-24	5.45	17.12	3.14	1.00	32.82	1.00
Z-48	5.24	15.15	2.89	0.92	33.63	1.02
JGZ-24-30-0	5.28	23.96	4.54	1.45	44.79	1.36
JGZ-24-30-2	5.67	24.26	4.28	1.36	47.31	1.44
JGZ-24-30-3	5.26	21.88	4.16	1.32	50.25	1.53
JGZ-24-30-6	5.23	18.95	3.62	1.15	51.92	1.58
JGZ-24-30-8	5.57	19.54	3.51	1.12	52.33	1.59
JGZ-48-30-0	5.19	22.03	4.24	1.35	45.66	1.39
JGZ-48-30-2	5.81	21.50	3.70	1.18	47.96	1.46
JGZ-48-30-3	5.05	18.02	3.57	1.14	49.82	1.52
JGZ-48-30-6	4.93	15.90	3.22	1.03	52.15	1.59
JGZ-48-30-8	5.38	17.02	3.16	1.01	51.88	1.58
JGZ-24-20-0	5.52	25.21	4.57	1.46	48.91	1.49
JGZ-24-20-2	5.64	25.28	4.48	1.43	52.57	1.60
JGZ-24-20-3	5.78	25.14	4.35	1.39	55.58	1.69
JGZ-24-20-6	5.35	20.20	3.78	1.20	56.04	1.71
JGZ-24-20-8	5.44	20.08	3.69	1.18	57.20	1.74

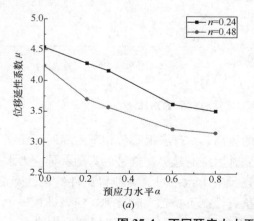
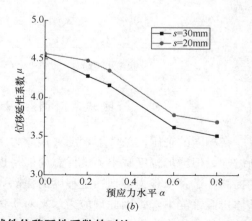

(a)　　　　　　　　　　　　　　(b)

图 35-4　不同预应力水平下试件位移延性系数的对比

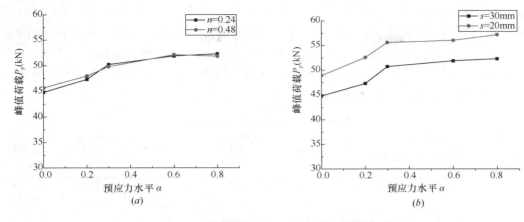

图 35-5　不同预应力水平下试件峰值荷载的对比

当轴压比和钢绞线间距相同时，随着预应力水平的提高，位移延性系数总体呈现下降的趋势，峰值荷载呈现上升趋势，且轴压比为 0.24 的试件比轴压比为 0.48 的试件上升幅度更大。当预应力水平不超过 0.6 时，预应力水平提高使得加固柱位移延性系数整体呈现下降趋势，试件的延性变差；当预应力水平超过 0.6 时，提高预应力水平对试件位移延性系数影响规律不明显，此时再提高预应力水平对试件抗震延性的不利影响趋于缓和，加固柱延性及承载力仍高于未加固柱试件。根据以上分析可知，提高预应力水平可以提高钢绞线的贡献率，改善试件应力滞后的现象，虽然过高的预应力水平会降低试件抗震延性水平，但是在满足抗震延性要求的前提下，施加一定初始预应力水平的加固柱试件可以有效地提高试件整体的承载能力。

35.3　轴压比对抗震性能的影响

35.3.1　概述

柱的轴压比为轴向压力与柱横截面面积和混凝土抗压强度乘积的比值。RC 柱轴压比的意义在于，使得柱具有一定延性，使得混凝土不至于在复杂受力状态下被压碎而产生脆性破坏。在实际工程中，人们往往无法准确预计地震作用力的大小，而对相关的一些标准进行设防从而减小地震损害是人们能够做到的措施，在这个理念的引导下，产生抗震概念设计的中心思想：强柱弱梁、强剪弱弯、强节点。其中对于柱的轴压比限制是抗震构造措施中的关键，实际上就是对构件破坏模态的选择，当轴压比较小时，柱发生大偏心受压的弯曲性破坏，此时受压区高度比较小，受拉钢筋比混凝土先进入屈服状态，从而柱具有较好的延性；当轴压比较大时，柱发生小偏心受压的压溃型破坏，此时受压区高度大，混凝土已压碎而受拉钢筋还未屈服，因而发生的为脆性破坏，几乎没有位移延性。在大量的低周反复拟静力试验中，不同轴压比下构件的滞回曲线差别较大，当轴压比较小时，滞回曲线饱满，表明耗能能力强。据此，对抗震区的竖向构件进行轴压比限制，可以更好地实现耗能机制，使得柱不会过早发生破坏，从而实现强柱弱梁。

郭俊平[48]对轴压比为 0.4 和 0.8 两类共 16 根加固圆柱进行了抗震试验研究，将得到的位移和荷载试验数据与 2 根对比柱进行对比分析；黄华[49]在陈亮试验的基础上建立加固柱有限元模型，研究轴压比、配箍率对抗震性能的影响；陈亮[52]对 8 根加固试件进行试验，研究了不同的轴压比及钢绞线加固量对于加固柱抗震性能的影响；邱荣文[65]对 7 根加固试件，1 根对比试件进行低周反复加载试验，研究对比了轴压比为 0.24 和 0.38 的加固柱抗震性能，这些试验数据如表 35-5 所示。

不同轴压比加固柱相关试验数据　　　　　　　　　表 35-5

文献编号	试件编号	轴压比	屈服荷载 (kN)	峰值荷载 (kN)	屈服位移 (mm)	极限位移 (mm)	位移延性系数
[48]	LC0-1	0.4	51.00	64.50	12.00	59.28	4.94
	LC0-2	0.8	58.82	68.83	12.34	34.33	2.78
	PLC60-1	0.4	55.69	72.24	13.04	69.10	5.29
	PLC60-2	0.8	59.99	74.53	12.16	53.69	4.42
	PLC30-1	0.4	66.14	80.25	10.85	77.11	7.11
	PLC30-2	0.8	80.09	99.13	10.66	43.22	4.05
[52]	RCC1-1	0.24	70.00	88.00	4.90	40.10	8.20
	RCC1-2	0.48	101.00	121.00	6.60	30.20	4.60
	RCC2-1	0.24	97.00	110.00	4.20	45.30	10.80
	RCC2-2	0.48	115.00	139.00	4.90	35.80	7.30
[65]	Z1	0.24	28.10	37.81	5.19	16.01	3.09
	Z3-1	0.24	33.71	43.98	5.70	22.23	3.90
	Z3-2	0.38	38.26	48.43	5.62	22.03	3.92
	Z6-1	0.24	36.06	51.48	5.08	22.80	4.49
	Z6-2	0.38	42.14	60.60	5.80	28.13	4.85

为了更加直观地对以上试验数据进行对比分析，将以上部分数据绘制成柱形图如图 35-6 所示。

从图 35-6(a)和(b)的试验数据可以看出：随着轴压比的提高，加固柱的屈服荷载和峰值荷载均得到不同程度提高，提高的幅度分别为 14%～44%、10%～38%，表明在对比试件其他条件相同的情况下，试件在高轴压比下可以防止纵筋受拉屈服以及有效抑制加固试件拉裂缝的开展。从图 35-6(c)和(d)的试验数据可以看出：随着轴压比的提高，加固试件屈服位移的变化规律不明显，而随着轴压比的提高，极限位移减小幅度大，减小的幅度为 1%～78%。且从表 35-5 可知，随着轴压比的提高，试件的延性比下降，位移延性系数减小的幅度为 20%～50%，表明高轴压比对于试件提高延性极其不利，这是因为在高轴压比下，试件自身脆性变大，极限位移角减小，试件更快达到破坏状态。

从以上的数据分析可知，轴压比对于抗震加固试验研究是一项不可或缺的因素。轴压比对试件的影响主要来自以下两个方面：(1) 混凝土名义压区的影响，这一因素在弯曲破坏长柱中，是影响延性变化的本质原因；(2) 由于轴力的存在，当对试件施加水平荷载产生位移之后，水平承载力由于 $N\text{-}\Delta$ 效应而有所降低。基于以上原因可知，相对于低轴压比试件，在高轴压比试件中承载力随位移增长降低的速度更快。所以加固设计考虑柱的承载力及抗震性能时要控制轴压比，防止试件发生脆性破坏。

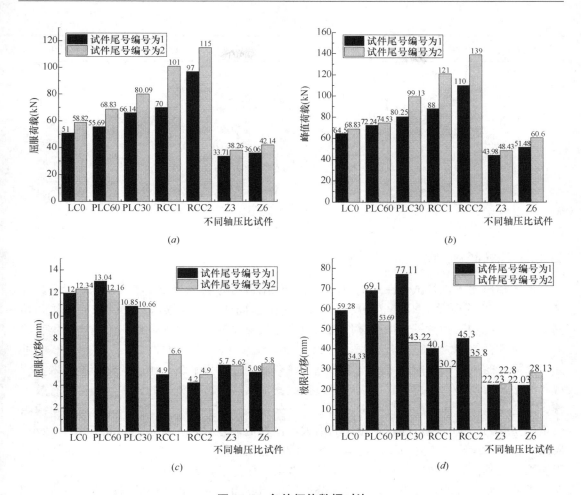

图 35-6　各特征值数据对比

（a）屈服荷载；（b）峰值荷载；（c）屈服位移；（d）极限位移

结合以上的数据分析可知，抗震地区轴压比不宜过大，轴压比在 0.6 以下既可以保证柱的承载能力获得一定程度提高，又可以使得延性不至于下降过大。此外，上述数据分析都是建立在其他条件相同的情形下，在实际工程应用中，轴压比、配筋率、钢绞线间距等因素是交互作用影响的，单一地改变一个因素不一定能够提高试件整体的抗震性能，因此当试件的轴压比较小时，试件具有较好的承载能力及延性，可以选择较为经济的加固方案，如适当加大钢绞线的间距等。当轴压比高时，可以提高纵筋配筋率并配合减小钢绞线间距，从而达到较好的加固效果。

35.3.2　构件模型参数设置

轴压比对加固柱抗震性能的影响，本文主要考虑轴压比为 0.12、0.24、0.48、0.58、0.68 这五种情况。为了对比分析，均设置了未加固柱与加固柱，所有混凝土的强度等级取 C25，柱端加密区箍筋为 A8@50，其他参数设置与第 34 章模拟参数一致，各试件参数设置见表 35-6。

试件主要参数设置　　　　　　　　　　　　　　　　表 35-6

试件编号	轴压比	纵筋	箍筋	钢绞线	预应力水平
Z-24	0.24	4B12	A8@100	—	—
Z-48	0.48	4B12	A8@100	—	—
JGZ-12-30-0	0.12	4B12	A8@100	A2.5@30	0
JGZ-24-30-0	0.24	4B12	A8@100	A2.5@30	0
JGZ-48-30-0	0.48	4B12	A8@100	A2.5@30	0
JGZ-58-30-0	0.58	4B12	A8@100	A2.5@30	0
JGZ-68-30-0	0.68	4B12	A8@100	A2.5@30	0

35.3.3　滞回特性对比

　　不同轴压比下，各试件在水平力循环往复作用下的荷载-变形曲线如图 35-7 所示，骨架曲线如图 35-8 所示。图 35-7(a)和(b)分别为未加固试件和加固后试件的滞回曲线，相同轴压比下，加固试件较未加固试件滞回曲线形状更加饱满，滞回环面积明显增大，表明加固后试件耗能能力获得显著提高；对比未加固柱及加固柱骨架曲线图 35-8(a)和(b)可知，加固后的试件骨架曲线下降段下降趋势较未加固柱更为平缓，刚度退化变缓，峰值荷载和极限荷载均得到了提高，这表明经过钢绞线加固后，试件整体的抗震性能得到有效改善。对比不同轴压比下加固柱与未加固柱的骨架曲线图 35-8(b)，发现弹性阶段加固柱曲线基本重叠为一条直线，随着轴压比的增大，试件的峰值承载力略有增大随后开始减小，极限位移逐渐减小，下降段下降趋势变快，刚度退化程度加快。综上分析可知，轴压比对于加固柱的延性影响较大，这是由于试件在较高轴压比下，脆性变大使得试件很快发生破坏，钢绞线对试件的约束作用就不能充分施展，因此为了提高钢绞线的贡献率，可以对其施加一定程度初始预应力来改善试件的抗震性能。

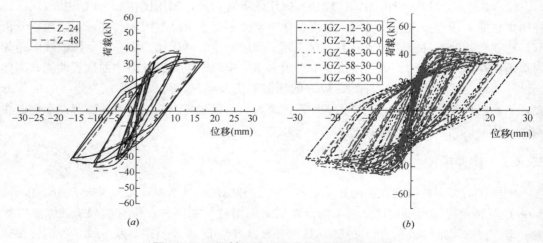

(a)　　　　　　　　　　　　　　　(b)

图 35-7　不同轴压比下试件滞回曲线的对比

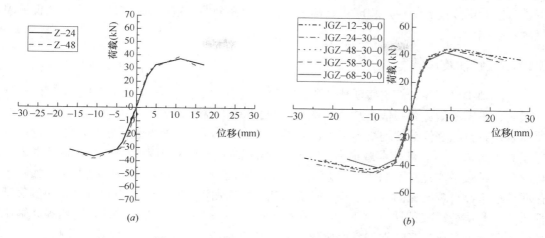

图 35-8   不同轴压比下试件骨架曲线的对比

35.3.4   耗能能力对比

不同轴压比下试件各循环位移荷载下耗能能力及总耗能 Q 见表 35-7，轴压比与总耗能 Q 的曲线如图 35-9 所示。

不同轴压比下试件耗能对比   表 35-7

试件编号	各循环位移荷载下试件耗能能力（kN·mm）					总耗能 Q	提高系数
	Δ_y	$2\Delta_y$	$3\Delta_y$	$4\Delta_y$	$5\Delta_y$		
Z-24	92	477	896			1465	1.00
Z-48	85	498	745			1328	0.91
JGZ-12-30-0	134	699	1135	1450	1684	5102	3.48
JGZ-24-30-0	96	506	804	1220	1595	4221	2.88
JGZ-48-30-0	73	450	698	1213	1429	3863	2.64
JGZ-58-30-0	80	441	536	1123	1381	3560	2.43
JGZ-68-30-0	59	375	715	993		2142	1.46

从表 35-7 及图 35-9 可知：试件加载初期滞回环基本重叠在一起，各试件之间滞回环面积大小相差不大，且面积较小，耗能少；随着位移的不断增大，滞回环面积逐渐增大，且轴压比相同的情况下，加固柱试件的滞回环面积均高于未加固，加固柱的总耗能 Q 较未加固试件 Z-24 平均提高了 1.58 倍。随着轴压比的提高，不同循环位移下的滞回环面积整体减小，总耗能 Q 同时减小，耗能能力变差。试件 JGZ-58-30-0 较 JGZ-12-30-0 下降了 70%，主要原因是在相对较高的轴压比下，试件脆性变大，由于极限位移的减小，试件破坏程度加快。因此在较高轴压比

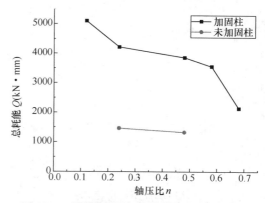

图 35-9   不同轴压比下试件总耗能的对比

下，可以对钢绞线施加一定程度初始预应力，从而充分发挥钢绞线的约束作用，改善加固柱的耗能能力。

35.3.5　延性及承载力

　　不同轴压比下各试件位移延性系数 μ 及峰值荷载 P_p 见表 35-8，不同轴压比和位移延性系数、不同轴压比和峰值荷载曲线图分别见图 35-10 和图 35-11。从中可知：加固柱的位移延性系数和峰值荷载均要高于未加固柱，加固柱 JGZ-24-30-0 较未加固柱 Z-24 位移延性系数提高了 57%，峰值荷载提高了 33%。不同轴压比下的加固柱试件较未加固柱 Z-24 位移延性系数平均提高了 29%，峰值荷载平均提高了 34%。随着轴压比的提高，加固柱位移延性系数呈现明显的下降趋势，峰值荷载略微增加后下降，试件 JGZ-68-30 的位移延性系数和峰值荷载较试件 JGZ-12-30-0 分别下降了 67% 和 5%，由此可知，适当提高轴压比一定程度上可以提高试件的峰值荷载，但是随着轴压比的提高，将导致试件脆性变大，柱的延性下降程度明显，这将不利于提高柱的抗震性能，此时可考虑适当减小钢绞线的间距，从而改善柱的延性及承载力。

不同轴压比下试件延性及承载力对比　　　　　　　　　表 35-8

试件编号	Δ_y (mm)	Δ_u (mm)	μ	提高系数	P_p (kN)	提高系数
Z-24	5.45	17.12	3.14	1.00	32.82	1.00
Z-48	5.24	15.15	2.89	0.92	33.63	1.02
JGZ-12-30-0	5.71	28.19	4.93	1.57	43.79	1.33
JGZ-24-30-0	5.28	23.96	4.54	1.45	44.79	1.36
JGZ-48-30-0	5.19	22.03	4.24	1.35	45.66	1.39
JGZ-58-30-0	5.12	21.56	4.21	1.34	44.28	1.35
JGZ-68-30-0	5.06	16.64	3.29	1.05	41.82	1.27

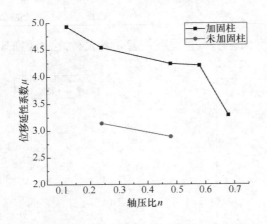

图 35-10　不同轴压比下试件
位移延性系数的对比

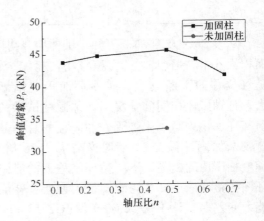

图 35-11　不同轴压比下试件
峰值荷载的对比

35.4　钢绞线间距对抗震性能的影响

35.4.1　概述

预应力高强钢绞线网-聚合物砂浆加固技术实质是一种体外配筋方式，这种加固方式可以有效提高试件的承载力、刚度和抗裂性。钢绞线由于预应力的存在而强迫受力，能够改善被约束混凝土的内力分布，使得加固试件的应力水平下降，改善加固结构应力应变滞后现象的同时闭合抑制裂缝的产生及开展。因此提高钢绞线的配置量能够有效提高加固柱的抗震性能，钢绞线的配置量可以用钢绞线配置特征值 $\lambda_{sw} = \rho_{psw} f_{sw} / f_c$ 表示，其意义与箍筋体积配筋率相同，表示钢绞线体积配筋率。在研究分析和试验过程中，加固柱的加固区域的取值要求根据《建筑抗震设计规范》是已经确定的，因此可以通过不同的钢绞线间距值来改变钢绞线的配置特征值。

邓宗才[47]对预应力钢绞线加固混凝土短柱进行了抗震试验，试验结果表明：钢绞线配置量对加固短柱抗震性能有显著影响，当配置量较大时，加固试件刚度退化程度小，耗能能力显著提高。郭俊平[48]对 16 根预应力钢绞线圆柱进行了抗震试验，其中钢绞线间距分别为 30mm 和 60mm，试验结果表明：加固试件刚度随间距的增大而增大，增长幅度逐渐减小，钢绞线间距对加固效果的影响比预应力水平对加固效果的影响要更为明显。邱荣文[65]对钢绞线间距为 30mm 和间距 60mm 的加固方柱进行了抗震试验，试验结果表明：钢绞线间距减小即钢绞线配置量的提高能显著改善加固柱承载能力和延性，且间距为 30mm 的加固试件加固效果要好于间距为 60mm 的加固试件。试验数据如表 35-9 所示。

不同钢绞线间距加固柱相关试验数据　　　　　　　　　　表 35-9

文献编号	试件编号	钢绞线间距 (mm)	屈服荷载 (kN)	峰值荷载 (kN)	屈服位移 (mm)	极限位移 (mm)	位移延性系数
[47]	PC1	—	264.88	252.13	6.32	24.09	3.81
	PC4	30	271.91	268.93	7.09	45.17	6.37
	PC7	90	267.12	261.35	6.65	30.52	4.61
[48]	LC0-1	—	51.00	64.50	12.00	59.28	4.94
	PLC30-1	30	66.14	80.25	10.85	77.11	7.11
	PLC60-1	60	55.69	72.24	13.04	69.10	5.29
[65]	Z1	0	28.10	37.81	5.19	16.04	3.09
	Z3	30	33.71	43.98	5.70	22.23	3.90
	Z6	60	36.06	51.48	5.08	22.81	4.49

从表 35-9 可知，随着钢绞线间距的减小，加固柱的屈服荷载和峰值荷载均获得提高，提高幅度分别为 $1\% \sim 30\%$、$12\% \sim 24\%$，且随着钢绞线间距的增大，屈服荷载和峰值荷载提高幅度逐渐减小。加固柱的极限位移随着钢绞线间距的减小而显著提高，提高幅度为 $3\% \sim 88\%$，提高的幅度同样随着钢绞线间距的减小而逐渐减小，屈服位移随着钢绞线间距的减小提高幅度不大，为 $10\% \sim 12\%$。加固柱的位移延性系数随着钢绞线间距的减小

而提高，提高幅度为 9%～67%，表明加固柱的延性有了显著的改善。

由于轴压比、预应力水平、钢绞线间距等因素之间是交互影响的，对于钢绞线间距这一因素的分析都是建立在轴压比、预应力水平相同的情况下，当其他因素发生改变时，加固柱的抗震性能都会产生不同程度的影响。冯灵强[69]对于预应力钢绞线网加固柱进行了抗震性能因素分析，研究表明当轴压比为 0.3 时，随着钢绞线间距的减小，加固柱延性均有明显提高，但是不同钢绞线间距之间的延性相差幅度不超过 10%。

35.4.2　构件模型参数设置

钢绞线间距对加固柱抗震性能的影响，本文主要考虑钢绞线间距为 20mm、30mm、40mm、50mm、60mm 这五种情况。为了对比分析，均设置了未加固柱与加固柱，所有混凝土的强度等级取 C25，柱端加密区箍筋为 A8@50，其他参数设置与第 34 章模拟参数一致，各试件参数设置见表 35-10。

试件主要参数设置　　　　　　　　　　　　　　　　表 35-10

试件编号	轴压比	纵筋	箍筋	钢绞线	预应力水平
Z-24	0.24	4B12	A8@100	—	—
JGZ-24-20-0	0.24	4B12	A8@100	A2.5@20	0
JGZ-24-30-0	0.24	4B12	A8@100	A2.5@30	0
JGZ-24-40-0	0.24	4B12	A8@100	A2.5@40	0
JGZ-24-50-0	0.24	4B12	A8@100	A2.5@50	0

35.4.3　滞回特性对比

不同钢绞线间距下各试件的滞回曲线及骨架曲线对比如图 35-12 所示。从图 35-12(a) 可知：试件加载初期滞回曲线基本重叠在一条直线上；随着加载位移的增大，试件屈服之后，残余变形增大，刚度开始退化，曲线的斜率随之不断减小。随着钢绞线间距的减小，滞回曲线的面积逐渐增大，表明提高钢绞线用量可以有效提高试件的耗能能力。从图 35-12(b) 可知，随着钢绞线间距的减小，加固柱的峰值荷载得到提高，下降段下降趋势得到缓和，刚度退化减缓，表明钢绞线间距的减小，钢绞线加固量的增大可以显著提高加固柱

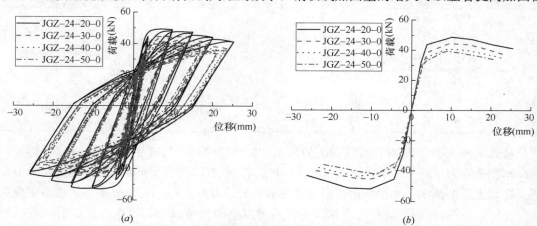

(a)　　　　　　　　　　　　　　　　　(b)

图 35-12　不同钢绞线间距下试件滞回曲线和骨架曲线的对比

的承载能力和延性。

35.4.4　耗能能力对比

不同钢绞线间距下试件各循环位移荷载下滞回环面积及总耗能 Q 见表 35-11，钢绞线间距和总耗能 Q 的曲线如图 35-13 所示。

不同钢绞线间距下试件耗能对比　　　　　　表 35-11

试件编号	各循环位移荷载下试件耗能能力（kN·mm）					总耗能 Q	提高系数
	Δ_y	$2\Delta_y$	$3\Delta_y$	$4\Delta_y$	$5\Delta_y$		
Z-24	92	477	896			1465	1.00
JGZ-24-20-0	112	688	1051	1418	1842	5111	3.49
JGZ-24-30-0	96	506	804	1220	1595	4221	2.88
JGZ-24-40-0	108	477	798	964	1528	3875	2.65
JGZ-24-50-0	92	439	770	942	1310	3553	2.43

由表 35-11 和图 35-13 可知：经过钢绞线网聚合物砂浆加固后的柱较未加固柱各循环位移荷载下滞回环面积获得增大，总耗能获得显著的提高，加固柱 JGZ-24-20-0、JGZ-24-30-0、JGZ-24-40-0、JGZ-24-50-0 较未加固柱 Z-24 总耗能分别提高了 2.49 倍、1.88 倍、1.65 倍和 1.43 倍，平均提高了 1.49 倍，表明通过配置钢绞线可以有效改善混凝土的受力状态，约束核芯区混凝土，从而延缓裂缝的开展。通过与预应力耗能提高系数对比可以发现，钢绞线间距的变化较预应力水平影响加固柱耗能能力更为显

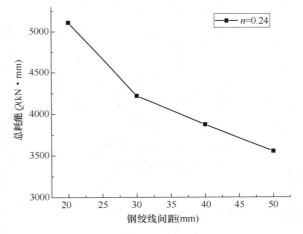

图 35-13　不同钢绞线间距下试件总耗能的对比

著，这与文献［48］圆柱试验现象规律一致。随着钢绞线间距的不断增大，加固柱的总耗能不断减小，加固柱 JGZ-24-50-0 较加固柱 JGZ-24-20-0 总耗能减小了 44%，表明配置较密的钢绞线间距可以有效改善柱的抗震性能。

35.4.5　延性及承载力

不同钢绞线间距下各试件位移延性系数 μ 及峰值荷载 P_p 见表 35-12，不同钢绞线间距和位移延性系数、不同钢绞线间距和峰值荷载曲线图分别见图 35-14 和图 35-15。从中可知：经过钢绞线网加固后的 JGZ-24-20-0、JGZ-24-30-0、JGZ-24-40-0、JGZ-24-50-0 较未加固柱 Z-24 位移延性系数分别提高了 46%、45%、39%、28%，平均提高了 40%；峰值荷载分别提高了 49%、36%、24%、21%，平均提高了 33%。表明通过配置钢绞线有效改善了柱的延性，使得其极限变形能力和承载力获得了提高。

随着钢绞线间距的提高，加固区域内钢绞线配置量减少，试件延性呈现下降的趋势，

峰值荷载也不断减小。当柱轴压比较高时，柱脆性变大，延性变差，此时应该减小钢绞线间距，通过配置较密的钢绞线来改善柱的抗震性能。

不同钢绞线间距下试件延性及承载力对比 表 35-12

试件编号	Δ_y （mm）	Δ_u （mm）	μ	提高系数	P_p （kN）	提高系数
Z-24	5.45	17.12	3.14	1.00	32.82	1.00
JGZ-24-20-0	5.52	25.21	4.57	1.46	48.91	1.49
JGZ-24-30-0	5.28	23.96	4.54	1.45	44.79	1.36
JGZ-24-40-0	5.24	22.89	4.37	1.39	40.81	1.24
JGZ-24-50-0	5.16	20.77	4.03	1.28	39.65	1.21

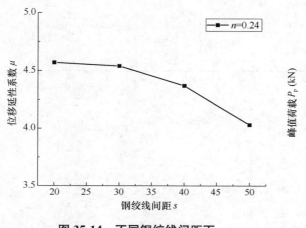

图 35-14 不同钢绞线间距下　　　　　图 35-15 不同钢绞线间距下
位移延性系数的对比　　　　　　　峰值荷载的对比

35.5 本章小结

本章在前文分析的基础下，通过改变第 34 章建立的预应力钢绞线网-聚合物砂浆加固柱的模型参数，基于不同预应力水平、轴压比、钢绞线间距的 ABAQUS 有限元模型，分析了在这些不同因素下试件的滞回曲线、骨架曲线、耗能能力、延性及承载力，获得下列结论：

（1）经过预应力钢绞线网加固后的试件较未加固试件相比，抗震性能获得了明显改善，同时改变以上各因素的情况下，位移延性系数提高 5%～57%，峰值荷载提高 21%～74%。

（2）不同预应力水平下加固柱较未加固柱位移延性系数提高 1%～46%，峰值荷载提高 36%～74%；随着预应力水平的提高，试件总耗能呈现出先升后降的趋势，这是因为随着预应力水平的提高，试件承载力得到一定程度的提高，但是预应力水平过大，对试件的延性产生不利影响。但承载力和位移延性系数仍然要大于未加固柱，因此预应力水平对于提高柱抗震性能不是越高越有利，应设置合适的初始预应力水平，本文建议不超过 0.6。

（3）不同轴压比下的加固柱试件较未加固柱位移延性系数提高 5％～57％，峰值荷载提高 27％～39％；随着轴压比的提高，加固柱位移延性系数呈现明显的下降趋势，峰值荷载略微增加后下降；在较高轴压比下，可以对钢绞线施加一定程度初始预应力或者设置较密的钢绞线间距来改善加固柱的耗能能力。

（4）不同钢绞线间距下加固柱试件较未加固柱位移延性系数提高 28％～46％，峰值荷载提高 21％～49％；随着钢绞线间距的提高，加固柱的延性呈现下降的趋势，峰值荷载也不断减小，改变钢绞线间距对加固柱抗震性能影响要比改变预应力水平更为显著。

第 36 章　预应力钢绞线网加固柱位移延性系数研究

36.1　灰色系统理论

现代科学技术的发展趋势特征表现为分化和综合的高度统一，在这个大背景下，横断学科群作为一门新兴学科开始逐步发展。横断学科对于事物的内在本质、相互关联的研究更为具体和深刻，有效地揭示出许多科学研究中复杂问题的本质及内在发展规律，推动了现代科学技术的整体化进程。同时它为人们对自然科学中事物的演化规律研究提供了新的思路。在对系统的研究中，往往研究对象由于内在扰动的存在或人们认知水平局限性而具有某种不确定性，随着科学研究的深入和人类的进步，人们对于认识不确定问题的思路逐步开阔，对于不确定系统的研究也不断深化[70]。

1982 年，中国学者邓聚龙教授发表两篇关于灰色系统理论的论文，标志着灰色系统学科的诞生，为解决模糊数学的小样本、贫信息等不确定性问题提供了新的思路。灰色系统理论研究对象主要特点为"外延明确，内涵不明确"，主要通过对已知或部分已知信息进行处理，将不确定量信息转化为用确定量的方法研究。它对于数据的要求和限制不高，能够充分利用已有数据来探寻系统的演化发展、运动规律的正确描述。

36.2　灰色关联分析

36.2.1　分析的意义

目前，学者对于预应力高强钢绞线网-聚合物砂浆加固 RC 柱在抗震加固领域的研究逐步深入，然而对于实际工程中柱的延性性能研究相对较少。一般地，在抗震加固领域，各式各样的实体因素组成一个现实的问题，这些因素之间的内在关联也是多样化的。就本文分析的对象而言，影响加固 RC 柱延性性能的因素十分复杂，且不同因素对加固柱延性的影响并不是线性的，不同因素之间往往存在着耦合作用。因此知道所有因素对研究对象的关系及因素之间的关联是不可能的，也没有必要，重要的是在这些因素中，分析出对加固柱延性影响大的主要因素，哪些是影响小的次要因素。抓住主要因素才可以把握住加固柱延性性能的变化规律。

数理统计法作为传统的因素分析方法，包括回归分析、方差分析等，这些方法解决了许多实际问题，但它们往往对数据本身要求较高，且要求只有典型的概率分布，这在实际工程中难以实现，且计算工作量大，可能出现量化结果与定性结果不符的情况，工程中推广运用难度较大。灰色关联是指事物之间不确定性关联，或系统因子与主行为因子之间不确定性的关联[71]。该分析方法对样本数据量的多少和规律发展要求不高，且计算量小，方便推广使用。基于以上优点，本文应用灰色系统理论，以上文有限元模拟的数据及文献[65]的试验数据为例，分析不同影响因素与位移延性系数的相关程度。

36.2.2　分析的方法

（1）关联因子的确定

根据学者之前的研究，影响预应力钢绞线网加固柱位移延性系数的因素主要有混凝土强度、轴压比、预应力水平、配箍率、钢绞线间距和剪跨比。本文研究的主要内容为预应力水平、轴压比、钢绞线间距等参数对抗震性能的影响，因此关联因子选取：①预应力水平 $X_1(\alpha)$；②轴压比 $X_2(n)$；③钢绞线间距 $X_3(s)$，这三个参数作为系统的比较参数序列 $\{x_i(k) \mid i=1,2,3; k=1,2,3\}$。延性用有限元计算结果及文献[65]试验结果总共 27 个预应力钢绞线网加固柱在低周反复加载下的位移延性系数（μ）作为系统的母序列 $\{x_0(k) \mid k=1,2,\cdots,27\}$，这些原始数据见表 36-1。

试件原始数据　　　　　　　　　　　　　　　　　　　　　　　　表 36-1

试件编号	μ $x_0(k)$	α $x_1(k)$	n $x_2(k)$	s（mm） $x_3(k)$	试件编号	μ $x_0(k)$	α $x_1(k)$	n $x_2(k)$	s（mm） $x_3(k)$
1	4.28	0.20	0.24	30	15	3.69	0.80	0.24	20
2	4.54	0.00	0.24	30	16	4.93	0.00	0.12	30
3	4.16	0.30	0.24	30	17	4.21	0.00	0.58	30
4	3.62	0.60	0.24	30	18	3.29	0.00	0.68	30
5	3.51	0.80	0.24	30	19	4.37	0.00	0.24	40
6	4.24	0.00	0.48	30	20	4.03	0.00	0.24	50
7	3.70	0.20	0.48	30	21	5.47	0.00	0.24	60
8	3.57	0.30	0.48	30	22	5.70	0.30	0.24	60
9	3.22	0.60	0.48	30	23	5.75	0.60	0.24	60
10	3.16	0.80	0.48	30	24	5.62	0.38	0.24	60
11	4.57	0.00	0.24	20	25	5.50	0.00	0.24	30
12	4.48	0.20	0.24	20	26	5.08	0.60	0.24	30
13	4.35	0.30	0.24	20	27	5.80	0.30	0.38	30
14	3.78	0.60	0.24	20					

（2）数据的无量纲化

灰色关联分析法的实质是将曲线间的几何形状差异大小作为衡量关联大小的程度，由于不同影响因素之间的量纲不同，为了方便对比分析，可以将它们转为统一的量纲序列，将数据初值化处理，计算方法见式（36-1），计算结果见表 36-2。

$$x'_i(k) = \frac{x_i(k)}{x_i(l)} \quad i=0,1,2,3; k=1,2,\cdots,27 \tag{36-1}$$

试件初始化后数据　　　　　　　　　　　　　　　　　　　　　　表 36-2

试件编号	$x'_0(k)$	$x'_1(k)$	$x'_2(k)$	$x'_3(k)$	试件编号	$x'_0(k)$	$x'_1(k)$	$x'_2(k)$	$x'_3(k)$
1	1.000	1.000	1.000	1.000	5	0.820	4.000	1.000	1.000
2	1.061	0.000	1.000	1.000	6	0.991	0.000	2.000	1.000
3	0.972	1.500	1.000	1.000	7	0.864	1.000	2.000	1.000
4	0.846	3.000	1.000	1.000	8	0.834	1.500	2.000	1.000

续表

试件编号	$x'_0(k)$	$x'_1(k)$	$x'_2(k)$	$x'_3(k)$	试件编号	$x'_0(k)$	$x'_1(k)$	$x'_2(k)$	$x'_3(k)$
9	0.752	3.000	2.000	1.000	19	1.021	0.000	1.000	1.333
10	0.738	4.000	2.000	1.000	20	0.942	0.000	1.000	1.667
11	1.068	0.000	1.000	0.667	21	1.278	0.000	1.000	2.000
12	1.047	1.000	1.000	0.667	22	1.332	1.500	1.000	2.000
13	1.016	1.500	1.000	0.667	23	1.343	1.500	1.000	2.000
14	0.883	3.000	1.000	0.667	24	1.313	1.500	1.583	2.000
15	0.862	4.000	1.000	0.667	25	1.285	1.500	1.000	1.000
16	1.152	0.000	0.500	1.000	26	1.187	3.000	1.000	1.000
17	0.984	0.000	2.417	1.000	27	1.355	1.500	1.583	1.000
18	0.769	0.000	2.833	1.000					

（3）绝对差值的计算

通过式（36-2）计算母序列和子序列的绝对差值，结果记为 $\Delta i(k)$，计算方法见式（36-2），部分计算结果见表 36-3。式中 $x'_0(k)$ 为无量纲化后的母序列；$x'_i(k)$ 为无量纲化后的子序列。

$$\Delta i(k) = \mid x'_0(k) - x'_i(k) \mid \quad i = 1,2,3; \; k = 1,2,\cdots,27 \quad (36\text{-}2)$$

绝对差值后的数据　　　　　　　　　　　　　　　　　　　表 36-3

k	$\Delta'_1(k)$	$\Delta'_2(k)$	$\Delta'_3(k)$	k	$\Delta'_1(k)$	$\Delta'_2(k)$	$\Delta'_3(k)$
1	0.000	0.000	0.000	15	3.138	0.138	0.195
2	1.061	0.061	0.061	16	1.152	0.652	0.152
3	0.528	0.028	0.028	17	0.984	1.433	0.016
4	2.154	0.154	0.154	18	0.769	2.065	0.231
5	3.180	0.180	0.180	19	1.021	0.021	0.312
6	0.991	1.009	0.009	20	0.942	0.058	0.725
7	0.136	1.136	0.136	21	1.278	0.278	0.722
8	0.666	1.166	0.166	22	0.168	0.332	0.668
9	2.248	1.248	0.248	23	1.657	0.343	0.657
10	3.262	1.262	0.262	24	0.187	0.270	0.687
11	1.068	0.068	0.401	25	0.215	0.285	0.285
12	0.047	0.047	0.380	26	1.813	0.187	0.187
13	0.484	0.016	0.350	27	0.145	0.228	0.355
14	2.117	0.117	0.217				

（4）关联系数的计算

关联系数 $\gamma_{0i}(k)$ 根据式（4-3）计算，计算后的关联系数序列见表 36-4。

$$\gamma_{0i}(k) = \frac{m + ZM}{\Delta i(k) + ZM}, \; Z \in (0,1), \; i = 1,2,3; \; k = 1,2,3\cdots,27 \quad (36\text{-}3)$$

式中，$\gamma_{0i}(k)$ 为关联系数；Z 为分辨率系数，取值范围为 0～1，一般取 0.5；

m 为最小二级差，根据 $m = \min\limits_i \min\limits_k \Delta i(k)$ 计算得 $m = 0$；M 为最大二级差，根据 $M = \max\limits_i \max\limits_k \Delta i(k)$ 计算得 $M = 3.262$。

关联系数序列　　　　　　　　　　表 36-4

k	$\gamma_{0i}(k)$	$\gamma_{0i}(k)$	$\gamma_{0i}(k)$	k	$\gamma_{0i}(k)$	$\gamma_{0i}(k)$	$\gamma_{0i}(k)$
1	1.000	1.000	1.000	15	0.342	0.922	0.893
2	0.606	0.964	0.964	16	0.586	0.714	0.915
3	0.755	0.983	0.983	17	0.624	0.532	0.990
4	0.431	0.914	0.914	18	0.680	0.441	0.876
5	0.339	0.901	0.901	19	0.615	0.987	0.839
6	0.622	0.618	0.994	20	0.634	0.965	0.692
7	0.923	0.590	0.923	21	0.561	0.854	0.693
8	0.710	0.583	0.908	22	0.907	0.831	0.709
9	0.421	0.567	0.868	23	0.496	0.826	0.713
10	0.333	0.564	0.862	24	0.897	0.858	0.704
11	0.604	0.960	0.803	25	0.884	0.851	0.851
12	0.972	0.972	0.811	26	0.474	0.897	0.897
13	0.771	0.990	0.823	27	0.918	0.877	0.821
14	0.435	0.933	0.883				

（5）关联度的计算

子序列 X_i 和母序列 X_0 的关联度根据式（36-4）计算，公式为：

$$\gamma_i = \frac{1}{n}\sum_{k=1}^{n}\gamma_{0i}(k) \quad i = 1,2,3; \; k = 1,2,3,\cdots,27 \tag{36-4}$$

计算得到关联度 $\gamma_i = \{0.650, 0.818, 0.860 \mid i = 1,2,3\}$。

（6）关联度的排序

根据关联度的大小将关联度排序为：$\gamma_3 > \gamma_2 > \gamma_1$，即这 3 个因素对于位移延性系数的影响大小排序为：钢绞线间距＞轴压比＞预应力水平。从关联度大小可知，关联度值取值范围均大于 0.6，表明以上三个因素对于加固柱位移延性系数的影响较大，关联性较强，可以较为准确地用于判断加固柱位移延性系数的变化趋势。

36.2.3 基于灰色关联分析的 BP 神经网络模型的延性预测

加固柱位移延性系数的变化规律是在多因素综合作用下产生的，上文对此已经作出分析，其中钢绞线间距、轴压比、预应力水平的影响关联程度高，这些因素对位移延性系数的影响大小在上节已经求出。根据计算结果可知，不同影响因素之间对位移延性系数的关系为非线性的。BP 神经网络具有自适应识别、模拟思维、非线性映射等特征，能够通过训练找到输入数据和目标数据之间的联系规律[72]，灰色关联分析能够量化得出各影响因素之间的关联程度。本文将灰色关联分析与 BP 神经网络相结合，通过 Matlab 神经网络工具箱创建神经网络模型，模型的建立和实现步骤如下：

（1）BP 神经网络的构建

本文构造一个三层 BP 神经网络，其中共有 3 个输入节点，分别代表预应力水平、轴压比和钢绞线间距 3 个影响因素，1 个输出节点为加固柱的位移延性系数。隐含层的节点数参考式（36-5）经验公式计算：

$$D = \sqrt{D_i + D_0} + a \tag{36-5}$$

式中，D 为隐含层节点数；D_i 为输入节点数；D_0 为输出节点数；a 为取值范围为 $1 \sim 10$ 的常数。

将本文的输入节点和输出节点代入式（36-5），计算得 m 取值为 $3 \sim 12$，在建立 BP 神经网络时先假定一个 m 值，再对训练样本进行训练，通过比较训练过程的误差，当隐含层节点数为 8 时误差最小，本文 m 取值为 8，因此 BP 神经网络结构为 3-8-1，神经网络结构预览如图 36-1 所示。

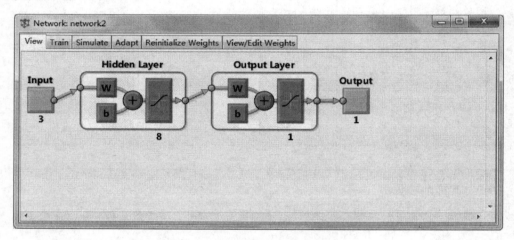

图 36-1　神经网络结构预览

（2）BP 神经网络训练样本

BP 神经网络训练样本选取本文有限元模拟数据和文献[65]的试验数据，训练样本选择 22 组数据，检验样本选取 5 组数据试件编号为 $22 \sim 26$，为了减小训练误差，数据输入之前一般先进行归一化处理，同时为了得到各影响因素与位移延性系数之间的真实关联度，可以求出各影响系数的权系数 ε_i，再乘以归一化后的输入数据。权系数 ε_i 通过式（36-6）计算：

$$\varepsilon_i = \frac{\gamma_i}{\sum\limits_{k=1}^{3} \gamma_{0i}} \quad i = (1, 2, 3) \tag{36-6}$$

式中，γ_i 为各影响因素和位移延性系数的关联值。

将上节求出的 3 个关联值 $\gamma_i = \{0.650, 0.818, 0.860 \mid i = 1, 2, 3\}$ 代入式（36-6），得到各因素的权系数 ε_i 分别为：0.279，0.351，0.366。

（3）神经网络的仿真

将组合序列输入已训练好的网络中，通过检验样本集输出结果的平均误差和方根误差（RSME）两个指标进行评价，从而验证该 BP 网络模型对于位移延性系数预测的准确性和合理性。

（4）神经网络预测值的评价

训练样本和检验样本的位移延性系数预测值和实测值见表 36-5。

预 测 结 果　　　　　　　　　　表 36-5

试件编号	位移延性系数 μ			试件编号	位移延性系数 μ		
	实测值	预测值	实测/预测		实测值	预测值	实测/预测
1	4.28	4.56	1.06	15	3.69	3.19	0.86
2	4.54	4.42	0.97	16	4.93	4.24	0.86
3	4.16	4.89	1.18	17	4.21	3.71	0.88
4	3.62	4.59	1.27	18	3.29	3.50	1.06
5	3.51	3.67	1.04	19	4.37	4.37	1.00
6	4.24	4.49	1.06	20	4.03	4.71	1.17
7	3.70	3.97	1.07	21	5.47	5.39	0.98
8	3.57	3.72	1.04	22	5.70	5.63	0.99
9	3.22	3.17	0.98	23	5.75	5.77	1.00
10	3.16	3.19	1.01	24	5.62	5.69	1.01
11	4.57	4.51	0.99	25	5.50	4.89	0.89
12	4.48	4.49	1.00	26	5.00	4.59	0.90
13	4.35	4.51	1.04	27	5.80	5.13	0.88
14	3.78	4.12	1.09				

预测值的平均误差为 7%，检验样本（试件编号为 22～26）的均方根误差为 0.352，由此可见基于灰色关联分析法的 BP 神经网络模型预测效果良好，可以在较少实测数据的情况下，对于复杂的加固柱位移延性系数进行预测，可为工程设计和抗震性能评估提供新的思路。

36.2.4　BP 神经网络模型与数理统计法的预测值对比

为了表明基于灰色关联分析法的 BP 神经网络的优越性和准确性，将 BP 神经网络和数理统计方法得到的预测值进行对比。使用 SPSS 软件对 3 种影响因素和位移延性系数实测值进行非线性回归，位移延性系数为因变量，3 种影响因素为自变量。回归结果预测值的平均误差为 8%，说明该模型可信度较高。非线性回归结果得到位移延性系数和预应力水平、轴压比、钢绞线间距的回归方程为：

$$\mu = 6.211 - 2.312\alpha - 7.034n - 0.031s - 2.179\alpha \cdot n + 0.156n \cdot s + 0.072\alpha \cdot s$$

(36-7)

将各试件的 3 种影响因素代入式（36-7），计算出使用数理统计方法得到的位移延性系数预测值，再分别将利用 BP 神经网络和数理统计方法得到的位移延性系数预测值和实测值进行线性回归分析，回归结果见表 36-6～表 36-11。

BP 神经网络预测值拟合度　　　　　　　　表 36-6

模型	R	R 平方	调整后 R 平方	标准偏斜度错误
1	0.868[a]	0.754	0.744	0.421

数理统计预测值拟合度 表 36-7

模型	R	R 平方	调整后 R 平方	标准偏斜度错误
1	0.769[a]	0.591	0.575	0.543

BP 神经网络预测值显著性 表 36-8

模型	平方和	df	平均值平方	F	显著性
回归	13.576	1	13.576	76.431	0.00[b]
残差	4.441	25	0.178		
总计	18.017	26			

数理统计预测值显著性 表 36-9

模型	平方和	df	平均值平方	F	显著性
回归	10.652	1	10.652	36.155	0.00[b]
残差	7.365	25	0.295		
总计	18.017	26			

BP 神经网络预测值残差 表 36-10

模型	最小值	最大值	平均数	标准偏差
预测值	3.183	5.718	4.393	0.723
残差	−0.947	0.706	0.000	0.413
标准预测值	−1.675	1.832	0.000	1.000
标准残差	−2.248	1.676	0.000	0.981

数理统计预测值残差 表 36-11

模型	最小值	最大值	平均数	标准偏差
预测值	3.202	5.824	4.393	0.640
残差	−0.830	1.694	0.000	0.532
标准预测值	−1.862	2.236	0.000	1.000
标准残差	−1.529	3.121	0.000	0.981

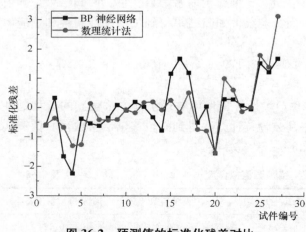

图 36-2 预测值的标准化残差对比

从表 36-6 中可知，BP 神经网络预测值中 R 平方为 0.75，表明了 75％的数据可以用该模型来预测，而数理统计法的 R 平方仅为 0.59，说明了 BP 神经网络具有较好的拟合度；BP 神经网络预测值的残差最小为 −0.95，最大为 0.7，而数理统计法预测值的残差最小为 −0.83，最大为 1.7，表明了 BP 神经网络预测值与实测值吻合程度更高，通过对两种方法预测值的标准化残差进行计算，得到标准化残差如图 36-2 所示。从图中可知，数理统计方法的标准化残差有 1 个点明显落在（−2，2）的区间范围外，有 95％ 置信度将其判为异常点，而 BP 神经网络法除了试件编号为 4 的标准化偏差偏大以外，其余均落在区间范围以内。综上分析，BP 神经网络模型准确性较高，能够用来预测加固柱的位移延性系数。

36.3　延性公式拟合

通过灰色关联分析及抗震影响因素分析可知，加固柱预应力水平、钢绞线间距和轴压比的不同，位移延性系数也不相同。因此位移延性系数与钢绞线的配置量、初始预应力水平和轴压比的大小有关。对于普通混凝土柱，箍筋配箍特征值 λ_v 可按下式：

$$\lambda_v = \rho_v \frac{f_{yv}}{f_c} \tag{36-8}$$

$$\rho_v = \frac{nA_s l}{A_{cor} s} \tag{36-9}$$

式中，l 为箍筋肢长，按 $l = b - 2(c + \phi/2)$ 计算，ϕ 为箍筋直径；A_{cor} 为混凝土核心区域，$A_{cor} = [b - 2(c + \phi)]^2$；$s$ 为箍筋间距；c 为保护层厚度；f_{yv} 为箍筋设计强度。

钢绞线的作用类似于箍筋，因此预应力高强钢绞线网的配箍特征值 λ_s 本质意义与式（36-9）箍筋配箍特征值一样。参考文献[73]，考虑预应力水平、轴压比、箍筋和钢绞线的配箍特征值对位移延性系数的影响，构造函数形式如下：

$$\mu = \frac{a\lambda_v + b\lambda_s(c\alpha^2 + d\alpha + e) + f}{gn + h} \tag{36-10}$$

式中，a、b、c、d、e、f、g、h 为待回归系数。

将上述影响因素及位移延性系数代入 SPSS 软件中非线性回归，得到表达式为：

$$\mu = \frac{-14610\lambda_v + 12.13\lambda_s(-108\alpha^2 + 35.82\alpha - 18.67) + 6500}{165n + 202} \tag{36-11}$$

将本文位移延性系数的有限元模拟值及文献[65]的试验值与公式计算值进行对比，如表 36-12 所示，公式值与实测值之比基本在 $y = 1$ 的上下附近。公式计算值与有限元模拟值之比 ξ 的均值 $\overline{\xi} = 0.998$，标准差为 0.120，两者的吻合程度较好，公式值与文献[65]试验值相比均小于试验值，表明公式计算值具有一定的安全储备，可以为工程设计和抗震性能评估提供参考。

公式值与有限元模拟及试验值对比　　　　　　　　　　　　　　表 36-12

试件编号	位移延性系数 μ			试件编号	位移延性系数 μ		
	公式值	实测值	公式/实测		公式值	实测值	公式/实测
1	4.79	4.28	1.12	8	4.07	3.57	1.14
2	4.71	4.54	1.04	9	3.52	3.22	1.09
3	4.74	4.16	1.14	10	3.29	3.16	1.04
4	4.33	3.62	1.20	11	4.51	4.57	0.99
5	3.83	3.51	1.09	12	4.60	4.48	1.03
6	4.05	4.24	0.96	13	4.54	4.35	1.04
7	4.10	3.7	1.11	14	3.94	3.78	1.04

续表

试件编号	位移延性系数 μ			试件编号	位移延性系数 μ		
	公式值	实测值	公式/实测		公式值	实测值	公式/实测
15	3.19	3.69	0.87	22[65]	4.94	5.7	0.87
16	5.14	4.93	1.04	23[65]	4.75	5.75	0.83
17	3.83	4.21	0.91	24[65]	4.51	5.62	0.80
18	3.62	3.29	1.10	25[65]	4.74	5.5	0.86
19	4.82	4.37	1.10	26[65]	4.33	5.08	0.85
20	4.28	4.03	1.06	27[65]	4.32	5.8	0.75
21[65]	4.93	5.47	0.90				

36.4　本章小结

本章以预应力高强钢绞线网-聚合物砂浆加固柱为研究对象，结合有限元模拟结果及试验数据，基于灰色系统理论对各影响因素进行灰色关联度分析，选取了主要的影响因素并建立 BP 神经网络模型，对加固柱位移延性系数预测进行了研究，取得下列结论：

（1）介绍了将灰色系统理论中的灰色关联分析用于分析加固柱位移延性系数的意义及方法，得到预应力水平、轴压比和钢绞线间距的关联值分别为 0.650、0.818 和 0.860，表明本文选取的各因素对加固柱延性的影响较大，关联性强。

（2）将灰关联分析与 BP 神经网络相结合，建立了基于灰色关联分析的 BP 神经网络预测模型，对加固柱的位移延性系数进行预测，并与采用数据统计方法的预测值进行对比，表明了基于灰色关联分析的 BP 神经网络模型精度较高，可较准确地预测加固柱的位移延性系数。

（3）根据试验结果及有限元模拟结果，提出了考虑预应力水平、轴压比、箍筋及钢绞线配箍特征值的延性计算公式，计算值与模拟值和试验值进行对比，计算值与有限元模拟值之比的均值为 0.998，标准差为 0.120，且公式值均小于试验值，表明该延性计算公式拟合较好，具有一定的安全储备，可供工程设计参考。

第 37 章　本篇结论和展望

37.1　结论

　　本文根据邱荣文的预应力钢绞线网-高性能砂浆加固 RC 柱抗震试验研究数据，在林鹤云抗震性能参数分析的基础上建立有限元模型，在有限元模型计算结果和试验结果吻合良好的前提下，分析预应力水平、轴压比、钢绞线间距等参数对加固柱抗震性能的影响，计算出各影响参数的灰色关联值，并应用基于灰色关联分析的 BP 神经网络模型对加固柱位移延性系数进行预测，根据有限元计算结果及试验结果，提出加固柱位移延性系数计算公式。主要结论如下：

　　（1）通过选择合理的混凝土损伤模型和钢筋的非线性随动强化模型等材料本构，选择有限元软件 ABAQUS 对预应力钢绞线网加固 RC 柱抗震试验试件进行模拟，并将有限元模拟计算结果与试验结果进行对比，计算结果与试验结果吻合良好，表明有限元模型的合理性和准确性，可以较好地代表实际试验。

　　（2）经过预应力钢绞线网加固后的试件较未加固试件抗震性能获得明显改善，位移延性系数、峰值荷载和耗能能力均得到提高。在本文不同的预应力水平、轴压比和钢绞线间距的变化下，加固柱较未加固柱位移延性系数提高 5%～57%，峰值荷载提高 21%～74%。

　　（3）随着预应力水平、轴压比、钢绞线间距的提高，加固柱位移延性系数总体呈现下降的趋势；峰值荷载随着预应力水平提高呈现上升趋势，随着轴压比的提高略微增加后下降；总耗能随着预应力水平提高呈现出先升后降的趋势，随着轴压比和钢绞线间距的提高呈下降趋势。当预应力水平不超过 0.6 时，预应力水平提高使得加固柱位移延性系数整体呈现下降趋势，试件的延性变差；当预应力水平超过 0.6 时，提高预应力水平对试件位移延性系数影响规律不明显，此时再提高预应力水平对试件抗震延性的不利影响趋于缓和。

　　（4）根据有限元计算结果及试验结果，基于灰色关联理论对延性的影响因素进行关联度分析，计算出预应力水平、轴压比和钢绞线间距的关联值分别为 0.650、0.818 和 0.860，表明本文选取的影响因素与加固柱延性的关联性较强；基于灰色关联分析的 BP 神经网络预测模型与采用数据统计方法的预测值进行对比，表明 BP 神经网络模型整体精度较高，在样本空间范围内，能够在样本数据较少的条件下较好地预测预应力加固柱的延性。

　　（5）本文在计算预应力加固试件的延性时，考虑预应力水平、轴压比、箍筋及钢绞线配箍特征值等因素对延性的影响，得到的延性计算结果与试验结果吻合良好，并具有一定的安全储备，可供工程设计参考。

37.2　展望

预应力钢绞线网-高性能砂浆加固混凝土技术虽然有许多优点，并且逐渐在工程领域中得到运用，体现出该加固技术具有很强的工程应用价值，但是也存在不完善之处。希望通过本文的研究，研究者们获得一个更广阔的视野和更大的兴趣，对预应力高强钢绞线网-高性能砂浆加固技术做进一步的研究，使得这项新型加固技术的应用越来越广泛，能够推动国家建筑加固领域的发展。根据本文的研究内容及方法，以下几点可作为今后需要开展的研究：

（1）在本文中，没有考虑钢筋、钢绞线和混凝土之间的粘结滑移，因此对于模型还需进一步的完善。

（2）本文研究了钢绞线预应力、轴压比和钢绞线间距对加固构件抗震性能的影响，除了这些影响因素外，还需研究聚合物砂浆的强度及厚度、截面尺寸、配筋率等参数对加固构件抗震性能的影响。

（3）本文对加固构件进行数值模拟，仅与拟静力试验结果进行了对比，为了了解该加固技术在实际地震中的抗震性能，还应进行物理试验研究，并分析不同的地震波及地震方式对加固试件抗震性能的影响。

（4）本文加固试件的竖向荷载采用的是轴心受压，考虑到实际构件的不同受力形式以及损伤的存在，所以还应对偏心受压及存在损伤的加固试件进行抗震性能研究。

参考文献

[1] CHOI Jun-Hyeok. Seismic retrofit of reinforced concrete circular columns using stainless steel wire mesh composite[J]. Canadian Journal of Civil Engineering，2008，35(2)：140-147.

[2] 夏晓兵，栾福杰，李继斌，邹鹏程，张爱华. 高强不锈钢绞线网-高强渗透性聚合物砂浆加固技术在改造施工中的应用[J]. 建筑结构，2010，40(S2)：669-670.

[3] 姚卫国，刘凤阁. 中国美术馆改建中的结构加固设计[J]. 工业建筑，2004(06)：1-3.

[4] 王亚勇，姚秋来，巩正光，陈友明，谢益人，陈在谋. 高强钢绞线网-聚合物砂浆在郑成功纪念馆加固工程中的应用[J]. 建筑结构，2005(08)：41-42＋40.

[5] 曹忠民，李爱群，王亚勇. 高强钢绞线网-聚合物砂浆加固技术的研究和应用[J]. 建筑技术，2007(06)：415-418.

[6] 聂建国，蔡奇，张天申，王寒冰. 等高强不锈钢绞线网-渗透性聚合砂浆抗剪加固的试验研究[J]. 建筑结构学报，2005(02)：10-17.

[7] 梅圈亭，李健. 房屋抗震加固与维修[M]. 北京：中国建筑工业出版社，2009：5-11.

[8] 尚守平. 中国工程结构加固的发展趋势[J]. 施工技术，2011，40(337)：12-14.

[9] 陈肇元. 土建结构工程的安全性与耐久性[M]. 北京：中国建筑工业出版社，2003.

[10] 杨建江，张运祥. 增大截面加固后钢筋混凝土轴心受压柱的可靠度研究[J]. 工程抗震与加固改造，2014，36(6)：100-107.

[11] 陈赛亮. 粘钢加固法设计原理与施工技术[J]. 河北联合大学学报(自然科学版)，2013，35(1)：114-116.

[12] 张行强. 压弯作用下 FRP 约束混凝土应力-应变关系的试验研究[D]. 杭州：浙江大学，2014.

[13] 白晓彬. 环向预应力 FRP 加固混凝土圆柱轴心受压性能研究[D]. 北京：北京交通大学，2011.

[14] 刘丽娜，王伟超，等. 预应力加固法在土木工程中的研究应用[J]. 混凝土，2012(04)：115-118.

[15] 张建仁. 预应力加固法在钢筋混凝土结构加固中的应用[J]. 中外建筑，2007(11)：64-66.

[16] 张立峰，姚秋来. 高强钢绞线网-聚合砂浆加固大偏心受压柱试验研究[J]. 工程抗震与加固改造，2007，29(3)：18-23.

[17] 王用锁. 钢丝绳绕丝约束混凝土轴心受压短柱试验研究[D]. 哈尔滨：哈尔滨工业大学，2006.

[18] Logan D，Shah S P. Moment Capacity and Cracking Behaviour of Ferrocement in Flexure [J]. Journal of the American Concrete Institute，1973，70(12)：799-804

[19] Huang X，Birman V，Nanni A. Tunis G. Properties and potential for application of steel reinforced polymer and steel reinforced grout composites. Composites Part B：Engineering，2005，36(1)：73-82.

[20] 聂建国，陶巍，张天申. 预应力高强不锈钢绞线网-高性能砂浆抗弯加固试验研究[J]. 土木工程学报，2007，40(8)：1-7.

[21] Kim S Y，Yang K H，Byun H Y. Ashour A F. Tests of reinforced concrete beams strength-

ened with wire rope units[J]. Engineering Structures，2007 (29)：2711-2722.

[22] Yang K H，Byun H Y. Ashour A F. Shear strengthening of continuous reinforced concrete T beams using wire rope units[J]. Engineering Structures，2009 (31)：1154-1165.

[23] 黄华，刘伯权等. 高强钢绞线网-聚合物砂浆抗剪加固梁刚度及裂缝分析[J]. 土木工程报，2011，44(3)：32-38.

[24] 黄华，刘伯权等. 高强钢绞线网加固 RC 梁抗剪性能的数值分析[J]. 公路交通科技，2012，29(9)：50-57.

[25] 李炯，刘铮. 高强钢绞线-聚合物砂浆加固 RC 梁抗剪性能有限元分析[D]. 昆明理工大学，2013.

[26] 聂建国，蔡奇，张天申，等. 高强不锈钢绞线网-渗透性聚合物砂浆抗剪加固的试验研[J]. 建筑结构学报，2005，26(2)：10-17.

[27] 金成勋，金明关著. 房敬律译. 渗透性聚合砂浆的评估[R]. 北京：清华大学土木工程系，2000.

[28] 周孙基. 高强不锈钢绞线加固钢筋混凝土板的研究[D]. 清华大学，2004.

[29] 林于东，林秋峰，王绍平，等. 高强钢绞线网聚合物砂浆加固混凝土板抗弯性能试验研究[J]. 福州大学学报(自然科学版)，2006，34(2)：254-259.

[30] 郭俊平，邓宗才，林劲松，卢海波. 预应力高强钢绞线网加固钢筋混凝土板的试验研究[J]. 土木工程学报，2012，45(5)：84-92.

[31] 曹忠民，李爱群，王亚勇等. 高强钢绞线网-聚合物砂浆抗震加固框架梁柱节点的试验研究[J]. 建筑结构学报，2006，27(4)：10-15.

[32] 曹忠民，李爱群等. 钢绞线网片-聚合物砂浆加固空间框架节点试验[J]. 东南大学学报(自然科学版)，2007，37(2)：235-239.

[33] 黄群贤，郭子雄，崔俊，刘阳. 预应力钢丝绳加固 RC 框架节点抗震性能试验研究[J]. 土木工程学报，2015，48(06)：1-8.

[34] 王亚勇，姚秋来，王忠海，等. 高强钢绞线网-聚合物砂浆复合面层加固砖墙的试验研究[J]. 建筑结构，2005，35(8)：36-40.

[35] 徐明刚，邱洪兴，傅传国. 高强钢绞线网-聚合物砂浆加固砖墙受剪承载力计算新方法[J]. 建筑科学，2008(05)：71-73＋77.

[36] 潘志宏，李爱群，王亚勇. 钢绞线网聚合物砂浆加固砖墙试验研究及静力非线性分析方法[J]. 工业建筑，2012，42(5)：146-150.

[37] P. J. Nedwell, M. H. Ramesht & S. Rafei-taghanaki. Investigation into the Repair of Short Square Columns Using Ferrocement[C]. Proceeding of the Fifth International Symposium on Ferrocement. London，1994，277-285.

[38] 姚秋来，张立峰，程绍革，王忠海，李红，李绍祥. 高强钢绞线网-聚合物砂浆加固大偏心受压 RC 柱的研究[J]. 建筑结构，2007，37(S1)：285-289.

[39] 张立峰，姚秋来，陈绍革，王忠海，等. 高强钢绞线网-聚合物砂浆加固偏压柱的试验研[J]. 四川建筑科学研究. 2007.

[40] 潘晓峰. 高强钢绞线网-聚合物砂浆加固小偏心受压混凝土柱的试验研究[D]. 南京：南京工业大学，2007.

[41] 王嘉琪. 高强钢绞线网-高性能聚合物砂浆约束混凝土柱受力性能研究[D]. 华东交通大学. 2011.

[42] 刘伟庆，潘晓峰，王曙光. 高强钢绞线网-聚合物砂浆加固小偏心受压混凝土柱的极限承载分

析[J]. 福州大学学报(自然科学版)，2013，41(4)：456-462.

[43] 葛超. 横向预应力高强钢绞线-高性能砂浆加固小偏心受压柱实验研究[D]. 华东交通大学. 2015.

[44] 熊凯. 横向预应力钢绞线-聚合物砂浆加固钢筋混凝土偏心柱有限元分析[D]. 华东交通大学. 2016.

[45] Murat Saatcioglu, Cem Yalcin，External prestressing concrete columns for improved seismic shear resistance [J]. Journal of Structural Engineering，ASCE，2003，129(8)：1057-1070.

[46] 郭俊平，邓宗才. 预应力钢绞线加固混凝土圆柱的轴压性能[J]. 工程力学，2014，31(3)：129-137.

[47] 邓宗才，李辉. 预应力钢绞线加固混凝土短柱抗震性能研究[J]. 应用基础与工程科学学报，2014，22(05)：941-951.

[48] 郭俊平，邓宗才，林劲松，卢海波. 预应力钢绞线网加固钢筋混凝土柱抗震性能试验研究[J]. 工程力学，2014，35(2)：128-134.

[49] 黄华，田轲，史金辉，刘伯权. 钢绞线网加固 RC 柱抗震性能影响因素分析[J]. 公路交通科技. 2013，30(9)：43-52.

[50] 田珂. 加筋高性能砂浆(HPFL)加固 RC 柱抗震性能数值分析[D]. 长安大学. 2013.

[51] 林鹤云. 预应力钢绞线网-聚合物砂浆加固柱抗震性能研究[D]. 华东交通大学，2017.

[52] 陈亮. 高强不锈钢绞线网用于混凝土柱抗震加固的试验研究[D]. 清华大学. 2004.

[53] Courant R. Variational methods for the solution of problems of equilibrium and vibrations. Bulletin of American Mathematical Society，1943，49：1-23.

[54] Turner M J, Clough R W. Martin H C. et al. Stiffness and deflection analysis of complex structures. Journal of Aeronautical Sciences, 1956, 23：805-824.

[55] Clough R W. The Finite Element Method in Plane Stress Analysis. Proc. 2nd ASCE Conference on Electronic Computation, Pittsburgh, PA, Sept. 8-9, 1960.

[56] 陈力，方秦，还毅. ABAQUS 混凝土脆性开裂模型预测强动载作用下钢筋混凝土结构的能力[A]. 中国土木工程学会. 2007：6.

[57] 陈力，方秦，还毅，张亚栋. 对 ABAQUS 中混凝土弥散开裂模型的静力特性分析[J]. 解放军理工大学学报(自然科学版)，2007(05)：478-485.

[58] 张战廷，刘宇锋. ABAQUS 中的混凝土塑性损伤模型[J]. 建筑结构，2011，41(S2)：229-231.

[59] 江见鲸. 关于钢筋混凝土数值分析中的本构关系[J]. 力学进展，1994(01)：117-123.

[60] Mander J B, Priestley M J N，Park R. Theoretical stresss train model for confined concrete [J]. Journal of Structural Engineering, 1988, 114(8)：1804-1826.

[61] 江见鲸，陆新征. 混凝土结构有限元分析[M]. 北京：清华大学出版社，2013.

[62] Model Code 90，CEB-FIP[S]. Lausanne：Mai，1993.

[63] Esmaeily A，Xiao Y. Behavior of reinforced concrete columns under variable axial loads：analysis [J]. ACI Structural journal，2005，102(5)：736-744.

[64] 陆新征. 倒塌分析中框架及土体模型研究[J]. 计算机辅助工程，2006，15：417-420.

[65] 邱荣文. 预应力钢绞线网-高性能砂浆加固 RC 柱抗震实验研究[D]. 华东交通大学，2017.

[66] 林加慧. 钢绞线网片-聚合物砂浆加固 RC 梁受弯性能试验研究[D]. 华侨大学，2014.

[67] 崔继东. 等效屈服点和延性计算[EB/OL]. http：//www. jdcui. com/？p＝1134. 2015.

[68] 钟聪明. 约束混凝土柱加固技术研究[D]. 中国建筑科学研究院，2004.

［69］　曹忠民，冯灵强. 预应力钢绞线加固 RC 柱恢复力模型及抗震性能因素分析［J］. 内蒙古科技与经济，2017(11)：99-103.

［70］　刘思峰，谢乃明. 灰色系统理论及其应用［M］. 北京：科学出版社，2008.

［71］　刘本玉，江见鲸，叶燎原，等. 多层砖房震害因子的选择及其与震害程度的灰色关联序分析［J］. 地震研究，2001，24(2)：150-155.

［72］　冯清海，袁万城. BP 神经网络和 RBF 神经网络在墩柱抗震性能评估中的比较研究［J］. 结构工程师，2007，23(5)：41-47.

［73］　余文华. CFRP 增强高强混凝土柱延性性能研究［D］. 大连理工大学，2010.